高等学校电气工程与自动化专业系列教材

交流伺服运动控制系统

第2版

舒志兵 ◎ 主编

孙振兴 李 果 陈赣东 ◎ 副主编

清华大学出版社

北京

内 容 简 介

在机电一体化技术迅速发展的同时,高级伺服运动控制技术作为其关键组成部分,也得到前所未有的大发展,国内外各个厂家相继推出运动控制的新技术、新产品。本书主要研究全闭环交流伺服(Full Closed AC Servo)驱动技术、DSP 交流伺服系统(DSP AC Servo System)技术、PLC 交流伺服系统(PLC AC Servo System)技术、基于现场总线的运动控制(CANbus-based Motion Controller)技术、机器人技术和运动控制卡(Motion Controlling Board)等几项具有代表性的新技术,重点分析现代交流伺服运动控制系统的检测技术及检测元件、系统数学模型分析及仿真、专用数控系统,同时给出大量生产实践中交流伺服运动控制系统的应用实例。

本书涉及伺服系统、运动控制、机器人及现场总线等内容,是高等院校机械设计制造及自动化、电气自动化及自动化专业的专业基础课教材。在本书的修订过程中,注重精炼、概括原设置过窄的专业课,将原来数门课程教材的主要内容与基本概念、基本理论和基本方法重新组编,既对以往的教材有一定的继承,又体现先进制造技术及运动控制技术的发展和专业培养的要求。

图书在版编目(CIP)数据

交流伺服运动控制系统/舒志兵主编. —2 版. —北京: 清华大学出版社,2023.10
高等学校电气工程与自动化专业系列教材
ISBN 978-7-302-64044-8

Ⅰ. ①交… Ⅱ. ①舒… Ⅲ. ①交流伺服系统－控制系统－高等学校－教材 Ⅳ. ①TM921.54

中国国家版本馆 CIP 数据核字(2023)第 126751 号

责任编辑: 赵 凯
封面设计: 刘 键
责任校对: 申晓焕
责任印制: 丛怀宇

出版发行: 清华大学出版社
　　　　　网　　　址: http://www.tup.com.cn,http://www.wqbook.com
　　　　　地　　　址: 北京清华大学学研大厦 A 座　　　邮　　编: 100084
　　　　　社 总 机: 010-83470000　　　　　邮　　购: 010-62786544
　　　　　投稿与读者服务: 010-62776969,c-service@tup.tsinghua.edu.cn
　　　　　质量反馈: 010-62772015,zhiliang@tup.tsinghua.edu.cn
　　　　　课件下载: http://www.tup.com.cn,010-83470236
印 装 者: 天津鑫丰华印务有限公司
经　　　销: 全国新华书店
开　　　本: 185mm×260mm　　　印　张: 20　　　　　　　字　　数: 487 千字
版　　　次: 2006 年 3 月第 1 版　　　2023 年 10 月第 2 版　　　印　　次: 2023 年 10 月第 1 次印刷
印　　　数: 1~1500
定　　　价: 69.00 元

产品编号: 097291-01

第 2 版前言

本书是根据第 8 届和第 9 届中国人工智能学会智能检测与运动控制技术研讨会的内容及教学改革的要求,听取了全国多所高校从事运动控制的专家的建议并兼顾了国内外一流运动控制企业对人才、技术和市场的需求,按照机械设计制造及自动化、电气工程自动化及自动化专业学生的培养目标和要求而编写的,可作为高等工科院校的专业教材。应广大读者要求,作者对 2006 年 3 月由清华大学出版社首次出版的普通高等学校"十一五"国家级规划教材《交流伺服运动控制系统》完善内容,并听取各方意见,加以重新修订出版。

本书涉及伺服系统、运动控制、数控加工及现场总线等内容,是高等院校机械设计制造及自动化、电气自动化及自动化专业的专业基础课。在本书的修订过程中,注重精炼、概括原设置过窄的专业课,将原来数门课程教材的主要内容与基本概念、基本理论和基本方法重新组编,既对以往的教材有一定的继承性,又体现了先进制造技术和运动控制技术的发展和专业培养的要求。

本书主要研究现代交流伺服运动控制系统的检测技术及元件、系统数学模型分析及仿真、基于 PC 运动控制板卡和 FPGA/DSP 技术的伺服运动控制系统以及基于 EtherCAT 网络的交流伺服运动控制系统,同时给出了大量生产实践中交流伺服运动控制系统的应用实例。

本书对相关内容进行了必要的整合和梳理,尽量避免讲授内容的重复,考虑学生后续选学模块不同,对涉及专业模块的基本知识也作了简单的介绍,对于培养学生动手能力和工程技术人员的培训也具有特别重要的意义。

与本书配套的实验装置是南京工业大学运动控制研究所研制的 NUT 型交流伺服运动控制系统。该系统对基于 PC 运动控制板卡、基于 CANbus 现场总线、基于 DSP 技术的交流伺服运动控制系统的结构、参数调整、软硬件设计,运动控制系统专用语言及 C 语言编程,MATLAB/Simulink 仿真进行了研究,同时还就交流伺服系统的动态特性、稳态特性及 I/O 口检测等功能进行了详细地设计分析,并配备了具体实验。

本书由中国人工智能学会智能检测与运动控制技术专业委员会秘书长、南京工业大学运动控制研究所舒志兵所长主编,南京工业大学孙振兴副教授、李果副教授及艾派科技有限公司陈赣东任副主编。国内外运动控制知名品牌企业如 Rockwell、B&R、KEBA、Trio、LPK、Contec、HIWIN、Lenze、AMK、Rexroth、KEB、CT、ABB、Danaher、Baldor 、FANUC、SIEMENS、施迈茨、艾默生、SICK、UR、CT、艾派科技有限公司、广州数控、华兴数控、和利时、埃斯顿、研华、丹佛斯、欧姆龙、三菱、安川、松下、富士、山洋、日立、日机、多摩川、中达电通、北京集科、慧摩森、众为兴、上海维宏、台达、隆创日盛、德国 3s 软件公司、研祥集团、美国国家仪器、PCM 集团等提供了应用技术与支持,由南京工业大学运动控制研究所负责统稿,它们为此书的出版付出了辛勤的劳动,在此表示衷心的感谢。

　　由于编者水平有限,经验不足,对教材内容的取舍把握可能不够准确,书中缺点和不足在所难免,恳请师生、读者批评指正,以求改进。

编　者

2023 年 6 月

第1版前言

本书是根据第6届和第7届中国人工智能学会智能检测与运动控制技术研讨会的内容及教学改革的要求,听取了全国多所高校从事运动控制的专家的建议并兼顾了国内外一流运动控制企业对人才、技术和市场的需求,按照机械设计制造及自动化、电气工程自动化及自动化专业学生的培养目标和要求编写的,可作为高等工科院校的专业教材。

本书涉及伺服系统、运动控制、数控加工及现场总线等内容,是高等院校机械设计制造及自动化、电气自动化及自动化专业的专业基础课。在教材编写过程中,注重精炼、概括原设置过窄的专业课,将原来数门课程教材的主要内容与基本概念、基本理论和基本方法重新组编,既对以往的教材有一定的继承性,又体现先进制造技术和运动控制技术的发展和专业培养的要求。

本书主要研究现代交流伺服运动控制系统的检测技术及元件、系统数学模型分析及仿真、专用数控系统、基于PC运动控制板卡和DSP技术的伺服运动控制系统以及基于现场总线的现代交流伺服系统,同时给出了大量生产实践中交流伺服运动控制系统的应用实例。

本书对相关内容进行了必要的整合和梳理,尽量避免讲授内容的重复,考虑到学生后续选学模块不同,对涉及专业模块的基本知识也作了简单的介绍。对于培养学生动手能力和工程技术人员的培训也具有特别重要的意义。

与本书配套的实验装置是南京工业大学运动控制研究所研制的NUT型交流伺服运动控制系统,该系统对基于PC运动控制板卡、基于CANbus现场总线、基于DSP技术的交流伺服运动控制系统的结构、参数调整、软硬件设计,运动控制系统专用语言及C语言编程,MATLAB/Simulink仿真进行了研究,同时还就交流伺服系统的动态特性、稳态特性及I/O口检测等功能进行了详细的设计分析,并配备了具体实验。

最近几年,学会为相关企业编写了大量机电一体化应用案例教材和书籍,由专业出版社出版发行,尤其是清华大学出版社出版的《交流伺服运动控制系统》教材,已经被评为普通高等学校"十一五"国家级规划教材,2011年9月已进行第4次印刷。学会已经成为国内该领域产学研交流的重要平台,我们将更加努力为大家服务,力争把这一中国智能检测与运动控制领域的产学研交流平台做大做强。

本书由中国人工智能学会智能检测与运动控制技术专业委员会秘书长、南京工业大学运动控制研究所舒志兵所长主编,东北大学周玮、北京理工大学冬雷、中国计量学院许宏、哈尔滨工业大学曲延滨、上海应用技术学院钱平、北京航空航天大学李运华教授提供了部分素材,国内外运动控制知名品牌企业如 Rockwell、B&R、LUST、Trio、LPK、Contec、HIWIN、Lenze、AMK、Rexroth、KEB、CT、ABB、Danaher、Baldor、Parker、FANUC、SIEMENS、Beckhoff、施迈茨、艾默生、CT、瑞诺、沈阳莱茵、罗升、南京机床、广州数控、华兴数控、和利时、埃斯顿、研华、丹佛斯、欧姆龙、三菱、安川、松下、富士、山洋、日立、日机、多摩川、华北工控、中达电通、南京合展、埃德夫、北京集科、慧摩森、众为兴、上海维宏、台达、隆创日盛、德国

3s 软件公司、研祥集团、美国国家仪器、PCM 集团等提供了应用技术与支持,由南京工业大学运动控制研究所负责统稿,最后由天津大学电气与自动化工程学院吴爱国教授等对本书进行了审稿,这些专家学者、研究机构和企业都为此书的出版付出了辛勤的劳动,在此表示衷心的感谢。

　　由于编者水平有限,经验不足,对教材内容的取舍把握可能不够准确,书中缺点和不足在所难免,恳请师生、读者批评指正,以求改进。

编　者

2006 年 1 月

目　　录

第1章　高级运动控制系统概论

运动控制系统对自动化、自动控制、电气技术、电力系统及自动化、机电一体化、电机电器与控制等专业既是一门基础技术，又是一门专业技术。它结合生产实际，解决各种复杂定位控制问题，如机器人轨迹控制、数控机床位置控制等。它是一门机械、电力电子、控制和信息技术相结合的交叉学科。

1.1　引言

运动控制是由电力拖动发展而来的，电力拖动或电气传动是以电动机为对象的控制系统通称。随着电力电子、微电子技术的迅猛发展，原有的电气传动控制概念已经不能充分地概括现代自动化系统中全部的控制设备，因此 20 世纪 80 年代后期，国际上开始出现"运动控制系统"这一术语。

运动控制（Motion Control，MC）——通过对电动机电压、电流、频率等输入电量的控制，来改变工作机械的转矩、速度、位移等机械量，使各种工作机械按人们期望的要求运行，以满足生产工艺及其他应用的需要。工业生产和科学技术的发展对运动控制系统提出了日益复杂的要求，同时也为研制和生产各类新型的控制装置提供了可能。现代运动控制已成为电机学、电力电子技术、微电子技术、计算机控制技术、控制理论、信号检测与处理技术等多门学科相互交叉的综合性学科。

1. 交流伺服概念引入

伺服来自英文单词 Servo，指系统跟随外部指令进行人们所期望的运动，运动要素包括位置、速度和力矩。

在自动控制系统中，把输出量能够以一定准确度跟随输入量的变化而变化的系统称为随动系统，也称伺服系统。例如，数控机床的伺服系统是指以机床移动部件的位置和速度作为控制量的自动控制系统，又称为随动系统。

伺服系统由伺服驱动装置和驱动元件（或称执行元件即伺服电机）组成，高性能的伺服系统还有检测装置，反馈实际的输出状态。

进给伺服系统的作用在于接收来自上位控制装置的指令信号，驱动被控对象跟随指令脉冲运动，并保证动作的快速和准确，这就要求高质量的速度和位置伺服。此外还有对主运动的伺服控制，不过控制要求不如前者高。整个伺服运动控制系统的精度和速度等技术指标主要取决于进给伺服系统。

伺服系统的发展经历了从液压、气动到电气的过程，而电气伺服系统包括伺服电机、反馈装置和控制器。20 世纪 60 年代，最早是直流电机作为主要执行部件，70 年代以后，交流伺服电机的性价比不断提高，逐渐取代直流电机成为伺服系统的主导执行电机。控制器的功能是完成伺服系统的闭环控制，包括力矩、速度和位置等。我们通常所说的伺服驱动器已经包括了控制器的基本功能和功率放大部分。虽然采用功率步进电机直接驱动的开环伺服系统曾经在 20 世纪 90 年代的所谓经济型数控领域获得广泛使用,但是迅速被交流伺服所取代。进入 21 世纪,交流伺服系统越来越成熟,市场呈现快速多元化发展,国内外众多品牌进入市场竞争。目前交流伺服技术已成为工业自动化的支撑性技术之一。

2. 对伺服系统的基本要求

(1) 稳定性好:稳定性是指系统在给定输入或外界干扰作用下,能在短暂的调节过程后到达新的状态或者恢复到原有的平衡状态。

(2) 精度高:伺服系统的精度是指输出量能跟随输入量的精确程度。例如,作为精密加工的数控机床,要求的定位精度或轮廓加工精度通常都比较高,允许的偏差一般都在 0.01~0.001mm。

(3) 快速响应性好:快速响应性是伺服系统动态品质的标志之一,即要求跟踪指令信号的响应要快,一方面要求过渡过程时间短,一般在 200ms 以内,甚至小于几十毫秒;另一方面,为了满足超调要求,要求过渡过程的前沿陡,即上升率要大。

3. 伺服系统的主要特点

(1) 精确的检测装置:以组成速度和位置闭环控制。

(2) 有多种反馈比较原理与方法:根据检测装置实现信息反馈的原理不同,伺服系统反馈比较的方法也不相同。目前常用的有脉冲比较、相位比较和幅值比较 3 种。

(3) 高性能的伺服电动机(简称伺服电机):用于高效和复杂型面加工的数控机床,伺服系统将经常处于频繁的启动和制动过程中。要求电机的输出力矩与转动惯量的比值大,以产生足够大的加速或制动力矩。要求伺服电机在低速时有足够大的输出力矩且运转平稳,以便在与机械运动部分连接中尽量减少中间环节。

(4) 宽调速范围的速度调节系统。在交流伺服系统中,电动机的类型有永磁同步交流伺服电机(PMSM)和感应异步交流伺服电机(IM)。其中,永磁同步电机具备十分优良的低速性能,可以实现弱磁高速控制,调速范围宽广,动态特性和效率都很高,已经成为伺服系统的主流之选。而异步伺服电机虽然结构坚固、制造简单、价格低廉,但是在特性上和效率上存在差距,只在大功率场合得到重视。本书重点将放在永磁同步交流伺服系统上。

交流伺服系统的性能指标可以从调速范围、定位精度、稳速精度、动态响应和运行稳定性等方面来衡量。低档的伺服系统调速范围在 1∶1000 以上,一般为 1∶5000~1∶10 000,高性能的可以达到 1∶100 000 以上;定位精度一般都要达到 ±1 个脉冲,稳速精度,尤其是低速下的稳速精度比如给定 1r/min 时,一般在 ±0.1r/min 以内,高性能的可以达到 ±0.01r/min 以内;动态响应方面,通常衡量的指标是系统最高响应频率,即给定最高频率的正弦速度指令,系统输出速度波形的相位滞后不超过 90°或者幅值不小于 50%。例如进口三菱伺服电机 MR-J3 系列的响应频率高达 900Hz,而国内主流产品的频率在 200~500Hz。运行稳定性方面,主要是指系统在电压波动、负载波动、电机参数变化、上位控制器输出特性变化、电磁干扰,以及其他特殊运行条件下,维持稳定运行并保证一定的性能指标的能力。

在控制策略上,基于电机稳态数学模型的电压频率控制方法和开环磁通轨迹控制方法都难以达到良好的伺服特性,目前普遍应用的是基于永磁电机动态解耦数学模型的矢量控制方法,这是现代伺服系统的核心控制方法。虽然人们为了进一步提高控制特性和稳定性,提出了反馈线性化控制、滑模变结构控制、自适应控制等理论,还有不依赖数学模型的模糊控制和神经元网络控制方法,但是大多在矢量控制的基础上附加应用这些控制方法。另外,高性能伺服控制必须依赖高精度的转子位置反馈,人们一直希望取消这个环节,发展了无位置传感器技术(Sensorless Control)。至今,在商品化的产品中,采用无位置传感器技术只能达到大约1:100的调速比,可以用在一些低档的对位置和速度精度要求不高的伺服控制场合中,比如单纯追求快速起停和制动的缝纫机伺服控制,这个技术的高性能化还有很长的路要走。

4. 伺服系统分类

伺服系统按其驱动元件划分,有步进式伺服系统、直流电动机(简称直流电机)伺服系统、交流电动机(简称交流电机)伺服系统等;按控制方式划分,有开环伺服系统、闭环伺服系统和半闭环伺服系统等。实际上数控系统也分成开环、闭环和半闭环 3 种类型,就是与伺服系统这 3 种方式相关。

图 1-1 是开环系统构成图,主要由驱动电路、执行元件和被控对象 3 大部分组成。常用的执行元件是步进电机,通常称以步进电机作为执行元件的开环系统为步进式伺服系统,在这种系统中,如果是大功率驱动时,用步进电机作为执行元件。驱动电路的主要任务是将指令脉冲转化为驱动执行元件所需的信号。

图 1-1　开环系统构成图

闭环系统主要由执行元件、检测单元、比较环节、驱动电路和被控对象 5 部分组成,其结构图如图 1-2 所示。在闭环系统中,检测元件将被控对象移动部件的实际位置检测出来并转换成电信号反馈给比较环节。常见的检测元件有旋转变压器、感应同步器、光栅、磁栅和编码器等。通常把安装在电机轴端的检测元件组成的伺服系统称为半闭环系统;把安装在被控对象上的检测元件组成的伺服系统称为闭环系统。由于电机轴端和被控对象之间传动误差的存在,半闭环伺服系统的精度要比闭环伺服系统的精度低一些。

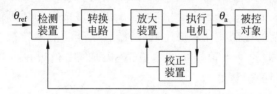

图 1-2　闭环系统结构图

比较环节的作用是将指令信号和反馈信号进行比较,两者的差值作为伺服系统的跟随误差,经驱动电路,控制执行元件带动工作台继续移动,直到跟随误差为零。根据进入比较环节信号的形式以及反馈检测方式,闭环(半闭环)系统可分为脉冲比较伺服系统、相位比较伺服系统和幅值比较伺服系统 3 种。

由于比较环节输出的信号比较微弱,不足以驱动执行元件,故需对其进行放大,驱动电路正是为此而设置的。

执行元件的作用是根据控制信号,即来自比较环节的跟随误差信号,将表示位移量的电信号转化为机械位移。常用的执行元件有直流宽调速电动机、交流电动机等。执行元件是伺服系统中必不可少的一部分,驱动电路是随执行元件的不同而不同的。

5. 交流伺服在我国的发展历史

我国从 20 世纪 70 年代开始跟踪开发交流伺服技术,主要研究力量集中在高等院校和科研单位,以军工、宇航卫星为主要应用方向,不考虑成本因素。主要研究机构是北京机床所、西安微电机研究所、中科院沈阳自动化所等。20 世纪 80 年代之后开始进入工业领域,直到 2000 年,国产伺服停留在小批量、高价格、应用面狭窄的状态,技术水平和可靠性难以满足工业需要。2000 年之后,随着中国变成世界工厂,制造业的快速发展为交流伺服提供了越来越大的市场空间,国内几家单位开始推出自己品牌的交流伺服产品。目前国内主要的伺服品牌或厂家有台达、埃斯顿、珠海运控、星辰伺服、步科电气、时光、和利时、浙江卧龙、兰州电机、雷赛机电、宁波甬科、固高科技、大连普传、武汉登奇、贝能科技、鄂尔多斯、北京宝伦、南京晨光、北京首科凯奇、西安微电机、南京高士达、中国电子集团 21 所等,其中华中数控、广数等主要集中在数控机床领域。

6. 国内外交流伺服产品的水平

交流伺服系统的相关技术,一直随着用户的需求而不断发展。电动机、驱动、传感和控制技术等关联技术的不断变化,造就了各种各样的配置。就电动机而言,可以采用盘式电机、无铁芯电机、直线电机、外转子电机等,驱动器可以采用各种功率电子元件,传感和反馈装置可以是不同精度、性能的编码器,旋变和霍尔元件甚至是无传感器技术,控制技术从采用单片机开始,一直到采用高性能 DSP 和各种可编程模块,以及现代控制理论的实用化等。近几年上海工业博览会上可以看到世界范围内电气驱动、运动控制和相关软件的最新情况,其中交流伺服产品的亮点很多,代表了当前的国际水平。这里仅仅摘录几条,对相应国内厂商的研发动向也进行说明。

(1) 路斯特传动系统(上海)有限公司(LTi)于 2014 年 11 月 5 日发布了其全新产品多轴运动控制系统 ServoOne CM。此款产品具备 5 大特点:结构紧凑,节省了最多 75% 的安装空间,运动控制器、安全 PLC、多轴控制器及其开关电源均被集成到一个模块内;易于安装,所需组件少且能够简单、省时地进行系统连接;符合国际标准,采用了全级安全 PLC,实现高度经济的安全解决方案;广泛的应用平台,提供了可配置的运算能力(1.3~2.2GHz),同时适用于简单到复杂的控制应用;快速响应,结合了其功能和特性,旨在提高机器的动态性能和精度,多轴控制器的每个轴模块均集成 ASIC 和 32 位浮点处理器,保证每根轴均可达到与单轴控制器相同的运算能力。

(2) 2014 年 11 月 10 日领先的工业自动化厂商科瑞集团携其业界领先 LinMot 管式直线伺服电机产品亮相第 16 届中国国际工业博览会(简称工博会)。科瑞集团着眼工业 4.0 的发展未来,以前瞻性的眼光带来全新的运动控制产品,在上海新国际博览中心的 W2 馆工业自动化展区全方位地展示了科瑞 LinMot 工业直线电机产品。科瑞 LinMot 管式直线伺服电机创新地采用直接的电磁驱动技术,电机的直线运动无须齿轮、传动机构,无任何磨损,从而可达到 6m/s 的超高运行速度,是传统丝杠的 3 倍。相比传统设计方式,外形仅由滑竿和定子两部分组成,简单紧凑,采用合金材质,使体积和重量都大幅减少 50%,更可降低运行时的能耗。此外,产品还具备全程自由精准定位、使用寿命长、免维护、卫生设计用于食品医药行业、EN1.4404/AISI 316 不锈钢外壳、IP69K 防护等级等特点。出色的技术性能和显著的产品优势,使产品可应用于各类严格苛刻的工业环境中,更为替代传统复杂伺服和简单气动提供了可能。

(3) 武汉迈信电气 EP3E 系列 POWERLINK 伺服驱动器集体积小、高性能、多功能、操作简单等特性于一身,接口及安装尺寸完全兼容 EP3 系列。它具有自动振动抑制功能,能够使机械在运行过程中更加平稳和顺畅,减少机械及工件的损耗。EP3E 系列伺服驱动器,可以达到 100Mbps 的通信速率,节点传输距离为 100m,伺服刷新速度最快为 $100\mu s$ 循环周期,使伺服驱动器具备高速的实时响应能力;伺服驱动器配套 17bit 单圈或者多圈编码器(也可以选配 20bit 单圈或者多圈编码器),可以从容应对高速高精度定位,无轴同步传动,电子齿轮,电子凸轮等应用。

(4) 2014 年中国国际工业博览会清能德创携 CoolDrive 系列伺服产品隆重亮相 N1 机器人展馆,吸引了业内媒体及用户的广泛关注。CoolDrive A8 是清能德创推出的国内首款模块化网络化伺服驱动产品,融合了 EtherCAT 通信、共直流母线、能效管理、功能安全等多项创新技术,在多轴同步控制、动态响应、能源效率等方面均达到国际领先水平。凭借其出色的性能指标,CoolDrive A8 已成功应用于工业机器人领域,并在使用过程中得到了客户的高度认可与评价。展会期间,清能德创全新打造的工业机器人专用一体化网络化伺服驱动器 CoolDrive R6 惊艳亮相,更是引起业内人士的极大兴趣,并表示对此款产品充满了期待。CoolDrive R6 是清能德创在进行大量工业机器人市场及客户的需求调研后,为其量身打造的一款专用伺服产品。CoolDrive R6 采用 ALL IN ONE 设计,在紧凑的机身内集成了 6 个伺服轴,更加节省空间、便于安装;同时加入了定位抖动消除、惯量前馈等功能,减少机器人本体高速运行时的振动现象;此外,CoolDrive R6 还增加了电机弱磁控制技术以实现机器人的轻载高速运行,增加编码器信号修正技术以提高机器人的稳定性和降低运行中的噪声等。

(5) 艾尔默(Elmo)公司展出了一系列伺服驱动器与控制器,包括最新的微型数字伺服驱动器 Whistle。这些火柴盒大小的驱动器尺寸虽仅为 $5cm \times 4.6cm \times 1.5cm$,但却能提供 0.5kW 的连续功率(或 1kW 的峰值功率),为当今市场上最高功率密度与智能的伺服驱动器。相对应的,国内只有和利时电机公司推出了类似的智能数字伺服控制器——蜂鸟系列,该驱动器接受 $24\sim48VDC$ 输入,可以提供 250W 的连续功率和 500W 的峰值功率,尺寸为 $10cm \times 8cm \times 2cm$,功率密度和 Whistle 相比有差距。但是集成了高性能 32 位 RISC 芯片,提供 RS232、485 串行通信控制功能和 32 条运动指令,包括高级的圆弧插补指令,采用 14 位绝对值磁性编码器。2017 年预计推出带 16 位绝对编码器的无刷伺服电机和带 CAN 通信的驱动模块。

(6) 艾默生控制技术(Emerson Control Techniques)公司展出了 Unidrive 及其他交、直流驱动器产品。Unidrive 驱动器覆盖功率范围 $0.55\sim675kW$,变换不同的控制软件可以驱动异步电机、永磁同步伺服电机和无刷直流电机。额定输出功率为 $0.25\sim11kW$ 的 Varmeca 型集成可变速度电机与可变速度驱动器(VSD),具有闭环矢量与分布式(Proxdrive)两个版本。值得注意的是,适合在潜在爆燃性气体中工作的 VSD 系统(ATEX),而额定输出功率为 0.55~400kW 的 FLSD 驱动器,据说能在 IIB 类或 IIC 区 1-2 类气体中工作。相对应的,国内伺服驱动器厂商的产品功率范围多在 10kW 以下,而且没有特殊防护等级的商品化产品面世,这方面国内外的差距很大,也是未来国内伺服厂商差异化竞争的方向。

　　(7) Rockwell Automation 公司展出了 PowerFlex 驱动技术。PowerFlex 的发展路线图显示,2006—2007 年出现的"公共工业协议(CIP)运动应用协议",有望无缝同步在同一系统中运行的多轴伺服与变频驱动器中。在适合运动控制的工业协议方面,还有 Beckhoff 的 EtherCAT,B&R 的 PowerLink,Danaher 下面的 MEI 开发的 SynqNet,Siemens 的 ProfiNet,还有久负盛名的 Sercos 已经发展到 Sercos Ⅲ。这些通信协议都为多轴实时同步控制提供了可能性,也被一些高端伺服驱动器集成进去。在国内,甚至 CAN 这样的中低端总线也没有变成伺服驱动器的标准配置,采用高性能实时现场总线的商品化驱动器还没有出现。这一方面是因为我们的伺服基本性能还没有达到相应的水准,另一方面也是因为市场还没有发育到这个程度。可喜的是,已经有一些单位进行了有益的研发实践,一方面消化国外的先进技术,另一方面尝试推出自己的总线标准。和利时电机预计在下一代伺服产品中集成多种可选的通信模块,其中包括 CAN、USB、Fireware 和 Sercos,此外和利时电机和北航联合开发的 CANsmc(用于多轴同步运动控制的总线),基于蓝牙无线通信的模块也在研发中。中科院沈阳高档数控研发中心等单位也研发了自己的运动控制总线协议。

　　(8) 施奈德电气(Schneider Electric)这次展出的 Lexium 05 型伺服控制器具有和 VFD 变频器一样的外形,目标是低成本应用。实际上,利用变频器的批量生产能力推出低端伺服,已经成为一些厂商的竞争手段。该公司旗下的 Berger Lahr 品牌在其展台上随处可见,其智能、集成电机与控制器产品(Icla)主要有以下 3 个电机版本:步进电机、交流伺服电机与三相无刷直流电机。Icla(来源于"集成、闭环、执行器"的首字母缩写)将电机、位置控制、功率放大与反馈集成在一个紧凑单元中。这种一体化设计的思路在美国的 Animatics 等公司中也体现得很明显,来自德国的 AMK 公司也有类似的产品。这是真正的机电一体化产品,为设计者带来了一系列的工程挑战,包括电磁兼容、热控制、元器件小型化、特殊的结构设计等。在国内,没有见到有厂商推出相关的自主知识产权的产品。

　　(9) 包米勒(Baumuller)公司提供的带集成行星齿轮传动系的高性能伺服电机,拥有高达 98% 的效率和很低的噪声;直接驱动型高力矩伺服电机,可以在 100～300r/min 输出 13 500Nm。在国内,和利时电机公司在其海豚系列低压无刷伺服电机系列中提供了类似的带集成行星齿轮减速器的产品,深圳步进也宣称可以提供带减速器的步进化伺服电机。在直接驱动力矩电机市场,成都精密电机厂可以提供定制化的电机组件,但是需要客户另外加装反馈装置和第三方驱动器。

　　(10) 安川电机欧洲公司(Yaskawa Electric Europe,YEE)展出了其广受欢迎的通用 Sigma Ⅱ 型伺服电机。YEE 的其他进展包括正在开发中的额定功率 0.5～5kW 防爆及遵循 ATEX 标准的交流伺服电机。安川公司的另一项开发成果是输出功率高达 500kW 的高功率伺服电机。该项目的商品化已于 2007 年完成。综上可知国际大厂正向专用化、大型化伺服发展。

1.2　全数字高精智能型伺服系统驱动技术发展方向

1. 驱动技术的全数字化

　　全数字高精智能型伺服总控系统伺服驱动的所有控制运算都是由内部的数字信号处理器(Digital Signal Processor,DSP)完成的,如果把 DSP 和微处理器结合起来,用单一芯片的处理器实现这两种功能,将加速个人通信机、智能电话、无线网络产品的开发,同时简化设计,减小 PCB 体积,降低功耗和整个系统的成本。例如,有多个处理器的 Motorola 公司的 DSP5665x,有协处理器功能的 Massan 公司 FILU-200,把 MCU 功能扩展成 DSP 和 MCU 功能的 TI 公司的 TMS320C27xx 以及 Hitachi 公司的 SH-DSP,都是 DSP 和 MCU 融合在一起的产品。互联网和多媒体的应用需要将进一步加速这一融合过程,其实时运行速度可达每秒数以千万条复杂指令程序,是数字化电子世界中日益重要的计算机芯片。伺服驱动器内部的三环控制在内部高速 DSP 控制下,充分体现了伺服环路高响应、高性能和高可靠性以及高速实时控制的要求。

德州仪器(TI)宣布,其最新的 TMS320C66x DSP 产品系列性能超过业界所有其他 DSP 内核。在独立第三方分析公司伯克莱设计技术公司(Berkley Design Technology Inc, BDTI)进行的基准测试中,其定点与浮点性能均获得最高评分。技术分析权威公司 BDTI 在其 *Inside DSP* 新闻报中指出:"C66x 的浮点性能 BDTImark 2000 测试评分达 10 720,远远超过了前代浮点 DSP 的性能。这将有助于应用开发人员:先采用浮点数开发初始应用实施方案,而后再决定根据性能需要是否采用定点数来处理,从而提高性能。实践证明,可在同一芯片上同时提供这两种功能是一大优势,而 TI 则是唯一一家可提供能同时支持浮点与定点功能的高性能、多内核 DSP 芯片的供应商。"

TI TMS320C66x DSP 芯片作为整合浮点与定点功能,能以两种处理模式逐条执行指令的 DSP 内核,可在每段代码都能以原生处理模式执行的应用中实现甚至更高的性能。在 C66x DSP 内核中整合浮点与定点功能,不但可取消从浮点到定点转换的高成本算法,而且还可帮助开发人员创建在高性能器件上运行的高精度代码。TI 还推出了最新 TMS320C66x DSP 系列器件,包括双核、四核及八核引脚兼容型 DSP(TMS320C6672、TMS320C6674 与 TMS320C6678)以及一款四核通信片上系统(SoC)TMS320C6670。此外,TI 还针对无线基站应用推出了一款同样采用 C66x DSP 内核的全新 SoC TMS320TCI6616,其可实现比该市场领域任何 3G/4G SoC 都高出 2 倍的性能。

2014 年 10 月 16 日,致力于亚太地区市场的领先电子元器件分销商——大联大投资控股股份有限公司宣布,其旗下世平推出基于 ADI ADSP-CM40x 和 TI C2000 InstaSPIN 的高精度运动控制解决方案。处理器 ADSP-CM40x 的性能如下:

➢ 集成了精度高达 13 位的行业唯一一款嵌入式双通道 16 位模/数转换器,拥有高达 380ns 的转换速度;
➢ 处理器搭载了一枚 240MHz 浮点 ARM® Cortex™-M4 处理器内核;
➢ 处理器内嵌许多电机控制专用外设,像高精度的 ADC、SINC 滤波器、编码器输入、可驱动多个电机的 PWM 输出单元及丰富的通信接口;
➢ 采用片内 sinc 滤波器可以节省以 FPGA 实现同一功能所需要的成本和工程资源;
➢ 高精度电流和电压检测,可提高速度和扭矩控制性能;
➢ 高性能位置检测性能,使用光学编码器和旋转变压器作为位置传感器;
➢ 优先考虑安全和保护的角度,信号采样和功率器件驱动应采用隔离技术;
➢ ADI 公司的 iCoupler 数字隔离器产品可满足高压安全隔离要求;
➢ 使用 DSP 高性能处理器,实现矢量控制和无传感器控制;
➢ 提供更高效率和更灵活的算法。

2. 驱动系统的集成一体化

为使伺服驱动系统的设计更具功能化,"智能化电机"和"智能化伺服驱动器"的发展成为伺服驱动系统的集成一体化的新发展方向。"智能化电机"是指集成了驱动和通信的电机,"智能化伺服驱动器"是指集成了运动控制和通信的驱动器。电机、驱动器和控制的集成使 3 者从设计、制造到运行和维护都更加紧密地融合到一体。可使速度前馈、加速度前馈、低通滤波、凹陷滤波等新的控制算法得以实现。由 International Rectifier 公司推出的一种全新方法为电机控制器展现了一个集成设计平台,从简捷的元器件选型过程到数字控制芯片的定制配置等都可以利用基于 PC 的图形化工具以简化设计流程。该平台包括相互兼容的 IGBT 和功率开关电路,数字控制硬件,以及电流传感元件,由于该元件采用了高压集成电路(High Voltage Integrated Circuit,HVIC)技术,因而比霍尔效应或磁阻传感器小巧而且简单。另外,将功率级和模拟控制电路以及保护等集成起来就产生了一种集成功率模块,因此允许新型控制器以相同甚至更小的外形尺寸取代传统驱动器。丹纳赫传动在 2008 年首次参加了中国国际机床工具展览会(CIMES 2008),试图展现其综合实力,展出的运动控制全线产品,包括电机、驱动器、控制器等驱动产品以及滚珠丝杠、导轨、直线单元等机械部件,都是其针对中国机床行业发展需求的产品,应用非常广泛。精密冷轧滚珠丝杠的"高效、省能、增力"功能使它作为一种能量转换装置,在当今节能时代,在许多场合取代梯形丝杠传动和液压传动,而它的"对特殊恶劣环境的适应功能"、"长寿命、绿色环保、可再制造功能"更是受到机械制造业各个领域的青睐。

3. 驱动系统的网络化、智能化、模块化

随着计算机网络技术的发展,在机器故障诊断方面,使得人们可以通过 Internet 及时了解伺服系统参数及实时运行情况,并可以根据嵌入的预测性维护技术及时了解如电流、负载的变化情况,外壳或铁芯温度变化情况,实现实时预警。为应对更加复杂的控制任务,模糊逻辑控制、神经网络和专家系统已经应用到伺服驱动系统中,是当前比较典型的控制方法,目前市场上已有较为成熟的专用芯片,其实时性好,控制精度高,在全数字高精智能型伺服总控系统设计中已得到比较广泛的应用。例如 Beckhoff 基于 PC 的控制技术,可以让包装生产线的整个工艺链实现自动化:各道工序,从装料、成型、密封、贴标签、集装和重新装箱到码垛,都可通过工业 PC 和 TwinCAT 自动化软件完全实现自动化。TwinCAT 将可编程逻辑控制器(Programmable Logic Controller,PLC)、运动控制、高精度测量技术和机器人技术集成在同一平台上。TwinCAT 运动转换软件能够用软件直接在控制计算机上实现机器人技术,从而进一步拓展了 Beckhoff PC 控制器的功能。直角坐标运动、剪切运动、滚轴运动(H Bot)、二维并联运动和三维 Delta 运动使用第一代 6 轴运动转换软件包通过电缆实现。例如,运用集成的跟踪算法,机器人可以在合适的点上实时轻松跟踪和拾取运动中的输送带上的包装。Beckhoff 推出的最新一代基于 PC 的控制软件 TwinCAT 3 重新设定了自动化领域的标杆:除了面向对象的 IEC 61131-3 标准编程语言外,TwinCAT 3 也可使用 IT 领域的编程语言 C 和 C++ 进行编程。同时,也可通过实时工作台(Real-Time Workshop)集成 MATLAB®/Simulink® 接口。除此以外,TwinCAT 3 简化了外部软件的集成,用于电子凸轮计算,专用于包装行业的一系列 PLC 功能库和功能块提供了针对色标控制、回路或摆锤控制、高速凸轮控制器、多凸轮、飞锯或扭矩控制的预制解决方案,这为用户节省了宝贵的开发时间和成本。Beckhoff 在 EtherCAT 总线中提供了一种极速现场总线系统,可以显著优化包装设备的工艺步骤,提高加工速度。

4. 驱动系统的高速度、高精度、高性能化

电机和驱动方式的改进和更高运行速率的 DSP 等使伺服驱动系统向着更高速度、更高精度、更高性能的方向发展。电机方面的改进,主要包括电机永磁材料性能的改进,更好的磁铁安装结构设计,逆变器驱动电路的优化,加减速运动的优化,再生制动和能量反馈以及更好的冷却方式等。驱动方式的改进方面如采用无齿槽效应的高性能旋转电机和采用直线电机的线性伺服驱动方式,由于取消了中间传递环节,消除了中间传递误差,从而实现了高定位精度和高速化,且根据直线电机容易改变形状的特点,还可以使采用线性直线机构的各种装置实现小型化和轻量化,加之速度更快的 DSP,应用自适应、人工智能等各种控制方式不断将伺服系统的性能指标提高。例如智控推出 TRIO 翠欧运动控制器——TrioMC302x,它是一款基于 Trio,最新 ARM 处理技术的小型 DIN 轨道安装的运动控制器。MC302x 是一款专门为 OEM 设计的紧凑型控制器,其性价比极高。控制器上配置两个轴,其中第一个轴,可以通过软件配置为伺服轴或步进轴。第二个轴可以配置成步进轴或参考编码器输入轴。MC302x 支持 TRIOBASIC 多任务编程,最多可同时运行 3 个进程。每个轴都可以作线性或圆弧插补、电子凸轮、电子齿轮等运动,同时支持旋转模式,两个输入还可以作为高精度的色标输入。在 MC302x 本体上有 4 个 24V 数字量输入,和 4 个双向 I/O 口。这些口可以作为系统的逻辑输入,同时也可以根据需要用控制器设置为高速色标、限位、零点、进给保持等输入口。通过 CAN 口可以对 I/O 口进行扩展,最多可扩展到 256 个。

再如 PMC6496 PLC 型运动控制器很好地解决了自动化设备速度、精度及开发效率低的问题。PMC6496 运动控制器是雷赛公司在独立式运动控制器的基础上精心研发的新一代运动控制产品。

由于 PMC6496 全面支持 IEC 61131—3 标准梯形图编程语言,在逻辑控制上完全可以与中、小型 PLC 媲美。同时,其强大的运动控制功能更是传统中、小型 PLC 无法匹敌的。运动控制的所有细节,包括插补算法、脉冲输出、自动升降速的控制、原点及限位等信号的检测处理均在控制器中进行。并且支持小线段;PMC6496 配置了 2048 段指令缓冲,有效地保证了高速轨迹运动的连续性。PMC6496 控制器可接收 4 轴编码器信号,并提供位置锁存功能。当锁存信号被触发,编码器当前位置立即被捕捉,捕捉过程由硬件高速完成。该功能用于位置测量十分准确、方便。PMC6496 控制器采用了 32KB 铁电存储器,用于数据的掉电保护,可做到不限读写次数的永久保存。比起传统的 RAM＋锂电池方式或者 EEPROM 无电池存储方式,铁电存储器的整体性能以及可靠性都要优越很多。此外,PMC6496 控制器可与基于标准 Modbus 协议的人机界面进行通信(包括触摸屏、文本显示器、手持编程器等)。用户只需在人机界面设计时,按相应的寄存器地址映射公式正确设置各种软元件的 Modbus 地址即可,几乎不需要编写任何程序代码。

5. 驱动系统的控制算法

从根本上讲,实现调速驱动的数字控制器需要开发人员编制磁场定向控制(Field Oriented Control,FOC)算法,该算法由矢量旋转、Clarke 变换和比例积分算法等多个控制模块构成。在基于逆变控制的传统设计中,以上控制功能由运行在运动控制 DSP 或 MCU 中的软件代码实现。构建这样一个控制器绝非易事,不仅需要高水准的实时设计技巧,而且为满足运算速度和数据刷新率等要求还必须用汇编语言编写程序。其代码量可能会多达数千行,而且必须在源代码阶段进行多轮反复调试和修改,才能最终获得完备的可执行目标代码。

例如,IR(International Rectifier)公司的运动控制引擎(Motion Control Engine,MCE)可以避免复杂的软件设计和充满挑战的实时控制,转而由硬件方法实现所需的控制模块,并能以单一的控制逻辑流程取代对复杂多任务操作系统的需求。与基于 DSP 或 MCU 的传统解决方案相比,MCE 的硬件加速技术显然还能支持更高的控制带宽。针对特殊应用,目前 IR 公司正在开发一系列可实现完整闭环电流控制和速度控制的 MCE 集成芯片,并专门为伺服驱动系统和永磁电机的正弦无刷控制等进行优化处理。利用其可配置寄存器,设计人员可以利用基于 PC 的 ServoDesigner 工具软件轻松地为目标应用设置控制器,该软件是运动控制设计平台的一部分,且随其一起提供。MCE 集成芯片还可以实现片上 PWM 和电流传感功能。

随着人工智能技术的发展,智能控制已成为现代控制领域中的一个重要分支,伺服控制系统中运用智能控制技术也已成为目前运动控制的主要发展方向,并且将带来运动控制技术的新纪元。目前,实现智能控制的有效途径有 3 条:基于人工智能的专家系统(Expert System)、基于模糊集合理论(Fuzzy Logic)的模糊控制和基于人工神经网络(Artificial Neural Network)的神经控制。

6. 驱动系统的通用化

目前,通用型驱动器都配置有大量的参数修改和菜单功能,这便于用户在不改变硬件配置的前提下方便地设置成 V/F 控制、无速度传感器开环矢量控制、永磁无刷交流伺服电动机控制及再生单元 5 种工作方式。广泛应用与各种场合,也可以驱动多种不同的电动机,如无刷直流电机、步进电机、异步电机、永磁同步电机,还可以适应不同的传感器甚至应用于无位置传感器控制,使用电机本身配置的反馈构成半闭环控制系统,通过接口与外部的装置(如位置、速度或力矩传感器)构成高精度全闭环控制系统。伺服驱动系统的通用化程度进一步得以体现。近年来,欧洲,日本厂商相继推出基于高速通信的运动控制系统,这类系统摒弃了传统的脉冲方式控制伺服,而改用高速的现场总线通信系统,一条通信线可以将所有的伺服串联起来,接线简单、通信距离远、抗干扰能力强、可靠性高。经过多年的研发,台达也推出了基于 CANopen 总线的多轴运动控制器 DVP10MC。

10MC 使用欧洲非常流行的 CANopen 现场总线来驱动台达 A2 系列智能伺服系统,最多在一个网络中可以连接 16 台伺服,使用一条通信电缆即可完成通信的连接。由于提供标准的通信电缆,使得接线非常简单便捷,现场安装不容易出错;同时 CAN 总线由于早期应用于汽车内部控制,具有非常高的可靠性和实时性,因此 10MC 可以为中高端制造用户提供高可靠性、高速精准的多轴控制系统。另外,10MC 采用国际标准的运动控制编程语言和指令库,提供易用的电子凸轮曲线编辑器,强大的 G 代码编辑及预览界面,集成多种典型的应用指令等,这使得初学者能以最短的时间学会如何使用控制器,以缩短设备的设计周期。

7. 驱动系统的两极化

所谓的两极化,一个是向小的方向发展,另一个是向大的方向发展。随着电机永磁材料技术的发展,轻质材料的成熟应用,高速 DSP 技术的发展,全新的驱动方式及设计理念,伺服驱动技术在向两个方向发展。意大利博洛尼亚大学的温森托·巴利扎尼博士与西班牙及美国同事研制成世界上最小和最快的纳米级电动机,它由一个分子组成,取名为 rotaxane。

单分子电机的直径只有 5nm，它具有环形结构，能够向前和向后移动 1.3nm。与其发展方向相反，上海电气集团为三峡工程制造的世界上最大的两个单体各重 450t，直径为 10m 的转轮，电机容量 70 万 kW 的三峡电站水轮发电机组，是目前世界上容量最大、直径最大、重量最重的机组。

1.3　运动控制系统的发展历程

　　从 20 世纪 70 年代到 20 世纪末期，计算技术的飞跃发展为发展高性能驱动带来了机会，随着设计、评价、测量、控制、功率半导体、轴承、磁性材料、绝缘材料、制造加工技术的不断进步，电动机本体经历了轻量化、小型化、高效化、高力矩输出、低噪声振动、高可靠、低成本等一系列变革，相应的驱动和控制装置也更加智能化和程序化。进入 21 世纪，在以多媒体和互联网为特征的信息时代，电动机和驱动装置继续发挥支撑作用，向节约资源、环境友好、高效节能运行的方向发展。

　　永磁无刷直流电机(Brushless DC Motor)就是随着永磁材料技术、半导体技术和控制技术的发展而出现的一种新型电机。无刷直流电机诞生于 20 世纪 50 年代，并在 60 年代开始用于宇航事业和军事装备，80 年代以后，出现了价格较低的钕铁硼永磁，研发重点逐步推广到工业、民用设备和消费电子产业。本质上，无刷直流电机是根据转子位置反馈信息采用电子换相运行的交流永磁同步电机，与有刷直流电机相比具有一系列优势，近年得到了迅速发展，在许多领域的竞争中不断取代直流电机和异步电动机。进入 90 年代之后，永磁电机向大功率、多功能和微型化发展，出现了单机容量超过 1000kW，最高转速超过 300 000r/min，最低转速低于 0.01r/min，最小尺寸只有 0.8mm×1.2mm 的品种。实际上，永磁无刷直流电机和本文重点论述的永磁交流伺服电机都属于交流永磁同步电机。按照反电动势波形和驱动电流的波形，可以将永磁同步电机分为方波驱动和正弦波驱动型，前者就是我们常说的无刷直流电机，后者又称为永磁同步交流伺服电机，主要用于伺服控制的场合。

　　运动控制的发展经历了从直流到交流，从开环到闭环，从模拟到数字，直到基于 PC 的伺服控制网络(PC-Based scNET)系统和基于网络的运动控制的发展过程。具体来说大体经历了以下几个阶段：

1. 以模拟电路硬接线方式建立的运动控制系统

　　起初的运动控制系统一般采用运算放大器等分离器件以硬接线的方式构成，这种系统的优点如下：

　　(1)通过对输入信号的实时处理，可实现对系统的高速控制。

　　(2)由于采用硬接线方式可以实现无限的采样频率，因此，控制器的精度较高并且具有较大的带宽。

　　然而，与数字化系统相比，模拟系统的缺陷也是很明显的：

　　(1)老化与环境温度的变化对构成系统的元器件的参数影响很大。

　　(2)构成系统所需的元器件较多，从而增加了系统的复杂性，也使得系统最终的可靠性降低。

　　(3)由于系统设计采用的是硬接线的方式，当系统设计完成之后，升级或者功能修改几乎是不可能的事情。

(4) 受最终系统规模的限制,很难实现运算量大、精度高、性能更加先进的复杂控制算法。

模糊控制系统的上述缺陷使它很难用于一些功能要求比较高的场合。然而,作为控制系统最早期的一种实现方式,它仍然在一些早期的系统中发挥作用;另外,对于一些功能简单的电动机控制系统,仍然可以采用分立元件构成。

2. 以微处理器为核心的运动控制系统

微处理器主要是指以 MCS-51 和 MCS-96 等为代表的 8 位或 16 位单片机。采用微处理器取代模拟电路作为电动机的控制器,所构成的系统具有以下的优点:

(1) 使电路更加简单。模拟电路为了实现逻辑控制需要很多元器件,从而使电路变得复杂。采用微处理器以后,大多数控制逻辑可以采用软件实现。

(2) 可以实现复杂的控制算法。微处理器具有较强的逻辑功能,运算速度快、精度高、具有大容量的存储器,因此有能力实现较复杂的控制算法。

(3) 灵活性和适应性强。微处理器的控制方式主要由软件实现,如果需要修改控制规律,一般不需要修改系统的硬件电路,只需要修改系统的软件即可。

(4) 无零点漂移,控制精度高。数字控制系统中一般不会出现模拟系统中经常出现的零点漂移问题,控制器的字节一般可以保证足够的控制精度。

(5) 可以提供人机界面,实现多机联网工作。

然而,绝大多数的微处理器一般采用冯·诺依曼总线结构,处理器的速度有限,处理能力也有限;另外,单片机系统比较复杂,软件编程的难度较大。同时,一般单片机的集成度较低,片上不具备运动控制系统所需的专用外设,如脉冲宽度调制(Pulse Width Modulation,PWM)产生电路等。因此,基于微处理器构成的电动机控制系统仍然需要较多的元器件,这就增加了系统电路板的复杂性,降低了系统的可靠性,也难以满足运算量较大的实时信号处理的需要,难以实现先进控制算法,例如预测控制、模糊控制等。

3. 在通用计算机上用软件实现的运动控制系统

在通用计算机上,利用高级语言编写相关的控制软件,配合驱动电路板、与计算机进行信号交换的接口板,就可以构成一个运动控制系统。这种实现方法利用计算机的高速度、强大的运算能力和方便的编程环境,可以实现高性能、高精度、复杂的控制算法;同时,控制软件的修改也比较方便。

然而,这种实现方式的一个缺点在于系统的体积过大,难以应用到工业现场中;另外,由于计算机本身的限制,难以实现实时性要求较高的信号处理算法。

4. 利用专用芯片实现的运动控制系统

为了简化电动机模拟控制系统的电路,同时保持系统的快速响应能力,一些公司推出了专用电动机控制芯片,如 TI 公司推出的直流无刷电动机控制芯片 UCC3626、UCC2626 等。利用专门电动机控制芯片构成的运动控制系统保持了模拟控制系统和以微处理器为核心的运动控制系统两种实现方式的长处,具有响应速度快、系统集成度高、使用元器件少、可靠性高等优点;同时,专用电动机控制芯片便宜,进一步降低了最终系统的成本。这也是目前应用最广泛的一种运动控制系统实现方法。然而,受专用控制芯片本身的限制,这种系统的缺点也是很明显的,如下所示:

(1) 由于已经将软件固化在芯片内部,虽然可以保证较高的系统响应速度,但是降低了系统的灵活性,不具有扩展性。

（2）受芯片制造工艺的限制,在现有的电动机专用控制芯片中所实现的算法一般都是比较简单的。

（3）由于用户不能对专用芯片进行编程,因此,很难实现系统升级。

（4）受芯片本身算法的控制,这种系统的控制精度一般都较低,难以应用于那些要求高性能、高精度的场合。

5. 以可编程逻辑器件为核心构成的运动控制系统

由于 FPGA/CPLD 等可编程逻辑器件的发展,人们可以利用 ALTERA、XILINX 等公司提供的产品,使用这些公司提供的开发软件或者 VHDL 等开发语言,通过软件编程实现某种运动的控制算法,然后将这些算法下载到相应的可编程逻辑器件中,从而以硬件的方式实现最终的运动控制。利用可编程逻辑器件实现的运动控制系统具有以下优点:

（1）系统的主要功能都可在单片 FPGA/CPLD 器件中实现,减少了所需元件个数,缩小了系统的体积。

（2）可编程逻辑器件一般具有系统可编程的特点,因此,以这个为基础构成的目标系统具有较好的扩展性和可维护性,通过修改软件并重新下载到目标上的相应器件中,就可以实现系统的升级。

（3）由于系统以硬件实现,响应速度快,可实现并行处理。

（4）开发工具齐全,容易掌握,通用性强。

然而,这种系统实现方法的缺点也是很明显的,例如,尽管可编程逻辑器件可实现任意复杂的控制算法,但算法越复杂,可编程逻辑器件内部需要的晶体管门数就越多。按照目前的芯片制造工艺,可编程逻辑器件的门数越多,价格也越昂贵。因此,考虑到目标系统的成本,一般采用可编程逻辑器件实现较简单的控制算法,构成较简单的运动控制系统。

6. 以可编程 DSP 控制器为核心构成的运动控制系统

为了满足世界范围内运动控制系统的需要,TI 公司推出了 TMS320x24x 系列 DSP 控制器。x24x 系列 DSP 控制器将一个高性能的 DSP 核、大容量的片上存储器和专用的运动控制外设电路（16 通道模/数转换单元、串行通信接口、CAN 控制器模块等）集成在单芯片上,保持了传统微处理器可编程、集成度高、灵活性/适应性好、升级方便等优点;同时,其内部的 DSP 核可提供更高的运算速度、运算精度和处理大量运算数据的能力。

x24x 系列 DSP 控制器采用改进的哈佛结构,分别用独立的总线访问程序和数据存储空间,配合片内的硬件乘法器、指令的流水线操作和优化的指令集。DSP 控制器可较好地满足系统的实时性要求,实现复杂的控制算法如卡尔曼滤波、模糊控制、神经元控制等。

基于 DSP 控制器构成的电动机控制系统事实上是一个单片系统,因为整个电动机控制所需要的各种功能都是由 DSP 控制器来实现的。因此,可大幅度地减小目标系统的体积,减少外部元器件的个数,增加系统的可靠性。另外,由于各种功能都可以通过软件来实现,因此,目标系统升级容易、扩展性、可维护性都很好。同时,DSP 控制器的高性能使最终的系统既可以满足那些要求较低的系统,也可以满足那些对系统性能和精度要求较高的场合的需求。与以上各种方法相比,以可编程 DSP 控制器为核心构成的运动控制系统具有以下特点:

（1）基于 DSP 控制器构成的运动控制系统可以满足任意场合的需要,将是运动控制系统发展的方向。

(2) 可以采用新型微处理器来实现一些功能复杂、要求较高的运动控制系统,然而,与同样性能的 DSP 控制器相比,这些新型微处理器的价格往往比较昂贵。

(3) 在一些简单、性能要求不高的场合,可以采用专用控制芯片、微处理器、可编程逻辑控制器、可编程逻辑器件来构成运动控制系统。

(4) 在一些工作环境良好的大型系统中,可考虑采用通过计算机、公用计算机来构成运动控制系统。

(5) 多种系统实现方式应互相配合使用,以达到更好的效果和更高的性价比。

7. 基于现场总线的全数字高精智能型伺服总控系统

全数字高精智能型伺服总控系统设计遵循 IEC 系列国际标准,满足 ISO 国际标准,运用目前世界上最先进的可编程计算机控制器(PCC)与先进伺服驱动系统实现整个系统功能。系统按分布式结构设计,采用开放系统,分层控制等先进的计算机设计思想,将先进伺服驱动控制技术、现场总线技术、计算机技术、通信和网络技术、数据库技术、图形和图像技术、多媒体技术、数据采集和可编程控制技术有机地结合在一起,这套控制系统以其先进的总线型多轴运动控制,分时多任务高速的运算处理能力演绎了自动化系统的完美强大,完全满足近期一切功能要求,设计理念超越了对控制系统的普通理解,充分考虑了系统的扩展性和远期发展,具有前瞻性。整个系统具有技术水平先进、自动化程度高,操作简单、显示直观、调节性能稳定、运行可靠、抗干扰能力强、维护方便等优点。

全数字高精智能型伺服总控系统中工业级控制显示操作站选用人机界面触摸式图文控制显示单元:一体化嵌入式工业控制计算机,这种嵌入式系统为机器的运行和监视设立了一个新的标准。这种产品是在电源、功能、安全操作等方面达到新水平的一个自动控制系统,系统应用范围广泛。它完全地集成了监控设备所需的一切功能,体现了最优性能和最小尺寸的最佳组合。嵌入式工控机有专用的嵌入式操作系统,在这个操作系统上使用 C 语言或者 Basic 高级语言编程,可以实现丰富多彩的功能。软件开发工具能够实现显示、控制、驱动和通信任务的简单配置和编程。这种嵌入式一体化人机界面设备具有广阔的前景,可广泛应用于许多领域。

全数字高精智能型伺服总控系统是具备电流环、速度环与位置环的先进伺服系统,保证了单机的位置控制精度,同时通过高速现场总线接口实现多轴的精确位置同步控制。所有这些伺服控制器都连接在高速现场总线上,由计算机可编程控制器进行集中控制与管理。

全数字高精智能型伺服总控系统选用高速现场总线的优点体现在以下几个方面:

(1) 高速现场总线传输速率极高,采用星型网络连接,计算机可编程控制器控制多台伺服,同步循环时间只需几百微秒。同步循环时间越短,则同步的动态响应性能越好。这直接体现在机器启停、加减速时的同步性能。实际经验表明,采用高速现场总线技术的伺服系统,不仅在稳速的时候有极佳的同步效果,即使在机器频繁加减速、启停的情况下,也可以保证精确的同步性能,保障控制精度。

(2) 所有伺服控制器连在同一个现场总线上,由一个中央控制器集中控制。这样可以保证各伺服控制器实时收到各自的位置指令,这是高速同步的前提条件。

现代交流伺服系统最早被应用到宇航和军事领域,例如火炮、雷达控制。逐渐进入到工业领域和民用领域。工业应用主要包括高精度数控机床、机器人和其他广义的数控机械,例如纺织机械、印刷机械、包装机械、医疗设备、半导体设备、邮政机械、冶金机械、自动化流水线、各种专用设备等。其中伺服用量最大的行业依次是:机床工具、食品包装、电子制造、纺织印染、塑料机械、印刷造纸和橡胶机械,合计超过 75%,具体如表 1-1(2012 年底)所示。

表 1-1　交流伺服运动控制产品

应用行业	亿　元	比　例	主要供应商
机床工具	9.07	37%	三菱、安川、西门子
食品包装	2.94	12%	西门子、松下、三菱、安川、罗克韦尔
电子制造	2.21	9%	松下、三菱
纺织印染	1.96	8%	松下、三洋、伦茨、三菱、西门子、台达、东元
塑料机械	1.72	7%	三菱
印刷造纸	1.47	6%	三菱、安川
风电	1.47	6%	
橡胶机械	0.98	4%	力士乐、三菱
其他行业	2.7	11%	
合计	24.52	100%	

下面以占据行业前两位的机床工具、食品包装为例进行说明。

1) 在机床工业领域,交流伺服运动控制产品主要应用特点如下:

(1) 高速高精度。用于高速高精加工机床的进给驱动,主要有"回转伺服电机加精密高速滚珠丝杠"和直线电机直接驱动两种类型。当前使用滚珠丝杠的高速加工机床最大移动速度 90m/min,加速度 1.5g;使用直线电机的高速加工机床最大移动速度已达 208m/min,加速度 2g,并且还有发展余地。

(2) 多轴化。随着 5 轴联动数控系统和编程软件的普及,5 轴联动控制的加工中心和数控铣床已经成为当前的一个开发热点,尤其是在加工自由曲面时,克服了 3 轴联动时切速接近于零时的切削弊端。控制器、交流伺服电机、专用控制平台和伺服检测装置,这些产品构成了一个完善的交流伺服运动控制产品。

2) 在食品包装领域,交流伺服运动控制产品主要有以下特点:

(1) 机械结构大为简化。传统的包装机械控制系统多采用继电器、接触器控制电路,其复杂程度随着执行机构的增多以及调整部位的增大而加大,使得机器也越来越复杂,给制造、调整、使用和维修带来很大困难。而交流伺服运动控制产品的应用,可用微机、传感技术、新型伺服技术取代笨重的电气控制柜和驱动装置,使零部件数量剧减,结构大为简化,体积也随之缩小。

(2) 产品质量高。参数变化越多,调整部分越多,交流伺服运动控制的优越性也越大,这是一般控制方式无法比拟的。功能增多,可靠性提高,交流伺服运动控制系统除保持原来的包装机功能以外,还可赋予其他许多功能。如液体饮料软包装机,它在气动、电气、机械的共同配合下,可具有制盒、灭菌、灌装、封口等功能,还可存储如生产速率、产品数量、故障现象、故障原因等数据,同时能对这些数据根据实际情况进行相应处理大大方便了操作,使包装机的可靠性大为提高。

习题

1-1　简述运动控制系统的定义及其伺服系统的概念。

1-2　伺服系统如何分类？

1-3　伺服系统的主要特点及要求是什么？

1-4　全数字高精智能型伺服系统驱动技术发展方向有哪些？

1-5　运动控制系统发展经历了哪几个历程？

1-6　简述伺服运动控制系统及其产品的主要应用行业。

第 2 章　伺服运动控制系统检测技术及元件

凡是要定量地描述事物的特征和性质的地方,都离不开测量。测量就是用专门的技术工具靠实验和计算找到被测量的值(大小和正负),测量的目的是在限定时间内尽可能正确地收集被测对象的未知信息,以便掌握被测对象的参数和对其运动、变化过程的控制。

检测系统是控制系统的重要组成部分。运动控制系统中的检测系统就是要实时地对被测对象的运动参数(位移、速度、加速度、加加速度和力、扭矩等机械量)进行检测和数据处理的系统。

2.1　检测系统

人类处在一个广大的物质世界中,面对众多的测量对象和测量任务,被测的量千差万别,种类各异。但根据被测的物理量随时间变化的特性,可总体分为静态量和动态量。静态量是指那些静止的或缓慢变化的物理量,对这类物理量的测量称为静态测量;动态量是指随时间快速变化的物理量,对这类物理量的测量称为动态测量。本书的主要研究对象为运动物体,并且是运动量的动态测量,需要相应的动态测量理论、方法和元器件。

一个测量或测试系统总体上可用图 2-1 所示的原理框图来描述。

图 2-1　测试系统原理框图

若以信息流的过程来划分,现代检测系统的各个组成部分包括信息的获取部分(传感器)、信息转换单元、信息的处理和输出部分,如图 2-2 所示。

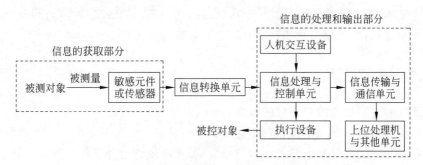

图 2-2　现代检测系统的结构示意图

在上述测试系统中,用来获取信息的传感器或敏感元件是第一个环节,对于运动控制系统而言,它就是一个把待测量(位移、速度、加速度、力等)变换成某种电信号的装置,传感器能否获取信息和获得信息是否正确,关系到整个测量或控制系统的成败与精度。如果传感器的误差很大,其后测量电路、放大器、指示仪和执行器的精度再高、可靠性再好,也将难以提高整个系统的性能和精度。

在图 2-2 的系统中,检测系统为了完成所需求的功能,需要将传感器输出的信号作进一步的转换,即变换成适合的变量并且要求它应当保存着原始信号中所包含的全部信息。完成这样功能的环节称为信息转换单元。在此单元中,把从传感器获得的信号滤波、放大、电平调节和量化。从传感器获得的信号往往很微弱并常常混有噪声。如果这些噪声处于有用信号之外,则可以用模拟滤波器予以清除,从而提高信噪比。如果噪声是与信号频谱交叠的弱信号,可以考虑用相干检测或取样积分的方法等提取有用信息。

信息处理与控制单元是检测系统的核心。现代检测的标志是自动化和智能化。现代检测系统用计算机完成数据处理,可以实现误差分析以提高系统的性能,进行自动补偿,自动校准、自诊断;并通过信号处理实现快速算法、数字滤波、信号卷积、相关分析。频谱分析、传递函数计算、图像处理或进一步的分析、推理、判断等。这不仅大大减少了测量过程中各种误差的影响,提高了精度,而且信号处理功能的实现也扩展了测量系统的功能和测量范围,进一步发展可能达到具有自学习、理解、分析推理、判断和决策的能力。

随着微电子技术的发展,将传感器与信号调理电路集成为一体化的芯片已经出现。

信息获取单元(传感器)、信号调理与 A/D 转换单元、信息处理单元(计算机)的实现形式,如图 2-3 所示。当检测信号量大或检测的种类多、范围大时,则需要将多个这种基本形式连接起来,并要求实现信息的传输、集中和共享,此任务由通信单元完成。

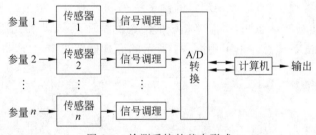

图 2-3 检测系统的基本形式

通信部分完成测量装置间或测量装置与其他环节间的信息传输,追求快速性和有效性,并包括物理实体的接口、传输线或其他介质及通信规律等。通信接口有串行和并行之分,也有同步和异步之别,由传输信息的要求和装置间具体条件来确定。

2.2 传感器技术

敏感元件和传感器是两个不同的概念。

敏感元件是指直接感受被测物理量并对其进行转换的元件或单元。而传感器则是敏感元件及其相关的辅助元件和电路组成的整个装置,其中敏感元件是传感器的核心部件。

传感器也泛指将一个被测物理量按照一定的物理规律转换为另一物理量的装置。

2.2.1 传感器分类

传感器的分类方法很多,往往同一机理的传感器可以测量多种物理量如电阻型传感器可以用来测温度位移、压力、加速度等物理量,而同一被测物理量又可采用多种不同类型的传感器来测量,如位移量,可用电容式、电感式、电位计式、电涡流式、变压器式、光纤式等传感器来检测。

常用的传感器的分类有按被测物理量进行的分类,如测量力的力传感器,测量速度的速度传感器。

也可按传感器的工作原理或传感过程中信号转换的原理分类,可分为结构型和物性型。所谓结构型传感器是指根据传感器的结构变化来实现信号的传感,如电容传感器是依靠改变电容极板间距或作用面积来实现电容的变化;可变电阻传感器是利用电刷的移动来改变作用电阻丝的长度从而来改变电阻值的大小。

结构型传感器由敏感元件和变换器组成,敏感元件又叫弹性元件,例如:梁、膜片、柱、筒、环等可将力、重量、压力、位移、扭矩、加速度等多种被测信号转换为中间变量(即非直接输出量)。变换器将弹性敏感元件输出的中间变量转换成电参量的变化作为输出量。

物性传感器是根据传感器敏感元件材料本身物理特性的变化而实现信号的转换。例如压电加速度计利用了传感器中石英晶体的压电效应,光敏电阻利用材料在受光照作用下改变电阻的效应等。它没有中间转换结构,与结构型对应而言,它只有变换器。

传感器也是一种换能元件,它把被测的量转换成一种具有规定准确度其他量或同种量的其他值,因此,把传感器称为换能器含义更为广泛。另外,也可根据传感器与被测对象之间的能量转换关系将传感器分为能量转换型和能量控制型。

能量转换型传感器(有源传感器)则领先外部提供辅助能源来工作,由被测量来控制该能量的变化,如电桥电阻应变仪,其中电桥电源由外部提供,应变片的变化由被测量所引起,从而导致电桥输出的变化。

对于电量可直接检测,而对于非电量的检测实际上是非电量的电测,是将非电量转换成电量再加以测量。

按待测量来分类,大致可分为物理量、化学量和生物量 3 大类。表 2-1 是现已能检测的大部分待测量的分类表。在机械量中,位移是既容易检测又容易获得高精度测量的物理量,测量中常采用将被测物体的机械量转换成位移来间接测量,例如将压力转换成膜的位移、将加速度转换成质量块的位移等。位移传感器是机械量传感器中的基础传感器。

表 2-1　检测量及检测对象

类　　别			检测量及检测对象
物理量	机械量	几何量	长度、位移、应变、厚度、角度、角位移
		运动学量	速度、角速度、加速度、角加速度、振动、频率、时间
		力学量	力、力矩、应力、质量、荷重
	流体量		压力、真空度、液位、黏度、流速、流量
	温度		温度、热量、比热
	电量		电流、电压、电场、电荷、电功率、电阻、电感、电容、电磁波
	磁场		磁通、磁场强度、磁感应强度
	光		光度、照度、色、紫外光、红外光、可见光、光位移
	湿度		湿度、露点、水分
	放射性		X、α、β、γ 射线
化学量			气体、流体、固体分析、pH 值、浓度
生物量			酶、微生物、免疫抗原、抗体

2.2.2　基础效应

　　参数的检测离不开敏感元件,而敏感元件是按照一定的原理把被测量的信息转换成另一种可进一步进行处理或表示的信息。这个转换过程一般利用了诸多的效应(包括物理效应、化学效应和生物效应)和物理现象。检测技术的发展与新型物性材料的开发,新原理和新效应的发展是密切相关的。

　　按引起传感效应的物理量来区分,传感效应还可分为光效应、磁效应、力效应、化学效应、多普勒效应等。

1. 光效应

　　与光有关的效应有：光电导效应、光伏效应和科顿(Cotton)效应。

　　(1) 光电导效应。

　　在光辐射作用下,材料的导电性发生变化,这种变化与光辐射强度呈稳定的对应关系,这种现象就是光电导效应,光电导效应属于内光电效应。

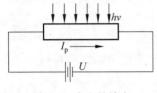

图 2-4　光电导效应

　　如图 2-4 所示,如果在材质均匀的光电材料两端加上一定电压 U,当光照射到材料上时,由光照产生的光生载流子在外加电场作用下沿一定方向运动,在回路中产生电流 I_p,电流的大小受光强度的控制,用这种光电导效应制作的典型器件就是光敏电阻。在可见光亮度测量中广泛应用,例如照相机自动曝光系统中的亮度测量等。

　　(2) 光伏效应。

　　当光照 P-N 结时,只要入射光子能量大于材料禁带宽度,就会在结区产生电子-空穴对,这些非平衡载流子在内建电场的作用下,按一定方向运动,在开路状态下形成电荷积累,产生了一个与内建电场方向相反的光生电场和相应的光生电压。这就是所谓的光生伏特效应,光生电压的大小与 P-N 结的性质及光照有关。基于光伏效应的 P-N 结光电器件有3 种：光敏二极管、光敏三极管和硅电池。

　　(3) 科顿效应。

　　能使左、右旋圆偏振光传输速度相当的旋光性物质(或称光学活性物质,如芳香族化合物),在直线偏振光入射并透过时,会产生角的偏转现象称为科顿效应。

2. 磁效应

　　与磁有关的效应有：法拉第效应、克尔效应等磁光效应；霍尔(Holl)效应、磁阻效应等磁电效应；磁致伸缩、威德曼效应等压电磁效应,以及约瑟夫效应、核磁共振等。

　　(1) 法拉第效应。

　　法拉第效应又称磁致旋光效。当线偏振光通过处于磁场下的透明介质时,光线的偏振面(光矢量振动方向)将发生偏转,其偏转达角与磁感应强度、介质的长度成比例关系。

　　(2) 霍尔效应。

　　当电流通过半导体薄片时,垂直于电流方向的磁场使电子向薄片的一侧偏转,从而使薄片的两侧产生电位差,所产生的电位差称为霍尔电势,其大小与激励电流、磁场强度、材料有关。

3. 力效应

与力有关的效应有压电效应、磁致伸缩效应、饱和效应等。

(1) 压电效应。

当具有压电效应的材料受到沿一定方向的外力作用而变形时,在其某两个表面上将产生极性相反的电荷。常见的压力材料有石英晶体(又称水晶)、铌酸锂($LiNbO_3$)、镓酸锂($LiGaO_3$)、锗酸铋($Bi_{12}GeO_{20}$)等单晶和经极化处理的多晶体,如钛酸钡、锆钛酸铅压电陶瓷(PZT),还有高分子压电薄膜聚偏二氟乙烯(PVDF)、压电半导体(ZnO、CdS)等。

(2) 磁致伸缩效应。

某些铁磁体及其合金以及某些铁氧体在磁场作用下将产生机械变形,其尺寸、大小会作相应的伸缩,这种现象称为磁致伸缩效应或称焦耳效应。无外磁场作用时,磁性物质体内的磁畴排列杂乱无章,磁化均衡;当受到外磁场作用时,体内磁畴转动并使它们的磁化方向尽量与外磁场一致,导致磁性体沿外磁场方向的长度发生 $10^{-6} \sim 10^{-5}$ m 量级的变化。

(3) 饱和效应。

在高分子核磁共振吸收过程中,随入射电磁波振幅的增加,高分子吸性电磁波能量逐渐减少的现象称为饱和效应。饱和效应是由于高分子的核自旋吸收能量较多时,来不及转移而产生的。

4. 化学效应

化学效应有表面吸附效应、半导体表面场效应、中性盐效应、电泳效应等。

(1) 吸附效应。

诸如 SnO_2、ZnO 等金属氧化物的半导体陶瓷材料接触气体时,在特定温度下,材料会吸附气体分子,其分子表面和气体分子之间发生电子交换,使得半导体材料的表面电位、功函数及电导率发生变化,这种现象称为吸附效应。

(2) 半导体表面场效应。

利用电压所产生的电场控制半导体表面电流的效应称为半导体表面场效应。它是绝缘栅场效应晶体管(例如 MOS 场效应管)基本的工作原理。如果这种控制作用随环境气体、溶液离子浓度等化学物质而变化,则可构成气敏、离子敏、生物敏等半导体场效应化学传感器。

(3) 中性盐效应。

在化学反应系统中加入中性盐(其水溶液既非酸性又非碱性的盐类)后,系统的离子强度将发生变化,从而影响其反应速度,这种现象称为中性盐效应。

(4) 电泳效应。

当水溶液(如食盐)电解时,溶液中的离子向电极方向移动(称为电泳),因溶液流动阻碍离子移动而减小其迁移率的现象为电泳效应。离子的迁移率与溶液中电解质浓度、种类、颗粒形状及大小有关,利用电泳效应可以分析蛋白质。

5. 多普勒效应

具有一定频率的信号源(如光源)与传感器之间以某速度相对运动,传感器所接收的信号频率将与信号源的自身频率不同,若两者相对运动,则接收的信号频率大于信号源的自身频率,若两者相向运动,则接收的信号频率小于信号源的自身频率,这种现象被称为多普勒效应。

2.2.3 新型敏感材料

传感器技术发展速度很快,随着各行业对测量任务的需要不断增长,新型的传感器件层出不穷,同时随着现代信息技术、材料科学的高速发展,传感器也朝小型化、集成化和智能化的方向发展。

传感器的敏感材料是指能利用物理效应或化学、生物反应原理做成敏感元件的基本材料。由于近年来半导体材料、加工等技术的飞速发展,半导体敏感材料的应用最为广泛,光导纤维、高分子材料在传感器技术中的应用也越来越多,像光电耦合器件、光纤传感器、生物传感器、化学传感器等基本上都使用上述材料。

1. 半导体敏感材料

半导体材料可以将多种非电量转换为电量,无论是光、声、热、磁、气、湿等都可以利用相应的半导体材料进行传感,特别是硅半导体材料,工艺十分成熟,很容易将传感器微型化、集成化、多功能和智能化。

表 2-2 将半导体敏感材料分类,并列出了各材料的性能和传感对象。

表 2-2　半导体敏感材料分类

材料类型	典型材料	可测物理量	备　　注
单晶	Si、Ge	力、光、磁	—
多晶	Si	光、压、热	可制成薄膜
非晶体	a-Si：H	热、应变、光	制作成薄膜
异质结外延	Si	加速度、压力、酶	在蓝宝石(α-Al$_2$O$_3$)上定向外延的单晶膜
化合物	GaAs、InSb、ZnS、CdS、TeCdHg、PbS	力、磁、光、紫外、红外、超声	—

2. 光导纤维

在实际光纤通信过程中发现,光纤受到外界环境因素的影响,如压力、温度、电场、磁场等环境条件变化时,将引起在光纤中传输的光波的某些物理量发生变化,这些物理量包括光强、相位、频率、偏振态等。这些现象引起人的推测,如果能测出光波中物理量的变化大小,就可以知道导致这些光波特性变化的压力、温度、电场、磁场等物理量的大小,于是就出现了光纤传感器。

光导纤维由 3 层构成,其中央有个细芯称为纤芯,直径只有几十微米,纤芯的外面有一层薄薄的包层,光纤最外层为保护层,其折射率大于包层,包层的折射率远小于纤芯这样的构造可以保证入射到光纤内的光波以全反射的方式集中在纤芯内传输。光在纤芯与包层的交界面上,无数次反射呈锯齿形状路线向前传播,最后从光纤芯另一端传出。

由于光纤纤芯有形状的时弯等缺陷,用普通光纤维的单模光导纤维难以解决许多物理量的传感问题,难以保证所需的测量精度,需要一些特殊光导纤维,例如:保偏光导纤维等。

3. 高分子材料

有机高分子的分子骨骼几乎都是由强化学键的 σ 键构成的,高分子集合体固体的特征是非晶结构,高分子材料在电气特性上主要表现为绝缘性。不过高分子材料也可以作为敏感材料,主要可以用作压电、热释电、光电材料等。例如：电导性高分子薄膜、压电式热释电材料(PVDF)。

4. 石英晶体

化学成分为 SiO_2,石英晶体俗称水晶,理想形状为六角锥体,是电绝缘的离子型晶体电解质材料,具有压电效应、光的双折射效应等。

2.2.4　新加工工艺

在 20 世纪后期,腐蚀、键合、光刻、薄膜、刻蚀、拉丝、激光、超声加工等技术发展迅猛,微细加工已经进入纳米量级,并进而向 0.1nm 方向和原子或分子尺寸挺进。本节将概括性介绍几种新加工工艺。

1. 薄膜加工工艺

薄膜成膜的主要方法是蒸发、溅射以及化学气相淀积。蒸发和溅射都需要在真空中进行。薄膜成膜的主要设备是真空镀膜机,真空镀膜机的钟罩为薄膜成膜提供真空环境。

(1) 蒸发。真空泵把淀积室(钟罩)内的气压抽至 $1.33\times10^{-2}Pa$ 以下,然后采用电阻加热、电子轰击等办法加热蒸发源材料,迫使蒸发材料表面的原子或分子离开材料表面,并淀积在基片上。蒸发材料可以是金属、非金属或热稳定性良好的化合物。

(2) 溅射。溅射是材料表面受到具有一定能量的离子的轰击而发射的现象,其基本原理是利用电场作用将惰性气体电离,而正离子将向阴极方向高速运动,撞击阴极表面,把自己的能量传递给处于阴极的溅射材料的原子或分子逸出而淀积到基片上,形成所需要的薄膜。

(3) 化学气相淀积(CVD)。使用加热、等离子体和紫外线等各种能源,使气态物质经化学反应(热解或化学合成)形成固态物质淀积在衬底上的方法,叫作化学气相淀积,简称CVD 技术。化学气相淀积的基本结构主要包括反应气体输入部分、反应激活能源供给部分和气体排出部分。

(4) 分子束外延。所谓外延是指以某点为中心向外生长,分子束外延(MBE)是一种利用分子射束在单晶衬底上生长单晶层的外延方法。它已成为研制 GaAs 集成电路和集成光路不可缺少的技术,为表面物理、表面化学的基础研究和研究新型传感器提供了最佳环境和工艺条件。

2. 光学曝光微加工工艺

在光学曝光加工中,一般需要具有一定图形的掩模板(简称掩模),掩模上的图形区和非图形区对光线的吸收和透射性不同,将光线照射在具有特定电路图形的掩模上,就会将掩模上的电路图形转印到硅片的抗腐蚀剂上,然后通过显影、刻蚀和淀积金属等工艺,即可获得集成电路的图形布线。

3. 光微细加工

激光微细加工具有直接写入、低温处理等独特的优点,在微电子、光电子、集成光学、光电集成电路等领域都能发挥广泛的作用。激光微细加工方法主要有激光辅助气相淀积、激光辅助固相淀积、激光辅助液相淀积、激光辅助化学掺杂、激光退火。

4. 光纤制造技术

石英玻璃光纤的制造工艺主要包括预制双层超纯石英玻璃光纤棒、拉丝制成光纤、涂覆。

光纤预制棒的置备常采用改进的化学气相淀积法，以管内沉积法最为普遍，还有外附法和轴向沉积法。预制棒在炉温为 2000℃ 的拉丝炉中，前端熔化，被拉成丝，一次涂覆在光纤表面涂上一层塑料保护层（丙烯酸环氧或有机硅树脂等）。为了便于使用和加工，在其外面再涂覆（二次涂覆）一层塑料保护层（如尼龙 12、聚丙烯、氟塑料等）。

2.2.5　新型传感器件

由于自动化生产程度的不断提高，一批具有检测范围宽、灵敏度高、精度高、响应速度快且互换性好的新型传感器件不断涌现，这些传感器件在工作时的可靠性高、寿命长、集成度高、微型化等特性较传统传感器有明显改善，这些都得益于新型功能材料的开发和利用、多传感器信息融合、仿生物传感器等新技术的发展。

1. 光电位置传感器件（PSD）

光电位置传感器是一种对入射到光敏面上的光点位置敏感的光电器件，其输出信号与光点在光敏面上的位置有关。

图 2-5 是 PIN 型 PSD 的断面结构示意图，该 PSD 包含有 3 层，上面为 P 层，中间为 I 层，下面为 N 层，它们被制作在同一硅片上，P 层不仅作为光敏层，而且是一个均匀的电阻层。

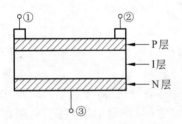

图 2-5　PIN 型 PSD 的断面结构
示意图

当入射光照射到 PSD 的光敏层时，在入射位置上就产生了与光能成比例的电荷，此电荷作为光电流通过电阻层（P 层）由电极输出。由于 P 层的电阻是均匀的，所以由电极①和电极②输出的电流分别与光点到各电极的距离（电阻值）成反比。利用光点的距离和电极的电流之间的对应关系，即可准确测定光点的位置和移动。

PSD 具有如下特点：

（1）它对光斑的形状无严格要求，即输入信号与光的聚焦无关，只与光的能量中心位置有关，这给测量带来很多方便。

（2）光敏面上无须分割，消除了死区，可连续测量光斑位置，位置分辨率高，一维 PSD 可达 $0.2\mu m$。

（3）可同时检测位置和光强，PSD 器件输出的总光电流与入射光强有关，而各信号电极输出光电流之和等于总光电流，所以从总光电流可求得相应的入射光强。

PSD 被广泛地应用于激光束对准、位移和振动测量、平面度检测、二维坐标检测系统等。

2. 电荷耦合器件（CCD）

电荷耦合器件（CCD）是使用广泛的固体摄像器件，按结构分两大类：线阵和面阵器件，在测量领域线阵 CCD 用得最多。

CCD 是一种基于 MOS 晶体管的器件，即一系列基于非稳态 MOS 电容器的器件。它是由衬底（常为 P 型单晶硅）、氧化层（SiO_2）和金属电极（栅极）构成的，每个栅极与其下方的 SiO_2 氧化层和半导体衬底间构成了金属-氧化物-半导体结构的 MOS 电容器，电容器的状态随栅极上施加的栅极电压的不同而不同。这种规则排列的 MOS 电容器列阵，再加上两端的输入及输出二极管就构成了 CCD 的芯片。

当光透过片子顶面或背面照到光敏元时,光敏元中便会因光子的轰击而产生电子-空穴对,即光生电荷。入射光越强则光生电荷越多,无光照的光敏元则无光生电荷。通过转移栅进行电荷的转移,根据输出的先后则可以辨别出电荷包是从哪位光敏元来的,而且根据输出的电荷量的多少,可知该光敏元的受光强弱。输出电荷经放大器放大后,变成一个个脉冲信号,电荷多,脉冲幅度大,电荷少,幅度小,这样便完成了光电模拟转换,实现了图像信号到电信号的转变。

CCD 具有如下特点:

体积小、重量轻、功耗低、可靠性高、寿命长;

空间分辨率高,线阵器件可达 7000 像元、分辨能力可达 $7\mu m$,面阵器件已有 4096×4096 像元,整机分辨能力已在 1000 电视线以上;

光电灵敏度高、动态范围大,灵敏度高,动态范围 10^6:1,信噪比 $60\sim70$ dB。可用于多种场合,例如:

(1) 尺寸检测:利用 CCD 配合适当的光学系统,将被测零件成像在 CCD 图像传感器的光敏阵列上,产生物体轮廓的光学边缘,时钟和扫描脉冲电路对每个光敏元顺次询问,视频输出馈送到脉冲计数器上,并把时钟选通信号送入脉冲计数器。启动阵列扫描的扫描脉冲用来把计数器复位到零,复位之后,计数器计算和显示由视频脉冲选通的总时钟脉冲数。显示数就是零件成像覆盖的光敏元数目,根据该数目计算零件尺寸。

(2) 位移测量:一般利用 CCD 配合适当的光学系统,将被测物体(非透明的)放在聚光镜和物镜之间,光源发出的光线经聚光镜成平行光照在被测物体上,物镜将被测物体所在平面成像于 CCD 光敏面上,被测物体在 CCD 光敏面上的对应位置处将形成一个光强凹陷,凹陷的中点对应被测物体的中心位置。被测物体移动,光强凹陷的中点也随之移动。根据物镜的放大倍数,CCD 光敏面上光强凹陷的中点移动的像元数(CCD 器件的极限分辨率为 2 倍的像素中心间距),即可计算出被测物体的实际位移。

3. 光纤传感器

光纤传感器具有抗电磁干扰能力强、安全性能高、灵巧轻便、使用方便的特点。有光纤的温度、位移、流量、力、速度、磁场、电流、电压、图像、医用等传感器。

光纤位移传感器:是利用光纤传输光信号的功能,根据探测到的反射光的强度来测量被测反射表面的距离。光从光源耦合到输入光纤射向被测物体,被测物体将入射光反射回另一根光纤(输出光纤),光敏检测器产生与接收到的光强成正比的电信号,被测物体与光纤探头的距离同接收到的光强成对应关系,由此可以检测出被测物体的位移量。

4. 集成传感器

集成传感器是将敏感元件、信号调理电路、补偿电路、控制电路或电源等制作在同一芯片上,使传感器具有很高的性能。

(1) 硅电容式集成传感器。

硅电容式集成传感器大体上由硅压力敏感电容器、转换电路和辅助电路构成。如图 2-6 所示,在厚的基底材料(如玻璃)上镀一层金属薄膜(如 Al)作为电容器的一极,另一个极板在硅片的薄膜上,硅薄膜的一面腐蚀后形成十几微米的膜,边缘与基底材料键合在一起。当

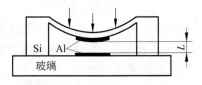

图 2-6　硅敏感电容器结构示意图

膜受压变形而引起电容极板之间的间距变化,从而电容随之变化,再将电容变化通过集成在一起的电路转变成电信号输出。

(2) 集成温敏传感器。

集成温敏传感器将温敏晶体管及其外围电路集成在同一芯片上,构成集测量、放大、电源供电电路于一体的高性能测温传感器。其典型的工作温度范围是-50~+150℃,有电压型、电流型和频率型 3 大类。

(3) 集成磁敏传感器。

磁敏传感器分为结构型和物性型两大类,前者是根据法拉第电磁感应原理制成的,只能检测磁通或磁场的变化率,后者是利用导体或半导体的磁电转换特性将磁场信息变换成电信息,能检测交、直流磁场,灵敏度高、可靠性好。集成磁敏传感器中的磁敏元件采用的就是物性型磁敏传感器,它有开关型和线性两种。

5. 化学传感器

能将各种化学物质的特性(例如气体、离子、电解质浓度、空气湿度等)的变化定性或定量地转换成电信号的传感器称为化学传感器,有离子传感器、气敏传感器、湿敏传感器等。

6. 生物传感器

生物传感器是指用生物分子或生物物质作识别特定分子器件的传感器。它就是将生理生化、遗传变异和新陈代谢等一切生命形式的生命活动反应与传感器技术结合起来的一种传感器,是一类特殊的化学传感器。生物传感器的基础是生物反应,现在利用的主要有酶反应、微生物反应、免疫学反应和 DNA 杂交反应。

各种生物反应的结果会伴随化学物质的产生或变化,可能发生热的变化,可能伴有发光或导致发光体发光的现象,也可能导致反应物的质量变化等。用已经成熟的电、光、热等检测手段检测上述变化现象,将其转换成电信号输出,就完成了生物传感器的功能。

生物传感器由固定化的生物识别功能物质和信号转化器组成。

7. 薄膜传感器

薄膜是指在基底材料上用各种理、化方法制作的厚度为几十埃~几微米的介质层,薄膜的加工都采用真空蒸发、溅射、等离子(即等离子 CVD)化学气淀积等技术。与同类传感器相比,由于制作工艺不同,薄膜传感器在动态响应、灵敏度等方面优点明显。

(1) 薄膜热传感器:常用的有金属薄膜热电阻和多晶硅薄膜热电阻。金属薄膜热电阻是把金属铂研成微细铂粉,用真空沉积的薄膜技术把铂粉附着在陶瓷基片上,膜厚 $2\mu m$ 以内,用玻璃烧结料把引线固定,经激光调阻制成,其阻值范围很大,它的阻值、几何尺寸、结构形式等可依要求样式制作;多晶硅薄膜是由许多晶向不同的微小晶粒和相应晶界组成的,多晶硅薄膜热电阻以热组特性为工作原理,利用多晶硅薄膜的电阻率随温度变化的特性,来达到检测温度的目的。随着微系统(MEMS)技术的发展,微机械多晶硅薄膜传感器在其中扮演着越来越重要的角色。

(2) 薄膜应变片:薄膜应变片采用溅射或蒸发的方法,将半导体或金属敏感材料直接镀制于弹性基片上。相对于传统金属贴片应变片,薄膜应变片的应变传递性能大大地得到改善,几乎无蠕变,并且具有稳定性好、可靠性高、尺寸小、寿命长、灵敏度高、温度系数小、量程大和成本低等优点。

(3) 薄膜气敏传感器:有单膜和多膜之分,一般厚度为 $50\sim100nm$,以绝缘材料为基片,在基片上部采用溅射或 CVD 的工艺涂上敏感材料,基片的底部印上厚膜加热器,再镀一层 SiO_2 绝缘层,多膜的还有过渡层。薄膜气敏传感器在检测环境污染、易燃易爆和有毒品检测等方面的应用越来越广泛。

8. 机器人传感器

机器人传感器是一种能把机器人目标物的特征和参数转换为电量输出的装置。

机器人的发展方兴未艾,应用范围越来越广,要求它们从事越来越复杂的工作,对变化环境具有更强的适应能力,要求能够进行更精确的定位和控制,它要求传感器具有更好的性能,更强的功能,更高的集成度,同时对传感器的种类也有更多的要求。

机器人传感器按所传感的物理量的位置分为内部检测和外部检测两类。内部检测传感器主要用于机器人内部环境信息的检测,如位置、速度等。外部检测传感器主要用于机器人外部环境信息的检测,帮助机器人完成避障、抓取物体等任务,常用的有视觉、触觉、接近觉、滑觉、力觉、听觉、嗅觉、味觉和热觉传感器等。

智能机器人对传感器的要求包括精度高、可靠性好、稳定性好、抗干扰能力强、重量轻、体积小、安全。表 2-3 列出了机器人传感器的分类和应用。

表 2-3　机器人传感器的分类和应用

传　感　器	检 测 对 象	传感器装置	应　　　用
视觉	空间形状 距离 物体位置 表面形态 光亮度 物体的颜色	面阵 CCD、SSPD、摄像机 激光、超声测距 PSD、线阵 CCD 面阵 CCD 光电管、光敏电阻 色敏传感器、彩色摄像机	物体识别、判断 移动控制 位置决定、控制 检查、异常检测 判断对象有无 物料识别、颜色选择
触觉	接触 握力 负荷 压力大小 压力分布 力矩 滑动	微型开关、光电传感器 应变片、半导体压力元件 应变片、负载单元 导电橡胶、感压高分子元件 应变片、半导体感压元件 压阻元件、转矩传感器 光电编码器、光纤	控制速度、位置、姿态确定 控制握力、识别握持物体 张力控制、指压控制 姿态、形状判别 装配力控制 控制手腕、伺服控制双向力 修正握力、测量重量或表特征
接近觉	接近程度 接近距离 倾斜度	光敏元件、激光 光敏元件 超声换能器、电感式传感器	作业程序控制 路径搜索、控制、避障 平衡、位置控制
听觉	声音 超声	麦克风 超声波换能器	语音识别、人机对话 移动控制
嗅觉	气体成分 气体浓度	气体传感器、射线传感器	化学成分分析
味觉	味道	离子敏传感器、pH 计	化学成分分析

2.3　现代检测技术

检测技术与科学研究、工程实践密切相关,是信息技术的三大支柱之一。信息论、控制论、误差理论、电子技术、计算机技术、传感器技术、信号处理技术和集成电路技术的普及、应用和各学科互相渗透为现代检测技术奠定了基础,新材料及新结构传感器的研制成功给检测技术带来了革命性的影响。

现代检测系统的标志是自动化和智能化。下面介绍几种目前典型的现代检测技术和方法。

2.3.1　软测量技术

软测量技术也称为软仪表(Soft Sensor)技术,其检测原理为:利用易测量的变量与难以直接测量的待测变量之间的数学关系(软测量模型),通过各种数学计算和估计方法以实现对待测变量的测量。

采用软测量技术构成的软仪表是以目前可有效获取的测量信息为基础的,其核心是以实现参数测量为目的的各种计算机软件,可方便地根据被测对象特性的变化进行修正和改进,因此,软仪表易于实现,在通用性、灵活性和成本等方面具有优势。由于软仪表可以像常规检测仪表一样提供过程信息,不仅应用于系统控制变量或扰动下可测的场合,以实现过程的复杂(高级)控制,而且已渗透到需要实现难测参数在线测量的各个工业领域。软测量技术已经成为目前检测领域和控制领域的研究热点。

过程参数软测量一般有辅助变量选择、测量数据预处理、软测量模型建模和软仪表校正4 个步骤,其中软测量模型建模是核心步骤。由于软测量模型注重的是通过辅助变量来获得对主导变量的最佳估计(即辅助变量构成的可测信息集到主导变量估计的映射),而不是强调对象各输入输出变量彼此间的关系,因此,它不同于一般意义下的以描述对象输入/输出关系为主要目的的数学模型。常用软测量模型建模的方法有工艺机理分析、回归分析、状态估计、模式识别、人工神经网络、模糊数学、过程层析成像、相关分析和现代非线性信息处理技术等,可以互有交叉和融合。

2.3.2　图像检测系统

图像检测系统分为图像获取和处理两大部分。图像获取可以通过各种观测系统,如拍摄场景的照相机和摄像系统、观测微小细胞的显微图像系统、考察地球表面的卫星多光谱扫描成像系统、工业生产流水线上的监控工业机器人视觉系统、计算机层析成像系统(CT)等。图像可以是静止的(文字、照片)、运动的(视频图像)、二维的、三维的等。图像处理就是对图像信息进行加工处理,以满足不同要求,可以采用光学方法(光学滤波器、全息技术等)和电子学方法,数字图像处理随着计算机技术的发展而应用越来越广泛。

1. 图像检测系统的构成

为了采集数字图像需要两种设备:一是某个电磁能量频谱段(如可见光、X 射线、紫外线、红外线)敏感的物理器件,它能产生与接收的电磁能量成正比的(模拟)电信号;二是数字化设备,它将上述模拟信号转化为数字信号。此外,还有计算机、图像显示和输出设备、存储设备。如图 2-7 所示,光学成像设备有电子管摄像机、CCD 电荷耦合器件摄像机、CMOS摄像机,以及遥感中的多光谱摄像机、红外辐射计、合成孔径雷达等;数字化设备有各类图像采集卡、数字摄像机等;图像存储设备有图像采集卡帧缓存、计算机内存、硬盘和光驱、闪存等;计算机有 PC、图像处理器、图像加速器、DSP 等;图像显示和输出设备有电视图像监视器、计算机显示器、打印机、胶片照相机、数码冲印设备等。

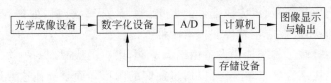

图 2-7　数字图像检测处理系统

2. 图像的描述

在设计和分析图像处理系统时,经常用数学表示图像的特征。确定性图像表示法中,数学图像函数是确定的,可研究图像点的性质;统计性则是用统计参数表征图像的某些特性。

3. 数字图像处理技术

数字图像处理技术是指将图像信号转换成数字信号,并利用计算机技术对其进行处理的过程。常用的处理方法有图像增强、复原、编码、压缩、图像变换、图像分割、图像描述和分类(识别)等,以及层析成像、动态图像处理等方法。

2.3.3　智能检测

智能检测系统由硬件和软件两大部分组成。智能检测系统的硬件包括主机硬件、分机硬件(包括传感器)和接口系统。智能检测系统的软件包括系统软件和应用软件,应用软件包括测试程序、控制程序、数据处理程序、系统界面生成程序等。

智能检测系统以微机为核心,一般用来对被测过程中的一些物理量进行测量并得出相应的精确数据,通常包括测量、检验、故障诊断、信息处理和决策、输出等。

智能检测系统的特点如下:

(1) 测量速度快。

(2) 高度的灵活性,以软件为工作核心的智能检测系统可以很容易地进行生产、修改、复制,所以可方便地更改功能和性能指标。

(3) 智能化数据处理,计算机可以方便、快捷地实现各种算法,可用软件对测量结果进行在线处理,从而可提高测量精度,并方便地实现线性化处理、算术平均处理、相关分析等信息处理。

(4) 实现多信息融合,系统中配备有多个测量通道,可以由计算机对多个测量通道进行高速扫描采样,依据各路信息的相关特性,实现智能检测系统的多传感器的信息融合。从而提高检测系统的准确性、可靠性和容错性。

(5) 自检查和故障自诊断,系统可以根据检测通道的特性和计算机本身的自诊断能力,检查各单元故障,显示故障部位、故障原因,并对应采取的故障排除方法进行提示。

(6) 检测过程中的软件控制,采用软件控制可方便地实现自稳定放大、自动极性判断、

自校零与自校准、自动量程切换、自补偿、自动报警、过载保护、信号通道和采样方式的自动
选择等功能。

此外,还具备人机对话、打印、绘图、通信、专家知识查询和控制输出的智能化功能。

2.3.4　虚拟仪器检测技术

虚拟仪器是指在通用计算机上由用户设计定义,利用计算机显示器(CRT)的现实功能
来模拟传统仪器的控制面板,以完成信号的采集、测量、运算、分析、处理等功能的计算机仪
器系统。通常包括计算机、应用软件和仪器硬件 3 部分。

虚拟仪器彻底打破了传统检测设备由厂家定义,用户无法改变的模式,通过应用程序将
计算机与功能化模块结合起来,用户可以通过友好的图形界面来操作这台计算机,就像在操
作自己定义、自己设计的一台单个仪器,根据自己的需求设计自己的检测系统,从而完成对
被测信号的采集、分析、判断、显示及数据处理等。在 LabVIEW 开发平台上,用户可以根据
自己的需求,随心所欲地组织仪表的前面板,然后通过简单的连线操作,就可以组成一个检
测与控制系统。

虚拟仪器具有如下特点:

(1) 软件是系统的关键,强调"软件即仪器"的新概念;

(2) 功能由用户自己定义;

(3) 基于计算机的开放系统,可方便地与外设、网络及其他设备连接;

(4) 系统功能、规模可通过软件修改、增减,简单灵活;

(5) 价格低廉,可重复使用;

(6) 技术更新快,开发周期短;

(7) 采用软件结构、功能化模块,软件复制简单;

(8) 面向总线接口控制,用户通过软件工具组建各种智能检测系统。

2.4　检测元件

2.4.1　旋转变压器

旋转变压器是一种精密角度、位置、速度检出装置,如图 2-8 所示,适用于所有使用旋转
编码器的场合,特别是高温、严寒、潮湿、高速、高振动等旋转编码器无法正常工作的场合。
旋转变压器是一种输出电压随转子转角变化的信号元件。当励磁绕组以一定频率的交流电
压励磁时,输出绕组的电压幅值与转子转角成正弦、余弦函数关系,或保持某一比例关系,或
在一定转角范围内与转角呈线性关系。它主要用于坐标变换、三角运算和角度数据传输,也
可以作为两相移相器用在角度-数字转换装置中。

按输出电压与转子转角间的函数关系,目前主要生产以下 3 大类旋转变压器:

(1) 正-余弦旋转变压器(XZ)——其输出电压与转子转角的函数关系成正弦或余弦函
数关系。

(2) 线性旋转变压器(XX、XDX)——其输出电压与转子转角呈线性函数关系。

线性旋转变压器按转子结构又分成隐极式和凸极式两种,前者(XX)实际上也是正-余

弦旋转变压器,不同的是采用了特定的变比和接线方式。后者(XDX)称单绕组线性旋转变压器。

(3) 比例式旋转变压器(XL)——其输出电压与转角成比例关系。

旋转变压器实际上是一种特制的两相旋转电动机,由定子和转子两部分组成,如图 2-8 所示。在定子和转子上各有两套在空间完全正交的绕组。当转子旋转时,定子、转子绕组间的相对位置随之变化,使输出电压与转子转角呈一定的函数关系。在不同的自动控制系统中,旋转变压器有多种类型和用途,在随动系统中主要用作角度传感器。

图 2-8　旋转变压器

图 2-9 是一种旋转变压器的原理图。两个定子绕组 S_1 和 S_2 分别由两个幅值相等、相位差 90°的正弦交流电压 u_1、u_2 励磁,即

$$u_1(t) = U_m \sin\omega_0 t$$
$$u_2(t) = U_m \cos\omega_0 t$$

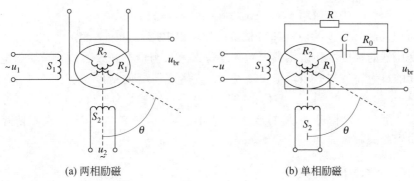

(a) 两相励磁　　　　　　　　　(b) 单相励磁

图 2-9　用作角度-相位变换器的旋转变压器

为了保证旋转变压器的测角精度,要求两相励磁电流严格平衡,即大小相等,相位差 90°,在气隙中产生圆形旋转磁场。转子绕组 R_1 中产生的感应电压为

$$u_{br}(t) = m[u_1(t)\cos\theta + u_2(t)\sin\theta] = mU_m \sin(\omega_0 t + \theta) \tag{2-1}$$

式中,m 为转子绕组与定子绕组的有效匝数比,忽略阻抗压降。转子绕组 R_2 可以不用。

从式(2-1)可以看出,旋转变压器输出电压 u_{br} 的幅值不随转角 θ 变化,而其相位却与 θ 相等,因此可以把它看作是一个角度-相位变换器。把这个调相电压作为反馈信号,可以构成相位控制随动系统。

如果要检测给定轴和执行轴的转角差,可以和自整角机一样,采用一对旋转变压器,与给定轴相连的是旋转变压发送器 BRT,与执行轴相连的是旋转变压接收器 BRR。接线方法如图 2-10 所示。

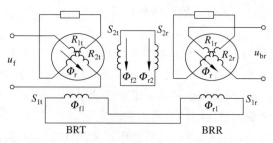

图 2-10　用旋转变压器构成的角差测量装置

在发送器任一转子绕组(如 R_{2t})上施加交流励磁电压 u_f,另一个绕组短接或接到一定的电阻上起补偿作用。励磁磁通 Φ_f 沿发送器定子绕组 S_{1t} 和 S_{2t} 方向的分量 Φ_{f1} 和 Φ_{f2} 在绕组中感应电动势,产生电流,流入接收机定子绕组 S_{1r} 和 S_{2r}。这两个电流又在接收器中产生相应的磁通 Φ_{r1} 和 Φ_{r2},其合成磁通为 Φ_r。如果两个旋转变压器转子位置一致,则磁通 Φ_r 与接收器转子绕组 R_{2r} 平行,在 R_{2r} 中感应的电动势最大,输出电压 u_{br} 也将最大。当 R_{2r} 与 Φ_r 方向存在转角差 $\Delta\theta$ 时,输出电压与 $\cos\Delta\theta$ 成正比,此时输出为调幅波,电压幅值为

$$U_{br} = kU_f\cos\Delta\theta$$

式中,k 为旋转变压接收器与发送器间的变化。安装时,若预先把接收器转子转动 90°,则输出电压幅值可改写为

$$U_{br} = kU_f\cos(\Delta\theta - 90°) = kU_f\sin\Delta\theta \tag{2-2}$$

这样,U_{br} 可以反映转角差的极性和自整角机的输出电压具有相似的关系式。

旋转变压器的精度主要由函数误差和零位误差来衡量。函数误差表示输出电压波形和正弦曲线间的最大差值与电压幅值 kU_f 之比,旋转变压器的精度等级为 0、1、2、3 级,函数误差通常在 ±0.05%～0.34%;零位误差表示理论上的零位与实际电压最小值位置之差通常在 $3'$～$8'$。由以上数据可见,旋转变压器的精度高于自整角机。因此,在高精度位置随动系统中常用它作为测角元件。

2.4.2　感应同步器

感应同步器是利用两个平面形绕组的互感随位置不同而变化的原理组成的。可用来测量直线或转角位移。测量直线位移的称长感应同步器,测量转角位移的称圆感应同步器。

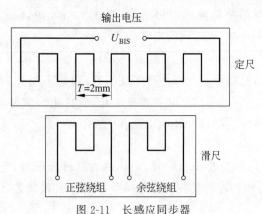

图 2-11　长感应同步器

长感应同步器由定尺和滑尺组成,如图 2-11 所示。圆感应同步器由转子和定子组成。这两类感应同步器是采用同样的工艺方法制造的。一般情况下,首先用绝缘粘贴剂把铜箔粘牢在金属(或玻璃)基板上,然后按设计要求腐蚀成不同曲折形状的平面绕组。这种绕组称为印制电路绕组。定尺

和滑尺,转子和定子上的绕组分布是不相同的。在定尺和转子上的是连续绕组,在滑尺和定子上的则是分段绕组。分段绕组分为两组,布置成在空间相差 90°相角,又称为正、余弦绕组。感应同步器的分段绕组和连续绕组相当于变压器的一次侧和二次侧线圈,利用交变电磁场和互感原理工作。

安装时,定尺和滑尺,转子和定子上的平面绕组面对面地放置。由于其间气隙的变化会影响电磁耦合度的变化,因此气隙一般必须保持在(0.25±0.05)mm 的范围。工作时,如果在其中一种绕组上通以交流激励电压,由于电磁耦合,在另一种绕组上就产生感应电动势,该电动势随定尺与滑尺(或转子与定子)的相对位置不同呈正弦、余弦函数变化。再通过对此信号的检测处理,便可测量出直线或转角的位移量。

感应同步器的优点如下:①具有较高的精度与分辨力。其测量精度首先取决于印制电路绕组的加工精度,温度变化对其测量精度影响不大。感应同步器是由许多节距同时参加工作,多节距的误差平均效应减小了局部误差的影响。目前长感应同步器的精度可达到 ±1.5μm,分辨力 0.05μm,重复性 0.2μm。直径为 300mm(12in)的圆感应同步器的精度可达±1″,分辨力 0.05″,重复性 0.1″。②抗干扰能力强。感应同步器在一个节距内是一个绝对测量装置,在任何时间内都可以给出仅与位置相对应的单值电压信号,因而瞬时作用的偶然干扰信号在其消失后不再有影响。平面绕组的阻抗很小,受外界干扰电场的影响很小。③使用寿命长,维护简单。定尺和滑尺,定子和转子互不接触,没有摩擦、磨损,所以使用寿命很长。它不怕油污、灰尘和冲击振动的影响,不需要经常清扫。但需装设防护罩,防止铁屑进入其气隙。④可以作长距离位移测量。可以根据测量长度的需要,将若干根定尺拼接。拼接后总长度的精度可保持(或稍低于)单个定尺的精度。目前几米到几十米的大型机床工作台位移的直线测量,大多采用感应同步器来实现。⑤工艺性好,成本较低,便于复制和成批生产。

由于感应同步器具有上述优点,长感应同步器目前被广泛地应用于大位移静态与动态测量中,例如用于三坐标测量机、程控数控机床及高精度重型机床及加工中测量装置等。圆感应同步器则被广泛地用于机床和仪器的转台以及各种回转伺服控制系统中。

感应同步器的工作原理如下:当一个矩形线圈通以电流 I 后,如图 2-12(a)所示,两根竖直部分的单元导线周围空间将形成环形封闭磁力线(横向段导线暂不考虑),图中×号表示磁力线方向由外进入纸面,·号表示磁力线方向由纸面引出外面。在任一瞬间(对交流电源的瞬时激励电压而言),如图 2-12(b)所示,由单元左导线所形成的磁场在 1~2 区间的磁感应强度由 1 到 2 逐渐减弱,如近似斜线 B_1 所示。而由单元 2 导线所形成的磁场在 1~2 区间的磁感应强度由 2 到 1 逐渐减弱,如近似斜线 B_2 所示。由于 2 和 1 电流方向相反,故在 1~2 区间产生的磁力线方向一致。B_1 和 B_2 合成后使 1~2 区间形成一个近似均匀磁场。由此可见,磁通在任一瞬间的空间分布为近似矩形波,而它的幅值则按激磁电流的瞬时值以正弦规律变化。这种在空间位置固定、而大小随时间变化的磁场称为脉振磁场。

对上述矩形波采用谐波分析的方法,可获得基波、3 次谐波,5 次谐波。图 2-12(c)用虚线画出了方波的基波和 3 次谐波。在下面的讨论中将只考虑基波部分,即把基波的正弦曲线作为 B 的分布曲线,谐波部分将设法消除或减弱。这样,磁通密度 $B(\xi)$ 将按位置 ξ 作余弦规律分布,而且幅值与电流 $i=I_m\sin\omega t$ 成正比,即

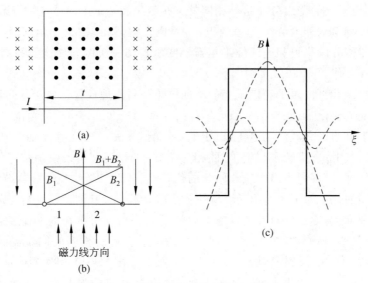

图 2-12　通电流的矩形线圈中的磁场分布

$$B(\xi)=k_1 I_m \sin\omega t \cos(\pi\xi/b) \tag{2-3}$$

式中，b 为矩形线圈宽度；k_1 为比例系数。

当把另一个矩形线圈靠近上述通电线圈时，该线圈将产生感应电动势，其感应电动势将随两个线圈的相对位置的不同而不同。

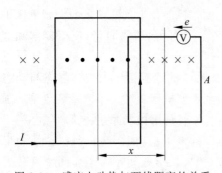

图 2-13　感应电动势与两线距离的关系

如图 2-13 所示，设感应线圈 A 的中心从励磁线圈中心右移的距离为 x，则穿过线圈 A 的磁通为

$$\Phi_A = \int_{x-b/2}^{x+b/2} B(\xi)\mathrm{d}\xi \tag{2-4}$$

把式(2-3)代入可得

$$\Phi_A = (2b/\pi)k_1 I_m \sin\omega t \cos(\pi x/b) \tag{2-5}$$

由此可得感应线圈的感应电动势为

$$e = (2b/\pi)k_1 \omega I_m \cos\omega t \cos(\pi x/b) \tag{2-6}$$

在实际应用中，设励磁电压为 $u=U_m\sin\omega t$，则感应电动势为

$$e = k\omega U_m \cos(2\pi x/W)\cos\omega t \tag{2-7}$$

若将励磁线圈的原始位置移动 90°的空间角，则

$$e = k\omega U_m \sin(2\pi x/W)\cos\omega t \tag{2-8}$$

式中，U_m 为励磁电压幅值；ω 为励磁电压角频率；k 为比例常数，其值与绕组间的最大互感系数有关，$k\omega$ 常称为电磁耦合系数，用 k_v 表示；W 为绕组节距，又称感应同步器的周期，$W=2b$；x 为励磁绕组与感应绕组的相对位移。

式(2-7)和式(2-8)表明，感应同步器可以看作一个耦合系数随相对位移变化的变压器，其输出电动势与位移 x 具有正弦、余弦的关系。利用电路对感应电动势进行适当的处理，就可以把被测位移显示出来。

由感应同步器组成的检测系统，可以采取不同的励磁方式，并可对输出信号采取不同的处理方式。

从励磁方式来说,可分为两大类:一类是以滑尺(或定子)励磁,由定尺(或转子)取出感应电动势信号;另一类以定尺(或转子)励磁,由滑尺(或定子)取出感应电动势信号。目前在实用中多数用前一类励磁方式。

从信号处理方式来说,可分为鉴相方式和鉴幅方式两种。它们的特征是用输出感应电动势的相位或幅值来进行处理。

鉴相型测量电路的基本原理是:用正弦波基准信号对滑尺的 sin 和 cos 两个绕组进行激磁时,则从定尺绕组取得的感应电势将对应于基准信号的相位,并反映滑尺与定尺的相对位移。将感应同步器测得的反馈信号的相位与给定的指令信号相位相比较,如有相位差存在,则控制设备继续移动,直至相位差为零才停止。

鉴幅型测量电路的基本原理是:在感应同步器的滑尺两个绕组上,分别给以两个频率相同,相位相同但幅值不同的正弦波电压进行励磁,则从定尺绕组输出的感应电势的幅值随着定尺和滑尺的相对位置的不同而发生变化,通过鉴幅器可以鉴别反馈信号的幅值,用以测量位移量。图 2-14 是这两种电路的原理框图。

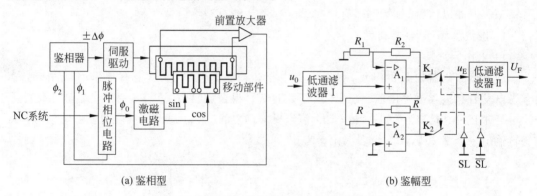

(a) 鉴相型　　　　　　　　　　　(b) 鉴幅型

图 2-14　鉴相型、鉴幅型测量电路控制原理图

图 2-14(a)中,从数控系统来的脉冲通过脉冲相位转换器送出基准信号 ϕ_0 及指令信号 ϕ_1,ϕ_0 信号通过激磁电路给出 sin、cos 两种电压给滑尺的两个绕组激磁。定尺感应的信号通过前置放大器整形后,将反馈测量的信息 ϕ_2 送至鉴相器,在鉴相器中进行相位的比较,判断 $\Delta\phi=\phi_2-\phi_1$ 的大小和方向,并将 $\Delta\phi$ 的数值送至伺服驱动机构,如为 $+\Delta\phi$,则控制设备向负方向移动,如为 $-\Delta\phi$,则向正方向移动,直至 $\Delta\phi=0$ 时,表明设备移动部件的位置与指令值相符,运动部件停止。

图 2-14(b)中 u_0 是由感应同步器定尺绕组输出的交变电势,因为其中除了基波之外,还包含丰富的奇次谐波分量,需要用低通滤波器 I 将其滤除。完成鉴幅任务的是相敏检波电路由运算放大器 A_1 和 A_2,电子开关 K_1 和 K_2 以及低通滤波器 II 构成。运算放大器 A_1 为比例放大器,A_2 为 1∶1 的倒相器。两个电子开关 K_1 和 K_2 分别由一对互为反相的开关信号 SL 和 $\overline{SL}$ 实现通断控制,其开关频率与输入信号相同。

图 2-15 为应用感应同步器闭环系统电路的例子。注意图中通过放大器后给滑尺 sin、cos 两个绕组激磁电压的幅值为峰-峰值 1V($U_{P-P}=1V$),而从定尺感应的电压通过前置放大器后,获得信号波形的幅值为峰-峰值 10V($U_{P-P}=10V$)。反馈测量得到的信号在鉴相器与

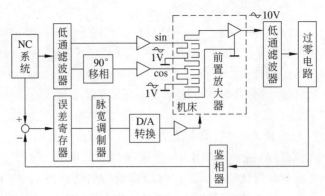

图 2-15　感应同步器闭环系统

指令值进行比较,得到的误差值通过 D/A 转换器,变成位置控制的指令去伺服驱动部件。

2.4.3　脉冲编码器

编码器如以信号原理来分,有增量型编码器和绝对型编码器两种。

1. 增量型编码器(旋转型)

1) 工作原理

增量型编码器如图 2-16 所示,由一个中心有轴的光电码盘,其上有环形明、暗的刻线,有光电发射和接收器件读取,获得 4 组正弦波信号组合成 A、B、C、D,每个正弦波相位相差 90°(相对于一个周波为 360°),将 C、D 信号反向,叠加在 A、B 两相上,可增强稳定信号;另每转输出一个 Z 相脉冲以代表零位参考位。

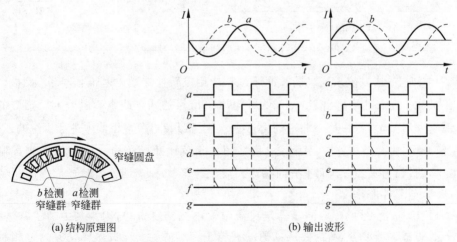

(a) 结构原理图　　　　　　　　　　　(b) 输出波形

图 2-16　增量型编码器工作原理

由于 A、B 两相相差 90°,可通过比较 A 相在前还是 B 相在前,以判别编码器的正转与反转,通过零位脉冲,可获得编码器的零位参考位。

编码器码盘的材料有玻璃、金属、塑料。玻璃码盘是在玻璃上沉积很薄的刻线,其热稳定性好,精度高;金属码盘直接以通和不通刻线,不易碎,但由于金属有一定的厚度,精度就有限制,其热稳定性就要比玻璃的差一个数量级;塑料码盘是经济型的,其成本低,但精度、热稳定性、寿命均要差一些。

分辨率——编码器以每旋转 360° 提供多少的通或暗刻线称为分辨率,也称解析分度,或直接称多少线,一般在每转分度 5~10 000 线。

2) 信号输出

信号输出有正弦波(电流或电压)、方波(TTL、HTL)、集电极开路(PNP、NPN)、推拉式多种形式,其中 TTL 为长线差分驱动(对称 A,A-; B,B-; Z,Z-),HTL 也称推拉式、推挽式输出,编码器的信号接收设备接口应与编码器对应。

信号连接——编码器的脉冲信号一般连接计数器、PLC、计算机,PLC 和计算机连接的模块有低速模块与高速模块之分,开关频率有低有高。

如单相连接,用于单方向计数,单方向测速。A、B 两相连接,用于正反向计数、判断正反向和测速。A、B、Z 三相连接,用于带参考位修正的位置测量。A、A-、B、B-、Z、Z-连接,由于带有对称负信号的连接,电流对于电缆贡献的电磁场为 0,衰减最小,抗干扰最佳,可传输较远的距离。

对于 TTL 的带有对称负信号输出的编码器,信号传输距离可达 150m。

对于 HTL 的带有对称负信号输出的编码器,信号传输距离可达 300m。

3) 增量式编码器的问题

增量型编码器存在零点累计误差,抗干扰较差,接收设备的停机需断电记忆,开机应找零或参考位等问题,这些问题如选用绝对型编码器可以解决。

4) 增量型编码器的一般应用

测速,测转动方向,测移动角度、距离(相对)。

2. 绝对型编码器(旋转型)

绝对型编码器光码盘上有许多道光通道刻线,如图 2-17 所示,每道刻线依次以 2 线、4 线、8 线、16 线、……编排,这样在编码器的每一个位置,通过读取每道刻线的通、暗,获得一组 $2^0 \sim 2^{n-1}$ 的唯一的二进制编码(格雷码),这就称为 n 位绝对编码器。这样的编码器是由光电码盘的机械位置决定的,它不受停电、干扰的影响。

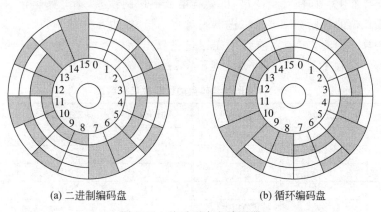

(a) 二进制编码盘　　　　　　　　(b) 循环编码盘

图 2-17　绝对型光电编码器

绝对编码器由机械位置决定的每个位置是唯一的,它无须记忆,无须找参考点,而且不用一直计数,什么时候需要知道位置,什么时候就去读取它的位置。这样,编码器的抗干扰特性、数据的可靠性大大提高了。

3. 从单圈绝对值编码器到多圈绝对值编码器

旋转单圈绝对值编码器，以转动中测量光电码盘各道刻线，以获取唯一的编码，当转动超过 360°时，编码又回到原点，这样就不符合绝对编码唯一的原则，这样的编码只能用于旋转范围 360°以内的测量，称为单圈绝对值编码器。

如果要测量旋转超过 360°范围，就要用到多圈绝对值编码器。

编码器生产厂家运用钟表齿轮机械的原理，当中心码盘旋转时，通过齿轮传动另一组码盘(或多组齿轮，多组码盘)，在单圈编码的基础上再增加圈数的编码，以扩大编码器的测量范围，这样的绝对编码器就称为多圈式绝对编码器。它同样是由机械位置确定编码，每个位置编码唯一不重复，而无须记忆。

多圈编码器的另一个优点是由于测量范围大，实际使用往往富裕较多，这样在安装时不必费劲找零点，将某一中间位置作为起始点就可以了，大大简化了安装调试难度。

绝对式码盘是通过读取轴上码盘的图形来表示轴的位置的。码制可选用二进制码，BCD 码或循环码。

1) 二进制码盘

在二进制码盘中，外层为最低位，里层为最高位。从外往里按二进制刻制，如图 2-17(a)所示。轴位置和数码的对照表如表 2-4 所示。在码盘转动时，可能出现两位以上的数字同时改变，导致粗大误差的产生。例如，当数据由 0111(十进制 7)变到 1000(十进制 8)时，由于光电管排列不齐或光电管特性不一致，就有可能导致高位偏移，本来是 1000，结果变成了 0000，形成粗大误差。为克服这一缺点，在二进制或 BCD 码盘中，除最低位外，其余均由双层光电管组成双读出端，进行"选读"。当最低位由"1"转为"0"时，应当进位，读超前光电管；由"0"转为"1"时，不应进位，则读滞后光电管，这时除最低位外，对应于其他各位的读数不变。

2) 循环码盘(格雷码盘)

循环码盘的特点是在相邻二扇面之间有一个码发生变化，因而当读数改变时，只有一个光电管处在交界面上。即使发生读错，也只有最低一位的误差，不会产生粗大误差。此外，循环码表示最低位的区段宽度要比二进制码盘宽一倍，这也是它的优点。其缺点是不能直接进行二进制算术运算，在运算前必须先通过逻辑电路转换成二进制编码。循环码盘如图 2-17(b)所示，轴位和数码的对照表也列于表 2-4 中。

表 2-4　光电编码盘轴位和数码对照表

轴的位置	二进制码	循环码	轴的位置	二进制码	循环码
0	0000	0000	8	1000	1100
1	0001	0001	9	1001	1101
2	0010	0011	10	1010	1111
3	0011	0010	11	1011	1110
4	0100	0110	12	1100	1010
5	0101	0111	13	1101	1011
6	0110	0101	14	1110	1001
7	0111	0100	15	1111	1000

光电编码盘的分辨率为 $360°/N$，对增量式码盘 N 是旋转一周的记数总和。对绝对式码盘 $N=2^n$，n 是输出字的位数。粗-精结合码盘分辨率已能达到 $1/2^{20}$，如果码盘制造非常精确，则编码精度可达到量化误差。可见光电编码盘用作位置检测时可以大大提高测量精度。

2.4.4　光栅

计量光栅有长光栅和圆光栅两种，是数控机床和数显系统常用的检测元件，它具有精度高、响应速度较快等优点，采用非接触式测量。图 2-18 是透射式光栅传感器。图 2-19 是反射式光栅传感器。

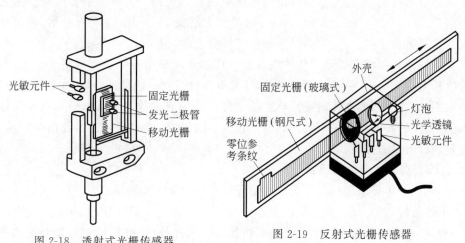

图 2-18　透射式光栅传感器　　　　　图 2-19　反射式光栅传感器

1. 光栅的基本工作原理

光栅位置检测装置由光源、两块光栅（长光栅、短光栅）和光电元件等组成，如图 2-20(a)所示，光栅就是在一块长条形的光学玻璃上均匀地刻上很多和运动方向垂直的线条。线条之间的距离（称为栅距）可以根据所需的精度决定，一般是每毫米刻 50、100、200 条线。长光栅 G_1 装在机床的移动部件上，称为标尺光栅；短光栅 G_2 装在机床的固定部件上，称为指示光栅。两块光栅互相平行并保持一定的间隙（如 0.05mm 或 0.1mm 等），而两块光栅的刻线密度相同。

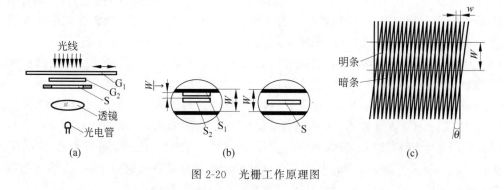

图 2-20　光栅工作原理图

　　如果将指示光栅在其自身的平面内转过一个很小的角度 d,这样两块光栅的刻线相交,则在相交处出现黑色条纹,称为莫尔条纹。由于两块光栅的刻线密度相等,即栅距 w 相等,而产生的莫尔条纹的方向和光栅刻线方向大致垂直,其几何关系如图 2-20(c)所示,当 θ 很小时,莫尔条纹的节距 $W=w/\theta$。这表明莫尔条纹的节距是光栅栅距的 $1/\theta$ 倍,当标尺光栅移动时,莫尔条纹就沿垂直于光栅移动的方向移动。当光栅移动一个栅距 w 时,莫尔条纹就相应准确地移动一个节距 W,也就是说两者一一对应,所以,只要读出移过莫尔条纹的数目,就可以知道光栅移过了多少个栅距,而栅距在制造光栅时是已知的,所以光栅的移动距离就可以通过电气系统自动地测量出来。

　　如果光栅的刻线为 100 条,即栅距为 0.01mm 时,人们是无法用肉眼来分辨的,但它的莫尔条纹却清晰可见,所以莫尔条纹是一种简单的放大机构。其放大倍数取决于两光栅刻线的交角 θ,如 $w=0.01\text{mm}$、$W=10\text{mm}$,则其放大倍数 $1/\theta=W/w=1000$ 倍,这是莫尔条纹系统的独具特点。

　　莫尔条纹的另一特点就是平均效应。因为莫尔条纹是由若干条光栅刻线组成,若光电元件接收长度为 10mm,在 $w=0.01\text{mm}$ 时,光电元件接收的信号是由 1000 条刻线组成,制造上的缺陷,比如间断地少几根线只会影响千分之几的光电效果。所以用莫尔条纹测量长度,决定其精度的要素不是一根线,而是一组线的平均效应。其精度比单纯栅距精度高,尤其是重复精度有显著提高。

2. 直线光栅检测装置的线路

　　由图 2-20(a)可见由于标尺光栅的移动可以在光电管上得到信号,但这样得到信号只能计数,还不能分辨运动方向,假若如图 2-20(b)所示,安装两个相距 $W/4$ 的缝隙 S_1 和 S_2,则通过 S_1 和 S_2 的光线分别为两个光电元件所接收。当光栅移动时,莫尔条纹通过两隙缝的时间不一样,所以光电元件所获得的电信号虽然波形一样但相位相差 1/4 周期。至于何者超前或滞后,则取决于光栅 G_1 的移动方向。从图 2-20(c)看,当标尺光栅 G_1 向右运动时,莫尔条纹向上移动,隙缝 S_2 输出信号的波形超前 1/4 周期;反之,当光栅 G_1 向左移动时,莫尔条纹向下移动,隙缝 S_1 的输出信号超前 1/4 周期,这样根据两隙缝输出信号的相位超前和滞后的关系,可以确定光栅 G_1 移动的方向。

　　图 2-21 是光栅测量装置的逻辑框图。为了提高光栅分辨精度,线路采用了 4 倍频的方案,所以光电元件为 4 只硅光电池(2CR 型),相邻硅光电池的距离为 $W/4$。当指示光栅和标尺光栅做相对运动时,硅光电池产生正弦波电流信号,但硅光电池产生的信号太小(几十毫伏)需经放大才能使用,常用 5G922 差动放大器,经放大后其峰值有 16V 左右。信号是放大了,但波形还近似正弦波,所以要通过射极耦合器整形,使之成为对应正弦和余弦两路方波,然后经微分电路获得脉冲,由于脉冲是在方波的上升边产生的,为了使 0°、90°、180° 及 270° 的位置上都得到脉冲,所以必须把对应正弦和余弦方波分别各自反相一次,然后再微分,这样就可以得到 4 个脉冲。为了判别正向或反向运动,还用一些与门把对应 sin、−sin、cos 及 −cos 的 4 个方波(即 A、C、B 及 D)和 4 个脉冲进行逻辑组合,当正向运动时,通过与门 1~4 及或门 H_1 得到 $A'B$、AD'、$C'D$、$B'C$ 4 个脉冲输出,当反向运动时,通过与门 5~8 及或门 H_2 得到 BC'、AB'、$A'D$、CD' 4 个脉冲输出。这样,如果光栅的栅距为 0.02mm,但 4 倍频后每一个脉冲都相当于 0.005mm,使分辨精度提高 4 倍,当然倍频数还可增加到 8 倍频等,但一般细分到 20 等分以上就比较困难了。

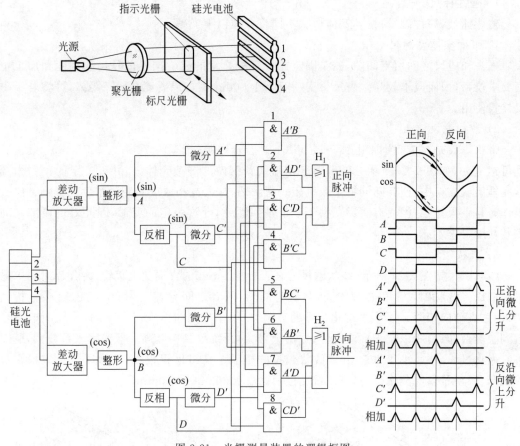

图 2-21　光栅测量装置的逻辑框图

2.4.5　磁尺

磁尺位置检测装置是由磁性标尺、磁头和检测电路组成的,该装置方框图如图 2-22 所示。磁尺的测量原理类似于磁带的录音原理。在非导磁的材料如铜、不锈钢、玻璃或其他合金材料的基体上镀一层磁性薄膜(常用 Ni-Co-P 或 Fe-Co 合金)。

测量线位移时,不导磁的物体可以做成尺形(带形);测量角位移时,可做成圆柱形。在测量前,先按标准尺度以一定间隔(一般为 0.05mm)在磁性薄膜上录制一系列的磁信号。这些磁信号就是依次按 SN-NS-SN-NS…方向排列的小磁体,这时的磁性薄膜称为磁栅。测量时,磁栅随位移而移动(或转动)并用磁头读取(感应)这些移动的磁栅信号,使磁头内的线圈产生感应正弦电动势。对这些电动势的频率进行计数,就可以测量位移了。

磁性标尺制作简单,安装调整方便,对使用环境的条件要求较低,如对周围电磁场的抗干扰能力较强,在油污、粉尘较多的场合下使用有较好的稳定性。高精度的磁尺位置检测装置可用于各种测量机、精密机床和数控机床。

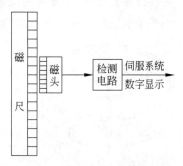

图 2-22　磁尺位置检测装置

1. 磁性标尺

磁性标尺(简称磁尺)按其基体形状不同可分成以下类型。

1) 平面实体型磁尺

磁头和磁尺之间留有间隙,磁头固定在带有板弹簧的磁头架上。磁尺的刚度和加工精度要求较高,因而成本较高。磁尺长度一般小于 600mm,如果要测量较长距离,可将若干磁尺接长使用。

2) 带状磁尺

带状磁尺是在磷青铜带上镀一层 Ni-Co-P 合金磁膜,带宽为 70mm,厚 0.2mm,最大长度可达 15m,如图 2-23 所示。磁带固定在用低碳钢做的屏蔽壳体内,并以一定的预紧力绷紧在框架或支架中,使其随同框架或机床一起胀缩,从而减小温度对测量精度的影响。磁头工作时与磁尺接触,因而有磨损。由于磁带是弹性件,允许一定的变形,因此对机械部件的安装精度要求不高。

3) 线状磁尺

线状磁尺如图 2-24 所示,线状磁尺是在直径为 2mm 的青铜丝上镀镍-钴合金或用永磁材料制成。线状磁尺套在磁头中间,与磁头同轴,两者之间具有很小的间隙。磁头是特制的,两磁头轴向相距 $\lambda/4$(λ 为磁化信号的节距)。由于磁尺包围在磁头中间,对周围电磁场起到了屏蔽作用,所以抗干扰能力强、输出信号大,系统检测精度高。但线膨胀系数大,所以不宜做得过长,一般小于 1.5mm。线状磁尺的机械结构可做得很小,通常用于小型精密数控机床、微型量仪或测量机上,其系统精度可达 $\pm 0.002\text{mm}/300\text{mm}$。

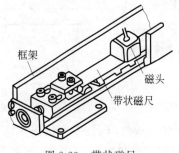

图 2-23 带状磁尺

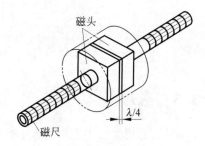

图 2-24 线状磁尺

4) 圆形磁尺

圆形磁尺如图 2-25 所示,圆形磁尺的磁头和带状磁尺的磁头相同,不同的是将磁尺做成磁盘或磁鼓形状,主要用来检测角位移。

近年来发展了一种粗刻度磁尺,其磁信号节距为 4mm,经过 1/4、1/40 或 1/400 的内插细分,其显示值分别为 1mm、0.1mm、0.01mm。这种磁尺制作成本低,调整方便,磁尺与磁头之间为非接触式,因而寿命长。适用于精度要求较低的数控机床。

2. 磁头

磁头是进行磁-电转换的变换器,它把反映空间位置的磁信号转换为电信号输送到检测电路中去。普通录音机上的磁头输出电压幅值与磁通变化率成比例,属于速

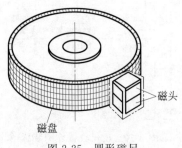

图 2-25 圆形磁尺

度响应型磁头。根据数控机床的要求,为了在低速运动和静止时也能进行位置检测,必须采用磁通响应型磁头。这种磁头用软磁材料(如坡莫合金)制成二次谐波调制器。其结构如图 2-26 所示,它由铁芯上两个产生磁通方向相反的励磁绕组和两个串联的拾磁绕组组成。将高频励磁电流通入励磁绕组时,在磁头上产生磁通 Φ_1。当磁头靠近磁尺时,磁尺上的磁信号产生的磁通 Φ_0 进入磁头铁芯,并被高频励磁电流产生的磁通 Φ_1 所调制。于是在拾磁线圈中感应电压为

$$U = U_0 \sin \frac{2\pi x}{\lambda} \sin \omega t \tag{2-9}$$

式中,U_0 为感应电压系数;λ 为磁尺磁化信号的节距;x 为磁头相对于磁尺的位移;ω 为励磁电流的角频率。

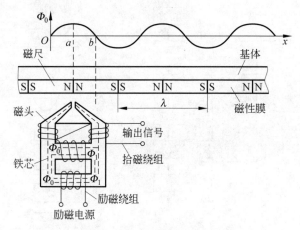

图 2-26　励磁响应型磁头

为了辨别磁头在磁尺上的移动方向,通常采用间距为 $(m \pm 1/4)\lambda$(m 为任意正整数)的两组磁头,其输出电压分别为

$$U_1 = U_0 \sin \frac{2\pi x}{\lambda} \sin \omega t$$

$$U_2 = U_0 \cos \frac{2\pi x}{\lambda} \sin \omega t \tag{2-10}$$

U_1 和 U_2 是相位相差 $90°$ 的两列脉冲,至于哪个超前,则取决于磁尺的移动方向。根据两个磁头输出信号的超前或滞后,可确定其移动方向。

3. 检测电路

磁尺必须和检测电路配合才能进行测量。除了励磁电路以外,检测电路还包括滤波、放大、整形、倍频、细分、数字化和计数等电路。根据检测方法不同,检测电路分为鉴幅型和鉴相型两种。

1) 鉴幅型电路

如前所述,磁头有两组信号输出,将高频载波滤掉后则得到相位差为 $\pi/2$ 的两组信号,即

$$U_1 = U_0 \sin \frac{2\pi x}{\lambda}$$

$$U_2 = U_0 \cos \frac{2\pi x}{\lambda} \tag{2-11}$$

检测电路框图如图 2-27 所示,磁头相对于磁尺每移动一个节距发出一个正(余)弦信号,其幅值经处理后可进行位置检测。这种方法的电路比较简单,但分辨率受到录磁节距的限制,若要提高分辨率就必须采用较复杂的倍频电路,所以不常采用。

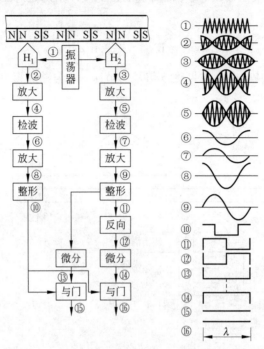

图 2-27　检测电路框图

2) 鉴相型电路

采用相位检测的精度可以大大高于录磁节距 λ,并可以通过提高内插脉冲频率提高系统的分辨率(可达 $1\mu m$)。相位检测框图如图 2-28 所示。将一组磁头的励磁信号移相 $90°$,则输出电压为

$$U_1 = U_0 \sin \frac{2\pi x}{\lambda} \cos\omega t$$

$$U_2 = U_0 \cos \frac{2\pi x}{\lambda} \sin\omega t \tag{2-12}$$

在求和电路中相加,则得磁头总输出电压为

$$U = U_0 \sin\left(\frac{2\pi}{\lambda}x + \omega t\right) \tag{2-13}$$

显然,合成输出电压 U 的幅值恒定而相位随磁头与磁尺的相对位置 x 变化。

由振荡器发出的正弦波信号一路经 $90°$ 移相后经功率放大送至磁头 1 的励磁绕组,另一路经功率放大送至磁头 2 的励磁绕组。将两磁头的输出信号送入求和电路中相加,并经带通滤波器、限幅、放大整形得到与位置量有关的信号,送入检相内插电路中进行内插细分,得到分辨率为预先设定单位的计数信号。计数信号送入可逆计数器,即可进行数字控制和数字显示。

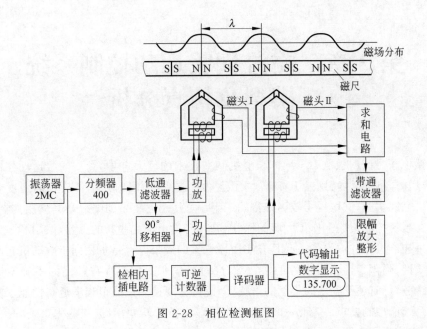

图 2-28　相位检测框图

磁尺制造工艺比较简单,录磁、消磁都较方便。若采用激光录磁,可得到更高的精度。直接在机床上录制磁尺,不需安装、调整工作,避免了安装误差,从而得到更高的精度。磁尺还可以制作得较长,用于大型数控机床。目前数控机床的快速移动速度已达到 24m/min,因此,磁尺作为测量元件难以跟上这样高的反应速度,使其应用受到限制。

习题

2-1　常用的位置检测装置有哪几种? 各有何优点? 其测量精度如何保证?

2-2　常用的速度检测装置有哪几种? 各有何优点? 其测量精度如何保证?

2-3　常用的角度检测装置有哪几种? 各有何优点? 其测量精度如何保证?

2-4　简述传感器和敏感元件的不同。

2-5　简述新型传感器件的定义,试说出两种新型传感器件。

2-6　用于交流伺服系统的典型检测元件有哪些?

2-7　简述虚拟仪器检测技术。试说出两种新型传感器件。

第3章 交流伺服运动控制系统模型及仿真分析

随着微电子、计算机、电力半导体和电机制造技术的巨大进步,交流伺服运动控制系统日益成熟、应用日益广泛。特别是 PMSM 伺服运动控制系统,国内外学者从不同角度着手进行了大量的研究和实践,并取得了较为丰富的成果;尤其是近年来围绕提高其伺服控制的性能、降低成本在系统控制策略上作了大胆的探索和研究,提出了一些新的思路,采用了一些具有智能性的先进控制策略并取得了一些具有实用性意义的成果。但是永磁同步电动机自身就是具有一定非线性、强耦合性及时变性的"系统",同时其伺服对象也存在较强的不确定性和非线性,加之系统运行时还受到不同程度的干扰,因此按常规控制策略很难满足高性能永磁同步电动机伺服系统的控制要求。为此,如何结合控制理论新的发展,引进一些先进的"复合型控制策略"以改进作为永磁同步电动机伺服系统核心组成部件的"控制器"性能,来弥补系统中以"硬形式"存在的"硬约束",理应是当前发展高性能 PMSM 伺服系统的一个主要"突破口"。

伺服运动系统最终追求的是外环定位的准确性和快速性,而外环的性能发挥在于内环的性能。位置环、速度环和电流环三闭环是伺服系统最经典的结构,而系统内环的设计是高性能伺服系统的基础和前提。电流环是 PMSM 位置伺服系统中的一个重要环节,它是提高伺服系统控制精度和响应速度、改善控制性能的关键。选择合适的电流控制方案对于系统性能的提高和硬件的实现是至关重要的一步。

本章介绍交流伺服运动控制的体系结构及组成,并且对系统中各核心部分进行详细的分析。基于 PMSM 及其驱动器为核心的伺服运动控制系统,建立其数学模型并进行仿真分析。从分析影响电流环性能的因素着手,提出了 PMSM 位置伺服系统电流环综合设计方案,并对采用 SPWM 方式的电流控制进行仿真分析,该方法是目前最常用的一种电流控制方法,基于该方法使得控制系统响应快,且容易实现。通过工程设计方法把电流环降阶为一个一阶惯性环节,为速度环的设计提供了基础。速度环的设计分别采用 PI 控制和变结构控制,而位置环的设计采用变结构控制。文中仿真模块是基于 MATLAB/Simulink 和 Powerlib 模块库搭建起来的。通过仿真分析基于矢量控制的 PMSM 位置伺服电流滞环控制方案,得出采用三角载波方式的电流滞环控制能够比较容易获得良好的控制性能。这给位置伺服系统的整体设计和整体性能的获得提供了基础和先决条件。滑模变结构控制可以提高系统的响应速度、实现定位无超调、改善对负载扰动的鲁棒性和对参数变化的鲁棒性。

3.1 永磁同步电动机交流伺服运动控制系统

3.1.1 永磁同步电动机交流伺服运动控制系统简介

交流伺服电动机由于克服了直流伺服电动机存在电刷和机械换向器而带来的各种限

制,因此在工厂自动化中获得广泛的应用。在异步笼型交流伺服电动机和同步型交流伺服电动机这两种类型中,目前,在数控机床、工业机器人等小功率应用场合,转子采用永磁材料的同步伺服电动机驱动获得了比前者更为广泛的应用。这主要是因为现代永磁材料的性能不断提高,价格不断下降,控制相对异步电动机来说也比较简单,容易实现高性能的优良控制。本章中,也正是基于永磁同步电机及其驱动器为核心的伺服运动控制系统来建立其数学模型并进行仿真分析。

3.1.2　永磁同步电动机交流伺服运动控制系统的组成

基于永磁同步电机及其驱动器的交流伺服运动控制系统组成如图 3-1 所示。图中的驱动部分的伺服电机及其驱动器外加编码器构成通常所说的伺服系统,而伺服运动控制系统具有更加广泛的含义,除了驱动部分以外,还包括操作软件、控制部分、检测元件、传动机构和机械本体,各部件协调完成特定的运动轨迹或工艺过程。

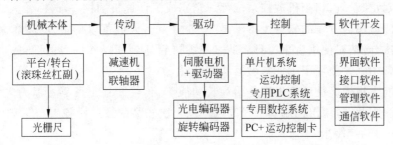

图 3-1　交流伺服运动控制系统的集中控制结构

1. 控制器

在一个运动控制系统中控制器主要有 4 种:单片机系统,运动控制专用 PLC 系统,专用数控系统,PC＋运动控制卡。

1) 单片机系统

单片机系统由单片机芯片、外围扩展芯片以及通过搭建外围电路组成,作为运动控制系统的控制器。在"位置控制"方式时,通过单片机的 I/O 口发数字脉冲信号来控制执行机构;在"速度控制"方式时,需加 D/A 转换模块输出模拟量信号达到控制目的。

单片机方案的优点在于成本较低,但由于一般单片机 I/O 口产生脉冲频率不高,对于分辨率高的执行机构尤其是对于控制伺服电机来说,存在速度达不到、控制精度受限等缺点。对于运动控制复杂的场合,例如升降速的处理,多轴联动,直线、圆弧插补等功能实现起来都需要自己编写算法,这必将带来开发难度较大,研发周期较长,调试过程烦琐,系统一旦定型不太容易扩充功能升级,柔性不强等问题。因此这种方案一般适用于产品批量较大、运动控制系统功能简单且有丰富的单片机系统开发经验的用户。

2) 运动控制专用 PLC 系统

目前,许多品牌的 PLC 都可选配定位控制模块,有些 PLC 的 CPU 单元本身就具有运动控制功能(如松下 NAIS 的 FP0,FPΣ 系列),包括脉冲输出功能,模拟量输出等。使用这种 PLC 来做运动控制系统的上位控制时,可以同时利用 PLC 的 I/O 口功能,可谓一举两得。PLC 通常都采用梯形图编程,对开发人员来说简单易学,省时省力。还有一点不可忽视,就是它可以与 HMI(人机界面)进行通信,在线修改运动参数,如轴号、速度、位移等。这样整个控制系统中从输入到控制再到显示,非常便利。一方面将界面友好化,另一方面从整体上节省了控制系统的成本。但具有脉冲输出功能的 PLC 大多都是晶体管输出类型的,这种输出类型的输出口驱动电流不大,一般只有 0.1~0.2A。在工业生产中,作为 PLC 驱动的负载来说,很多继电器开关的容量都要比这大,需要添加中间放大电路或转换模块。与此同时,由于 PLC 的工作方式(循环扫描)决定了它作为上位控制时的实时性能不是很高,要受 PLC 每步扫描时间的限制。而且控制执行机构进行复杂轨迹的动作就不太容易实现,虽说有的 PLC 已经有直线插补、圆弧插补功能,但由于其本身的脉冲输出频率也是有限的,对于诸如伺服电机高速高精度多轴联动,高速插补等动作,它实现起来仍然较为困难。这种方案主要适用于运动过程比较简单、运动轨迹固定的设备,如送料设备、自动焊机等。

3) 专用数控系统

专用的数控系统一般都是针对专用设备或专用行业而设计开发生产的,如专用车床数控系统、铣床数控系统、切割机数控系统等。它集成了计算机的核心部件,输入、输出外围设备以及为专门应用而开发的软件。由于是"专业对口",人们可以尽情发挥"拿来主义"。不需要进行二次开发,对使用者来说只需通过熟悉过程达到能操作的目的即可。在我国制造业的高端装备中大量使用了国外知名品牌的产品,如西门子、法纳克、法格、海宝等。当然,之所以它们能大规模广泛地被采用是因为其功能丰富,性能稳定可靠。但为之付出的代价就是高成本。因此,适用于控制要求较高且产品档次较高的数控设备生产厂家和使用者。

4) PC+运动控制卡

随着 PC 的发展和普及,采用 PC+运动控制卡作为上位控制将是运动控制系统的一个主要发展趋势。这种方案可充分利用计算机资源,用于运动过程、运动轨迹都比较复杂,且柔性比较强的机器和设备。从用户使用的角度来看,基于 PC 的运动控制卡主要是功能上的差别:硬件接口(输入/输出信号的种类、性能)和软件接口(运动控制函数库的功能函数)。按信号类型一般分为数字卡和模拟卡。数字卡一般用于控制步进电机和伺服电机,模拟卡用于控制模拟式的伺服电机;数字卡可分为步进卡和伺服卡,步进卡的脉冲输出频率一般较低(几百 kHz),适用于控制步进电机;伺服卡的脉冲输出频率较高(频率可达几兆),能够满足对伺服电机的控制。目前随着数字式伺服电机的发展和普及,数字卡逐渐成为运动控制卡的主流。从运动控制卡的主控芯片来看,一般有 3 种形式:单片机、专用运动控制芯片和 DSP。

以单片机为主控芯片的运动控制卡,成本较低,外围电路较为复杂。由于这种方案仍是采用在程序中靠延时来控制发脉冲,脉冲波形的质量和频率都受到限制,一般用这种卡控制步进电机;以专用运动控制芯片为主控芯片的运动控制卡成本较高,但其运动控制功能由硬件电路实现,而且集成度高,所以可靠性、实时性都比较好;输出脉冲频率可以达到几兆赫兹,能够满足对步进电机和数字式伺服电机的控制。以 DSP 为主控芯片的运动控制卡利用了 DSP 对数字信号的高速处理,能够实时完成极其复杂的运动轨迹,常用于像工业机器人等复杂运动的自动化设备中。

运动控制卡是基于 PC 各种总线的步进电机或数字式伺服电机的上位控制单元,总线形式也是多种多样,通常使用的是基于 ISA 总线和 PCI 总线的。而且由于计算机主板的更新换代,ISA 总线的插槽越来越少,PCI 总线的运动控制卡是目前的主流。卡上专用 CPU

与 PC 的 CPU 构成主从式双 CPU 控制模式：PC 的 CPU 可以专注于人机界面、实时监控和发送指令等系统管理工作；卡上专用 CPU 来处理所有运动控制的细节：升降速计算、行程控制、多轴插补等，无须占用 PC 资源。同时随卡还提供功能强大的运动控制软件库：C 语言运动库、Windows DLL 动态链接库等，让用户更快、更有效地解决复杂的运动控制问题。运动控制卡的功能图如图 3-2 所示（以 MPC02 为例）。

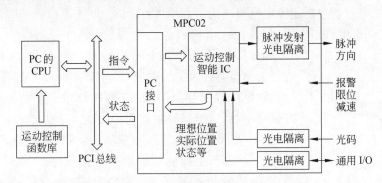

图 3-2　运动控制卡的功能图

运动控制卡接受主 CPU 的指令，进行运动轨迹规划，包括脉冲和方向信号的输出、自动升降速处理、原点和限位开关等信号的检测等。每块运动控制卡可控制多轴步进电机或数字式伺服电机，并支持多卡共用，以实现更多运动轴的控制；每个轴都可以输出脉冲和方向信号，并可输入原点、减速、限位等开关信号，以实现回原点、限位保护等功能。开关信号由控制卡自动检测并做出反应。

目前的运动控制卡主要特征有开放式结构、使用简便、功能丰富、可靠性高等。具体的特征体现在硬件和软件两个方面：在硬件方面采用 PC 的 ISA 总线方式，各种设置采用简单的跳线和拨码开关；接线方式采用 D 型插头；采用 PC 的 PCI 总线方式，卡上无须进行任何跳线设置，所有资源自动配置，接线方式采用 SISC 型插头，可使用屏蔽线缆，并且所有的输入、输出信号均用光电隔离，提高了控制卡的可靠性和抗干扰能力；在软件方面提供了丰富的运动控制函数库，以满足不同的应用要求。用户只需根据控制系统的要求编制人机界面，并调用控制卡运动函数库中的指令函数，就可以开发出既满足要求又成本低廉的多轴运动控制系统。

控制卡的运动控制功能主要取决于运动函数库。运动函数库为单轴及多轴的步进或伺服控制提供了许多运动函数：单轴运动、多轴独立运动、多轴插补运动等。另外，为了配合运动控制系统的开发，还提供了一些辅助函数：中断处理、编码器反馈、间隙补偿、运动中变速等。

2. 伺服电机及驱动器

运动控制系统的发展趋势是交流伺服驱动取代传统的液压、直流和步进驱动，以便使系统性能达到一个全新的水平，包括更短的周期、更高的生产率、更高的可靠性和更长的寿命。在传动领域内，往往需要对被控对象实现高精度位置控制，实现精确位置控制的一个基本条件是需要有高精度的执行机构。而目前，基于稀土永磁体的交流永磁伺服驱动系统，能提供最高水平的动态响应和扭矩密度。因此，近些年兴起的交流伺服电机传动技术却能以较低的成本获取极高的位置控制。世界上许多知名电机制造商如松下、SANYO、西门子等公司纷纷推出自己的交流伺服电机和伺服驱动器。

　　1) 两相交流伺服电机结构与原理

　　两相交流伺服电机可分为不带任何阻尼元件的普通型两相伺服电机及带阻尼元件的阻尼型两相伺服电机。根据阻尼元件的不同,可以分为黏性阻尼两相伺服电机和惯性阻尼两相伺服电机。普通型交流伺服电机按其转子的结构,可分为笼型转子和杯型转子两相伺服电机,伺服电机有的还与测速发电机组成伺服测速机组。

　　两相交流伺服电机工作原理图如图 3-3 所示。

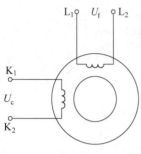

图 3-3　两相交流伺服电机
工作原理图

电机定子上布置有空间相差 90°电度角的两相绕组,励磁绕组 L_1-L_2 馈以固定的电压 $U_f = U_m \sin\omega t$,控制绕组 K_1-K_2 馈以控制电压 $U_c = U_m \cos\omega t$。当两相绕组产生磁动势幅值相等、电机处于对称状态时,在定子、转子之间的气隙中产生合成磁动势是一个圆形旋转磁场,其转速 n_s 称为同步转速。旋转磁场切割转子导条,产生感应电动势和电流,电流与旋转磁场相互作用,产生转矩,于是转子沿着旋转磁场方向旋转,转速为 n,其转差率为 $s = (n_s - n)/n_s$。转子静止时,$n = 0$,$s = 1$,空载时,$n = n_0 < n_s$,转差率 $s_0 = (n_s - n_0)/n_s$。

　　两相交流伺服电机在运行过程中,控制电压经常是变化的,即电机经常处于不对称状态。因此,两相绕组磁动势的幅值并不相等,相位差也不是 90°电角度,故气隙中的合成磁场是椭圆形旋转磁场。椭圆形旋转磁场可用正序圆形旋转磁场和负序圆形旋转磁场等效。由于负序旋转磁场产生制动转矩,并随两相不对称程度增大而增加,因此,两相交流伺服电动机的空载转速 n_0 比一般异步电机低得多,空载电流的标幺值也比一般异步电机大得多。

　　交流伺服电机的工作原理和单相感应电动机无本质上的差异。但是,交流伺服电机必须具备一个性能,就是能克服所谓"自转"现象,即无控制信号时,它不应转动,特别是当它已在转动时,如果控制信号消失,它应能立即停止转动。而普通的感应电动机转动起来以后,如控制信号消失,往往仍在继续转动。

　　当电机原来处于静止状态时,如控制绕组不加控制电压,此时只有励磁绕组通电产生脉动磁场,可以把脉动磁场看成两个圆形旋转磁场,这两个圆形旋转磁场以同样的大小和转速,向相反方向旋转,所建立的正、反转旋转磁场分别切割笼型绕组(或杯形壁)并感应出大小相同,相位相反的电动势和电流(或涡流),这些电流分别与各自的磁场作用产生的力矩也大小相等、方向相反,合成力矩为零,伺服电机转子转不起来。一旦控制系统有偏差信号,控制绕组就要接受与之相对应的控制电压。在一般情况下,电机内部产生的磁场是椭圆形旋转磁场。一个椭圆形旋转磁场可以看成是由两个圆形旋转磁场合成起来的。这两个圆形旋转磁场幅值不等(与原椭圆旋转磁场转向相同的正转磁场大,与原转向相反的反转磁场小),但以相同的速度,向相反的方向旋转。它们切割转子绕组感应的电势和电流以及产生的电磁力矩也方向相反、大小不等(正转者大,反转者小)合成力矩不为零,所以伺服电机就朝着正转磁场的方向转动起来,随着信号的增强,磁场接近圆形,此时正转磁场及其力矩增大,反转磁场及其力矩减小,合成力矩变大,如负载力矩不变,转子的速度就增加。如果改变控制电压的相位,即移相 180°,旋转磁场的转向相反,因而产生的合成力矩方向也相反,伺服电机将反转。若控制信号消失,只有励磁绕组通入电流,伺服电机产生的磁场将是脉动磁场,转子很快地停下来。

为使交流伺服电机具有"控制信号消失则立即停止转动"的功能,把它的转子电阻做得特别大,使它的临界转差率 S_k 大于 1。在电机运行过程中,如果控制信号降为"零",励磁电流仍然存在,气隙中产生一个脉动磁场,此脉动磁场可视为正向旋转磁场和反向旋转磁场的合成。图 3-4 画出正向及反向旋转磁场切割转子导体后产生的力矩-转速特性曲线 1、2,以及它们的合成特性曲线 3。图 3-4(b)中,假设电动机原来在单一正向旋转磁场的带动下运行于 A 点,此时负载力矩是 M_L。一旦控制信号消失,气隙磁场转化为脉动磁场,它可视为正向旋转磁场和反向旋转磁场的合成,电机即按合成特性曲线 3 运行。由于转子的惯性,运行点由 A 点移到 B 点,此时电动机产生了一个与转子原来转动方向相反的制动力矩 M_Z。在负载力矩 M_L 和制动力矩 M_Z 的作用下,转子迅速停止。必须指出,普通的两相和三相异步电动机正常情况下都是对称运行的,不对称运行属于故障状态。而交流伺服电机则可以靠不同程度的不对称运行来达到控制目的。这是交流伺服电机在运行上与普通异步电动机的根本区别。

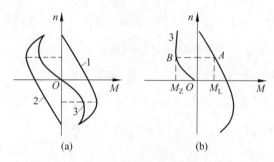

图 3-4　交流伺服电机的机械特性

2) 交流伺服电机的控制方式

交流伺服电机的励磁绕组和控制绕组一般都设计成对称的,即串联匝数、绕组系数和导线线径都相同,空间位置相差 90° 电角度。如在两相绕组上加以幅值相等、相位差 90° 电角度的对称电压,则在电机的气隙中产生圆形旋转磁场。若两个电压幅值不等或相位差不是 90° 电角度,则产生的磁场将是一个椭圆形旋转磁场。加在控制绕组上的信号不同,产生的磁场椭圆度也不相同。例如,负载转矩一定,改变控制信号,就可以改变磁场的圆度,从而控制伺服电动机的转速。显然,交流伺服电机的控制方式有 3 种:幅值控制、相位控制和幅值相位控制。

保持控制电压和励磁电压之间的相位差角 β 为 90°,仅仅改变控制电压的幅值,这种控制方式叫幅值控制。保持控制电压的幅值不变,仅仅改变控制电压与励磁电压的相位差 β,这种控制方式叫相位控制;在励磁电路串联移相电容,改变控制电压的幅值以引起励磁电压的幅值及其相对于控制电压的相位差发生变化,这种控制方式叫幅值相位控制(或电容控制)。

为了表明在不同控制电压下电机合成磁场的性质,从而得知电机的性能,可引入信号系数的概念。控制方法不同,信号系数的含义也不一样。图 3-5 显示了这 3 种控制方式的电气原理和相量图。

而使 $|\dot{U}_C|/|\dot{U}_L|=\alpha$ 改变,α 称为信号系数。当 $\dot{U}_C=0$ 时,$\alpha=0$,定子产生脉动磁场,电机

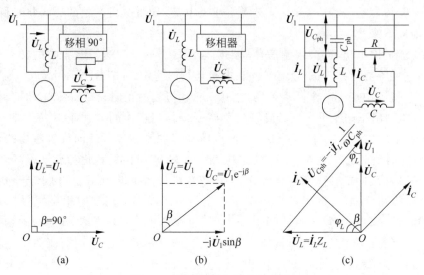

图 3-5　交流伺服电机控制方式

停止。当 $|\dot{U}_C|=|\dot{U}_L|$ 时，$\alpha=1$，定子产生圆形磁场，电机处于对称运行状态。当 $0<|\dot{U}_C|<|\dot{U}_1|$ 时，对应的 $0<\alpha<1$，定子产生椭圆形旋转磁场。

　　幅值控制如图 3-5(a)所示，励磁绕组 L 直接接到额定电压为 $\dot{U}_1$ 的交流电源上，即 $\dot{U}_L=\dot{U}_1$，控制绕组 C 的两端加上相位与励磁电压 $\dot{U}_L$ 相差 90°的控制电压 $\dot{U}_C$，控制电压 $\dot{U}_C$ 的相位保持不变，改变其幅值，以控制电机的转速，即保持 $\dot{U}_1$ 与 $\dot{U}_C$ 之间的相位差为 90°，而使 $|\dot{U}_C|/|\dot{U}_L|=\alpha$ 改变，α 称信号系数。当 $\dot{U}_C=0$ 时，$\alpha=0$，定子产生脉动磁场，电机停止。当 $|\dot{U}_C|=|\dot{U}_L|$ 时，$\alpha=1$，定子产生圆形磁场，电机处于对称运行状态。当 $0<|\dot{U}_C|<|\dot{U}_1|$ 时，对应的 $0<\alpha<1$，定子产生椭圆形旋转磁场。

　　相位控制如图 3-5(b)所示，励磁绕组 L 仍直接接到电源上，控制绕组 C 则经过移相器接到同一电源上，控制电压 $\dot{U}_C$ 的幅值保持不变，且 $|\dot{U}_L|=|\dot{U}_C|=|\dot{U}_1|$，而改变控制电压和励磁电压之间的相位差角 β，即 β 为变量。

　　幅值相位控制如图 3-5(c)所示，励磁绕组通过移相电容 C_{ph} 接到单相交流电源上，控制绕组通过电压调节器(例如交流放大器或分压电位器 R)接到同一交流电源上。为简单方便，假定控制电压 $\dot{U}_C$ 和电源电压 $\dot{U}_1$ 同相。电容器 C_{ph} 的作用是将励磁电压 $\dot{U}_L$ 和控制电压 $\dot{U}_C$ 分相。电压调节器 R 的作用是改变控制电压的幅值，实现对电动机的控制。

　　注意，尽管控制电压 $\dot{U}_C$ 的相位不变，并且和电源电压同相，但当改变控制电压的幅值时，励磁电压 $\dot{U}_L$ 的幅值和相位都随控制电压的变化而变化。这是因为 $\dot{U}_L=\dot{U}_1-\dot{U}_{C_{ph}}$ 电容 C_{ph} 两端的电压 $\dot{U}_{C_{ph}}=-j\dot{I}_L X_{xph}$，代入上式可得 $\dot{U}_L=\dot{U}_1+j\dot{I}_L X_{xph}$。

　　由此可见，励磁电压的大小和相位与励磁电流 $\dot{I}_L$ 有关，而 $\dot{I}_L$ 不是常数，它与电动机的转速有关。根据电机学理论，定子电流中包括产生磁通的励磁分量和补偿转子电流的转子分量。在一定的绕组端电压作用下，励磁分量不变，而转子分量则随转速的升高而减小。即在改变控制电压的幅值以控制电机的转速时,励磁电路中 $\dot{I}_L$ 的大小和相位都会改变,从而改变了 $\dot{U}_L$ 的大小和相位。即幅值相位控制时,励磁电压的幅值及其与控制电压之间的相位差都是变量。这种控制方法是利用串联电容器来分相,它不需要复杂的移相装置,设备简单,成本较低,是一种常用的控制方式。采用这种控制方式时就称为电容伺服电机。

3) 交流伺服电机的运行特性

交流伺服电机的运行特性有机械特性和调节特性,如图 3-6 所示。

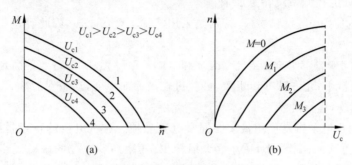

图 3-6　交流伺服电机的运行特性

(1) 机械特性。

当励磁电压与控制电压的幅值相等且相位差为 90°时,将产生圆形旋转磁场,这时机械特性曲线与一般异步电动机相似,如图 3-6(a)中的 1 所示。显然曲线 1 的非线性较强。当控制电压仅幅值变小时,则磁场变为椭圆形旋转磁场,且产生的合成力矩也随之减小。所以曲线向下移,随着控制电压幅值的不断下降,曲线就不断下移,同时理想空载($T=0$)转速也不断下降,但非线性程度却越来越轻。

(2) 调节特性。

图 3-6(b)为电机速度的调节特性。根据图 3-6(a)的机械特性,作出一系列平行于横轴的力矩线,每一力矩线与各不同控制电压的机械特性曲线相交,将这些交点所对应的转速及控制电压画成曲线,就得到该输出力矩下的调节特性。根据不同的力矩线,就可得到不同输出力矩下的调节特性。交流伺服电机的机械特性和调节特性是非线性的,直流伺服电机的两特性是线性的;直流伺服电机的机械特性是硬特性,交流伺服电机的机械特性较软,特别是低速时更为严重。交流伺服电机广泛用于自动控制、自动检测系统和计算装置中,近年来在数控机床的伺服系统中的应用越来越多。

4) 伺服电机的发展

自 20 世纪 80 年代以来,随着现代电机技术、现代电力电子技术、微电子技术、控制技术及计算机技术等支撑技术的快速发展,交流伺服控制技术的发展得以极大的迈进,使得先前困扰着交流伺服系统的电机控制复杂、调速性能差等问题取得了突破性的进展,交流伺服系统的性能日渐提高,价格趋于合理,使得交流伺服系统取代直流伺服系统尤其是在高精度、高性能要求的伺服驱动领域成了现代伺服驱动系统的一个发展趋势。研究和发展高性能交流伺服系统成为国内外同仁的共识。有些努力已经取得了很大的成果,"硬形式"上存在包括提高制作电机材料的性能,改进电机结构,提高逆变器和检测元件性能、精度等方面,"软形式"上存在从控制策略的角度着手提高伺服系统性能的研究和探索,如采用"卡尔曼滤波法"估计转子转速和位置的"无速度传感器化";采用高性能的永磁材料和加工技术改进PMSM转子结构和性能,以通过消除/削弱因齿槽转矩所造成的PMSM转矩脉动对系统性能的影响;采用基于现代控制理论为基础的具有较强鲁棒性的滑模控制策略以提高系统对参数摄动的自适应能力;在传统PID控制基础上引入非线性和自适应设计方法以提高系统对非线性负载类的调节和自适应能力;基于智能控制方法的电机参数和模型识别,以及负载特性识别。

采用PMSM的控制系统特点如下:

(1)由于采用了永磁材料磁极,特别是采用了稀土金属永磁,因此容量相同时电机的体积小、重量轻。

(2)转子没有铜损和铁损,又没有滑环和电刷的摩擦损耗,运行效率高。

(3)转动惯量小,允许脉冲转矩大,可获得较高的加速度,动态性能好。

(4)结构紧凑,运行可靠。

稀土永磁同步电动机是使用最多的伺服电机品种。这种电机的特点是结构简单、运行可靠、易维护或免维护;体积小,质量轻;损耗少,效率高。现今的永磁同步电动机定子多采用三相正弦交流电驱动,转子一般由永磁体磁化为3~4对磁极,产生正弦磁动势。高性能的永磁同步电动机由电压源型逆变器驱动,采用高分辨率的绝对式位置反馈装置。高性能的交流伺服系统要求永磁同步电动机尽量具有线性的数学模型。这就需要通过对电机转子磁场的优化设计,使转子产生正弦磁动势,并改进定子、转子结构,消除齿槽力矩,减小电磁转矩波动。这样通过对电机本体的设计来提高其控制特性。

5)伺服驱动器

伺服驱动器主要包括功率驱动单元和伺服控制单元,功率驱动单元采用三相全桥不控整流,三相正弦PWM电压型逆变器变频的AC-DC-AC结构。为避免上电时出现过大的瞬时电流以及电机制动时产生很高的泵升电压,设有软启动电路和能耗泄放电路。逆变部分采用集驱动电路,保护电路和功率开关于一体的智能功率模块(IPM),开关频率可达20kHz。

伺服控制单元是整个交流伺服系统的核心,实现系统位置控制、速度控制、转矩和电流控制器。数字信号处理器(DSP)被广泛应用于交流伺服系统,各大公司推出的面向电机控制的专用DSP芯片,除具有快速的数据处理能力外,还集成了丰富的用于电机控制的专用集成电路,如A/D转换器、PWM发生器、定时计数器电路、异步通信电路、CAN总线收发器以及高速的可编程静态RAM和大容量的程序存储器等。

3. 检测元件

检测元件是伺服运动控制系统中的主要元件,对于一个设计完善的伺服系统,其定位精度等主要取决于检测元件。在伺服运动控制系统中,检测元件根据应用要求通常采用高分辨率的旋转变压器、测速电机,感应同步器、光电编码器、磁编码器和光栅等元件。但应用最普及的就是旋转式光电编码器和光栅。旋转式光电编码器一般安装在电机轴的后端部用于通过检测脉冲来计算电机的转速和位置,光栅通常安装在机械平台上用于检测机械平台的位移,以构成一个大的伺服闭环结构。

旋转光电编码器分为增量式和绝对式,较其他检测元件有直接输出数字量信号,惯量低,低噪声,高精度,高分辨率,制作简便,成本低等优点。增量式编码器结构简单,制作容易,直接利用光电转换原理输出 3 组方波脉冲 A、B 和 Z 相;A、B 两组脉冲相位差 90°,从而可方便地判断出旋转方向,而 Z 相为每转一个脉冲,用于基准点定位。它的优点是原理构造简单,机械平均寿命可在几万小时以上,抗干扰能力强,可靠性高,适合于长距离传输。由于其给出的位置信息是增量式的,当应用于伺服领域时需要初始定位。格雷码绝对式编码器一般都做成循环二进制代码,码道道数与二进制位数相同。格雷码绝对式编码器可直接输出转子的绝对位置,不需要测定初始位置。但其工艺复杂、成本高,实现高分辨率、高精度较为困难。通用的交流伺服系统上采用的绝对式编码器精度一般在 12~20 位。当前世界上生产光电轴角编码器的主要厂家有:德国 Heidenhain 公司,OPTION 公司;美国的 Itek 公司,B&L 公司,三丰公司;日本的尼康公司和佳能公司。此外,英国、瑞士和俄罗斯的一些厂家也在光电轴角编码器的研制方面做出了很多贡献。其中 Heidenhain 公司生产的编码器系列以其优质的性能、多样的品种誉满全球,居国际领先水平。日本编码器工业在工业机器人及办公自动化迅速普及的影响下,偏重于小型化、智能化的发展方向。

光栅是闭环位置伺服系统中另一个用得较多的测量装置,可用作位移或转角的检测,且测量输出的信号为数字信号,它测量范围大,测量精度高,可达几微米。光栅传感器把被测位移量转变为电信号,经前置放大和电路处理后,送入下位机进行综合运算处理后输出,并通过 LED 显示。它们广泛地用于各类机床、工业自动化、航空、航天、军工装备和科学研究的检测设备、装备、仪器的数显、数控领域之中,被作为长度或直线位移量生产的检测与控制的核心系统。它们还适用于对上述旧机床、设备、装备仪器的技术更新与改造。与计算机联机使用,具有更广泛的应用前景。

4. 典型机械结构

交流伺服运动控制系统通常采用滚珠丝杠驱动机械本体,可以良好地克服间隙误差和摩擦力的影响。滚珠丝杠副发热率低,温升小以及在加工过程中对丝杠采取预拉伸并预紧消除轴向间隙等措施,使丝杠副具有高的定位精度和重复定位精度。如图 3-7 所示是具有高精度的滚珠丝杠驱动机构的运动平台。这种结构的运动平台传动效率和定位精度高,振动低,运行稳定。

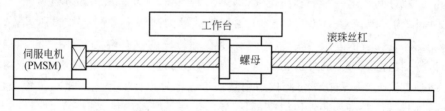

图 3-7　具有高精度的滚珠丝杠驱动机构的运动平台

1) 滚珠丝杠副的工作原理

将回转运动转换为直线运动一般都采用滚珠丝杠螺母机构,因它具有摩擦阻力小,传动效率高,运动灵敏,无爬行现象,可进行预紧以实现无间隙运动,传动刚度高,反向时无空程死区等特点。

滚珠丝杠螺母机构的工作原理如图 3-8 所示。在丝杠和螺母上各加工有圆弧形螺旋槽,将它们套装起来便形成螺旋形滚道,在滚道内装满滚珠。当丝杠相对螺母旋转时,丝杠的螺旋面经滚珠推动螺母轴向移动,同时滚珠沿螺旋形滚道滚动,使丝杠和螺母之间的滑动摩擦转变为滚珠与丝杠、螺母之间的滚动摩擦。螺母螺旋槽的两端用回珠管连接起来,使滚珠能够从一端重新回到另一端,构成一个闭合的循环回路。

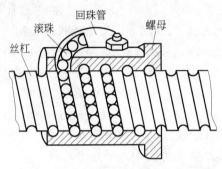

图 3-8　滚珠丝杠螺母机构的工作原理

2) 滚珠丝杠副的间隙消除

为了消除丝杠和螺母之间的轴向间隙,并进行适当预紧,机床上实际都采用双螺母结构,如图 3-9 所示。结构相同的两个单螺母安装在螺母座的孔中,通过垫片、螺母等调整间隙,螺母座则固定在工作台等运动部件上。

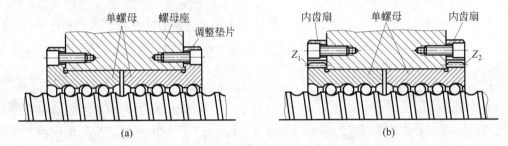

(a)　　　　　　　　　　　　　　　　　(b)

图 3-9　滚珠丝杠螺母机构的调整

图 3-9(a)为垫片调隙式双螺母结构,两个单螺母用螺钉固定在螺母座上,通过修磨垫片的厚度,使两螺母间产生一定的轴向位移,即可消除间隙,并获得所需预紧量。

图 3-9(b)为齿差调隙式双螺母结构,在两单螺母的凸缘上各制有外圆柱齿轮,其齿数分别为 Z_1、Z_2,且二者的差值 $\Delta = Z_1 - Z_2 = 1$;在螺母座的左右端面上,用螺钉和销钉固定着内齿扇,分别与两螺母上的外齿轮啮合。轴向间隙可通过两螺母相对转过一定角度而加以调整,调整方法如下:先在螺母与内齿扇端面上做记号以标明原先的相对位置,然后松开内齿扇的紧固螺钉,并将其向外拉出(由销钉导向以保持其轴向位置不变),使其与螺母上齿轮脱开啮合;此时可根据间隙与所需预紧力大小,将螺母转过一定齿数,其螺母上螺旋槽相对丝杠的螺旋槽轴向移动相应距离,从而使间隙得以调整。调整妥当后,重新将内齿扇向里推入,并加以紧固。调整时,如果只将一个螺母转过一齿,则间隙调整量 $\Delta = L/Z_1$ 或 $\Delta = L/Z_1$(L 为丝杠导程,单位为 mm);如需微量调整,可将两个螺母同向各转过一齿,此时间隙调整量 $\Delta = L/Z_1 Z_2$。设 Z_1、Z_2 分别为 99 和 100,丝杠导程 $L = 10$mm,则可以获得的最小调整量 $\Delta = 10/(99 \times 100) \approx 0.001$mm。由于这种调整结构能非常可靠地获得精确的调整量,因而在数控机床上应用较广。

3) 滚珠丝杠预加载荷

滚珠丝杠的预加载荷是根据下述原则确定的,设在图 3-10 所示预紧后的滚珠螺母体上受一个外载荷 F,方向为向右,则右螺母的接触变形(指螺母滚道—钢珠—丝杠滚道沿接触线的变形,下同)加大,左螺母接触变形则减小。F 大到某种程度,可使左螺母的接触变形减小至零。如果 F 再加大,则左螺母与丝杠间将出现间隙,影响定位精度。经验证,不受力侧的螺母接触变形降至零的外载荷 F,约等于预加载荷 F_0 的 3 倍,$F \approx 3F_0$。因此,滚珠丝杠的预加载荷 F_0,应不低于丝杠最大轴向载荷的 1/3。预紧后的刚度,可提高到为无预紧时的 2 倍。但是,预加载荷加大,将使寿命下降并使摩擦力矩加大。通常,滚珠丝杠在出厂时,就已由制造厂调好预加载荷。预加载荷往往与丝杠副的额定动载荷 C_0 有一定的比例关系。例如有的工厂定 $F_0 = [(1/9) - (1/10)]C_0$。如果 F_0 值大于最大轴向载荷的 1/3,则订货时对预加载荷不必提特殊要求。

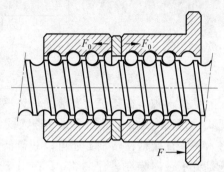

图 3-10　预加载荷消除间隙

4) 滚珠丝杠的预拉伸

滚珠丝杠在工作时难免要发热,其温度将高于床身。丝杠的热膨胀将使导程加大,影响定位精度。为了补偿热膨胀,可将丝杠预拉伸。预拉伸量应略大于热膨胀量。发热后,热膨胀量抵消了部分预拉伸量,使丝杠内的拉应力下降,但长度却没有变化。需进行预拉伸的丝杠在制造时应使其目标行程(螺纹部分在常温下的长度)等于公称行程(螺纹部分的理论长度,等于公称导程乘以丝杠上螺纹头数)减去预拉伸量。预拉伸后达到公称行程值。滚珠丝杠的预拉伸,由装配结构和装配方法来实现。

3.2　PMSM 伺服系统的数学模型

基于永磁同步电机及其驱动器为核心的伺服运动控制系统建立的数学模型,在伺服运动控制领域得到了广泛的应用。

3.2.1　PMSM 的基本结构及种类

PMSM 定子由三相绕组以及铁芯构成,并且电枢绕组常以 Y 形连接;在转子结构上,PMSM 用永磁体取代电励磁,从而省去了励磁线圈、滑环和电刷。与普通电动机相比,PMSM 还必须装有转子永磁体位置检测器,用来检测磁极位置,并以此对电枢电流进行控制达到对 PMSM 伺服控制的目的。PMSM 的气隙长度在物理上是均匀的,但是由于永磁材料的磁阻和铁磁材料的磁阻不一样,气隙磁阻的分布并不均匀。通常 d 轴即磁极轴线的磁阻比 q 轴相邻两个磁极的中性线的磁阻大。

PMSM 是由绕线式同步电动机发展而来的,其结构与绕线式同步电动机基本相同。它除了具有一般同步电动机的工作特性外,还具有效率高、结构简单、易于控制、性能优良等优点。PMSM 的结构如图 3-11 所示。PMSM 广泛应用于军事装备、计算机外围设备、办公机械、仪器仪表、数控机床、汽车电器、家用电器等领域,品种繁多,使用量大且应用面广。

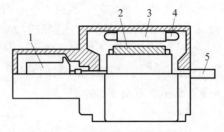

图 3-11 PMSM 的结构图
1—检测器;2—永磁体;3—电枢铁芯;4—三相电枢绕组;5—输出轴

根据永磁体在转子上安装的位置不同,PMSM 转子可以分为 3 种:凸装式、嵌入式和内埋式,如图 3-12 所示。凸装式和嵌入式结构可以减小转子直径,从而降低转动惯量。如果将永磁体直接粘在转轴上还可以获得低电感,这有利于电动机动态性能的改善。内埋式转子是将永磁体装在转子铁芯内部,其磁路气隙比较小,适用于弱磁控制,为了便于控制,PMSM 的定子绕组一般都采用短距分布绕组,气隙磁场设计为正弦波,以产生正弦波反电势。

(a) 凸装式   (b) 嵌入式   (c) 内埋式
图 3-12 PMSM 转子的 3 种结构形式

设 l_g 为转子永磁体表面到定子表面的距离,l_m 为永磁体的厚度,l_{mg} 为等效气隙长度,永磁材料的磁导率与空气几乎相等,凸装式转子结构可以认为是均匀的,这样可以得到

$$l_{mg} = \frac{l_m}{\mu_r} + l_g \tag{3-1}$$

式中,μ_r 为相对磁导率。

对于转子为凸装式的 PMSM,其交轴和直轴磁路对称,因此可以得到

$$L_{md} = L_{mq} = L_m \tag{3-2}$$

式中,L_{md} 和 L_{mq} 是 dq 轴的励磁电感,L_m 是励磁电感。

对于转子为嵌入式的 PMSM 有

$$L_{md} < L_{mq} \tag{3-3}$$

3.2.2 PMSM 的数学模型

PMSM 的基本方程包括电动机的运动方程、物理方程和转矩方程,这些方程是其数学模型的基础。控制对象的数学模型应当能够准确地反应被控系统的静态和动态特性,数学模型的准确程度是控制系统动、静态性能好坏的关键。

PMSM 的物理方程：在不影响控制性能的前提下，忽略电动机铁芯的饱和，永磁材料的磁导率为零，不计涡流和磁滞损耗，三相绕组是对称、均匀的，绕组中感应电感波形是正弦波。这样可以得到如图 3-13 所示的 PMSM 等效结构坐标图，图中 Oa、Ob、Oc 为三相定子绕组的轴线，取转子的轴线与定子 a 相绕组的电气角为 θ。

PMSM 的物理方程如下：

$$\begin{bmatrix} u_a \\ u_b \\ u_c \end{bmatrix} = \begin{bmatrix} R_a & 0 & 0 \\ 0 & R_b & 0 \\ 0 & 0 & R_c \end{bmatrix} \cdot \begin{bmatrix} i_a \\ i_b \\ i_c \end{bmatrix} + \frac{\mathrm{d}}{\mathrm{d}t} \begin{bmatrix} \varphi_a \\ \varphi_b \\ \varphi_c \end{bmatrix} \tag{3-4}$$

$$\begin{bmatrix} \varphi_a \\ \varphi_b \\ \varphi_c \end{bmatrix} = \begin{bmatrix} L_a \cos 0° & L_{ab} \cos 120° & L_{ac} \cos 240° \\ L_{ab} \cos 120° & L_b \cos 0° & L_{bc} \cos 240° \\ L_{ac} \cos 240° & L_{bc} \cos 120° & L_c \cos 0° \end{bmatrix} \cdot \begin{bmatrix} i_a \\ i_b \\ i_c \end{bmatrix} + \begin{bmatrix} \cos\theta \\ \cos(\theta - 120°) \\ \cos(\theta - 240°) \end{bmatrix} \varphi_f \tag{3-5}$$

式中，u_a、u_b、u_c 是三相定子绕组的电压；i_a、i_b、i_c 是三相定子绕组的电流；φ_a、φ_b、φ_c 是三相定子绕组的磁链；R_a、R_b、R_c 是三相定子绕组的电路，并且 $R_a = R_b = R_c = R$；φ_f 是转子磁场的等效磁链；L_a、L_b、L_c 表示为自感；L_{ab}、L_{bc}、L_{ac} 表示为互感。

三相定子交流电主要作用就是产生一个旋转的磁场，从这个角度来看，可以用一个两相系统来等效，因为两相相位正交对称绕组通以两相相位相差 90°的交流电时，也能产生旋转磁场。在永磁同步电动机中，建立固定于转子的参考坐标，取磁极轴线为 d 轴，顺着旋转方向超前 90°电度角为 q 轴，以 a 相绕组轴线为参考轴线，d 轴与参考轴之间的电度角为 θ，坐标图如图 3-14 所示。

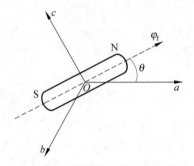

图 3-13　PMSM 等效结构坐标图

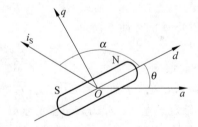

图 3-14　永磁同步电动机 dq 旋转坐标图

从而可以得到建立在 dq 旋转坐标中和三相静止坐标中的电机模型之间具有如下的关系：

$$\begin{bmatrix} i_d \\ i_q \\ i_o \end{bmatrix} = \sqrt{\frac{2}{3}} \begin{bmatrix} \cos\theta & \cos\left(\theta - \frac{2\pi}{3}\right) & \cos\left(\theta + \frac{2\pi}{3}\right) \\ -\sin\theta & -\sin\left(\theta - \frac{2\pi}{3}\right) & -\sin\left(\theta + \frac{2\pi}{3}\right) \\ \sqrt{\frac{1}{2}} & \sqrt{\frac{1}{2}} & \sqrt{\frac{1}{2}} \end{bmatrix} \cdot \begin{bmatrix} i_a \\ i_b \\ i_c \end{bmatrix} \tag{3-6}$$

$$\begin{bmatrix} u_d \\ u_q \\ u_o \end{bmatrix} = \sqrt{\frac{2}{3}} \begin{bmatrix} \sin\theta & \sin\left(\theta - \frac{2\pi}{3}\right) & \sin\left(\theta + \frac{2\pi}{3}\right) \\ \cos\theta & \cos\left(\theta - \frac{2\pi}{3}\right) & \cos\left(\theta + \frac{2\pi}{3}\right) \\ \sqrt{\frac{1}{2}} & \sqrt{\frac{1}{2}} & \sqrt{\frac{1}{2}} \end{bmatrix} \cdot \begin{bmatrix} u_a \\ u_b \\ u_c \end{bmatrix} \tag{3-7}$$

PMSM 中定子绕组一般为无中线的 Y 形连接,故 $i_o \equiv 0$。

在 dq 旋转坐标系中 PMSM 的电流、电压、磁链和电磁转矩方程为

$$\frac{\mathrm{d}}{\mathrm{d}t} i_d = \frac{1}{L_d} u_d - \frac{R}{L_d} i_d + \frac{L_q}{L_d} p_n \omega_r i_q \tag{3-8}$$

$$\frac{\mathrm{d}}{\mathrm{d}t} i_q = \frac{1}{L_q} u_q - \frac{R}{L_q} i_q - \frac{L_q}{L_q} p_n \omega_r i_d - \frac{\varphi_f p_n \omega_r}{L_q} \tag{3-9}$$

$$\varphi_q = L_q i_q \tag{3-10}$$

$$\varphi_d = L_d i_d + \varphi_f \tag{3-11}$$

$$\varphi_f = i_f L_{md} \tag{3-12}$$

$$T_e = p_n(\varphi_d i_q - \varphi_q i_d) = p_n[\varphi_f i_q - (L_q - L_d) i_d i_q] \tag{3-13}$$

其中,

$$T_{abc-dq} = \sqrt{\frac{2}{3}} \begin{bmatrix} \cos\theta & \cos\left(\theta - \frac{2\pi}{3}\right) & \cos\left(\theta + \frac{2\pi}{3}\right) \\ -\sin\theta & -\sin\left(\theta - \frac{2\pi}{3}\right) & -\sin\left(\theta + \frac{2\pi}{3}\right) \end{bmatrix}$$

$$T_{abc-\alpha\beta} = \sqrt{\frac{2}{3}} \begin{bmatrix} 1 & -1/2 & -1/2 \\ 0 & \sqrt{3}/2 & -\sqrt{3}/2 \end{bmatrix}$$

PMSM 的运动方程为

$$J \frac{\mathrm{d}\omega_r}{\mathrm{d}t} = T_e - B\omega_r - T_L \tag{3-14}$$

式中,u_d、u_q 为 dq 轴定子电压;i_d、i_q 为 dq 轴定子电流;φ_d、φ_q 为 dq 轴定子磁链;L_d、L_q 为 dq 轴定子电感;φ_f 为转子上的永磁体产生的磁势;J 为转动惯量(kg·m²);T_L 为负载转矩,是输出转矩(N·m);B 为黏滞摩擦系数;ω_r 为转子角速度;$\omega = p_n \omega_r$ 为转子电角速度;p_n 为极对数。

PMSM 的运动特性在负载转矩 T_L 一定的情况下,主要取决于输出转矩 T_e 的大小,而电动机的转矩又是由磁场和电流共同决定的,所以对电动机转矩的控制实际就是对磁场和电流的控制。

3.2.3 PMSM 等效电路

事实上,对于 PMSM 来说 dq 轴线圈的漏感相差不是很大,可以认为近似相等。因此,电感参数可以表示为

$$L_q = L_{s\sigma} + L_{mq} \tag{3-15}$$

$$L_d = L_{s\sigma} + L_{md} \tag{3-16}$$

式中，$L_{s\sigma}$ 是 dq 轴线圈的漏感。i_f 为归算后的等效励磁电流，$i_f = \dfrac{\varphi_f}{L_{md}}$，则 PMSM 的电压方程如下且其等效电路图如图 3-15 所示。

$$u_d = Ri_d + \frac{\mathrm{d}}{\mathrm{d}t}(L_d i_d + L_{md} i_f) - \omega L_q i_q \tag{3-17}$$

$$u_q = Ri_q + \frac{\mathrm{d}}{\mathrm{d}t}(L_q i_q) + \omega(L_d i_d + L_{md} i_f) \tag{3-18}$$

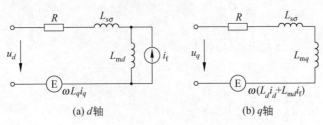

(a) d 轴　　　　　　　(b) q 轴

图 3-15　dq 轴表示的电压等效电路图

3.2.4　PMSM 的矢量控制原理

对于 PMSM 的控制，通常有两种控制方式。一种是针对电流控制的滞环控制；另一种是采用电压控制。滞环控制响应速度快，主要用在模拟控制中；电压控制的理论基础是空间矢量 PWM 控制，提高了逆变器的电压输出能力，保持恒定的开关频率，适合数字控制。在本书的交流伺服系统设计中，永磁同步伺服电动机采用电压控制方式。

1971 年，德国西门子公司的 Blaschke 提出了交流电动机的矢量控制理论，它是电机控制理论的第一次质的飞跃，解决了交流电机的调速问题，使得交流电机的控制跟直流电机控制一样方便可行，并且可以获得与直流调速系统相媲美的动态性能。交流电动机的矢量控制基本思想是在普通的三相交流电动机上设法模拟直流电动机转矩控制的规律，在磁场定向坐标上，将电流矢量分解成产生磁通的励磁电流分量和产生转矩的转矩电流分量，并使两分量互相垂直，彼此独立，然后分别进行调节。交流电动机的矢量控制使转矩和磁通的控制实现解耦。所谓解耦指的是控制转矩时不影响磁通的大小，控制磁通时不影响转矩。电动机调速的关键是转矩的控制。

矢量控制中所用的坐标系有两种，一种是静止坐标系；另一种是旋转坐标系。

(1) 三相定子坐标系（abc 坐标系）三相定子里有三相绕组，其绕组轴线分别为 oa、ob、oc，彼此互差 120°空间电度角，构成了一个 abc 三相坐标系。

(2) 两相定子坐标系（$\alpha\beta$ 坐标系）两相对称绕组，通以两相对称电流，亦产生旋转磁场，对一个矢量，数学上习惯用两相直角坐标系来描述。故定义一个坐标系（$\alpha\beta$ 坐标系），它的 α 轴和三相定子坐标系统的 a 轴重合，β 轴逆时针超前 α 轴 90°空间角度。由于 α 轴固定在定子 a 相绕组轴线上，故 $\alpha\beta$ 坐标系亦称为静止坐标系。

(3) 转子坐标系（d-q 轴系）转子坐标系固定在转子上，其 d 轴位于转子轴线上，q 轴逆时针超前 d 轴 90°空间电度角，该坐标系和转子一起在空间上以转子角速度旋转，故为旋转坐标系。对于永磁同步电动机，d 轴是转子磁极的轴线。

dq 坐标系、$\alpha\beta$ 坐标系和 abc 坐标系的变换关系如下：

$$\begin{bmatrix} i_d \\ i_q \end{bmatrix} = T_{abc\text{-}dq} \begin{bmatrix} i_a \\ i_b \\ i_c \end{bmatrix}, \quad \begin{bmatrix} i_\alpha \\ i_\beta \end{bmatrix} = T_{abc\text{-}\alpha\beta} \begin{bmatrix} i_a \\ i_b \\ i_c \end{bmatrix}, \quad \begin{bmatrix} i_d \\ i_q \end{bmatrix} = T_{\alpha\beta\text{-}dq} \begin{bmatrix} i_\alpha \\ i_\beta \end{bmatrix} \tag{3-19}$$

其中,

$$T_{abc\text{-}dq} = \sqrt{\frac{2}{3}} \begin{bmatrix} \cos\theta & \cos(\theta - 2\pi/3) & \cos(\theta + 2\pi/3) \\ -\sin\theta & -\sin(\theta - 2\pi/3) & -\sin(\theta + 2\pi/3) \end{bmatrix}$$

$$T_{abc\text{-}dq} = \sqrt{\frac{2}{3}} \begin{bmatrix} \cos\theta & \cos(\theta - 2\pi/3) & \cos(\theta + 2\pi/3) \\ \sin\theta & \sin(\theta - 2\pi/3) & \sin(\theta + 2\pi/3) \end{bmatrix}$$

$$T_{abc\text{-}\alpha\beta} = \sqrt{\frac{2}{3}} \begin{bmatrix} 1 & -1/2 & -1/2 \\ 0 & -\sqrt{3}/2 & \sqrt{3}/2 \end{bmatrix}$$

$$T_{\alpha\beta\text{-}dq} = \begin{bmatrix} \cos\theta & \sin\theta \\ -\sin\theta & \cos\theta \end{bmatrix}$$

PMSM 的矢量控制也是一种基于磁场定向的控制策略,按照磁链定向控制的方法可以分为 4 种控制方案:转子磁链定向控制、定子磁链定向控制、气隙磁链定向控制、阻尼磁链定向控制。按照控制目标可以分为 $i_d = 0$ 控制、$\cos\varphi = 1$ 控制、总磁链恒定控制、最大转矩/电流控制、最大输出功率控制、转矩线性控制、直接转矩控制。本书中矢量控制所采用的坐标系为 dq 旋转轴系,$i_d = 0$ 矢量控制方式。

3.2.5　PMSM 的 $i_d = 0$ 矢量控制方式

由式(3-13),得

$$T_e = p_n(\varphi_d i_q - \varphi_q i_d) = p_n[\varphi_f i_q - (L_q - L_d)i_d i_q]$$

永磁转矩 T_m 为

$$T_m = p_n \varphi_f i_q \tag{3-20}$$

由转子凸极效应引起的磁阻转矩 T_r 为

$$T_r = -p_n(L_q - L_d)i_d i_q \tag{3-21}$$

对于凸装式的转子结构,$L_d = L_q$,不存在磁阻转矩,所以可以得到如下线性方程:

$$T_e = p_n \varphi_f i_q \tag{3-22}$$

当 $i_d = 0$ 时,定子电流的 d 轴分量为 0,磁链可以化简为

$$\varphi_q = L_q i_q; \quad \varphi_d = \varphi_f \tag{3-23}$$

对于嵌入式的转子结构,$L_d < L_q$,$i_d = 0$ 的控制方式比较简单,转矩可以化简为

$$T_e = p_n \varphi_f i_q \tag{3-24}$$

在 $i_d = 0$ 的控制方式下,不管 PMSM 的转子结构是哪种类型,其磁链和转矩都可以化简为

$$\begin{cases} \varphi_d = \varphi_f \\ \varphi_q = L_q i_q \end{cases} \tag{3-25}$$

$$T_e = T_m = p_n \varphi_f i_q \tag{3-26}$$

于是,电磁转矩仅仅包括励磁转矩,定子电流合成矢量与 q 轴电流相等,这就与直流电动机的控制原理变得一样,只要能够检测出转子位置(d 轴),使三相定子电流的合成电流矢量位

于 q 轴上就可以了。这种控制策略的特点是控制简单、定子电流与电磁转矩输出成正比、无弱磁电流分量,但当 $L_d \neq L_q$ 时,无磁阻转矩输出,而且当负载加大时,定子电流线性增大,要求的逆变器容量也较大。

　　PMSM 位置伺服系统具有位置环、速度环和电流环 3 闭环结构,电流环和速度环作为系统的内环,位置环为系统外环。电流环是 PMSM 位置伺服系统中的一个重要环节,它是提高伺服系统控制精度和响应速度、改善控制性能的关键。PMSM 位置伺服系统要求电流环具有输出电流谐波分量小、响应速度快等性能。在 PMSM 位置伺服系统的电流环中,必须满足内环控制所需要的控制响应速度,能精确控制随转速变化的交流电流频率。速度环的作用是增强系统抗负载扰动能力,抑制速度波动。位置环的作用是保证系统的静态精度和动态跟踪性能。本章基于 PMSM 的解耦状态方程对位置伺服系统的三个环节进行设计分析,并且把变结构控制方法用于对速度环和位置环调节器的设计中,利用串级变结构控制方案使得系统具有良好的快速性、定位无超调;同时,提高系统的精度和鲁棒性。

3.2.6　PMSM 解耦状态方程

　　基于 PMSM 在 dq 坐标系下的数学模型式,如式(3-8)、式(3-9)、式(3-13)和式(3-14)所示,在本节中建立 PMSM 解耦状态方程。以凸装式转子结构的 PMSM 为对象,在假设磁路不饱和,不计磁滞和涡流损耗影响,空间磁场呈正弦分布的条件下,当永磁同步电机转子为圆筒形($L_d = L_q = L$),摩擦系数 $B = 0$,得 d、q 坐标系上永磁同步电机的状态方程为

$$\begin{bmatrix} \dot{i}_d \\ \dot{i}_q \\ \dot{\omega}_r \end{bmatrix} = \begin{bmatrix} -R/L & p_n\omega_r & 0 \\ -p_n\omega_r & -R/L & -p_n\varphi_f/L \\ 0 & p_n\varphi_f/J & 0 \end{bmatrix} \begin{bmatrix} i_d \\ i_q \\ \omega_r \end{bmatrix} + \begin{bmatrix} u_d/L \\ u_q/L \\ -T_L/J \end{bmatrix} \tag{3-27}$$

式中,R 为绕组等效电阻(Ω);L_d 为等效 d 轴电感(H);L_q 为等效 q 轴电感(H);p_n 为极对数;ω_r 为转子角速度(rad/s);φ_f 为转子磁场的等效磁链(Wb);T_L 为负载转矩(N·m);i_d 为 d 轴电流(A);i_q 为 q 轴电流(A);J 为转动惯量(kg·m^2)。

　　为获得线性状态方程,通常采用 $i_d \equiv 0$ 的矢量控制方式,此时有

$$\begin{bmatrix} \dot{i}_q \\ \dot{\omega}_r \end{bmatrix} = \begin{bmatrix} -R/L & -p_n\varphi_f/L \\ p_n\varphi_f/J & 0 \end{bmatrix} \begin{bmatrix} i_q \\ \omega_r \end{bmatrix} + \begin{bmatrix} u_q/L \\ -T_L/J \end{bmatrix} \tag{3-28}$$

式(3-28)即为 PMSM 的解耦状态方程。在零初始条件下,对永磁同步电机的解耦状态方程求拉氏变换,以电压 u_q 为输入,转子速度为输出的交流永磁同步电机系统框图(见图 3-16),其中 $K_c = p_n\varphi_f$ 为转矩系数。

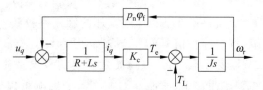

图 3-16　交流永磁同步电机系统框图

3.3　PMSM 伺服运动控制系统电流环设计

3.3.1　影响电流环性能的主要因素分析

为构成高性能的 PMSM 伺服系统电流环,基于 PMSM 矢量控制的原理,本节分析了影响 PMSM 位置伺服系统电流环各环节的主要因素,主要分析电机反电势及零点漂移对电流环的影响。影响 PWM 逆变器供电的 PMSM 矢量控制电流环动态响应特性的因素还有许多,包括电流调节器的设计、PWM 逆变器的传递特性及电机运行参数变化的影响,并且在要求无谐波电流反馈信号时,反馈电流的滤波环节又会增加动态响应时间。

1. 反电动势的干扰以及 PI 电流调节器的影响

PMSM 定子电流的调节比转子更复杂、更困难、更重要,研究大多以前者为主而假定后者为理想控制情况。当不考虑 PWM 逆变器传输特性时,电流环可用图 3-17 所示的简化控制框图表示。在低速时,电流环能够得到良好的控制性能,但是当电机转速较高时,控制性能出现恶化,电流环的输出电流与其给定电流信号出现幅值和相位上的偏差。

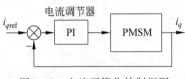

图 3-17　电流环简化控制框图

电机转速较高时,导致控制性能出现恶化的原因主要是由于存在电机反电动势,它是一个与谐波无关,幅值和相角不连续的电压信号,虽然它的变化没有电流变化快,但是在电机转速较高时对电流环的调节有影响。在低速时,电机反电动势较小,通过 PI 电流调节器积分环节的调节可基本抵消反电动势的干扰,电流跟随误差很小,因而总的电流控制特性良好。高速时,由于电机反电动势的干扰,使得外加电压与电动势的差值减小,由式(3-29)可以看出(u_ϕ、e_ϕ 分别为电机相电压、电势),在 PWM 工作的逆变器中由于逆变器直流电压为恒值,e_ϕ 随转速而增加,在电机电枢绕组上的净电压减少,电流变化率降低,实际电流和给定电流间将出现明显的幅值、相位偏差,当电机转速很高时,实际电流甚至无法跟随给定电流。为了提高电流环的动态跟随性能,在系统稳定的前提下,应尽可能提高电流调节器的比例放大系数,减小积分时间常数,以此减小反电动势对电流环调节性能的影响。

$$u_\phi = e_\phi + L\frac{di_q}{dt} + i_q R \tag{3-29}$$

2. 逆变器传输特性以及零点漂移的影响

PWM 逆变器,它输出的电压幅值不变,通过改变脉冲宽度来调节输出电压,其特点是电流响应快(截止频率接近调制载波的频率)、平稳性好。通常情况下,都认为 PWM 逆变器工作在线性工作状态,即调节器的输出信号幅值小于三角波的幅值,它的优点是 PWM 逆变器传递函数的增益为恒值,缺点是逆变器直流端电压的利用率较低。

在逆变器运行过程中,将会存在信号的零点漂移,它包括:给定信号的零点漂移、电流检测环节的零点漂移、调节器的零点漂移、三角波发生器的零点漂移,它们共同对逆变器的工作产生影响。在所述的零点漂移中,按照其对逆变器的影响可以分成两部分:①给定信号和电流检测环节所产生的零点漂移,它们位于电流环的环外和反馈通道中;②调节器和三角波发生器所产生的零点漂移,它们位于电流环的闭环主通道中。这两部分的零点漂移对逆变器所产生的影响存在差别。对于前者它们对电流环的作用相当于在电流环的输入端加上一给定的偏置信号 u_b,该信号是随时间、温度而变化的缓变直流信号。则调节器的输出电压为

$$u_{sc} = -\frac{R_2}{R_1}(u_g + u_f + u_b) - \frac{1}{R_1 C}\int(u_g + u_f + u_b)\mathrm{d}t \tag{3-30}$$

式中,u_g、u_f、u_b 分别为电流调节器的给定、反馈、偏移电压;u_{sc} 为输出电压;R_1、R_2 分别为调节器的反馈与输入电阻。

一般情况下,稳态时 $u_g + u_f = 0$,则零点漂移电压在任何情况下都影响着调节器的输出。随着时间的推移,电流调节器对该信号不断积分,使得 PI 调节器的输出偏移到正的或者负的输出电压限幅值,如果实际信号需要在这一方向上做调节,PI 调节器就失去了它应有的调节能力。另外,如果给定存在直流偏移(即零点漂移),检测环节没有直流偏移,电机电流就在 PI 调节器作用下,产生相应的偏移量和给定偏移相平衡。则在电机稳定运行过程中,电机的三相电流存在和给定信号中零点漂移相对应的直流电流,这将在电机磁场中产生一固定不动或者随零点漂移缓变的磁场,从而影响电机低速运行的平稳性,使电机电磁转矩脉动。由此可知,给定电流信号和电流检测环节存在零点漂移将使输出电流波形部分畸变,并影响电机的平稳运行。对于后者,即 PI 调节器和三角波发生器所产生的零点漂移,均相当于在 PWM 脉冲形成环节的输出端施加了直流偏置,或者相当于将三角波信号进行了移位。它对系统产生 PWM 脉冲没有很大的影响(只要直流偏置不太大),只是增加了电流环的非线性度。虽然系统调节没有达到理想的要求,但它毕竟在电流环的环内,通过电流环的调节作用,总可以达到指定目标。因此,这部分的零点漂移,只要不大,控制在十几毫伏范围内均可以满足要求。但为了提高电流环的线性度,改善其响应性能,各部分的零点漂移越小越好。

3.3.2　电流环 PI 综合设计

由前面建立的数学模型可以知道,PMSM 矢量控制最终归结为对电机定转子电流的控制。矢量控制的 PMSM 位置伺服系统一般是由电流环、速度环及位置环构成的 3 环调节系统,各环节性能的最优化是整个伺服系统高性能的基础,而外环性能的发挥依赖于系统内环的优化。尤其是电流环,它是高性能 PMSM 位置伺服系统构成的根本,其动态响应特性直接关系到矢量控制策略的实现,也直接影响整个系统的动态性能。系统中必须有快速的电流环以保证定转子电流对矢量控制指令的准确跟踪,这样才能在电机模型中将定转子电压方程略去,或仅用小惯性环节替代,达到矢量控制的目的。因而电流环的动态响应特性直接关系到矢量控制策略的实现,研究同步电动机矢量控制系统必须涉及电流环的研究。根据前面阐述的 $i_d = 0$ 矢量控制方式,可以给出在这种控制方式下 PMSM 矢量控制系统原理图(这里对系统电流环的设计,采用的是交流电流控制 SPWM 电压型逆变器),如图 3-18 所示。

在 SPWM 调制系统中,逆变器的控制增益可以用式(3-31)表示。

$$K_v = \frac{U_o}{2U_\triangle} \tag{3-31}$$

式中,K_v 为逆变器的控制增益;U_o 为逆变器直流端输入电压;调制比 $m = U_s/U_\triangle$(输

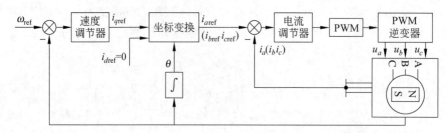

图 3-18　PMSM 矢量控制系统原理图

出调制信号幅值与三角形载波信号幅值之比）。在图 3-18 中可以知道电流环的控制对象为 PWM 逆变器和 PMSM 的电枢回路。PWM 逆变器一般可以看成具有时间常数 $T_v\left(T_v=\dfrac{1}{2f_\triangle}, f_\triangle\right.$为三角形载波信号的频率$\left.\right)$和控制增益 K_v 的一阶惯性环节。

　　PMSM 位置伺服系统对反馈电流的测量器件的精度相响应速度有较高的要求。这是因为电流控制的性能和电流检测器件的性能有着密切的联系,高性能的转矩控制必然要求有快响应、低漂移的电流反馈检测器件。通常,在交流伺服系统中采用零磁平衡式的霍尔效应电流传感器作为电流检测器件。零磁平衡式的霍尔效应电流传感器在一定的电流范围内具有很好的线性度。因此,可将由霍尔电流传感器构成的电流检测环节当作比例环节处理。其传递系数用 K_{cf} 表示。

　　由于电流反馈信号中含有较多的谐波分量,这些谐波分量容易引起系统振荡,因此,电流反馈信号都要经过滤波。为了补偿滤波环节对电流惯性的影响,在电流给定的输入端设置了给定信号滤波器,且电流给定滤波时间常数和反馈滤波时间常数相等。电流反馈滤波环节可以视为时间常数为 T_{cf} 和控制增益为 K_{cf} 的一阶惯性环节。由于逆变器的输出电压信号谐波主要集中在$(2\pi f_\triangle \pm n\omega_0)$,同时 $\omega_0 \ll 2\pi f_\triangle$,所以 T_{cf} 在工程设计中通常为 $T_{cf}=\left(\dfrac{1}{3}\sim\dfrac{1}{2}\right)f_\triangle^{-1}$,$\omega_0$、$f_\triangle$ 分别为逆变器输出的工作频率和三角形载波信号的频率。

　　PMSM 的电枢回路可以看成是一个包含有电阻和电感的一阶惯性环节。在本书 PMSM 位置伺服系统的电流环为一电流随动系统,在任意情况下快速跟踪电流给定。按照调节器的工程设计方法,电流调节器选为 PI 调节器时电流环在零到额定转速均能够实时跟踪电流给定,在给定与实际电流间有很小的相位差,并随着转速的增加而增加,实际电流幅值与给定相等。PMSM 位置伺服系统电流环的控制结构框图可由前述各环节模型及传递函数得出,如图 3-19 所示。

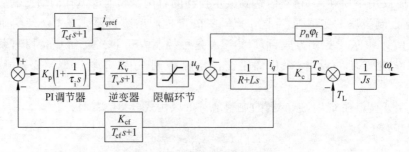

图 3-19　电流环动态结构图

由图 3-19 通过结构图等效变换,并且暂时不考虑电流调节器中微分环节和限幅环节 (按经验限幅环节可以取逆变器输出电压的 1.5 倍),可以得到电流环开环传递函数为

$$G_i(s) = \frac{KK_v K_p(\tau_i s + 1)K_{cf}}{(T_m s + 1)(T_v s + 1)\tau_i s(T_{cf} s + 1)} \qquad (3\text{-}32)$$

则电流环的传递函数为

$$G_{iB}(s) = \frac{KK_v K_p(\tau_i s + 1)K_{cf}}{(T_m s + 1)(T_v s + 1)\tau_i s(T_{cf} s + 1) + KK_v K_p(\tau_i s + 1)K_{cf}} \qquad (3\text{-}33)$$

选择电流调节器的零点对消被控对象的时间常数极点,即 $\tau_i = T_m$,$T_m = L/R$。其中, K_p 为电流调节器的比例放大倍数,τ_i 为调节器的积分时间常数,T_m 为 PMSM 电枢回路电磁时间常数。考虑到伺服系统的机械惯性比电枢绕组回路的电磁惯性大得多,即电流响应比转速响应要快,因此,在设计电流调节器时,反电动势对电流环的影响可以忽略。另外,电流滤波、逆变器控制的滞后,均可看成是小惯性环节,可以将其按照小惯性环节的处理方法,合成一个小惯性环节。则电流环的闭环传递函数为

$$G_{iB}(s) = \frac{KK_i K_p}{\tau_i s(T_i s + 1) + KK_i K_p} = \frac{K'}{s(T's + 1) + K'} \qquad (3\text{-}34)$$

式中,$K = 1/R$;K_i 为小惯性环节控制增益;T_i 为小惯性环节时间常数,$T_i = T_{cf} + T_v$,T_{cf}、 T_v 分别为电流环滤波时间常数和逆变器滞后时间常数;$K' = \dfrac{KK_i K_p}{\tau_i}$、$T' = T_i$。电流环是速度调节中的一个环节,由于速度环的截止频率较低,且 $T_i \ll \tau_i$,故电流环可降阶为一个惯性环节,由此可实现速度环速度调节器的设计。降阶后的电流环传递函数为

$$G_{iB}(s) = \frac{1}{\dfrac{\tau_i}{KK_i K_p}s + 1} = \frac{1}{\dfrac{1}{K'}s + 1} \qquad (3\text{-}35)$$

本书采用三相 Y 接 PMSM,并且选择小惯性环节参数 $K_i = 30$;$T_i = 0.025\text{ms}$;$\tau_i = T_m = L/R$。由于 $K' = \dfrac{KK_i K_p}{\tau_i}$、$T' = T_i$,从而可得 $K_p = \dfrac{K'\tau_i}{KK_i}$,在本系统中要求超调量 $\sigma\% \leqslant 5\%$,因此可取阻尼比 $\xi = 0.707$,$K' = \dfrac{1}{2T'}$。于是可以求得 $K_p = \dfrac{\tau_i}{2KK_i T'}$。

3.4　PMSM 伺服运动控制系统速度环设计

3.4.1　速度环 PI 综合设计

速度环同样也是位置伺服系统中的一个极为重要的环节,其控制性能是伺服性能的一个重要组成部分,从广义上讲,速度伺服控制应该具有高精度、快响应的特性,具体而言,反映为小的速度脉动率、快的频率响应、宽的调速范围等性能指标。

以图 3-18 和图 3-19 为基础可以得到 PMSM 电流、速度双闭环动态结构图,如图 3-20 所示。图中,实际的 3 个独立的电流环用一个等效的转矩电流环代替,速度反馈系数为 K_w。

PMSM 位置伺服系统电流环节可以等效成一个一阶惯性环节如式(3-38)所示。选择

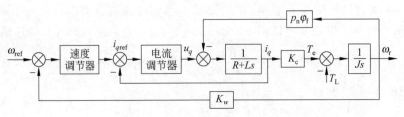

图 3-20　PMSM 电流、速度双闭环动态结构框图

速度环调节器为 PI 调节器,其传递函数为 $G_{\mathrm{ASR}}(s)=K_s\left(1+\dfrac{1}{T_s s}\right)$,$K_s$、$T_s$ 分别为速度环调节器的放大倍数和积分时间常数,则图 3-20 可以简化如图 3-21 所示。

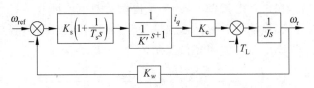

图 3-21　采用 PI 控制的速度环动态结构框图

根据图 3-21,可以得出速度环的开环传递函数为

$$G_S(s)=\frac{K_s(T_s s+1)K_c}{Js^2 T_s\left(\dfrac{1}{K'}s+1\right)} \tag{3-36}$$

由式(3-36)可知,转速环可以按典型的 Ⅱ 型系统来设计。定义变量 h 为频宽,根据典型 Ⅱ 型系统设计参数公式为

$$T_s=h\,\frac{1}{K'} \tag{3-37}$$

$$K_s=\frac{h+1}{2h}\times\frac{J}{K_c/K'} \tag{3-38}$$

由于过渡过程的衰减振荡性质,调节时间随 h 的变化不是单调的,当 $h=5$ 时调节时间最短。采用 PMSM 作为驱动元件的交流伺服系统具有精度高、运行稳定等特点,传统的伺服系统采用 PID,这种控制方案比较简单,容易实现,能使系统获得较好的稳态精度。然而,由于系统的模型难于建立和模型的不确定性、非线性,使得系统的快速性和抗干扰能力,以及对参数波动的鲁棒性都不够理想。利用变结构控制方法针对 PMSM 位置伺服系统的速度环调节器进行设计,在速度环引入积分环节,以抑制转矩脉动,变结构控制方案使得系统具有良好的快速性、定位无超调,同时,提高系统的精度和鲁棒性。

3.4.2　滑模变结构基本原理

变结构控制的基本理论和设计方法是在 20 世纪 60—70 年代奠定和发展起来的,它是一种高速切换反馈控制。变结构控制与一些普通控制方法的根本区别在于控制律和闭环系统的结构在滑模面上具有不连续性,即一种使系统结构随时变化的开关特性。通过适当的设计能把不同结构下的相轨迹拓扑的优点结合起来,实现预期设计的控制性能。由于滑模面一般都是固定的,而且滑模运动的特性是预先设计的,因此系统对于参数变化和外部扰动不敏感,是一种鲁棒性很强的控制方法。由于逆变器的开关控制特性和功率器件的发展,近年来滑模变结构在伺服电机控制中的应用得到了愈来愈多的深入研究。

变结构控制的基本原理如图 3-22 所示,当系统状态向量穿越开关面(状态空间不连续曲面)时,反馈控制的结构就发生变化,从而使系统性能达到某个期望指标,对于时变系统和不确定系统,切换控制系统是为了对系统参数的变化、扰动和闭环特征值位置实现完全的或有选择的不变性。这种控制方式使系统的状态向量进入开关面后就被约束在开关面的邻域内滑动,此时系统的动态品质由开关面的参数决定,而与系统的参数、扰动的影响无关。变

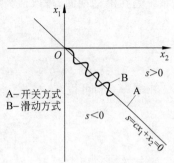

图 3-22　二阶系统的状态轨迹

结构控制的基本要求如下:①存在性,即选择滑模函数,使控制系统在切换面上的运动渐近稳定,动态品质良好;②可达性,即确定控制作用,使所有运动轨迹在有限的时间内到达切换面。

设二阶系统状态描述为

$$\begin{cases} \dot{x}_1 = x_2 \\ \dot{x}_2 = -a_1 x_1 - a_2 x_2 - bu + f \end{cases} \tag{3-39}$$

式中,x_1,x_2 为状态变量,a_1,a_2 和 b 为常参数或时变参数,其精确值可以未知,但其变化范围为

$$\begin{cases} a_{1\max} \geqslant a_1 \geqslant a_{1\min} \\ a_{2\max} \geqslant a_2 \geqslant a_{2\min} \\ b_{\max} \geqslant b \geqslant b_{\min} \end{cases}$$

u 为控制系统输入,f 为外部干扰。

令状态向量

$$\boldsymbol{x} = [x_1, x_2]^{\mathrm{T}} \tag{3-40}$$

考虑不连续控制

$$u = \begin{cases} u^+, & cx_1 + x_2 > 0 \\ u^-, & cx_1 + x_2 < 0 \end{cases} \tag{3-41}$$

式中,$u^+ \neq u^-$,$c > 0$。

定义滑模切换函数为

$$s = cx_1 + x_2 \tag{3-42}$$

直线 $s=0$ 为切换线,在这个切换线上控制 u 是不连续的。

假设 $t=0$ 时,$s>0$,很容易证明,状态 x 将在某个有限时刻 t 达到切换线 $s=0$。如切换逻辑的工作速度无限快,则借助于在 u^+ 和 u^- 之间跳变的控制,可以把状态 X 限定在切换线 $s=0$ 上,如图 3-22 所示。

为形成滑动,切换线两侧必须满足条件

$$\begin{cases} \lim\limits_{s \to 0+} s < 0 \\ \lim\limits_{s \to 0-} s > 0 \end{cases} \qquad \text{或} \quad s\dot{s} \leqslant 0 \tag{3-43}$$

这种条件保证了在切换线 $s=0$ 的任何一侧的领域中,状态 X 的运动都朝向切换线。当系统处在滑动期间,可以认为相平面轨迹的状态满足开关线方程,即 s 保持为零。

$$s = cx_1 + x_2 = cx_1 + \dot{x}_1 = 0 \tag{3-44}$$

其解为

$$x_1(t) = x_1(0)\mathrm{e}^{-ct} \tag{3-45}$$

由式(3-44)可得

$$\begin{cases} \dot{x}_1 = x_2 \\ x_2(t) = -cx_1(0)\mathrm{e}^{-ct} \end{cases} \tag{3-46}$$

由式(3-45)和式(3-46)可得,当 $c>0$ 时,$\lim\limits_{t\to\infty} x_1 < 0$,因此,在滑动方式下,二阶系统看起来就像一个时间常数为 c 的渐近稳定的一阶系统,其动态特性与系统方程无关。

对于一个确定的二阶系统来说,可以通过下面的方法来求取它的变结构控制律。根据滑动条件可知,当状态不在开关线上时,必须满足式(3-43)。即

$$s\dot{s} = s(c\dot{x}_1 + \dot{x}_2) < 0 \tag{3-47}$$

则由式(3-39)可得

$$s(cx_2 - a_1x_1 - a_2x_2 - bu + f) < 0 \tag{3-48}$$

选取变结构控制为

$$u(t) = \psi_1 x_1 + \psi_2 x_2 + \delta\,\mathrm{sgn}(s) \tag{3-49}$$

式中,

$$\psi_1 = \begin{cases} \alpha_1, & x_1 s > 0 \\ \beta_1, & x_1 s < 0 \end{cases}, \quad \psi_2 = \begin{cases} \alpha_2, & x_2 s > 0 \\ \beta_2, & x_2 s < 0 \end{cases} \tag{3-50}$$

$$\mathrm{sgn}(s) = \begin{cases} 1, & s > 0 \\ -1, & s < 0 \end{cases} \tag{3-51}$$

δ 为可调增益。

由式(3-48)和式(3-49)可得

$$-(a_1 + b\psi_1)x_1 s + (c - a_2 - b\psi_2)x_2 s + (f - b\delta\,\mathrm{sgn}(s))s < 0 \tag{3-52}$$

所以二阶系统变结构调节器参数为

$$\begin{cases} \alpha_1 > -\dfrac{a_{1\min}}{b_{\min}}, \quad \beta_1 < -\dfrac{a_{1\min}}{b_{\min}} \\[2mm] \alpha_2 > \dfrac{c - a_{2\max}}{b_{\max}} \\[2mm] \beta_2 < \dfrac{c - a_{2\max}}{b_{\max}} \\[2mm] \delta < \left| \dfrac{f}{b_{\min}} \right| \end{cases} \tag{3-53}$$

3.4.3　PMSM 伺服运动控制系统速度环的变结构设计

从上文的分析可知,变结构控制方法设计与实现都相对简单,并且很适合"开/关"工作

模式的功率电子器件的控制。当系统进入滑动模态以后,具有对干扰和摄动的完全适应性,基本不受系统参数变化和外界干扰的影响,具有良好的鲁棒性。在本节中采用滑模变结构理论对 PMSM 位置伺服系统速度环调节器进行设计,该方法无须对电机负载信号以及电机参数的有效估计。

我们分析已经得知,PMSM 位置伺服系统采用电流矢量快速跟踪控制,有效地提高了系统的电流响应速度。系统中转矩响应时间比系统机械响应时间要短得多,因此可以认为电动机的输出转矩与电动机转矩分量给定值(即速度调节器输出量)成正比关系。在设计速度调节器时,为了削弱滑模控制的抖动,使转矩平滑,提高稳态精度,可以在滑模变结构调节器与对象 $G(s)$ 之间引入积分补偿环节。这样,将滑模变结构调节器输出的开关信号转化为平均转矩指令信号,从而避免将控制直接作用对象而导致大的转矩脉动甚至激发机械共振。图 3-23 是速度调节器的简化动态结构图。

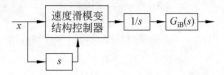

图 3-23　速度调节器的简化动态结构图

我们已经求得采用 $i_{\mathrm{d}} \equiv 0$ 的矢量控制方式时 PMSM 的解耦状态方程,如下

$$
\begin{bmatrix} \dot{i}_q \\ \dot{\omega}_{\mathrm{r}} \end{bmatrix} = \begin{bmatrix} -R/L & -p_{\mathrm{n}}\varphi_{\mathrm{f}}/L \\ \dfrac{3}{2}p_{\mathrm{n}}\varphi_{\mathrm{f}}/J & 0 \end{bmatrix} \begin{bmatrix} i_q \\ \omega_{\mathrm{r}} \end{bmatrix} + \begin{bmatrix} u_q/L \\ -T_{\mathrm{L}}/J \end{bmatrix} \tag{3-54}
$$

令状态量 $x_1 = \omega_{\mathrm{ref}} - \omega_{\mathrm{r}}$ 代表速度误差,$x_2 = \dot{x}_1$ 作为速度滑模变结构调节器输入,调节器输出即电流给定 $u = i_{q\mathrm{ref}}$,从而得到系统在相空间上的数学模型为

$$
\begin{cases} \dot{x}_1 = x_2 \\ \dot{x}_2 = \dfrac{1.5p_{\mathrm{n}}\varphi_{\mathrm{f}}}{J}u - \dfrac{T_{\mathrm{L}}}{J} \end{cases} \tag{3-55}
$$

在变结构控制中,滑模线的选择原则是在不破坏系统约束的条件下,保证滑动模态是存在且稳定的,在考虑系统转速受限的情况下,取滑模切换函数为 $s = c'x_1 + x_2$,其中 c' 为常数。令滑模变结构调节器的输出为

$$
u = \psi_1 x_1 + \psi_2 x_2 \tag{3-56}
$$

式中,

$$
\begin{cases} \psi_1 = \begin{cases} \alpha_1, & x_1 s > 0 \\ \beta_1, & x_1 s < 0 \end{cases} \\ \psi_2 = \begin{cases} \alpha_2, & x_2 s > 0 \\ \beta_2, & x_2 s < 0 \end{cases} \end{cases} \tag{3-57}
$$

令 $K_{\mathrm{c}} = \dfrac{3}{2}p_{\mathrm{n}}\varphi_{\mathrm{f}}$,由二阶系统变结构调节器参数公式(3-53),代入状态方程中的相关系数,可以得到速度环滑模变结构调节器的参数为

$$\begin{cases} \alpha_1 > 0 \\ \beta_1 < 0 \\ \alpha_2 > -\dfrac{c'J}{K_c} \\ \beta_2 < -\dfrac{c'J}{K_c} \end{cases} \tag{3-58}$$

速度环滑模变结构调节器结构图,如图 3-24 所示。

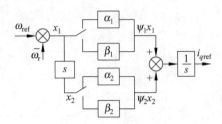

图 3-24　速度环滑模变结构调节器结构图

3.5　PMSM 伺服运动控制系统位置环设计

3.5.1　变结构控制在伺服运动控制系统中的应用剖析

变结构控制对系统摄动、不确定性及干扰的"完全自适应"均来自切换次数的增加——滑动模态,它的自适应性与自适应控制有质的差别。自适应控制是利用在线辨识系统参数,采用自动更改调节器的参数,即"调幅"的方法使调节器与被控对象达到较好的"匹配"来削弱不确定性的影响,而变结构控制却是依靠其自身具有的滑动模态,通过改变切换时间或切换次数,即"调宽"的方法来抑制不确定性。

从定性决策观点,变结构控制提出了"反向控制"的控制策略,其最独特的性能是"强制性"。从数学分析的角度来看,从图 3-22 可以看出,只有在滑模切换函数的切换线以外,控制才起作用,强制系统在滑模线上运动。变结构控制对系统摄动、不确定性以及干扰的"自适应"的独特性能来自滑模动态,产生滑模动态的主要原因是引入"反向控制",因此变结构控制系统具有极强的鲁棒性。从物理的角度而言,变结构控制总是产生最大作用:最大加速或最大减速,而且加速过程中没有减速的参与,减速的过程中也没有加速的参与。

抖动是变结构控制应用中存在的重大问题。变结构控制强制系统在滑模线上运动,从而使系统镇定,这样能够使系统的暂态响应的稳定性与系统的阻尼无关,从而使系统暂态响应平稳、快速地消失;但是,系统进入稳态响应之后,即使系统的输入为阶跃函数,控制作用的切换也不会停止,且切换的频率更高,从而产生抖动。变结构控制的机理决定了其输出必然存在抖动,正是这种开关模式实现了系统的鲁棒性。完全消除抖动也就消除了变结构控制的可贵的抗摄动、抗外扰的强鲁棒性。因此,对于变结构控制出现的抖动现象,正确的处理方法应该是削弱或抑制。

3.5.2　PMSM 伺服运动控制系统位置环的变结构设计

位置环滑模变结构调节器的输出即为速度闭环的速度给定。由于变结构调节器的开关特性是非理想的,其输出也是离散变化的,如果调节器本身所固有的抖动不加以解决,将降低系统的稳态精度。位置环滑模变结构调节器的设计对被控系统模型精度要求不是很高,可以将速度闭环系统等价为 $\dfrac{1}{T_m s+1}$,基于此设计位置环滑模变结构调节器。

令 $e_1=\theta_{ref}-\theta$(θ_{ref} 为位置给定,θ 为位置反馈),$e_2=\dot{e}_1$,可得状态方程

$$\begin{cases} \dot{e}_1=e_2 \\ \dot{e}_2=-\dfrac{1}{T_m}e_2-\dfrac{1}{T_m}\omega_{ref}+\dfrac{1}{T_m}\dot{\theta}_{ref} \end{cases} \tag{3-59}$$

取位置环滑模切换函数为

$$s_p=c_p e_1+e_2 \tag{3-60}$$

变结构调节器输出为

$$\omega_{ref}=\psi_{1p}e_1+\psi_{2p}e_2+\delta_p \mathrm{sgn}(s_p)$$

式中,

$$\psi_{1p}=\begin{cases} \alpha_{1p}, & e_1 s_p>0 \\ \beta_{1p}, & e_1 s_p<0 \end{cases}$$

$$\psi_{2p}=\begin{cases} \alpha_{2p}, & e_2 s_p>0 \\ \beta_{2p}, & e_2 s_p<0 \end{cases} \tag{3-61}$$

$$\mathrm{sgn}(s_p)=\begin{cases} 1, & s_p>0 \\ -1, & s_p<0 \end{cases} \tag{3-62}$$

由二阶系统变结构调节器参数公式(3-53),代入状态方程中的相关系数,可以得到位置环变结构调节器的参数为

$$\begin{cases} \alpha_{1p}>0, \quad \beta_{1p}<0 \\ \alpha_{2p}>T_m c_p-1 \\ \beta_{2p}<T_m c_p-1 \\ \delta_p<|\dot{\theta}_{ref}| \end{cases} \tag{3-63}$$

位置环滑模变结构调节器结构图,如图 3-25 所示。

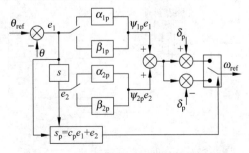

图 3-25　位置环滑模变结构调节器结构图

3.6　PMSM 伺服运动控制系统仿真分析

3.6.1　基于矢量控制的电流滞环仿真分析

为了实现高性能的位置伺服电流环控制,对比了常规电流滞环控制和三角波载波比较方式的电流滞环控制。在 MATLAB 中搭建了两种电流滞环控制方式的仿真模型,通过仿真分析得出采用常规电流滞环控制对系统的整体性能影响比较大,而采用三角载波比较方式的电流滞环控制容易获得良好的控制效果。

PMSM 伺服运动控制系统是具有位置环、速度环和电流环的三闭环结构。电流环是 PMSM 位置伺服系统中的一个重要环节,它是提高伺服系统控制精度和响应速度、改善控制性能的关键。PMSM 伺服系统要求电流环具有输出电流谐波分量小、响应速度快等性能。在 PMSM 伺服系统的电流环中,必须满足内环控制所需要的控制响应速度,能精确控制随转速变化的交流电流频率。对于 PMSM 的控制,通常有两种控制方式,一种是针对电流的滞环控制;另一种是采用电压控制。滞环控制响应速度快,主要用在模拟控制中;电压控制的理论基础是空间矢量 PWM 控制,提高了逆变器的电压输出能力,保持恒定的开关频率,适合数字控制。本小节中,针对基于矢量控制的 PMSM 伺服运动控制系统电流滞环控制进行设计分析。

1. 电流滞环控制

电流控制是电动机转矩控制的基础,电流控制的目的是使三相定子电流严格地跟踪正弦的电流给定信号。对于 PMSM 它是一种基于正弦波反电动势的永磁电动机,为了获得平稳的转矩,定子电流必须是相互平衡且为转子电角位移的正弦函数。

1) 常规电流滞环控制

在电压源逆变器中电流滞环控制提供了一种控制瞬态电流输出的方法,其基本思想是将电流给定信号与检测到的逆变器实际输出电流信号相比较,若实际电流大于给定电流值,则通过改变逆变器的开关状态使之减小,反之增大。这样实际电流围绕给定电流波形作锯齿状变化,并将偏差限制在一定范围内。因此,采用电流滞环控制的逆变器系统保护一个有 BANG-BANG 控制的电流闭环,由于电流反馈的存在可以加快动态响应和抑制扰动,而且还可以防止逆变器过流,保护功率开关器件。具有电流滞环的 A 相控制原理图如图 3-26 所示。图中,滞环控制器的环宽为 $2h$,将给定电流与输出电流进行比较,电流偏差超过 $\pm h$

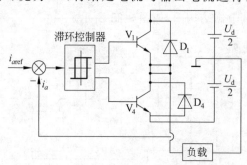

图 3-26　具有电流滞环的 A 相控制原理图

时,经滞环控制器控制逆变器 A 相上(或下)桥臂的功率器件动作。B、C 二相的原理图均与此相同。电流滞环控制电流波形示意图如图 3-27 所示。如果 $i_{aref} < i_a$,且 $i_{aref} - i_a \geq h$,则滞环控制器输出正电平,驱动上桥臂功率开关器件 V_1 导通,此时逆变器输出正电压,使实际电流增大。当实际电流增大到与给定电流相等时,滞环控制器仍保持正电平输出,V_1 保持导通,使实际电流继续增大直到达到 $i_a = i_{aref} + h$,使滞环翻转,滞环控制器输出负电平,关断 V_1,并经延时后驱动 V_4。

2) 三角载波比较方式的电流滞环控制

采用三角载波比较方式的基本原理如下:比较指令电流与实际输出电流,求出偏差电流,通过调节器后再和三角波进行比较,产生 PWM 波。此时开关频率一定,因而克服了滞环比较法频率不固定的缺点。

一相桥臂(A 相)的三角载波比较方式控制电路如图 3-28 所示。电枢电流偏差 $i_{aref} - i_a$ 经过电流调节器,并将控制器的输出信号与三角波相比较就形成了晶体管导通模式。三角载波比较方式的脉冲宽度是由正弦波和三角波自然交汇生产,故称为自然采样。规则采样法是一种应用较广的工程实用方法,一般采用三角波作为载波。其原理就是用三角波对正弦波进行采样得到阶梯波,再以阶梯波与三角波的交点时刻控制开关器件的通断,从而实现三角载波比较方式。当三角波只在其顶点(或底点)位置对正弦波进行采样时,由阶梯波与三角波的交点所确定的脉宽,在一个载波周期(即采样周期)内的位置是对称的,这种方法称为对称规则采样。该方式可以使得输出电压较非对称采样规则高,同时使微处理器工作量减少。

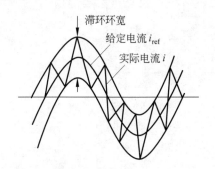

图 3-27 电流滞环控制电流波形示意图

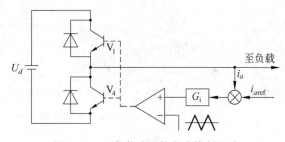

图 3-28 三角载波比较方式控制电路

2. 电流环仿真分析

应用 MATLAB/Simulink 与电气传动仿真的电气系统模块库 Powerlib 建立了分别基于电流滞环跟踪控制和三角载波比较跟踪控制的 PMSM 位置伺服系统矢量控制仿真结构图,如图 3-29 所示,采用三相 Y 接 PMSM,仿真参数如表 3-1 所列。转速调节器为 PI 型;速度给定值 ω_{ref} 与实际电角速度 ω 相比较后经转速调节器,输出为交轴电流参考值 i_{qref},直轴电流给定值 $i_{dref} = 0$。i_{dref} 和 i_{qref} 经 dq/abc 坐标变换得到三相电流给定值 i_{aref}、i_{bref}、i_{cref},相电流给定信号与相电流反馈信号相比较,经过电流调节器的调节和 PWM 产生电路产生控制逆变器的 PWM 信号,从而控制电机的三相电流。常规电流滞环控制和三角载波比较方式的电流滞环控制仿真模块如图 3-30 和图 3-31 所示。

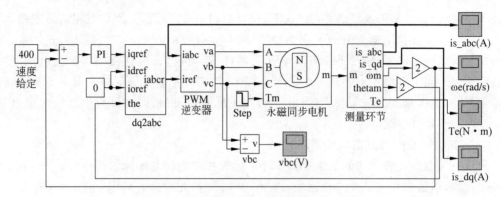

图 3-29 PMSM 位置伺服系统矢量控制仿真结构图

表 3-1 PMSM 仿真参数

额定功率/W	电机永磁磁通/Wb	极对数	额定转矩/(N·m)	转动惯量/(kg·m²)
400	0.167	2	1.247	1.414×10⁻⁴
额定转速/(r/min)	逆变器输入直流电压/V	定子电阻/Ω	定子电感/mH	黏滞摩擦系数/(kg·m²/s)
3000	160	4	7	0

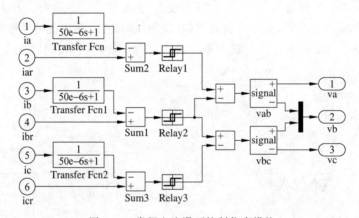

图 3-30 常规电流滞环控制仿真模块

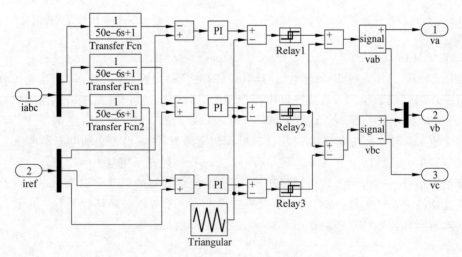

图 3-31 三角载波比较方式的电流滞环控制仿真模块

　　系统仿真时,空载启动,在 0.04s 时突加负载转矩 3N·m。转速给定为 400rad/s,由 PMSM 的测量环节可以得到三相定子电流 i_a、i_b、i_c;dq 轴电流 i_d、i_q;电磁转矩 T_e;转子电角速度 ω。

　　从仿真结果图 3-32 和图 3-33 可以看出,常规电流滞环控制方法,它的优点是电流响应快,缺点是开关频率不固定、电流畸变较大、纹波大对系统的整体性能影响比较大。采用三角载波比较方式的电流滞环控制,其主要优点是开关频率固定,输出波形纯正,计算简单,实现起来比较方便,比较容易获得良好的控制效果。

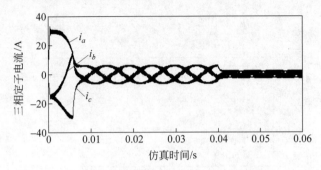

图 3-32　电流滞环控制输出的三相定子电流波形 i_a、i_b、i_c

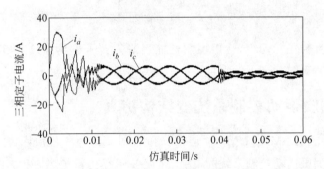

图 3-33　SPWM 控制输出的三相定子电流波形 i_a、i_b、i_c

　　采用三角载波比较方式的电流滞环控制,进一步分析其仿真结果如图 3-34～图 3-36 所示。可以看出,电动机启动时电流迅速达到最大值,然后稳定在正常值;当突加负载转矩时,电流经过一个轻微的振动过程后稳定在一个新值。电磁转矩在电动机启动时迅速达到最大值(15N·m)然后快速稳定在正常值(3N·m),在 0.04s 时突加负载转矩 3N·m,电磁转矩同电流值一样经过一个轻微的振荡过程,然后稳定在一个新值(1N·m)。电流 i_q 电磁

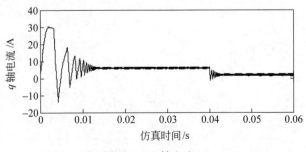

图 3-34　q 轴电流 i_q

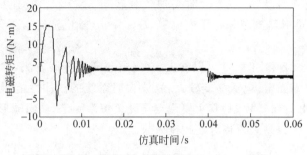

图 3-35　电磁转矩 T_e

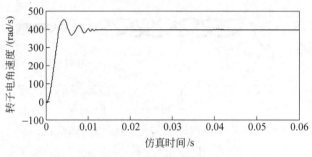

图 3-36　转子电角速度 ω

转矩成比例变化,且转矩脉动小,转矩控制性能良好。转子电角速度 ω 迅速稳定到给定转速,并且突加负载转矩时几乎不受干扰。

3.6.2　伺服运动控制系统变结构仿真

在 3.6.1 节中,利用 MATLAB/Simulink 和 Powerlib 电气模块库建立了基于 $i_d \equiv 0$ 的矢量控制 PMSM 伺服运动控制系统的电流、速度双闭环仿真模型,其中 PWM 逆变器采用 SPWM 控制方法。在这里分别对 PMSM 伺服系统中的位置调节器和速度调节器采用变结构控制方案,同样利用 MATLAB/Simulink 和 Powerlib 电气模块库建立仿真模型进行仿真。由它们组成串级滑模变结构控制,这种控制方案解决了系统的限幅问题,并能使系统具备更强的抗负载扰动能力,由它控制的系统具有非常优良的控制性能。基于串级滑模变结构控制方案组成的位置伺服系统的结构框图如图 3-37 所示。速度调节器的输出为

$$i_{qref} = \int (\psi_1 x_1 + \psi_2 x_2) \mathrm{d}t = \psi_1 \int x_1 \mathrm{d}t + \psi_2 \omega_r \tag{3-64}$$

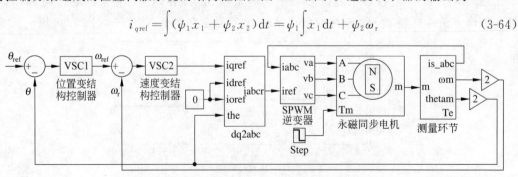

图 3-37　串级滑模变结构控制位置伺服系统的结构框图

　　这种输出的形式与常规 PI 调节器相同,但是积分系数 ψ_1 和比例系数 ψ_2 是变化的,该速度调节器具有比常规 PI 调节器更强的抗扰能力。位置调节器与常规的 PD 调节器加一个微分前馈控制的形式是一样的,而且这种变化规律遵循滑模变结构理论,采用这种位置调节器能进一步增强伺服系统的抗扰能力,并能实现定位时间的最优控制和速度限幅。

　　采用三相 Y 接 PMSM,仿真参数如表 3-1 所示。图 3-38 为空载时转速 0～400rad/s 时的响应曲线,在 0.04s 时突加负载转矩 6N·m(40%)。速度环调节器分别通过 PI 调节器和滑模变结构控制方法来实现。曲线 1、2 分别为 PI 调节器和滑模变结构控制的速度响应仿真曲线。由图可以看出采用滑模变结构控制实现速度环调节器可以提高系统的响应速度、基本实现无超调、对负载扰动的鲁棒性也有所改善。图 3-39 为转动惯量增加一倍时的

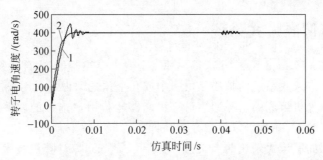

图 3-38　负载扰动时系统的速度响应曲线

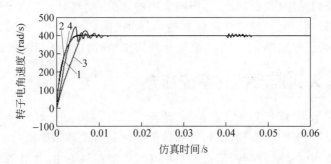

图 3-39　转动惯量变化时系统的速度响应曲线

对比仿真曲线,曲线 1、2 为转动惯量为 J 时的 PI 调节器和滑模变结构控制的速度响应仿真曲线,曲线 3、4 为转动惯量为 2J 时的 PI 调节器和滑模变结构控制的速度响应仿真曲线。由图可以看出当位置伺服系统参数发生变化时 PI 调节器的速度响应有明显的延迟,而滑模变结构控制几乎不受影响,表明滑模变结构控制对参数变化的鲁棒性很好。

习题

3-1　简述永磁同步电机交流伺服运动控制系统的组成结构。

3-2　简述 PMSM 的基本结构及种类。

3-3　简述运动控制卡的主要特征。

3-4　简单分析交流伺服电机的运行特性。

第4章　基于 DSP、FPGA 和 ARM 的运动控制系统

4.1　嵌入式运动控制系统的发展现状及发展方向

4.1.1　何谓嵌入式系统

嵌入式系统(Embedded System)，是一种完全嵌入受控器件，内部为特定应用而设计的专用计算机系统。嵌入式系统的核心是由一个或几个预先编程好以用来执行少数几项任务的微处理器或者单片机组成的。与通用计算机能够运行用户选择的软件不同，嵌入式系统上的软件通常是暂时不变的，所以通常称为"固件"。

国内普遍认同的嵌入式系统的定义为：以应用为中心，以计算机技术为基础，软硬件可裁剪，满足应用系统对功能、可靠性、成本、体积、功耗等严格要求的专用计算机系统。

嵌入式系统是面向用户、面向产品、面向应用的，它必须与具体应用相结合才会具有生命力、才更具有优势。因此可以这样理解上述 3 个面向的含义，即嵌入式系统是与应用紧密结合的，它具有很强的专用性，必须结合实际系统需求进行合理的裁剪利用。

4.1.2　嵌入式运动控制系统简介

运动控制器技术，是综合应用自动控制、计算机控制等相关技术，对机械传动装置中电机的位置、速度进行实时控制管理，使运动部件按照预期的轨迹和规定的运动参数完成相应的动作。嵌入式结构的运动控制器把控制芯片嵌入运动控制器中，能够独立运行，它与计算机之间的通信采用了可靠的总线连接方式(采用针式连接器)，更加适合工业应用。

基于嵌入式芯片的工业自动化设备将获得长足的发展，目前已经有大量的 8、16、32 位嵌入式微控制器被广泛应用，网络化是提高生产效率和产品质量、减少人力资源的主要途径，如工业过程控制、数字机床、电力系统、电网安全、电网设备监测、石油化工系统等。就传统的工业控制产品而言，低端型采用的往往是 8 位单片机，但是随着技术的发展，32 位、64 位的处理器逐渐成为工业控制设备的核心，在未来几年内必将获得长足的发展。

4.1.3　嵌入式系统的优势

嵌入式系统在工业控制上的应用起源于 20 世纪 80 年代单片机的使用。在工业控制中，其操作系统需要具有极强的实时处理信息功能，并且需要具备高可靠性以及良好的开放性。此外，工业控制对操作系统人机界面的友好性、易操作性以及开发环境的难易性、成本等都有着特别的要求。而嵌入式系统顺应了这些要求，在工业控制中主要有以下优势：

（1）实时性。

实时性主要是指系统在给定的时间内正确完成规定的指令,同时能对外部发生的异步事件快速采取相应措施的功能。通常会用完成规定指令及采取解决措施时间的长短来衡量一个系统的实时性强弱。目前,嵌入式 32 位微处理器可以达到几十 MHz、几百 MHz,甚至可以达到 GHz 级的数据处理速度。

（2）可靠性。

因为嵌入式处理器自身集成了大量常用的接口控制模块,例如 LCD 接口、串口的控制模块,所以相比较于单片机及其通用计算机而言,其抗干扰能力因此也得到了极大的增强。此外,选择一款合理可靠的操作系统也可进一步确保数控系统的正常运行。

（3）人机操作界面。

由于嵌入式系统是根据其应用场所而特别定制的,所以不同的对象对工业控制的人机界面（Human Machine Interface,HMI）要求差别也很大。嵌入式操作系统由于集成了许多功能模块,不仅可以支持图形和窗口,具备多媒体功能,还可以利用丰富灵活的控件库。

（4）开放性。

随着 Internet 技术的迅猛发展,网络技术也逐渐应用到各个领域,用户对于各种工业控制设备的网络功能要求也愈来愈高。随着网络技术在工业控制中的应用,工业以太网随之产生,由于它采用的是 TCP/IP 通信协议,因此方便实现联网通信,并且还具备了高速控制网络的优点。如今,业界已经达成共识,在中高端工业控制领域中,嵌入式操作系统取代单片机系统,网络协议取代串口通信是大势所趋。

4.1.4　嵌入式系统的发展现状及趋势

嵌入式系统自 20 世纪 70 年代问世以来,先后经历了单芯片可编程控制器、嵌入式CPU 结合简单操作系统、专用嵌入式操作系统三个标志性发展阶段,现在正朝着与 Internet相结合的方向发展。随着信息化、智能化、网络化的发展,嵌入式系统技术也将获得广阔的发展空间。20 世纪 90 年代以来,嵌入式技术全面展开,目前已成为通信和消费类产品的共同发展方向。在通信领域,数字技术正在全面取代模拟技术。

嵌入式系统产业伴随着国家产业发展,从通信、消费电子领域转战到汽车电子、智能安防、工业控制和北斗导航等领域,今天嵌入式系统已经无处不在,在应用数量上已远超通用计算机。

嵌入式系统已经成为物联网行业中的关键技术。如果把物联网用人体做一个简单比喻,传感器相当于人的眼睛、鼻子、皮肤等感官,网络就是神经系统用来传递信息,嵌入式系统则是人的大脑,在接收到信息后要进行分类处理。而物联网嵌入式系统优势渐显,嵌入式系统在物联网行业应用中发挥的作用也越来越重要。

近几年来,为使嵌入式设备更有效地支持 Web 服务而开发的操作系统不断推出。这种操作系统在体系结构上采用面向构件、中间件技术,为应用软件乃至硬件的动态加载提供支持,即所谓的"即插即用",在克服以往的嵌入式操作系统的局限性方面显示出明显的优势。

嵌入式系统与人工智能、模式识别技术的结合,将开发出各种更具人性化、智能化的实际系统。智能手机、数字电视以及汽车电子的嵌入式应用,是这次机遇中的切入点。伴随网络技术、网格计算的发展,以嵌入式移动设备为中心的"无所不在的计算"将成为现实。

随着芯片计算能力的提升,"计算机"会消失,而"计算"将会无处不在。由此带来的大量数据通信、数据分析等,将会对整个系统的安全与可靠性提出更高要求。由此对于可信嵌入式系统的发展提出新的需求,可信嵌入式系统是以一种系统性的严格标准,研发、生产出安全可靠的嵌入式系统,在医疗、航天航空、核工业等对信息安全要求严格的领域,有着广泛需求和应用。

嵌入式系统具有高效性、稳定性、可靠性、节能性等特点,目前其应用主要集中在消费类电子、通信、医疗、安全等行业。随着嵌入式系统进一步的系统化、人性化、网络化,嵌入式产品必将渗透到人们生活的更多方面,在科技进步以及人民生活中发挥更加重要的作用。

4.2　基于 DSP 的交流伺服系统的设计

4.2.1　DSP 技术的简介与发展概况

DSP(Digital Signal Processor)是微处理器的一种,这种微处理器具有极高的处理速度,因此应用这类处理器的场合要求具有很高的实时性,例如通过移动电话进行通话,如果处理速度不快就只能等待对方停止说话,这一方才能通话。如果双方同时通话,因为数字信号处理速度不够,就只能关闭信号连接。在 DSP 出现之前数字信号处理只能依靠 MPU(微处理器)来完成。但 MPU 较低的处理速度无法满足高速实时的要求。因此,直到 20 世纪70 年代,才有人提出了 DSP 的理论和算法基础。那时的 DSP 仅仅停留在教科书上,即便是研制出来的 DSP 系统也是由分立元件组成的,其应用领域仅局限于军事、航空航天部门。

20 世纪 90 年代 DSP 发展最快,相继出现了第 4 代和第 5 代 DSP 器件。现在的 DSP 属于第 5 代产品,它与第 4 代相比,系统集成度更高,将 DSP 芯核及外围元件综合集成在单一芯片上。这种集成度极高的 DSP 芯片不仅在通信、计算机领域大显身手,而且逐渐渗透到人们的日常消费领域。

DSP 是以数字信号来处理大量信息的器件。其工作原理是接收模拟信号,转换为 0 或1 的数字信号,再对数字信号进行修改、删除、强化,并在其他系统芯片中把数字数据解译成模拟数据或实际环境格式。它不仅具有可编程性,而且其实时运行速度可达每秒数以千万条复杂指令程序,远远超过通用微处理器,是数字化电子世界中日益重要的计算机芯片。它的强大数据处理能力和高运行速度,是最值得称道的两大特色。

4.2.2　基于 DSP 控制系统的总体结构

图 4-1 为整个永磁同步电机控制系统的结构框图,主要由两大部分组成,即以TMS320F2812 DSP 为核心的控制电路和以 PS21564 IPM 为核心的功率驱动电路。其中控制电路主要由 TMS320F2812 DSP 最小系统、SVPWM 信号处理电路、MAX7219 LED 驱动电路、信号调理电路、编码器信号处理电路、故障检测与综合电路、ADC 校准电路、串行通信电路以及 CAN 总线通信电路组成。功率驱动电路主要由单相 220VAC 电压型逆变主电路、PS21564 驱动及逆变电路、DC-DC 开关电源电路、霍尔电流传感器信号处理电路、IPM故障检测电路组成。

由于控制板属于弱电部分,而功率驱动板属于强电部分,因此采用高速光耦隔离两板之

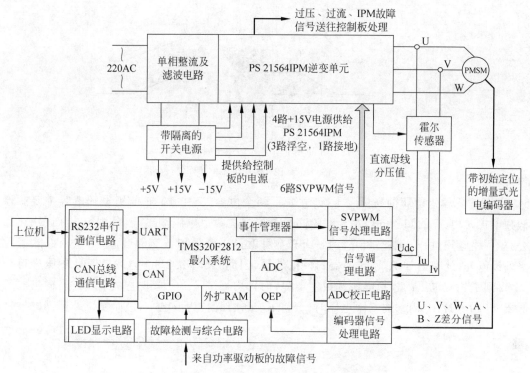

图 4-1　永磁同步电机控制系统的结构框图

间的 SVPWM 信号,采用磁平衡式霍尔电流和电压传感器检测电机定子电流信号和直流母线电压信号,极大提高了系统的可靠性。

4.2.3　基于 DSP 控制系统的硬件设计

1. TMS320F2812 DSP 的电源设计

TMS320F2812 DSP 处理器要求采用双电源供电,其中内核采用 1.8V 或 1.9V,外设和 I/O 接口采用 3.3V 供电。为了保证上电过程中所有模块都具有正确的复位状态,要求处理器上电、掉电满足一定的时序要求。

上电过程中,应保证所有模块的 3.3V 电压先供电,然后提供 1.8V 或 1.9V 的电压给处理器内核。并要求 3.3V 电压达到 2.5V 之前,1.8V 或 1.9V 的电压不应超过 0.3V,只有这样才能保证在所有 I/O 接口状态确定后,内核才上电,处理器模块上电完成后均处于正确的复位状态。

掉电过程中,在内核电压降到 1.5V 之前,必须在处理器的复位引脚上插入最小 $8\mu s$ 的低电平,这样有助于使片上的 Flash 存储器在掉电后处于复位状态。图 4-2 为 TMS320F2812 DSP 的上电、掉电时序图。

由于 TMS320F2812 DSP 的双电源供电要求,TI 公司提供了一系列电源管理芯片,这里选择 TPS767D318 低压差双电压输出的线性稳压芯片,它能够分别输出 1.8V 和 3.3V 的电压,并实时监控输出电压降落,当输出电压低于门限电压时,它的复位输出可以拉低电平以复位处理器。图 4-3 为我们设计的 TMS320F2812 DSP 电源电路,输入端的电压为

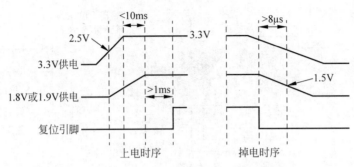

图 4-2　TMS320F2812 DSP 的上电、掉电时序图

5V,为了滤除输入电压的高低频干扰,并联了两个电容,其中 $10\mu F$ 的钽电解电容主要滤除低频干扰,$0.1\mu F$ 的陶瓷电容主要滤除高频干扰。在两个电压输出端,分别引出了 1.8V 和 3.3V 两路电压,由于 TMS320F2812 DSP 本身就是一个模拟数字混合芯片,它内部除了数字外设以外,还有诸如 A/D 转换器的模拟外设,因此,又对 3.3V 和 1.8V 两种电压进行分类,得到了相应电压的模拟电源和数字电源,而且均经过了 LC 滤波电路处理。当输出电压低于 TPS767D318 内部的门限电压时,会将 Reset 引脚拉为低电平,进而复位处理器。

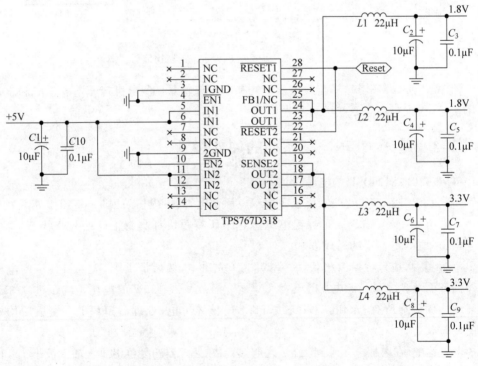

图 4-3　TMS320F2812 DSP 电源电路

2. JTAG 仿真接口设计

　　TMS320F2812 DSP 内部的 C28x CPU 集成了高级仿真特性所需的硬件扩展,仿真逻辑允许在 C28x CPU 和调试器之间对存储器内容进行初始化操作,通过 5 个标准的 JTAG 信号(TRST、TMS、TCK、TDI、TDO)和 2 个仿真扩展口(EMU0、EMU1),就可以方便地对

TMS320F2812 DSP 进行实时调试和程序下载了。图 4-4 为相应的 JTAG 仿真接口电路。

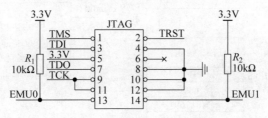

图 4-4　JTAG 仿真接口电路

3. TMS320F2812 DSP 启动模式设置电路

在程序调试过程中,通常将编译链接产生的可执行代码装载到 DSP 内部的 RAM 中,一旦程序调试完毕需要系统作为产品独立运行,就要求将应用程序固化到非易失性存储器(ROM、EEPROM、Flash)中,系统每次上电后能够采用特定的引导操作自动运行应用程序。TMS320F2812 DSP 有 6 种不同的启动方式,主要通过 GPIOF 端口的 4 个引脚电平来选择。表 4-1 列出了启动方式与 GPIOF 相应引脚电平之间的关系。

表 4-1　启动方式与 GPIOF 引脚电平关系表

GPIOF 端口的 4 个引脚				启 动 方 式
F4	F1	F3	F2	
1	x	x	x	Flash 地址:0x3F7FF6
0	0	1	0	H0-SARAM 地址:0x3F8000
0	0	0	1	OTP 地址:0x3D7800
0	1	x	x	SPI 接口引导
0	0	1	1	SCIA 接口引导
0	0	0	0	GPIOB 端口引导

调试过程中,程序主要在 TMS320F2812 DSP 内部的 H0-SARAM 中运行,如果希望处理器能够在脱离仿真器的情况下自启动运行,就需要根据上表改变 GPIOF 相应引脚的逻辑状态,本系统中主要采取从内部 Flash 中启动的方式,由于使用内部的存储器,因此需要将 TMS20F2812 DSP 的 XMP/$\overline{\text{MC}}$ 引脚设置为低电平,使处理器工作在计算机模式。图 4-5 描述了处理器从内部 Flash 中启动的流程:

(1) 系统在复位后首先跳转到 0x3FFFC0 地址,它是处理器内部的 Boot ROM 起始地址。

(2) Boot ROM 继续执行跳转指令到地址 0x3FFC00 处,进而执行相关的初始化任务,并检测 GPIOF 相应引脚的电平状态,从而决定采用何种启动方式。在这里,设置 GPIOF4 引脚为高电平,采用内部 Flash 启动方式。

(3) 这时的 PC(程序计数器)指针直接跳转到地址 0x3F7FF6,它是 Flash 存储空间的入口地址,该程序段只有两个字节,存储了跳转到应用程序入口的 LB 指令。

(4) 跳转到 _c_int00 函数中完成 C 语言环境和全局变量的初始化,并调用 CCS 集成开发环境自带的运行时支持库,这里为 rts2800_ml.lib。

(5) 跳转到用户代码区,执行相应的 main 函数。

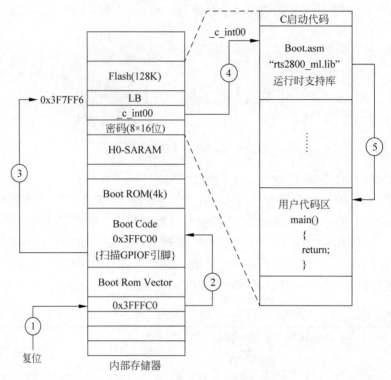

图 4-5　内部 Flash 启动方式流程

从上面的论述中可以看到，TMS320F2812 DSP 的启动方式是需要根据实际情况人为设置的，为了增强系统的灵活性和可扩展性，这里利用排针，构建了如图 4-6 所示的启动模式设置电路。

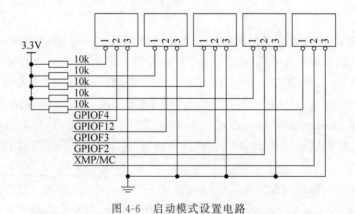

图 4-6　启动模式设置电路

4. 时钟单元

时钟是处理器运行的心脏，它的性能直接关系到系统和程序运行的稳定性。TMS320F2812 DSP 的片上晶振单元和锁相环模块能够为内核及片内外设提供时钟信号，并且能够工作在低功耗模式下。片上晶振单元允许使用两种方式为器件提供时钟，即采用内部振荡器或外部时钟源。当使用内部振荡器时，必须在 X1/XCLKIN 和 X2 两个引脚之间连接石英晶体,一般选择 30MHz。如果使用外部时钟源,则可以将输入的时钟信号连接到 X1/CLKIN 引脚上,并悬空 X2 引脚。锁相环模块主要通过软件实时配置片上外设时钟,从而提高了系统的灵活性。此外,采用锁相环可使处理器外部运行在较低的工作频率,而片内则可以运行在较高的系统频率,这种设计可以显著降低系统对外部时钟的依赖和电磁干扰。图 4-7(a) 为采用内部振荡器时的处理器内部时钟电路;图 4-7(b) 为采用内部振荡器时的石英晶体硬件电路图。

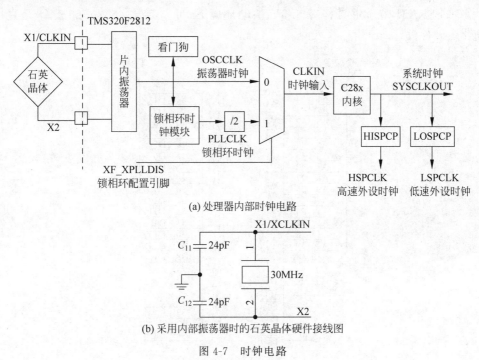

(a) 处理器内部时钟电路

(b) 采用内部振荡器时的石英晶体硬件接线图

图 4-7　时钟电路

从图 4-7(a) 中可以看到,通过控制锁相环配置引脚 XPLLDIS 就可以打开或关闭 TMS320F2812 DSP 的锁相环功能,经过倍频后,进入 C28x 内核的时钟频率最高可达 150MHz,然后根据不同外设对时钟速度的要求,通过设置 HISPCP(高速外设时钟寄存器)和 LOSPCP(低速外设时钟寄存器)就可以分别得到需要的 HSPCLK 高速时钟和 LSPCLK 低速时钟了,这些操作均可通过软件进行设置。图 4-7(b) 中选用了 30MHz 的石英晶体,这样就可以通过锁相环将内核时钟提升到 150MHz,从而获得处理器的最快运算性能。选择 30MHz 石英晶体的另外一个原因是在烧写 TMS320F2812 DSP 内部 Flash 时,处理器内核最好工作在最快速度,即 150MHz。

5. SRAM 扩展电路

由于存储介质性质的不同,导致 Flash 和 RAM 在运行程序时存在速度差异,而且在 RAM 中运行程序比在 Flash 中运行快得多,虽然 TI 公司在 TMS320F2812 DSP 的内部 Flash 中引入了流水线技术,但它的处理速度仍然不能与 RAM 相提并论。因此,为了提高程序运行的速度,目前较为流行的做法是将程序存储在内部 Flash 中,当运行程序时,将程序复制到 RAM 中运行。另外一种折中的办法是将实时性要求较低的程序,如:初始化程序,放入 Flash 中运行,而将一些实时性要求较高的程序,如:中断服务程序,复制到 RAM

中运行。于是新的问题出现了,当内部 RAM 不够用时,就需要进行外部 RAM 的扩展。TMS320F2812 DSP 提供了专门用于扩展外设的 XINTF 接口,它分别映射到 5 个独立的存储空间。当访问相应的存储空间时,会产生一个片选信号,而有的存储空间会共用片选信号,如:空间 0 和 1 共用片选信号 $\overline{\text{XZCS0ANDCS1}}$,空间 6 和 7 共用 $\overline{\text{XZCS6ANDCS7}}$,而空间 2 使用独立的片选信号 $\overline{\text{XZCS2}}$,它映射的存储空间为 512K×16,完全能够满足我们扩展的要求。图 4-8 为相应的 SRAM 扩展电路图,这里选用了赛普拉斯公司生产的 CY7C1021 64K×16 的 SRAM,它能够工作在 3.3V 供电环境下,可以与 TMS320F2812 DSP 直接连接,简化了硬件设计。

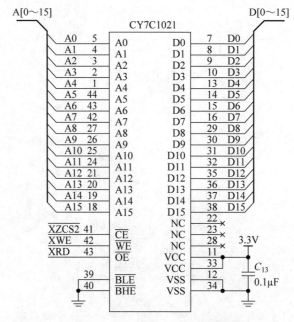

图 4-8　64K SRAM 扩展电路图

　　至此,基于 TMS320F2812 DSP 的最小系统就构建完成了,通过 4 个 22×2 的排针将处理器的 176 个引脚引出,即采用拼板的方式设计剩下的控制系统硬件,这样做的好处是以后只要通过改变拼板的结构,就可以构建不同的系统,而不用再设计 TMS320F2812 DSP 的相关电路了。

4.2.4　基于 DSP 控制系统的软件设计

　　系统在运行时有 3 种工作模式,即带正交编码器的速度控制模式、无速度传感器的速度控制模式以及带正交编码器的位置伺服模式。3 种工作方式的软件算法在实现上略有差异,但都采用了传统的前后台设计方法,即前台程序是一个无限循环,并调用相关函数完成操作。后台程序则采用中断服务程序,处理异步事件。图 4-9 为系统的主要软件框架,展示了系统主程序和定时器 Timer1 周期中断服务程序的框架。

　　从上面展示的软件框架中,可以看到相关工作模式下的软件算法主要是在周期性中断服务程序中完成的,根据不同的工作模式会有不同数量的中断服务程序,它们通过优先级顺序被 CPU 调度。前台程序主要完成相关工作模式的初始化工作。在程序中定义了一个全

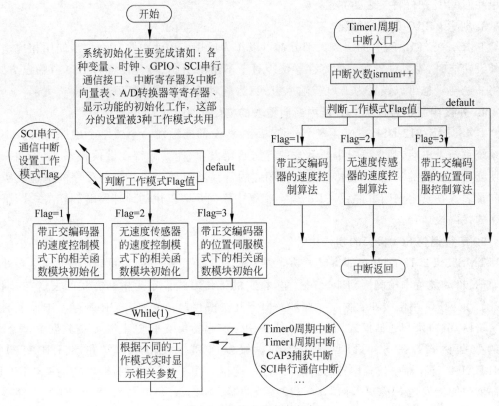

图 4-9　系统主要软件框架

局标志量 Flag，根据它的不同取值采用 Switch 语句可以跳转到相应算法的处理程序中，这里约定当 Flag＝1 时代表"带正交编码器的速度控制模式"，Flag＝2 时代表"无速度传感器的速度控制模式"，Flag＝3 时代表"带正交编码器的位置伺服模式"，Flag 的值在串行中断服务程序中由用户通过上位机进行设置。

任何硬件处理芯片在上电以后都要进行一些基本的初始化操作，TMS320F2812 DSP 也不例外，它的初始化操作主要包括：系统时钟初始化、系统 32 位定时器 Timer0 的初始化、通用 GPIO 口的初始化、外设中断扩展模块 PIE 及中断向量表的初始化、串行通信 SCI 接口的初始化、A/D 转换器的初始化、事件管理器 EVA 的初始化、捕获单元 CAPB 的初始化。下面分别进行介绍。

1. 系统时钟初始化

TMS320F2812 DSP 的 CPU 最高可以运行在 150MHz 的频率下，因此需要对外部输入的 30MHz 晶振时钟进行倍频，即设置相关的锁相环 PLLCR 寄存器，这里将 CPU 设置在最高运行频率下。然后需要设置高速外设（如 A/D 转换器、事件管理器 EVA）和低速外设（如 SCI 串行通信接口）的时钟分频值。最后，需要关闭未用外设的时钟信号，这样可以大大降低系统功耗。

2. 系统 32 位定时器 Timer0 的初始化

TMS320F2812 DSP 内部有 3 个 32 位的定时器 0、1、2，后两个预留给 BIOS 操作系统使用，Timer0 可以被用户设置使用。在我们的系统中，它被用来产生一个周期中断，开启捕获单元 CAPB 进行转子速度测量。

3. 通用 GPIO 口的初始化

TMS320F2812 DSP 的引脚大部分都可以作为通用 GPIO 引脚,因此,当使用相应引脚的外设功能时,需要设置相关的寄存器位。对于不用的引脚,将其设置为 I/O 口输出方式,并将其悬空。也可以设置为 I/O 口输入方式,然后对其进行接地处理。

4. 外设中断扩展模块 PIE 及中断向量表的初始化

TMS320F2812 DSP 集成了多个外设,每种外设都能触发一个或多个中断事件。在每次系统重新上电后,都需要对中断系统进行初始化操作,使其运行在默认状态下,当用户需要使能相关外设的中断功能时,可以设置相应的寄存器位并将中断服务程序的地址赋予中断向量表。在发生中断事件后,CPU 就会根据中断向量表提供的地址跳转到相应中断服务程序的代码段运行。

5. 串行通信 SCI 接口的初始化

TMS320F2812 DSP 内部集成了功能强大的 SCI 串行通信接口,可以实现诸如:多处理器通信、自动波特率检测等功能。在这里,将它的工作方式设定为中断方式的发送与接收,并开启了 FIFO 用于缓冲数据。主要涉及以下几个寄存器:在 SCICCR 寄存器中设置通信的字符格式、协议和通信模式,我们的系统采用 1 位起始位,1 位停止位,8 位数据位,无校验位的数据格式。在 SCICTL1 寄存器中设置发送和接收使能位。在 SCIHBAUD 和 SCILBAUD 寄存器中设置串行通信的波特率,这里采用了 19 200 的波特率。在 SCIFFTX 寄存器中使能发送 FIFO 缓冲器,并设置在缓冲器为空时触发中断。在 SCIFFRX 寄存器中使能接受 FIFO 缓冲器,并设置在缓冲器中有 5 个字节数据时,触发中断。这 5 个字节的数据按顺序依次代表:工作模式、正反转方向数据、速度或位置给定值数据(归一化值)、16 位 CRC 校验码低位、16 位 CRC 校验码高位。在每次顺序读完接收的数据后,会将工作模式放入标志量 Flag 中,正反转及给定值数据也会放入相应变量中。

6. A/D 转换器的初始化

TMS320F2812 DSP 内部集成了一个 16 通道 12 位分辨率且具有双通道同时采样功能的 A/D 转换器,在我们的系统中需要进行 A/D 转换的主要有两相电流信号、直流母线电压信号、用于 A/D 实时校正的两路电压参考源信号。其中,两相电流信号需要参与 Clarke 变换,对信号的相位信息要求非常严格,因此需要同时采样。而且 A/D 转换是由事件管理器 EVA 内部的定时器 Timer1 周期触发的,需要设置相关的寄存器位。概括来讲 A/D 转换器中需要进行初始化设置的项目主要有上电设置(内部参考源和带隙上电)、时钟源、采样窗口宽度、转换通道数量、转换启动模式以及转换通道排序等。

7. 事件管理器 EVA 的初始化

事件管理器是系统中需要设置的最重要的外设,它直接关系到 DSP 能否产生正确的 SVPWM 信号,进而驱动 IPM 工作。另外,它还集成了正交编码器信号处理单元 QEP。TMS320F2812 DSP 集成了两个功能完全相同的事件管理器,EVA 主要负责 SVPWM 信号的产生以及对正交编码器信号的处理。与 SVPWM 信号产生有关的模块有:定时器 Timer1、比较单元、死区控制单元。与正交编码器信号处理有关的模块有:定时器 Timer2、QEP 解码电路。具体设置将会结合后面内容进行介绍。

8. 捕获单元 CAPB 的初始化

捕获单元 CAPB 位于事件管理器 EVB 内部,当系统工作在带有正交编码器的模式时,往往需要进行 M/T 法测速。即在固定时间内,不但要利用正交编码模块 QEP,测量正交编码器产生的脉冲数,而且要记录相同时间下的高频脉冲数量。可以通过设置 EVB 内部的定时器 Timer4 模拟这种高频脉冲,基本方法就是让 Timer4 工作在单增计数模式下,Timer4 的时钟源充当高频脉冲。然后,设置 CAPB 捕获正交编码器的信号边沿,通过记录两次捕获事件发生时 Timer4 的计数值,相减即可得到高频脉冲的数量。

4.2.5　基于 DSP 控制系统的测试

设计完系统的硬件和软件后,需要进行一些调试工作,将控制板、功率板以及永磁同步电机通过排线、电缆进行连接,可以得到图 4-10 所示的系统调试装置。电机选用了南京力源强磁有限公司生产的 SQ060A130A30-8E 永磁同步电机,参数如表 4-2 所示。

表 4-2　调试用永磁同步电机主要参数

额定功率/W	400	转动惯量/$(kg \cdot cm^2)$	0.5
额定电压/V	220	定子电阻/Ω	1.9
额定转速/(r/min)	3000	定子电感/mH	8
额定转矩/(N·m)	2	极对数	4
额定电流/A	2	反馈	带初始定位 2500 线光电编码器

调试数据的获取可以通过以下两种方式:

(1) 使用 CCS3.3 集成开发环境中的 Graph 绘图功能,每进行一次电流环调节(周期为 $200\mu s$),就用 TI 公司提供的 datalog 函数进行一次数据存储,然后通过 Graph 绘图功能显示数据,主要在软件 Debug 中使用。

(2) 使用事件管理器 EVB 搭建 D/A 转换器电路。由于系统软件并未用到 Timer3 定时器,EVB 的 6 路 PWM 引脚外接 RC 低通滤波器,可

图 4-10　系统调试装置

以构成简单的 D/A 转换器电路。每个 PWM 引脚可以代表一个变量输出,然后接入示波器探头,就可以观察需要的数据了。

4.3　基于 FPGA 的 PMSM 控制系统设计

4.3.1　FPGA 技术的简介与发展概况

FPGA 是新型的大规模可编程数字集成电路器件,它充分利用计算机辅助设计技术进行器件的开发与应用。用户借助于计算机不仅能自行设计专用集成电路芯片,还可在计算机上进行功能仿真和实时仿真,及时发现问题,调整电路,改进设计方案。这样,设计者不必动手搭接电路、调试验证,只需在计算机上操作很短的时间,即可设计出与实际系统相差无

几的理想电路。而且,FPGA 器件采用标准化结构,体积小、集成度高、功耗低、速度快,可无限次反复编程,因此,成为科研产品开发及其小型化的首选器件,其应用极为广泛。

作为专用集成电路(ASIC-Application Specific Integrated Circuit)的一个重要方面,几乎所有先进工业国家的半导体厂商,都能提供自己开发的电机控制专用集成电路。所以电机控制专用集成电路品种、规格繁多,产品资料和应用资料十分丰富。当前电机控制的发展越来越趋于多样化、复杂化。所以有时未必能满足越来越苛刻的性能要求,这时可以考虑自己开发电机专用的控制芯片,现场可编程门阵列(FPGA)可以作为一种解决方案。作为开发设备,FPGA 可以方便地实现多次修改。由于 FPGA 的集成度非常大,一片 FPGA 少则几千个等效门,多则几万或几十万等效门,所以一片 FPGA 就可以实现非常复杂的逻辑,替代多块集成电路和分立元件组成的电路。它借助于硬件描述语言(VHDL 或 VerilogHDL)来对系统进行设计,硬件描述语言摒弃了传统的从门级电路向上直至整体系统的方法。它采用 3 个层次的硬件描述和自上至下(从系统功能描述开始)的设计风格,能对 3 个层次的描述进行混合仿真,从而可以方便地进行数字电路设计。具体层次及其简介如下:第 1 层是行为描述,主要是功能描述,并可以进行功能仿真;第 2 层是 RTL 描述,主要是逻辑表达式的描述,并进行 RTL 级仿真;第 3 层是门级描述,即用基本的门电路进行描述,相应地进行门级仿真。最后生成门级网络表,再用专用工具生成 FPGA 的编程码点,就可以进行 FPGA 的编程了。试制成功后,如要大批量生产,可以按照 FPGA 的设计定做 ASIC 芯片,降低成本。

1985 年,Xilinx 公司推出的全球第一款 FPGA 产品 XC2064 怎么看都像是一只"丑小鸭"——采用 $2\mu m$ 工艺,包含 64 个逻辑模块和 85 000 个晶体管,门数量不超过 1000 个。22 年后的 2007 年,FPGA 业界双雄 Xilinx 和 Altera 公司纷纷推出了采用最新 65nm 工艺的 FPGA 产品,其门数量已经达到千万级,晶体管个数更是超过 10 亿个。一路走来,FPGA 在不断地紧跟并推动着半导体工艺的进步——2001 年采用 150nm 工艺,2003 年采用 90nm 工艺,2009 年采用 35nm 工艺,2014 年采用 14nm 工艺。Xilinx 公司创始人之一,FPGA 的发明者 Ross Freeman 认为,对于许多应用来说,如果实施得当的话,灵活性和可定制能力都是具有吸引力的特性。也许最初只能用于原型设计,但是未来可能代替更广泛意义上的定制芯片。随着技术的不断发展,FPGA 由配角变成主角,很多系统设计都是以 FPGA 为中心来设计的。FPGA 走过了从初期开发应用到限量生产应用再到大批量生产应用的发展历程。从技术上来说,最初只是逻辑器件,现在强调平台概念,加入数字信号处理、嵌入式处理、高速串行和其他高端技术,从而被应用到更多的领域。

事实证明,FPGA 可为制造工业提供优异的测试能力,FPGA 开始用来代替原先存储器所扮演的用来验证每一代新工艺的角色。也许从 20 世纪 80 年代起,向最新制程半导体工艺的转变就已经不可阻挡了。最新工艺的采用为 FPGA 产业的发展提供了机遇。

在 FPGA 领域,Xilinx 和 Altera 长期稳坐第一和第二的位置。根据最新 Form-10K 数据显示,其分别占有 48% 和 41% 的市场份额。其中 Xilinx 净销售额为 23.1 亿美元,净收入为 6.3 亿美元;Altera 净销售额为 19.5 亿美元,净收入为 7.8 亿美元。这两家公司一直以来是市场和技术的领头羊,而剩余的市场份额被 Lattice 占据多数。

4.3.2　基于 FPGA 控制系统的硬件设计

本书设计的 PMSM 交流伺服驱动系统主要包括控制单元、功率驱动模块和信号反馈单元 3 部分。控制单元是交流伺服驱动器的核心部分,所有的控制算法和数据处理由它完成;功率驱动单元为整个系统提供电源及功率放大功能,将控制单元的输出控制信号转化为电力输出;信号反馈单元实现交流电机电流电压信号检测采集,通过编码器、传感器等器件将信号反馈到控制单元进行数据处理。图 4-11 为系统硬件框图。

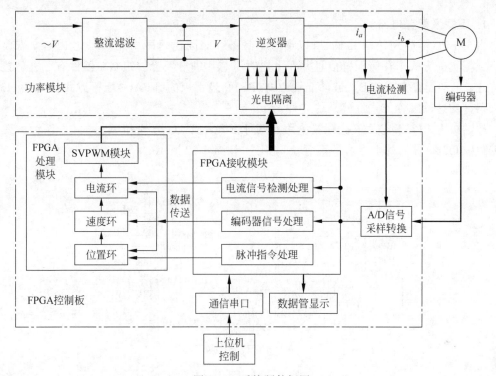

图 4-11　系统硬件框图

控制单元是整个交流伺服系统的核心,主要实现位置、速度、力矩控制等。控制核心采用单 FPGA 的方式。FPGA 一般选用速度性能好和动态功耗低的芯片,在考虑成本的情况下这里选用了 Altera 公司 Cyclone 系列 EP1C6Q240C8 型号芯片。

主要控制原理:电机相电流通过霍尔传感器传输到控制板,经过采样电阻将电流信号转换成电压信号,运放后通过 A/D 转换同步串行输出采样数据。FPGA 器件实现串转并,并在其中实现数字滤波器进行数据信号的滤波。通过传感器、A/D 等,FPGA 可以通知控制单元实施过温、过流、欠压以及过压等保护措施。FPGA 内部设计产生空间矢量脉冲信号发生器,输出 6 路脉冲信号,驱动逆变器 6 臂桥实现电机控制。在每个数字控制周期必须完成:电机线电流的采样和变换;测量转子位置角;计算参考电流分量;Clarke 和 Park 变换;PI 电流控制;Park 逆变换;空间矢量脉宽调制(SVPWM);产生 PWM 波形等操作和计算。

功率驱动单元含有智能功率模块 IPM,集成了驱动电路、保护电路和功率开关等功能。

功率驱动部分采用霍尔传感器检测电机的相电流。采用霍尔效应的闭环电流传感器广泛应用于大电流、高电压的场合,具有频带宽度广、响应快速、精度高及温度稳定等优点。

信号检测反馈单元主要实现电流电压的采样。主要由模数转换器、霍尔传感器和光电编码器组成。本书在综合考虑 A/D 的分辨率和转换速度对伺服控制系统的影响以及转换的数字信号便于 FPGA 处理的基础上,选取 TI 公司的 ADS7864 转换芯片。霍尔传感器反馈三相电流信号。另外转子位置和速度的测量也是伺服控制的关键问题之一,这里采用结构简单、易于掌握的增量式编码器来确定转子的位置和速度信息,其可靠性高,抗干扰能力强。

1. 下载及配置电路

由于 FPGA 是 SRAM 结构,所以本身不具备存储固化程序功能。因此 FPGA 需要通过下载配置的方式来存储配置信息并在上电时对芯片进行配置。FPGA 器件有 3 类配置下载方式:主动配置方式(AS)、被动配置方式(PS)和最常用的(JTAG)配置方式。而 Cyclone 系列器件支持的配置方式也就是这 3 种。

控制板上 FPGA 芯片下载配置电路有两种方式:JTAG 方式和 AS 方式。两种方式都与 EP1C6Q240C8 芯片上专有的配置接口相连,如图 4-12 所示。

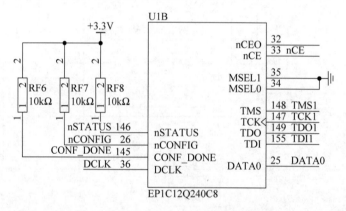

图 4-12　EP1C6Q240C8 下载配置引脚

JTAG 调试方式:JTAG 接口是一个业界标准,主要用于芯片测试等功能,使用 IEEE Std 1149.1 联合边界扫描接口引脚,支持 JAM STAPL 标准,可以使用 Altera 下载电缆或主控器来完成。JTAG 接口可以用来调试 FPGA,下载速度比较快,而且支持 SignalTAP,但是不能用来编程 EPCS 芯片。一般建议调试阶段采用 JTAG 模式。下载电缆可以采用 ByteBlaster 或者 ByteBlaster Ⅱ。电路图如图 4-13(a)所示。

AS 模式:AS 由 FPGA 器件引导配置操作过程,它控制着外部存储器和初始化过程。AS 接口主要是用来编程 EPCS 芯片,同时也可以用来调试。具体过程是首先编程 EPCS,然后通过 EPCS 配置 FPGA,运行程序。需要考虑的是,EPCS 的编程次数是有限制的,太频繁地擦除和写入对芯片的寿命有一定影响。所以,一般建议在调试结束后,程序固化的时候才使用 AS 模式。如果采用这种方式,必须采用 ByteBlaster Ⅱ 电缆才行。EPCS 系列芯片如 EPCS1,EPCS4 配置器件专供 AS 模式,目前只支持 Cyclone 系列。使用 Altera 串行配置器件来完成。Cyclone 期间处于主动地位,配置期间处于从属地位。配置数据通过 DATA0 引脚送入 FPGA。配置数据被同步在 DCLK 输入上,1 个时钟周期传送 1 位数据。

在 FPGA 芯片的配置中,采用 AS 模式的方法,如果采用 EPCS 的芯片,通过一条下载线进行烧写的话,那么开始的"nCONFIG,nSTATUS"应该上拉,要是考虑多种配置模式,可以采用跳线设计。让配置方式在跳线中切换,上拉电阻的阻值可以采用10kΩ。详细电路如图 4-13(b)所示。

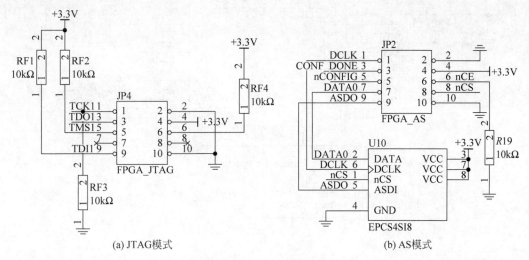

(a) JTAG模式　　　　　　　(b) AS模式

图 4-13　JTAG 和 AS 两种配置方式

一般在做 FPGA 实验板的时候,用 AS+JTAG 方式,这样可以用 JTAG 方式调试,而最后程序已经调试无误后,再用 AS 模式把程序烧到配置芯片里去,而且这样有一个明显的优点,就是在 AS 模式不能下载的时候,可以在 Quartus 自带的工具生成 JTAG 模式下利用可用的文件来验证配置芯片是否已经损坏。

2. A/D 采样电路

A/D 转换的作用是将电机本身的运行参数通过采集、转换,把模拟信号变成数字信号,然后把信号送到控制板上的处理器进行数据处理,最终得到控制量对电机进行控制。这里选用的是德州仪器公司(Texas Instruments)的 ADS7864 芯片,如图 4-14 所示。ADS7864是双 12 位,500kHz 的模/数(A/D)转换器,带有 6 条全差分输入通道,这些通道分为 3 对,用于进行高速同步信号采集。通过采样与保持放大器的输入信号采用全差分形式进入A/D 转换器,这样在频率为 50kHz 时仍可提供 80dB 良好的共模抑制比,这在高噪声环境中是非常重要的。

这里需要转换的模拟量有故障检测信号、温度检测信号、V 相电流信号、U 相电流信号以及直流母线电压信号,它们都是以电压为标量的模拟信号。本书在控制板上设计一个 26针的接口用以将这几路电压模拟信号接入到 A/D 转换芯片中。

ADS7864 的模拟输入通常有两种方式驱动:单端输入或差分输入(见图 4-15 和图 4-16)。单端输入时,−IN 输入端保持在共模电压,+IN 输入端则围绕同一共用电压变化,峰峰值幅度是共模+V_{REF} 到共模−V_{REF}。V_{REF} 的值决定共模电压的变化范围。差分输入时,输入信号的幅度为+IN 和−IN 输入的差。每个输入的峰峰值幅度是该共用电压±1/2V_{REF}。但是,由于这两个输入是 180° 异相,所以差分电压的峰峰值幅度是+V_{REF}~−V_{REF}。V_{REF} 的值还决定两个输入共用的电压范围。

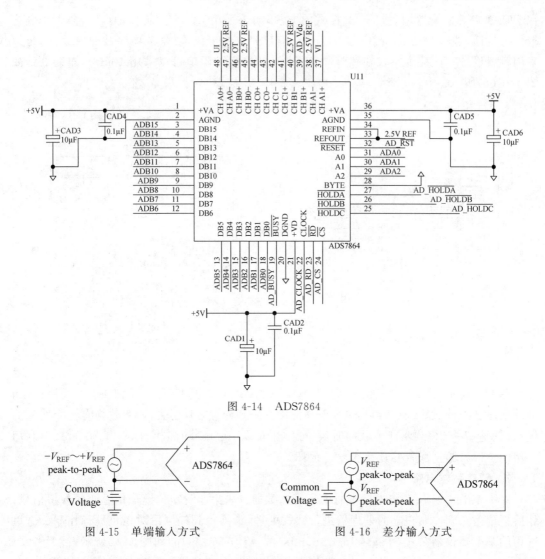

图 4-14　ADS7864

图 4-15　单端输入方式　　　　　图 4-16　差分输入方式

ADS7864 的差分输入被设计成可以接收以内部基准电压(2.5V)为中心的双极性输入($-V_{REF}$ 和 $+V_{REF}$),与 $0\sim5V$ 的输入电压范围(带 2.5V 基准电压)对应。通过一个简单的运放电路,该电路包括一个单独的放大器和 4 个外部电阻,ADS7864 可以配置成不接收双极性输入。传统的 $\pm2.5V$、$\pm5V$、$\pm10V$ 输入范围可以用图 4-17 所示的电阻值实现与 ADS7864 接口。

对于功率驱动单元提供的模拟信号,由于量程范围上的不一致,因此需要电平上的移位。例如直流母线电压信号,本书设计时将 VDC 信号先通过电阻分压降压降到 5V 以下信号采样,再送到运放中。一般 5V 对应 1000V,4V 对应 800V。其他几路模拟信号同理,如图 4-18 所示。

3. 编码器接口电路

编码器在交流伺服中的主要作用是采集信号,包括转速脉冲、位置脉冲等信号。编码器是把角位移或直线位移转换成电信号的一种装置。前者称为码盘,后者称为码尺。按照工作原理不同,编码器可分为增量式和绝对式两类。增量式编码器是将位移转换成周期性的

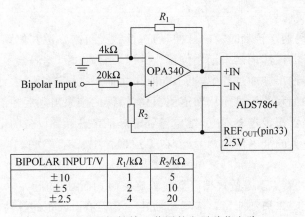

图 4-17　双极性输入范围的电平移位电路

BIPOLAR INPUT/V	R_1/kΩ	R_2/kΩ
±10	1	5
±5	2	10
±2.5	4	20

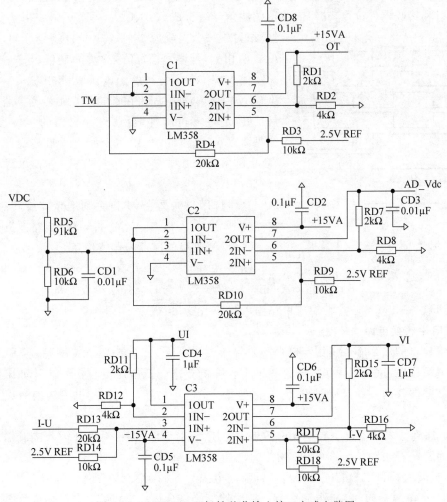

图 4-18　ADS7864 双极性差分输入接口方式电路图

电信号,再把这个电信号转变成计数脉冲,用脉冲的个数表示位移的大小。绝对式编码器的每一个位置对应一个确定的数字码,因此它的指示值只与测量的起始和终止位置有关,而与测量的中间过程无关。

　　旋转增量式编码器在转动时输出脉冲,通过计数设备来知道其位置,当编码器不动或停电时,依靠计数设备的内部记忆来记住位置。这样,当停电后,编码器不能有任何的移动,当来电工作时,编码器输出脉冲过程中,也不能有干扰而丢失脉冲,不然,计数设备记忆的零点就会偏移,而且这种偏移的量是无从知道的,只有错误的结果出现后才能知道。解决的方法是增加参考点,编码器每经过参考点,将参考位置修正接进计数设备的记忆位置。在参考点以前,是不能保证位置的准确性的。为此,在工控过程中就有每次操作先找参考点,开机找零等方法。

　　增量式编码器的特点:增量式编码器转轴旋转时,有相应的脉冲输出,其计数起点任意设定,可实现多圈无限累加和测量。编码器轴转一圈会输出固定的脉冲,脉冲数由编码器光栅的线数决定。需要提高分辨率时,可利用 90°相位差的 A、B 两路信号进行倍频或更换高分辨率编码器。其工作原理为:由一个中心有轴的光电码盘,其上有环形通、暗的刻线,有光电发射和接收器件读取,获得 4 组正弦波信号组合成 A、B、C、D,每个正弦波相差 90°相位差(相对于一个周波为 360°),将 C、D 信号反向,叠加在 A、B 两相上,可增强稳定信号;令每转输出一个 Z 相脉冲以代表零位参考位。由于 A、B 两相相差 90°,可通过比较 A 相在前还是 B 相在前,以判别编码器是正转还是反转,通过零位脉冲,可获得编码器的零位参考位。编码器以每旋转 360°提供多少的通或暗刻线称为分辨率,也称解析分度,或直接称多少线,一般在每转分度 5～10 000 线。

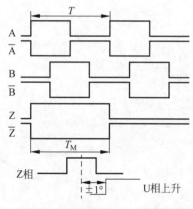

图 4-19　编码器 A、B、Z 相输出
脉冲波形

　　这里选用长春禹光 ZKD 系列增量式旋转编码器,它提供了 A、B、Z 和 U、V、W 共 6 相 12 路差分脉冲信号,用以反馈电机的速度和位置信息。

　　图 4-19 中 $T=360°/N$(N 为每转输出脉冲),Z 脉冲信号宽 $T_M=1T\pm0.5T$,Z 相与 U 相机械角度差为 ±1°。在控制板上将这 6 相 12 路差分信号通过 AM26LS 芯片转换成单端输入脉冲信号。电路图如图 4-20 所示。

4. 电平转换电路

　　越来越多的数字芯片采用与以往不兼容的电源电压、更低的 V_{DD} 或者 V_{CORE} 和 $V_{I/O}$ 不同的双电源供电,这就提出了对于逻辑电平转换的要求。低电压混合信号芯片如未能与其配合的数字器件的发展保持同步,也需要使用逻辑电平转换。一般的电平转换有以下几个问题:

　　(1) 加到输入和输出引脚上允许的最大电压限制问题。器件对加到输入或者输出脚上的电压通常是有限制的。这些引脚有二极管或者分离元件接到 V_{cc}。如果接入的电压过高,则电流将会通过二极管或者分离元件流向电源。例如在 3.3V 器件的输入端加上 5V 的信号,则 5V 电源会向 3.3V 电源充电。持续的电流将会损坏二极管和其他电路元件。

　　(2) 两个电源间电流的互串问题。在等待或者掉电方式时,3.3V 电源降落到 0V,大电流将流通到地,这使得总线上的高电压被下拉到地,这些情况将引起数据丢失和元件损坏。必须注意的是:不管在 3.3V 的工作状态还是在 0V 的等待状态都不允许电流流向 V_{cc}。

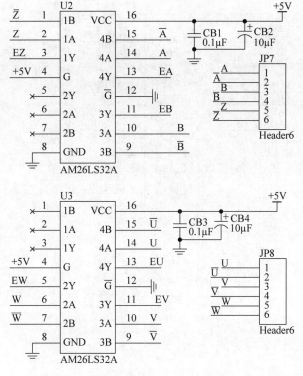

图 4-20　编码器接口电路

（3）接口输入转换门限问题。5V 器件和 3.3V 器件的接口有很多情况，同样 TTL 和 CMOS 间的电平转换也存在着不同情况。驱动器必须满足接收器的输入转换电平，并且要有足够的容限以保证不损坏电路元件。

本章在控制板电路设计时也遇到了同样的问题：由于板上存在不同的电源电压的逻辑器件，在它们互相接口时就会遇到驱动能力不足或者电平不匹配的问题，这样数据信号和控制信号在传输时就会产生偏差或者扰动。例如，功率模块提供的 PWM6 路接口侧是 5V 的光耦元件，因此，控制板上 FPGA 主控芯片输出的基于 3.3V 电压的 PWM 控制信号可能不足以驱动逆变器。光耦侧的驱动电平会弱于下限值，或者驱动时产生偏振，这在电机控制机中对于具有几百伏电压降的功率模块是十分有害的，会影响电机运行、烧坏元器件甚至是引起更严重的事故。

解决电平转换问题，最根本的就是要解决逻辑器件接口的电平兼容问题。而电平兼容原则就两条：$V_{OH} > V_{IH}$；$V_{OL} < V_{IL}$。考虑抗干扰能力，还必须有一定的噪声容限：$|V_{OH} - V_{IH}| > V_{N+}$；$|V_{OL} - V_{IL}| > V_{N-}$。其中，$V_{N+}$ 和 V_{N-} 表示正负噪声容限。同时，某些器件不允许输入电平超过电源，如果没有电源时就加上输入，很可能损坏芯片。另外，某些转换方式会影响工作速度，在保证电平转换的同时也要保证数据传输的速率以及控制信号的时序。

综合以上原则考虑，本书采用专用的电平转换芯片 74LVC16245 和 SN74LVC164245。74LVC16245 是 16 位电平转换芯片，如图 4-21 所示，74LVC164245 则是 8 位电平转换芯片，如图 4-22 所示。

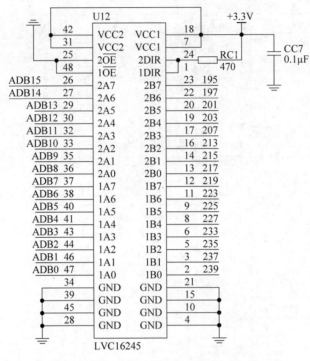

图 4-21　SN74LVC16245

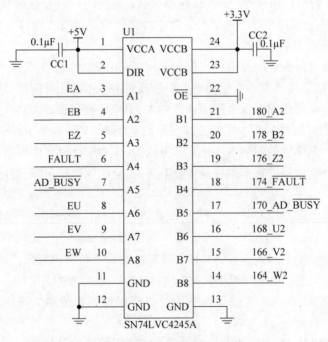

图 4-22　SN74LVC164245

5．控制板电源电路

开关电源设计：要保障系统正常运行，必须为硬件电路提供可靠的工作电源。IPM 工作时需要 4 组独立的 15V 直流电源，上三桥需要三路，下三桥共用一路，且 IPM 对驱动电路输出电压的要求也很严格。电流检测霍尔传感器需要正负电源供电。FPGA 芯片需要高品质的低压、大电流的电源，并且不同芯片之间需要提供不同的芯片电压。本书控制板上的电源设计较为简便，因为功率模块单独设计了提供给 IPM 和逆变器的高品质的电源，设计时只需考虑 FPGA 主控芯片输入电压和其他外设电压。本书控制板设计的电源电压电路如图 4-23 所示，采用了 AMS 系列芯片，将 5V 输入电压转化为 3.3V 和 1.5V 电压满足控制板上各个电子器件的需要。

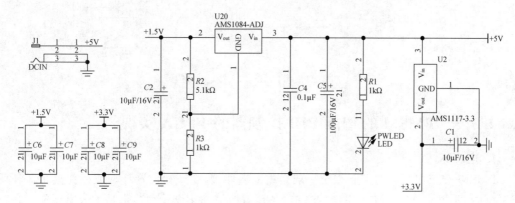

图 4-23　控制板电源电路

6．辅助功能电路

控制板上还有一些辅助功能电路如 FPGA 的扩展存储电路、串口通信电路和数码管显示电路。

SDRAM 可作为嵌入式系统的程序运行空间，也可作为大量数据的缓冲区。一般数字型的交流伺服控制系统中会涉及大量数据处理，程序复杂，而 EP1C6Q240C8 这款芯片本身的存储空间有限，因此这里特别设计了 SDRAM 和 FLASH 电路用来作为 FPGA 的扩展外设存储芯片。SDRAM 选用的是现代公司的 HY57V 系列芯片。FLASH 选用的是 AMD 公司的 16 位 AM29LV 系列芯片。

串口 RS-232 电路的主要功能是实现上位机如 PC 等控制终端对交流伺服驱动控制系统的直接控制，如图 4-24 所示。串口控制简单易实现，技术已经相当成熟。因此本章设计了串口电路，方便计算机上 MFC 程序的控制。串口协议采用 RS-232C。RS-232C 标准是美国 EIA（电子工业联合会）与 BELL 等公司一起开发的于 1969 年公布的通信协议。它适合于数据传输速率在 0～20 000b/s 范围内的通信。这个标准对串行通信接口的有关问题，如信号线功能、电器特性都做了明确规定。由于通信设备厂商都生产与 RS-232C 制式兼容的通信设备，因此，它作为一种标准，目前已在微机通信接口中被广泛采用。

另外，控制板还设计了数码管显示电路用以显示电机反馈的速度数据，方便直观地观察电机运行情况。

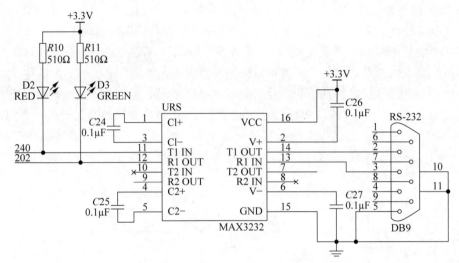

图 4-24　串口 RS-232 接口电路

4.3.3　PMSM 的智能 PID 控制器的 FPGA 实现

1. 电流环

PMSM 交流伺服驱动控制系统一般是由电流环、速度环和位置环构成。在这个 3 环调节系统中,要想充分发挥整个系统的性能,各环节的最优化设计和整定是十分重要的。在自动控制原理中,外环的性能又恰恰依赖于内环的优化程度。因此,电流环的设计和整定决定了整个控制系统的动态性能。伺服系统要求电流环快速响应、输出电流谐波分量小、准确跟踪矢量控制指令。

电流环的控制对象为 PWM 逆变器和 PMSM 的电枢回路。另外还包括电流检测环节、电流前馈调节器、电流反馈环节和电流调节器。

通常交流伺服驱动控制系统中电流测量都采用霍尔传感器。电流环中霍尔传感器具有很好的线性特性,因此可以将它看成是比例环节处理,用 K_{if} 表示其放大系数。由于电流反馈信号中含有较多的谐波成分,因此需要添加滤波环节。电流反馈滤波环节可以看成一阶惯性环节,T_{if} 为时间常数。由于逆变器输出电压信号谐波主要集中在 $2\pi f_0 \pm n\omega_0$,同时 $\omega_0 \ll 2\pi f_0$,所以通常取 $T_{if} = \left(\dfrac{1}{3} \sim \dfrac{1}{2}\right) f_0^{-1}$,$\omega_0$、$f_0$ 分别为逆变器输出频率和载波信号频率。

PMSM 的电枢回路主要由电阻和电感组成,因此可以看成一阶惯性环节。而电流调节器按照工程设计方法一般设计为 PI 调节器,PI 调节能够实时跟踪电流给定,实际电流与给定值具有较小的相位差,并且幅值相等,其中 T_i 为积分时间常数,K_p 为比例放大系数。

PMSM 伺服系统电流环由上述各环节构成,结合各环节模型的传递函数得到电流环结构框图,如图 4-25 所示。

图中,在 PI 调节之后补偿了一个 $P_n\omega_m\psi_f$ 电动势。但是考虑到 PMSM 伺服系统的机械惯性比电枢绕组回路的电磁惯性大得多,即电流响应比转速响应要快,因此设计电流调节器时,反电动势对电流环的影响可以忽略不计。简化后的电流环结构框图如图 4-26 所示。

由图 4-26 可得电流环开环传递函数为

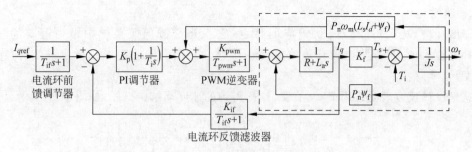

图 4-25　添加了补偿电动势的电流环结构框图

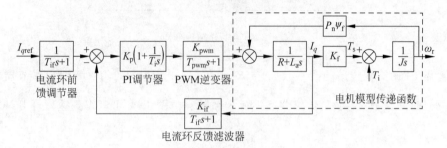

图 4-26　电流环结构框图

$$G_i(s) = \frac{K_p K_{pwm} K_{if}(1 + T_i s)}{(T_{pwm}s + 1)(R + L_a s)T_i s(T_{if}s + 1)}$$

$$= \frac{K_p K_{pwm} K_{if}(1 + T_i s)K}{(T_{pwm}s + 1)(1 + T_m s)T_i s(T_{if}s + 1)} \tag{4-1}$$

式中，$K = 1/R$；T_m 为电机电气常数，$T_m = L/R$。

由于 T_m 远大于 T_{pwm}，为了减小大惯性环节对系统的延迟作用，加快响应速度，令电流 PI 调节器中积分时间常数 $T_i = T_m$。同时在设计 PI 调节器时，忽略了反电动势的影响，并将滤波和逆变器环节看成小惯性环节。因此电流环的闭环传递函数为

$$G(s) = \frac{K_p K_{pwm} K_{if}(1 + T_i s)}{(T_{pwm}s + 1)(R + L_a s)T_i s(T_{if}s + 1) + K_p K_{pwm} K_{if}(1 + T_i s)}$$

$$= \frac{K_p K_o K}{(T_o s + 1)T_i s + K_p K_o K} \tag{4-2}$$

式中，$K_o = K_{pwm} K_{if}$；$T_o = T_{pwm} + T_{if}$。

此时，电流环是一个二阶系统，令 $\dfrac{K_p K_o K}{T_i} = \dfrac{1}{2T_o}$。由于 T_o 远小于 T_i，因此可将此系统降阶为一阶惯性环节。可得闭环传递函数为

$$G(s) = \frac{1}{\dfrac{T_i s}{K_p K_o K} + 1} \tag{4-3}$$

此时电流环增益 $K_c = \dfrac{K_p K_o K}{T_i} = \dfrac{1}{2T_o}$。

本章中要求超调量 $\sigma\% \leqslant 5\%$，设阻尼比 $\xi = 0.707$，电流环 PI 调节器的放大系数 $K_p = \dfrac{T_i}{2T_o K_o K}$。

2. 速度环

速度环应该具有高精度、快响应的特点,它也是交流伺服系统中极为重要的一环。在设计速度环时,可以将电流环等效成为一阶惯性环节,即如式(4-3)所示的闭环传递函数模型。

这里设计速度环时采用 PI 调节器,这样得到的速度环结构框图,如图 4-27 所示。

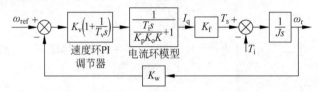

图 4-27　速度环结构框图

速度环 PI 调节器传递函数 $G_{\mathrm{pi\_v}}(s) = K_{\mathrm{v}}\left(1 + \dfrac{1}{T_{\mathrm{v}}s}\right)$,其中 K_{v},T_{v} 分别为调节器的放大系数和积分时间常数。K_{w} 是传感器反馈放大系数。由图 4-27 可以得到速度环开环传递函数为

$$G_{\mathrm{v}}(s) = \frac{K_{\mathrm{v}}K_{\mathrm{f}}(1 + T_{\mathrm{v}}s)}{Js^2 T_{\mathrm{v}}(K_{\mathrm{oi}}s + 1)} \tag{4-4}$$

式中,$K_{\mathrm{oi}} = \dfrac{T_{\mathrm{i}}}{K_{\mathrm{p}}K_{\mathrm{o}}K}$。

由式(4-4)可知,速度环可以按照典型的 Ⅱ 型系统来设计,可得

$$T_{\mathrm{v}} = hK_{\mathrm{oi}} \tag{4-5}$$

$$\boldsymbol{K} = \frac{K_{\mathrm{v}}K_{\mathrm{f}}}{JT_{\mathrm{v}}} = \frac{h+1}{2h^2 K_{\mathrm{oi}}^2} \tag{4-6}$$

结合式(4-5)、式(4-6)可计算得到 K_{v} 和 T_{v}。式中 h 是 Ⅱ 型系统频宽,这里取 $h=5$,此时系统具有较好的跟随性能,并且调节时间最短。

3. 数字 PI 调节器的实现

交流伺服系统中 PID 控制器的应用非常广泛。PID 算法简便易行,参数整定方便,结构更改灵活,能满足一般控制的要求。本书利用 FPGA 设计了 PI 调节器。

电流环和速度环中,设计 PI 调节器,其传递函数为 $K_{\mathrm{p}}\left(1 + \dfrac{1}{\tau s}\right)$,其中 K_{p} 为比例系数,τ 为积分时间常数。PI 调节器的模拟形式为

$$u(t) = k_{\mathrm{p}}\left[e(t) + \frac{1}{\tau}\int_0^t e(\tau)\mathrm{d}\tau\right] \tag{4-7}$$

将其离散化,得到

$$u(k) = k_{\mathrm{p}}\left[e(k) + \frac{1}{\tau}\sum_{n=0}^{k-1} e(n)T\right] \tag{4-8}$$

为了方便 FPGA 处理,经过差分和归并后得到

$$\Delta u(k) = q_0 e(k) + q_1 e(k-1) \tag{4-9}$$

式中,$q_0 = k_p$; $q_1 = -k_p(1 - T/\tau)$。

式(4-9)等同于 FIR 滤波器的形式,其结构如图 4-28 所示。

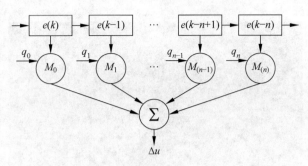

图 4-28　FIR 滤波器

对于数字 PI 调节器,按照式(4-9),只需存储最近的两个误差采样值 $e(k)$ 和 $e(k-1)$。在 FPGA 中,误差采样值可以用移位乘法器实现,即 Altera 公司提供的宏功能模块 LPM_MULT。LPM_MULT 是一个可定制位宽的加法/乘法器。

图 4-29 中设 lpm_mult0、lpm_mult1 的输出依次延时 1、2 个同步时钟,误差数据按照 K 时刻和 $K-1$ 时刻延时存储。设 $q_0=2$,$q_1=-5$,仿真波形如图 4-30 所示。

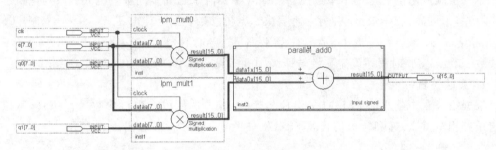

图 4-29　数字 PI 算法模块

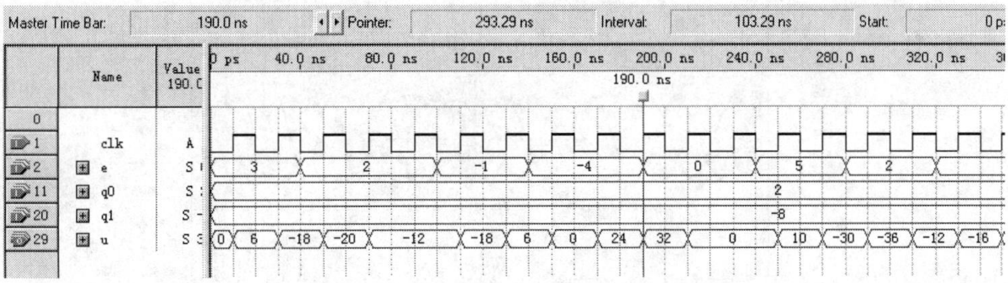

图 4-30　数字 PI 调节器仿真波形图

从图中可以看出,在 K 时刻时钟的上升沿,lpm_mult0 输出此时刻下的乘积、lpm_mult1 输出 $K-1$ 时刻下的乘积,二者的和即为调节器 u 的输出。

4.3.4　基于 FPGA 控制系统的测试

系统调试首先需要搭建硬件系统,如图 4-31 所示,将伺服驱动控制板和功率板用 26 孔单排线连接,电机空载测试,编码器端接到 FPGA 控制板上,控制板与上位 PC 通信通过串口线连接,程序烧写调试则通过 Bytemaster Ⅱ Altera 下载线进行。控制板、功率板和电机分开单独供电。

图 4-31　伺服驱动控制系统

本章实验所用电机选用华中数控 GK6060 型交流永磁同步伺服电机。该系列电机结构紧凑,功率密度高,转子惯量小,响应速度快。电机参数:额定转矩 $T_e=3\mathrm{N}\cdot\mathrm{m}$;额定转速 $V=2000\mathrm{r/min}$;额定相电流 $I=2.5\mathrm{A}$;转动惯量 $J=4.4\times10^{-4}\mathrm{kg}\cdot\mathrm{m}^2$;极对数 $n_p=3$;码盘线数 2500。实验时程序设定初始转速为 1000r/min,0.2s 时刻加速为 1600r/min。

1. 实验仿真

根据第 3 章中建立的 PMSM 矢量控制模型,首先选用以上电机参数进行仿真,可以得到定子三相电流、转速和转矩仿真波形,分别如图 4-32、图 4-33 和图 4-34 所示。

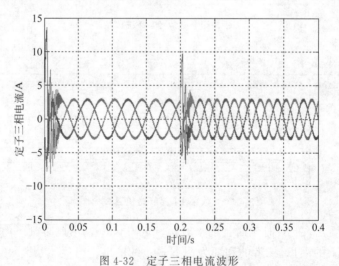

图 4-32　定子三相电流波形

设定初始转速为 1000r/min,0.2s 时刻加速为 1600r/min;转矩设为 3N·m。

2. 电路板调试

系统运行前必须确保每个部分的稳定性和可靠性。对 FPGA 控制板进行简单测试,包括:供电是否正常,有无发热、发烫现象;数据传输有无丢失现象,时序上是否同步;复位电路是否有效;时钟信号是否准确;在线调试是否正常;输出 PWM 信号是否稳定,电平是否

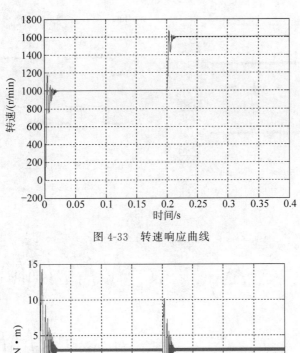

图 4-33　转速响应曲线

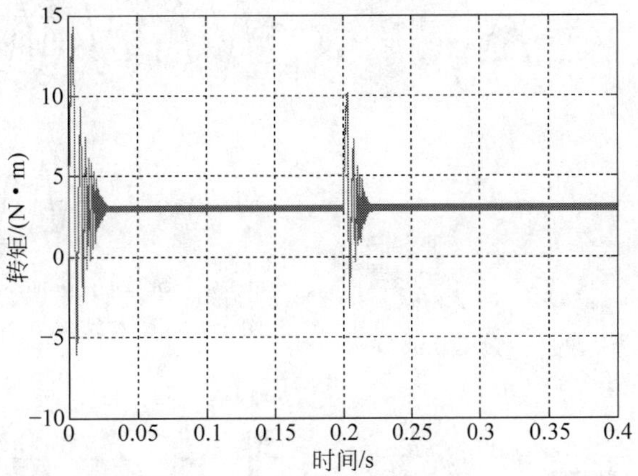

图 4-34　转矩响应曲线

满足要求。FPGA 控制板中一些外围接口电路和开关量输入输出电路、光电编码器的接口电路以及通信接口电路等需要编写相应的测试程序,以便验证其功能,同时检测它们的稳定性,必要时需要调整相关电路参数和布线走线。

对于功率板,主要保证其安全性。要注意各个元器件是否有损,连线是否正确。一般禁止用示波器探头测试光耦后级波形,系统运行时也禁止任何的板上测试。同时要注意人身安全,系统上电后不要随意触摸功率板上的元器件和接线端子,以免触电或者造成短路。

系统首先进行开环实验,确认运转正常,信号采样正确后进行闭环实验。

3. 示波器测量

实际实验中设定时钟频率为 10kHz,基波周期为 $100\mu s$,死区时间为 $3\mu s$。硬件控制板经示波器测得输出 PWM 信号如图 4-35 和图 4-36 所示。

电机空载运行时,测得电机 A、B 相电流以及线电压波形如图 4-37～图 4-40 所示。

电流波形差异由于电流互感器外接电阻的个体差异造成波形有很小的差异。

电压波形差异是因为示波器探头为 300V,故所测的电压为降压输入后的波形。从图 4-38 和图 4-39 中可以看出电机加速后,A、B 相电流周期变小,频率加快,与图 4-32 电流仿真结果一致。

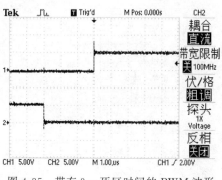

图 4-35　带有 3μs 死区时间的 PWM 波形

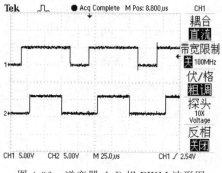

图 4-36　逆变器 A-B 相 PWM 波形图

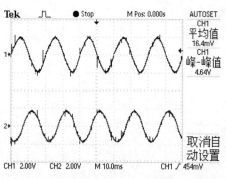

图 4-37　空载转速为 1000 转/分电流波形

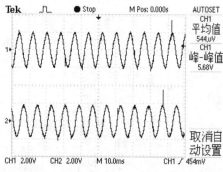

图 4-38　空载转速为 1600 转/分电流波形

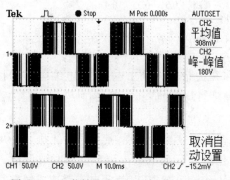

图 4-39　空载转速为 1000 转/分电压波形

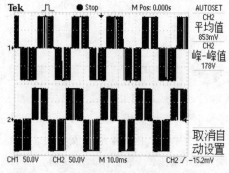

图 4-40　空载转速为 1600 转/分电压波形

4. 上位机速度显示

本书设计了上位机 MFC 控制程序,通过串口采集电机转速。电机空载时转速如图 4-41 所示。

测试时首先设定初始转速(1000r/min)、PID、时钟频率等参数。系统上电,固化在 FPGA 芯片中的控制程序自动开始执行。电机运行,转速在很短时间内达到设定值 1000r/min, 200ms 时刻加速变为 1600r/min。由于 MFC 程序中计时器采样周期设置为 1ms,即每隔 1ms 采样一个速度值,因此 MFC 中显示的速度曲线与实际情况有所差别,初始转速和加速之后的欠阻尼响应并没有直观地显示出来,但大体上反映了电机转速的变化情况。

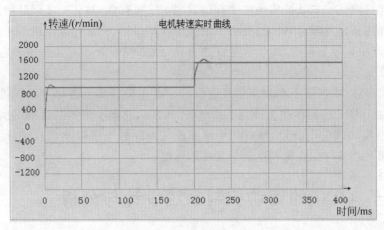

图 4-41　MFC 速度曲线显示

5. 位置试验

将本系统连接至丝杠平台(丝杠螺距为 4mm),驱动单轴电机带动丝杠转动。实验时上位机给定 11 000 个脉冲,输入脉冲频率为 500kHz,限速 1000r/min(正转),即 104.7rad/s。编码器反馈脉冲通过 FPGA 芯片计数处理与上位机给定比较,如图 4-42 所示,表明该系统定位过程和跟踪性能良好。

图 4-43 显示了定位过程中电机转速的变化。可以看出电机在 170ms 时刻就发送完 10 800 个脉冲,电机从零位置启动,速度为零,一直以加速上升到 1000r/min,再恒速运行,快接近指定位置时就开始减速运行,一直到零。图中转速曲线响应还有超调,停止转动时有波动,但基本与仿真波形一致。

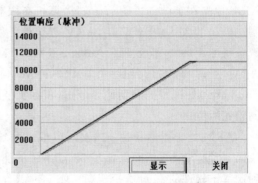

图 4-42　上位机 MFC 位置定位脉冲响应曲线

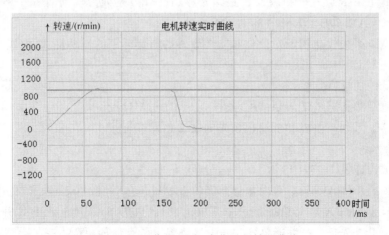

图 4-43　上位机 MFC 定位过程转速曲线

　　整个实验只验证了本系统实现速度和位置控制的可行性,总体处于调试阶段,对于驱动系统的各项性能指标并未作具体的分析。以上实验结果,无论是控制电机的速度,还是控制位置,效果都和仿真波形相符,虽然有些许的差异,但已经可以证明其调速和定位跟随性能达到控制标准。

　　本章针对 PMSM 伺服驱动控制系统进行了速度和位置实验。将本系统带动电机空载试验,在上位机 MFC 控制程序上得到了速度波形,在示波器中测得带有死区的 PWM 波形以及电机相电流和线电压波形,最后利用本系统控制单轴电机带动丝杠进行了位置实验。实验结果证明系统具有良好的调速和位置跟踪性能。

4.4　基于 ARM 的运动控制系统设计与分析

4.4.1　ARM 技术的简介与发展概况

　　ARM 即 Advanced RISC Machines 的缩写,既可以认为是一个公司的名字,也可以认为是对一类微处理器的通称,还可以认为是一种技术的名字。1985 年 4 月 26 日,第一个 ARM 原型在英国剑桥的 Acorn 计算机有限公司诞生,由美国加州 SanJoseVLSI 技术公司制造。20 世纪 80 年代后期,ARM 很快被开发成 Acorn 的台式机产品,成为英国的计算机教育基础。1990 年成立了 Advanced RISC Machines Limited(后来简称为 ARM Limited, ARM 公司)。20 世纪 90 年代,ARM 32 位嵌入式 RISC(Reduced Instruction Set Computer)处理器扩展到世界范围,占据了低功耗、低成本和高性能的嵌入式系统应用领域的领先地位。

　　ARM 处理器本身是 32 位设计,但也配备 16 位指令集。一般来讲存储器比等价 32 位代码节省达 35%,然而保留了 32 位系统的所有优势。ARM 的 Jazelle 技术使 Java 加速得到比基于软件的 Java 虚拟机(JVM)高得多的性能,和同等的非 Java 加速核相比功耗降低 80%。CPU 功能上增加 DSP 指令集提供增强的 16 位和 32 位算术运算能力,提高了性能和灵活性。ARM 还提供两个前沿特性来辅助带深嵌入处理器的高集成 SoC 器件的调试,它们是嵌入式 ICE-RT 逻辑和嵌入式跟踪宏核(ETMS)系列。当前有 5 个产品系列——ARM7、ARM9、ARM9E、ARM10 和 ARM11。

　　(1) ARM7 系列优化用于对价位和功耗敏感的消费应用的低功耗 32 位核有:

➢ 嵌入式 ICE-RT 逻辑;

➢ 非常低的功耗;

➢ 三段流水线和冯·诺依曼结构,提供 0.9MIPS/MHz。

　　(2) ARM9 系列高性能和低功耗领先的硬宏单元带有:

➢ 5 段流水线;

➢ 哈佛结构提供 1.1MIPS/MHz;

➢ ARM920T 和 ARM922T 内置全性能的 MMU、指令和数据 cache 和高速 AMBA 总线接口。AMBA 片上总线是一个开放标准,已成为 SoC 构建和 IP 库开发的事实标准。AMBA 先进的高性能总线(AHB)接口现由所有新的 ARM 核支持,提供开发全综合设计系统。ARM940T 内置指令和数据 Cache、保护单元和高速 AMBA 总线接口。

（3）ARM9E 系列可综合处理器，带有 DSP 扩充和紧耦合存储器（TCM）接口，使存储器以完全的处理器速度运转，可直接连接到内核上。ARM966E-S 用于对 Cache 没要求的实时嵌入式应用，可配置 TCM 大小：0K、4K、8K、16K，最大达 64M。ARM946E-S 内置集成保护单元，提供实时嵌入式操作系统的 Cache 核方案。ARM926ET-S 带 Jazelle 扩充、分开的指令和数据高速 AHB 接口及全性能 MMU。VFP9 向量浮点可综合协处理器进一步提高 ARM9E 处理器性能，提供浮点操作的硬件支持。

（4）ARM10 系列硬宏单元，带有：

➢ 64 位 AHB 指令和数据接口；

➢ 6 段流水线；

➢ 1.25MIPS/MHz；

➢ 比同等的 ARM9 器件性能提高 50%。

（5）ARM11 系列两种新的先进的节能方式得到了异常低的耗电。VFP10 协处理器完善地依 ARM10 器件提供高性能的浮点解决方案。

4.4.2　基于 ARM 的运动控制系统总体设计

计算机数控系统（Computer Numerical Control）简称 CNC 系统，其工作原理是利用输入端口接收工件的加工数据信息，经过译码、加工信息提取、运算，将各个坐标轴的运动分量分别送到相应的驱动模块，再通过指令转换、信号放大后驱动电机，从而带动各个坐标轴相互协同运动，与此同时还需要对运动位置进行实时反馈，在各轴高速运转的同时保证加工精度。标准型 CNC 的硬件结构可分为单微处理器和多微处理器。对于处理高速、复杂运动的多轴数控系统来说，采用单个 CPU 作为控制核心的单微处理器结构往往不能满足系统的要求。因为单个 CPU 既要完成图形界面等管理任务，又要完成插补等控制任务。而指令的执行是串行的，并不能做到真正的并行处理，从而影响进给的速度，并使得软件编程变得复杂。因此这里按照数控系统的各个部件所完成的功能不同将整个系统自上而下划分为主控制器、运动控制器、伺服驱动器、伺服电机、机械传动机构、加工平台及其刀具等几部分。其中数控系统主控制器相当于数控机床的"大脑"，主要负责对整个系统的管理、数据分析和控制等功能。本章将根据嵌入式数控系统主控制器的功能要求分析数控系统的总体结构设计。

嵌入式数控系统开发需要综合考虑硬件、软件、人力资源等因素。数控系统通过良好的人机交互界面，完成显示工作状态、操作人员进行参数设定等任务，图 4-44 为数控系统的功能需求图。

图 4-44　数控系统功能需求图

1. 通信功能

数控系统的通信功能主要是指数控系统与外界进行信息传输和数据交换的功能。数控系统主控制器不仅可以通过网络接口与上位机 PC 之间实现通信,而且还可以通过 USB 接口从 U 盘中读取工件加工信息。除此之外,数控系统主控制器还可以通过 I/O 接口实现与 I/O 扩展板之间的通信,方便用户的操作。

2. G 代码解析器

计算机数控系统软件的关键任务之一就是如何提取接收到的描述工件轮廓估计的加工信息,并转换成各个轴的运动指令,让各执行模块各司其职协同加工出符合要求的工件。

3. 数控操作功能

在数控系统中,数控操作功能主要有以下几种:

(1) 刀具管理功能,在数控机床加工中,需要根据工件轮廓轨迹的不同而选择不同的刀具,这就需要数控系统实现根据刀具几何尺寸自动管理,根据实际加工需要自动选择加工刀具,同时对刀具使用寿命进行管理,当某刀具使用寿命到期时,系统自动提示操作者更换刀具。

(2) 刀具补偿功能,计算机数控系统在加工过程中,实际控制的是刀具中心的轨迹。当操作者按照工件轮廓编写出加工文件后,需要根据实际加工需求,自动提取存储器中的刀具长度或半径的补偿量、螺距误差的补偿量信息,并依据补偿量信息自动重新计算刀路轨迹,加工出符合要求的零件。

(3) 参数设置功能,系统参数设置功能主要是指当开机后进入系统需要选择的方式、对系统时间设定及其用户可以自行设定或者控制系统的密码等。

4. 系统辅助功能

嵌入式运动控制器中的系统辅助功能主要是用于指定主轴的启停转向、冷却泵的开通与关断、换刀、手动点动模式、电子手轮移动模式等功能,可以更加方便用户对数控机床进行控制。

5. 界面显示功能

人机界面是操作者与 CNC 运动控制系统之间信息传递、信息交互的媒介和对话接口,是 CNC 运动控制系统的重要组成部分。友好的人机界面,可以实现将 CNC 运动控制系统中信息的内部形式转换为操作者可以读取的自然语言形式,并可以将操作者通过人机界面输入的指令实时转换为系统识别的指令发送到执行机构,方便用户对数控机床的运动情况进行实时监控,及时了解加工信息。本操作系统操作界面主要划分为运转界面、程序界面、参数界面、坐标界面、诊断界面。

6. 系统故障自诊断报警功能

CNC 系统的故障诊断主要包括两方面的内容:对客观状态作检测;确定故障的性质、程度、类型、位置,同时需要说明故障发生的原因,在允许时间内及时提供相应的处理措施等。

根据上述嵌入式数控系统主控制器功能需求分析,本书设计了整体控制系统构架如图 4-45 所示。

如图 4-45 所示,嵌入式数控系统主要是由数控主控制器模块和运动控制器模块两部分构成。其中主控制器模块是以 ARM9 微处理器为核心,以此为载体移植嵌入式实时操作系

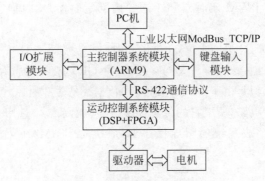

图 4-45　系统总体方案结构图

统 μC/OS-Ⅱ完成任务的调度管理、工件加工信息的存取、译码和执行相应的逻辑运算、与上位机通信以及人机交互等任务。嵌入式数控系统主控制器可以通过以太网与 PC 之间实现信息交换,与运动控制器通过 RS-422 串行通信协议进行通信,实现数据的交互与传输。

4.4.3　基于 ARM 的运动控制系统硬件设计

嵌入式微处理器是整个数控系统的神经中枢,在本数控系统主控制器中,嵌入式微处理器主要负责完成以下几个任务:在微处理器上移植一个嵌入式实时操作系统,用于完成系统的任务调度及其中断处理;通过网口能够与 PC 之间实现信息交互,方便用户通过上位机软件访问数控系统;通过 RS-422 接口实时与运动控制模块进行数据交互;对外围器件功能模块可以实现管理操作并及时响应,例如 LCD 显示、I/O 测试板响应等。综上所述,本书结合嵌入式数控系统实际应用场所,主控制器系统的控制单元采用以 32 位 ARM9T 为内核的 S3C2440A 微处理器,该芯片拥有丰富的外围接口,可以方便开发者根据需求对外围电路进行扩展。嵌入式系统硬件整体结构设计如图 4-46 所示。

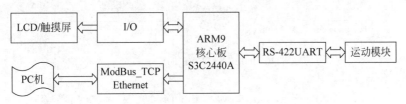

图 4-46　主控制器功能结构设计图

1. ARM 核心模块

(1) S3C2440A 微处理器简介。

本系统中微处理器采用三星公司以 ARM9 为内核的 S3C2440A。Flash 存储系统采用 128M 的型号为 K9F1G08 作为数据和程序的存储单元。并使用了两片 32M 共 64M 的 SDRAM 作为内存,型号为 HY57V561620FTP。

S3C2440A 拥有丰富且完善的系统外设,不仅可以降低开发的成本,缩短开发周期,而且产品的体积也大大减小。S3C2440A 在片上集成了独立的 16KB 指令 Cache 和 16KB 数据 Cache、SDRAM 模块、LCD 模块、4 通道的 DMA、通道 SPI、1 通道 IIC 总线、IIS 总线、兼容 SD 主机接口、4 通道 PWM 定时器和 1 通道内部定时器/看门狗定时器、具有 PLL 片上时钟发生器。

（2）AM29LV160DB NOR FLASH 电路设计。

NOR 是现在市场上主要的非易失闪存技术。NOR 闪存是随机存储介质，一般情况下只是用来存储少量的代码，但是由于 NOR 地址线和数据线是分开的，故可以直接连在 CPU 的数据线上，无须专门的接口电路，所以它的传输效率很高。本系统中选用一片 AM29LV160DB 作为闪存存储系统，用来存放系统的引导程序 BootLoader。AM29LV160DB 电路图如图 4-47 所示。

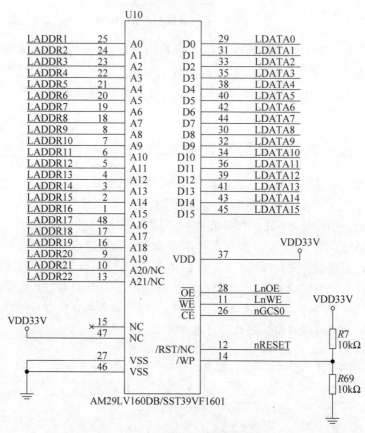

图 4-47　AM29LV160DB 电路图

（3）K9F1G08 NAND FLASH 电路设计。

因为 Nor Flash 价格较高，为降低设计成本，采用相对经济的 Nand Flash 和 SDRAM 存储器，本系统中采用具有 128M 字节存储容量的 K9F1G08 Nand Flash，该款 Flash 可支持快速读写，具有低功耗、大容量、擦除速度快等特点，基于这些特性，用户常常在 Nand Flash 上存放并执行启动代码。K9F1G08 电路图如图 4-48 所示。

（4）HY57V561620FTP SDRAM 电路设计。

与 Flash 相比，SDRAM 不具有掉电保持数据的功能，但是由于 SDRAM 存取速度远比 Flash 快，且 SDRAM 具有可读可写的功能，因此本系统选用两片外接 32M 的 SDRAM 芯片型号为 HY57V561620FTP，作为程序的运行空间，数据及堆栈区。两片 HY57V561620FTP 并

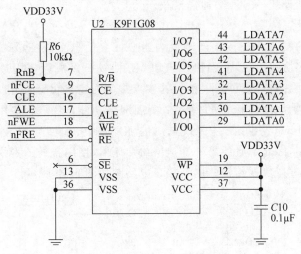

图 4-48　K9F1G08 电路图

联构建 32 位 SDRAM 存储系统分别接到 S3C2440A 数据线的低 16 位和高 16 位,共 64M 的 SDRAM 空间,可以满足嵌入式操作系统中较为复杂的算法的运行要求。HY57V561620FTP 电路图如图 4-49 所示。

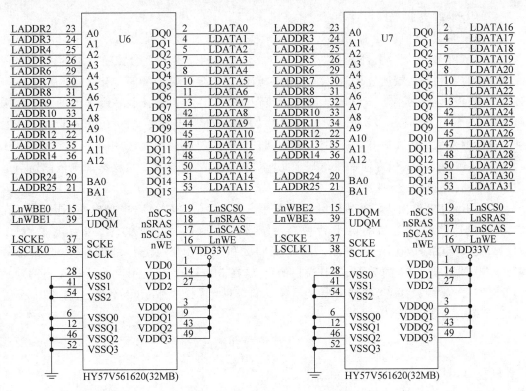

图 4-49　HY57V561620FTP 电路图

2. 通信模块

为了实现控制器与 PC 之间的通信、方便调试程序以及和现场执行设备之间进行通信,本书设计了网络通信模块、RS-422 通信模块。

（1）网络接口通信模块。

随着科学技术的发展，Internet 已经成为当今社会信息交流的极为重要的基础设施之一。在互联网的众多协议中，以太网协议 TCP/IP 协议已经成为使用最为广泛的协议。以太网所具有的可靠性、高速性、可扩展性使其在众多领域得到灵活应用。S3C2440A 没有网络接口，但可以通过扩展网络接口的模式来实现网络功能，本系统采用 DM9000 网络芯片接口，可以自适应 10/100M 网络，本系统选用的 HR911103A 型号的 RJ-45 连接头，其内部已经包含了耦合线圈，因此不必要另外连接网络变压器，使用普通的网线即可将控制器与路由器或交换机连接，进行数据传输。网络接口电路图如图 4-50 所示。

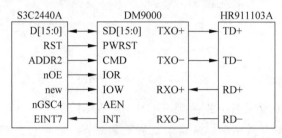

图 4-50　网络接口电路图

（2）RS-422 接口电路设计。

本节硬件选项中确定使用 S3C2440A 微处理器，其核心板有两个 RS-422 接口和 RS-232 接口。数据信号上，RS-422 与 RS-232 不同，RS422 采用差分传输方式，也称为平衡传输。接收器和发送端通过平衡双绞线对应相连，当在接收端之间有大于 +200mV 的电平时，输出正逻辑电平，小于 -200mV 则输出负逻辑电平。接收器接收平衡线上的电平范围通常在 6～200mV。RS-422 最大传输速率为 10Mb/s，最大传输距离为 1200m，可以胜任本章所设计的主从结构通信方式。此外，考虑到开发周期与难易程度，采用 RS-422 协议会比 CAN 总线等通信方式更方便快捷。基于此，本章采用串行 RS-422 协议作为主控制器与运动控制器通信的协议。

由于 RS-422 通信协议的传输电平标准和 S3C2440A 的 COMS 电平标准不同，所以在数据通信时，要经过适当的电平转换。系统选用集成芯片 MAX3490 进行电平转换。RS-422 接口电路图如图 4-51 所示。图中，RXD2 和 TXD2 分别代表 S3C2440 端口的信号定义。根据 MAX3490 的 Z、Y、A、B 端口的定义，在 MAX3490E 的用户手册中 A、B 的规定和 RS422 中 A(负)、B(正)的惯常定义是相反的，即如图 4-51 所示，A 代表正端，即非反置端，B 代表负端，即反置端。

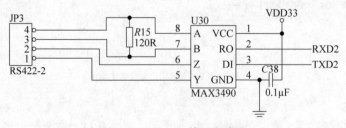

图 4-51　RS-422 接口电路图

3. LCD 触摸屏模块

随着嵌入式系统的迅速发展和广泛应用,人机交互界面也越来越显示出它的重要性。为了方便用户操作,S3C2440A 的 LCD 接口选用一个 41 Pin 0.5mm 间距的触摸屏接口,其中包含了常见 LCD 所用的大部分控制信号(如现场扫描、时钟和使能等)和完整的 RGB 数据信号,另外,37、38、39、40 为 4 线触摸屏接口,它们可以直接连接触摸屏使用。本设计选用 256K 色 240×320/3.5 寸 STN 真彩液晶屏,在上面装有 4 线电阻式触摸屏模块。图 4-52 为 S3C2440A 与 LCD 触摸屏的连接图。

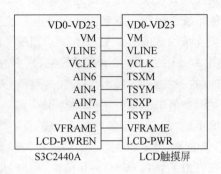

图 4-52 S3C2440A 与 LCD 触摸屏的连接图

4. 电源模块

本开发板的电源系统比较简单,电压设计采用 5V 输入,通过降压芯片产生整个系统所需要的 3 种电压:3.3V、1.8V、1.25V。ARM 微处理器内核电压由低噪音、低压差线性稳压电源模块 MAX8860EUA18 提供。为增强可操作性,板上带有电源开关与指示灯。本系统电源电路如图 4-53 所示。

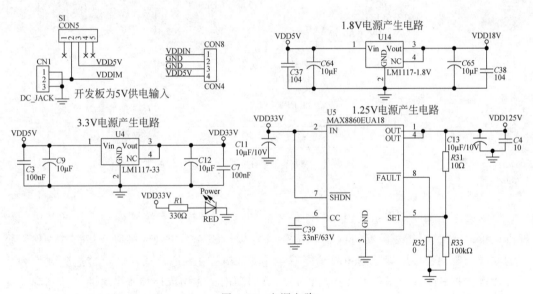

图 4-53 电源电路

4.4.4 基于 ARM 的运动控制系统软件设计

嵌入式 μC/OS-Ⅱ软件平台通常可以分为以下几个部分:μC/OS-Ⅱ内核、文件系统及用户应用程序,所以要对 μC/OS-Ⅱ系统进行开发,需要先搭建好 μC/OS-Ⅱ系统软件所需要的软件平台。

1. μC/OS-Ⅱ嵌入式实时多任务操作系统的移植

所谓移植,就是使一个实时内核能在某个微处理器或微控制器上运行。所以在使用一款嵌入式实时操作系统之前,需要为该实时操作系统选择一个载体,通过该载体实现实时操作系统的运行。本章在需求满足和控制成本的情况下软件采用 μC/OS-Ⅱ实时操作系统,硬件采用 S3C2440A ARM9 处理器。为了方便移植,μC/OS-Ⅱ操作系统绝大部分源码是用 ANSI 的 C 语言编写而成的,只有与处理器的硬件相关的小部分代码是用汇编语言编写的,这一特点使得 μC/OS-Ⅱ具有很好的移植性。

　　如果用户理解了处理器和 C 编译器的技术细节,移植 μC/OS-Ⅱ的工作实际上是非常简单的,只需处理好数据类型的重定义、堆栈结构的设计和任务切换时的状态保存与恢复 3 个问题。图 4-54 为 μC/OS-Ⅱ实时操作系统的硬件及其软件的架构图,从该图中,可以很直观地了解到 μC/OS-Ⅱ结构以及它与硬件的关系,在移植 μC/OS-Ⅱ操作系统时,只需要改写其软件层的 OS_CPU.H、OS_CPU_A.ASM 及其 OS_CPU_C.C 三个文件中的内容即可。

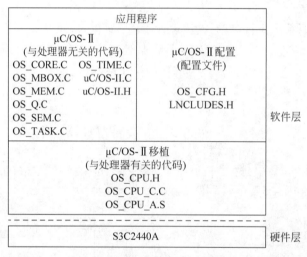

图 4-54　μC/OS-Ⅱ实时操作系统的硬件及其软件的架构图

2. 驱动程序的设计

　　驱动程序是实时操作系统内核和硬件之间的接口,是连接底层硬件和内核的纽带。当外围设备改变时,只需更换相应的驱动程序,不必修改操作系统的内核以及运行在操作系统中的软件。驱动程序应满足的主要功能有:对设备初始化;把数据从内核传送到硬件和从硬件读取数据;读取应用程序传送给设备的数据和回送应用程序请求的数据;监测和处理设备出现的异常。

　　在 μC/OS-Ⅱ中没有统一的设备驱动接口,因此在该操作系统中设备驱动的设计和实现主要是通过一些对硬件操作的函数来完成。本系统驱动程序包括串口驱动程序和 LCD 驱动程序。

　　(1) 串口驱动程序的设计。

　　图 4-55 为串口驱动程序层次结构图。串口设备是一种终端设备,它的驱动程序包括初始化硬件、接收/发送数据。另外,在基本硬件操作的基础上,也增加了很多软件的功能。本系统的串口主要用于实现两个功能:系统调试和连接标准外设。系统调试用的串口实现功能主要以接收和发送数据为主,驱动设置为中断收发,并通过设备层向上提供统一接口。连

接标准外设的则通过设备层的统一接口连接如运动控制器、附加面板、外部键盘、扩展的输入输出等。

串口芯片层与具体芯片相关,主要是向串口设备层提供串口芯片所用的资源(如访问地址、中断号),同时对芯片相关的设置内容进行定义和计算,方便设备层的引用和以后的移植。对于标准串口,需查看 S3C2440A 芯片的数据手册对这一层的工作进行定义和计算。

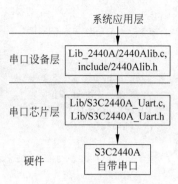

图 4-55　串口驱动程序层次结构

① 在串口芯片层实现对 S3C2440A 芯片串口资源的定义和计算,以下只给出串口 0 串口资源的部分定义及计算内容:

```
#define ULCON0 ( * (volatile unsigned * )0x50000000)      //串口线性控制寄存器
#define UCON0 ( * (volatile unsigned * )0x50000004)       //串口控制寄存器
#define UFCON0 ( * (volatile unsigned * )0x50000008)      //FIFO 控制寄存器
#define UMCON0 ( * (volatile unsigned * )0x5000000c)      //模式控制寄存器
#define UTRSTAT0 ( * (volatile unsigned * )0x50000010)    //读写状态寄存器
...
__inline void ClearPending(int bit)                        //清除中断标志位函数
{
register i;
SRCPND = bit;
INTPND = bit;
i = INTPND;
    }
    #define pISR_UART0( * (unsigned * )(_ISR_STARTADDRESS + 0x90))
//串口中断指针
```

② 在串口设备层对串口设备进行驱动初始化操作,并实现选择端口,设置端口状态,确定串口的波特率等,并实现 void Uart_SendString(char * pt)发送函数和 void Uart_GetString(char * string)接收函数的封装。

下面列出串口 0 初始化及相关设置的函数定义及部分实现:

```
INT8U UartSet (INT32U UartBaud, INT8U UartPort, INT8U DataBit, INT8U StopBit, INT16U Parity)
  {
    GPHCON &= ~((0x3 << 6) | (0x3 << 4));                //对串口 0 对应的芯片引脚设置
    GPHCON |= (0x2 << 6) | (0x2 << 4);                   //设置 GPH2 为 TX0,GPH3 为 RX0
    GPHUP  |= 0x3 << 3;                                   //引脚设置上拉无效
    ULCON0 = (Parity << 3) | (StopBit << 2) | (DataBit); //设置传输数据格式
    UCON0 = (0 << 9) | (1 << 8) | (1 << 7) | (0 << 6) | (1 << 2) | (1 << 0);
    //Tx:pulse Rx:level,中断方式
    UFCON0 = (FIFO_TX0 << 6) | (FIFO_RX0 << 4) | (1 << 2) | (1 << 1) | (1 << 0);
    //配置 FIFO
    UMCON0 = 0x00;                                        //MODEM register
    UBRDIV0 = ((int)(m_uiPCLK/16.0/UartBaud + 0.5) - 1); //波特率
    pISR_UART0 = (unsigned) Uart_GetString;              //中断函数指针即接收函数
    ClearSubPend(BIT_SUB_RXD0 | BIT_SUB_TXD0 | BIT_SUB_ERR0);
    //清除子中断标志位
    ClearPending(BIT_UART0);                              //清除中断标志位
```

```
    }
    void Uart_SendString(char * pt)
    {
    UartSet(0,115200,8,1,0)                              //端口 0 波特率 115200 数据位 8 停止位 1 无校验
    ClearSubPend(BIT_SUB_RXD0 | BIT_SUB_TXD0 | BIT_SUB_ERR0);
    //清除子中断标志位
    ClearPending(BIT_UART0);                             //清除中断标志位
        while(( * pt)!= 0)                               //直到字符串发送完
        {
        while((UFSTAT0 & (0x01 << 14)));                 //状态完成发送下一个字符
        UTXH0 = ( * pt);
         pt ++;
        }
    }
```

（2）LCD 驱动程序设计。

LCD 驱动程序主要包括 LCD 初始化函数 LCD_Init()，画点函数 LCD_PutPixel()，画水平线函数 LCD_DrawHLine()、画垂直线函数 LCD_DrawVLine()、填充矩形函数 LCD_DrawRect ()等。LCD 初始化函数主要是设置 LCD 的相关寄存器。VFRAM、VLINE、VCLK 和 VM 控制信号由寄存器 LCOCON1 和 LCDCON2 进行配置。通过对寄存器各种配置项目的设置，时序发生器 TIMEGEN 就可以产生适应各种 LCD 驱动器的控制信号。

VFRAM 和 VLINE 脉冲的产生是通过对 LCDCON2 寄存器的 HOZVAL 和 LINEVAL 进行配置来完成的。每个域都与 LCD 的尺寸和显示模式有关，这里所用的 LCD 模块为 320×240，16 级灰度，4 位单扫描显示模式。

$$HOZVAL = (320/4) - 1; LINEVAL = 240 - 1$$

VCLK 信号的频率可以通过 LCDCON1 寄存器的 CLKVAL 域来确定，即 $VCLK = MCLK/(CLKVAL \times 2)$，S3C44B0X 的主频 MCLK 为 60MHz。

为了确定 CLKVAL 的值，应该计算一下 LCD 控制器向 VD 端口传输数据的速率，以便使 VCLK 的值大于数据传输的速率。

$$数据传输速率 = HS \times VS \times FR \times MV$$

式中，HS 为 LCD 的行像素值；VS 为 LCD 的列像素值；FR 为帧速率；MV 为模式值，对应于本书所选用的 LCD 模块：$HS = 320$；$VS = 240$；$FR = 70Hz$；$MV = 1/4$。

因此，数据传输速率 $= 320 \times 240 \times 70 \times 1/4 = 1\,344\,000 Hz$。VCLK 值应该大于 2MHz 而小于 16MHz，这里设定 $CLKVAL = 13$。

```
LCD_ Init()
{
rLCDCON1 = (0)|(1<1)|(1 << 5)|(0 << 7)|(0x3 << 8)|(0x3 << 10)|
            (CLKVAL << 12);
            //disable,4 位单扫描,WDLY = 8clk,WLH = 8clk
rLCDCON2 = (LINEVAL)|(HOZVAL << 10)|(10 << 21);
            //LINEBLANK = 10
rLCDSADDR1 - (0x2 << 27) | ( ((U32)frameBuffer16 >> 22)<< 21 ) | M5D((U32)frameBuffer16 >> 1);
            //16 级灰度,设置 LCDBANK,LCDBASEU
rLCDSADDR2 = M5D(((U32)frameBuffer16 + (SCR_XSIZE * (LINEVAL + 1))/2)>> 1) | (MVAL << 21) |(0 << 29);
```

```
                    //设置 MVAL 和 LCDBASEL
rLCDSADDR3 = (LCD_XSIZE/4) | ( ((SCR_XSIZE-LCD_XSIZE)/4)<<9 );        //设置虚拟屏参数
…
}
```

画点函数 LCD_ PutPixel()编写如下：

```
void LCD_ L0_PutPixel(U8 c,U32 x,U32 y)
{
if(x < SCR_XSIZE && y < SCR_YSIZE)
{
    frameBuffer16[(y)][(x)/8] = (frameBuffer16[(y)][x/8] &~(0xf0000000 >>((x)%8)*4)|
( (c)<<((8-1-((x)%8))*4) );
    c = 15;
    frameBuffer16[(y)][(x)/8] = ( frameBuffer16[(y)][x/8]) ^( (c)<<((8-1-((x)%8))*4) );
}
}
```

其他函数的实现就不依次介绍了，画水平线函数和画垂直线函数的编程思想就是调用
画点函数，依次画点。填充矩形函数就是调用画线函数，依次画线。

3. μC/GUI 的移植

μC/GUI 是一源代码公开的嵌入式用户图形界面软件。它适用于采用图形点阵式
LCD 显示设备的任何嵌入式应用，它为使用图形 LCD 的应用程序提供了独立于处理器和
LCD 控制器之外的有效的图形用户接口。可以应用于单任务操作系统，也可以应用于多任
务操作系统中。μC/GUI 能够应用于任何 LCD 控制器和 CPU，对不同尺寸的液晶屏进行
显示，并且消耗的系统资源很少，占用 ROM 和 RAM 的空间很小。μC/GUI 和 μC/OS-Ⅱ
嵌入式实时操作系统都是由美国 Micrium 公司开发的，它们有着完美的兼容性。在 μC/OS-Ⅱ
嵌入式操作系统上更加能体现它的易用性，所以它是在 μC/OS-Ⅱ 操作系统上添加图形化
用户界面的首选 GUI。

为实现用户层与应用程序层的连接，μC/GUI 既需要与操作系统协调，又需要与各种输
入输出设备协调，即通过输入设备接收用户请求、通过输出设备反映微处理器的响应。因此
在这一过程中 μC/GUI 至少需要与 3 个对象打交道：输入设备、输出设备和操作系统。
μC/GUI 接口主要包括与操作系统的接口和与输入输出设备的接口，这也是在 μC/GUI 的
移植过程中所要解决的关键问题。对于操作系统，GUI 作为操作系统的一个显示任务接受
操作系统的调度，μC/GUI 提供了与操作系统的接口支持。与操作系统的接口主要解决系
统实时性的要求。对于用户输入，μC/GUI 提供了键盘、鼠标以及触摸屏等支持。对于用户
输出，μC/GUI 把微处理器的响应反映给用户，通过 LCD 输出图像来完成，对不同型号和显
示原理的 LCD 要编制相应的驱动程序。μC/GUI 具体的移植过程如下：

（1）下载 μC/GUI 源码包，将其解压到工程目录中。

（2）修改 GUIconf. h 文件。

```
# define GUI_OS (1)                        //允许多任务调用
# define GUI_WINSUPPORT (1)                //使用窗口管理器
# define GUI_ SUPPORT_MEMDEV (1)           //支持存储管理
# define GUI_ SUPPORT _ TOUCH (1)          //支持触摸屏功能
```

```
# define GUI_SUPPORT_UNICODE (1)              //支持 UNICODE
# define GU I_DEFAULT_FONT &GUI_Font6x8        //默认字体
```

(3) 修改 LCDconf. h 文件。

```
# define LCD_XSIZE (320)              //LCD 大小为 320×240
# define LCD_YSIZE (240)
# define LCD_CONTROLLER (0)           //使用 S3C44B0X 内置的 LCD 控制器
# define LCD_INTERFACEBITS (4)        //4 位单扫描方式
# define LCD_BITSPERPIXEL (4)         //16 级灰度
```

(4) 在 LCD Drive 文件夹添加 LCD 驱动文件 LCD44b. h,LCD44b0. c。其中,LCD44b0. h 是 LCD44b0. c 的声明,LCD44b0. c 提供一系列 LCD 底层函数接口。

(5) 在 GUI_X 文件夹中的 GUI_x. c 文件中定义几个操作系统接口函数。μC/GUI 需要用到 μC/GUI 中的延时调用,通过在 GUI_X_Delay()中调用 μC/GUI 的 OSTimeDly() 实现延时和任务切换。为此需要定义两个系统时间接口函数。

```
int GUI_X_GetTime(void)           //取系统时间函数
void GUI_X_Delay(intms)           //延时函数
```

μC/GUI 在与 μC/OS-Ⅱ结合应用时通常被分为几个显示任务,由于每个显示任务共用一个 GUI_Context 上下文变量,在操作系统进行任务切换时一个任务对上下文的操作可能被另外一个任务打断,此时新的任务对上下文的操作是在被中断任务的上下文基础上进行的,这样前一个任务的信息会被后一个任务所使用,有些基本信息作为公用信息需要被共用,而有些信息在处理过程中不能被打断。这样就存在资源互斥的问题。μC/GUI 在设计时是通过上锁和解锁来解决这一问题的。其过程是通过在关键区域入口设置 GUI_X_Lock()以获得专一访问权,用完后在出口处设置 GUI_X_ Unlock()让出资源,达到多个任务对同一数据在关键区域内访问的互斥。在 μC/GUI 移植到 μC/OS-Ⅱ操作系统的过程中,则需要利用操作系统实现资源互斥的系统调用对上述宏进行替换,这就需要重新定义 4 个任务调度函数:

```
void GUI_X_GetTaskId(void)        //取任务优先级函数
void GuI_X_InitOS(void)           //任务初始化函数
void GUI_X_Lock(void)             //任务锁定函数
void GUI_X_Unlock(void)           //任务解锁函数
```

4.4.5　基于 ARM 的运动控制系统的性能测试与结果分析

在完成了系统平台的硬件设计和软件设计后,本章将以系统的正常启动流程为顺序分别测试各主要功能,包括系统管理、人机界面、任务调度、加工代码解析及其通信测试。

1. 数控系统主控制器人机界面测试

控制器的人机界面测试主要是图形界面的测试,包括测试图形界面的切换、参数的发送与读取等。系统上电自动跳过 BIOS 界面进入系统人机交互界面,经过界面反复切换测试,本系统的各个界面运行正常,以下为系统主要界面的截图。如图 4-56 所示,依次为系统启动界面、运转控制界面、程序界面和参数管理界面截图。

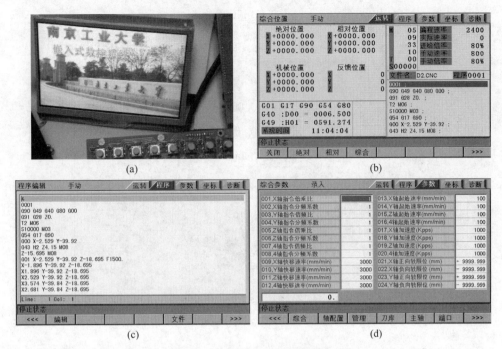

图 4-56　主控制器人机界面测试结果图

2. 通信测试与 G 代码解析器功能测试

1) 通信测试

通过以太网连接主控制器,通过串口线连接主控制器与运动控制器。主控制器上电,启动系统,跳过 BIOS 后显示开机画面如图 4-56(a)所示,表示主控制器进入正常运行界面。打开上位机软件,选择添加终端配置,如图 4-57(a)所示,设定主控制器对应的 IP 地址,选择"确定"按钮,通过上位机监控软件右下角的连接状态,判断 PC 与主控制器是否连接正常。图 4-57(b)所示为连接正常,单击"启动""归零""暂停"等按钮,通过观察电机的运行情况来判断主控制器与运动控制器是否连接正常。通过观察上位机软件连接状态及其电机的运转情况,判断主控制器与 PC、主控制器与运动控制器是否可正常通信。此外,还可以通过 RS-232 的串口线将主控制器与计算机连接起来,通过串口调试软件,检测主控制器与运动控制器之间的数据交互。首先,主控制板给运动控制板发送数据"1234567890",然后运动控制板反馈接收的数据到主控制板上,结果反馈的数据同样也是"1234567890",该测试证明主控制器发送无误。之后,由运动控制器发送数据"ABCDEFGHIJKLMNOPQ"到主控制器,结构主控制器收到的数据同样也是"ABCDEFGHIJKLMNOPQ",证明主控制器与运动控制器的通信正常,如图 4-58 所示。

2) G 代码解析器功能测试

本节将以 G 代码的解析与仿真为例,测试主控制器与运动控制器之间的通信是否正常无误,测试主控制器中 G 代码解析器的功能是否达标,同时也可以测试主控制器与运动控制器之间数据传输的实时性是否满足要求。

主控制器将工件加工代码经过 G 代码解析器解析后产生相应的虚拟加工指令,经过 RS-422 协议数据封装后,利用 RS-422 传输给运动控制器,运动控制器数据帧进行解析,获

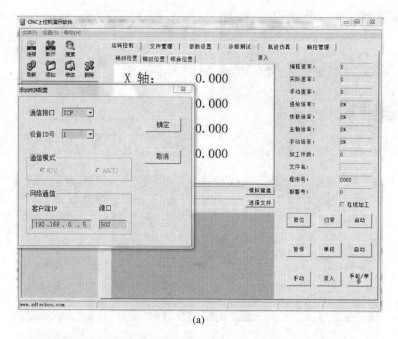

(a)

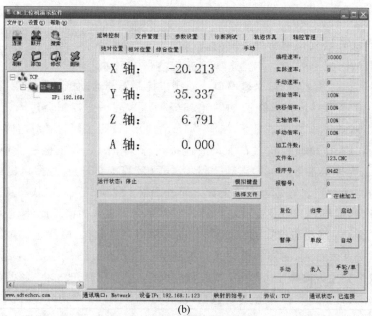

(b)

图 4-57　主控制器与 PC 通信图

取加工信息,根据获取的指令执行相应的运算并生成驱动各轴运动的指令,同时将各轴加工的位置、坐标系选择等参数实时反馈给主控制器,主控制器接收到各轴数据后,进行运动轨迹仿真。

下面给出一段平面运动的轮廓加工程序,该段加工程序中含有圆弧和直线插补。工件的平面轨迹图中给出了加工的起点、加工顺序、加工终点及其坐标如图 4-59 所示。

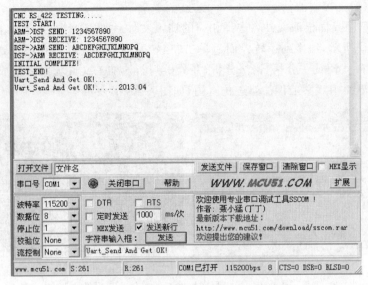

图 4-58　主控制器与运动控制器通信图

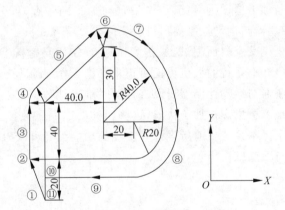

图 4-59　平面运动轮廓加工曲线

实现该加工过程的 G 代码程序如下：

```
%
G0G40G49G80G90;
G0 X0 Y0;
N1 G91 G17 G00 G41 Y20.00 D07;
N2 G01 Y40.00 F25.00;
N3 X40.00 Y30.00;
N4 G02 X40.00 Y - 40.00 R40.00;
N5 X - 20.00 Y - 20.00 R20.00;
N6 G01 X - 60.00;
N7 G40 Y - 20.00;
N8 M30
%
```

进行该功能测试的步骤如下：

（1）主控制器上电后与 PC 通过 USB 接口通信，将该段加工代码以文件的形式发送到

主控制器中,重启主控制器;

(2)进入程序界面根据文件名选择相应的加工文件后,屏幕上会显示出上段 G 代码文件,如图 4-60(a)所示,切换到运转界面后单击"运转"按钮,会将该段代码发送到 G 代码解析器模块进行 G 代码词法分析、语法分析,并分析判断该加工文件无误后生成虚拟指令,可以在轨迹仿真界面中观察工件的轨迹仿真图,如图 4-60(b)所示。

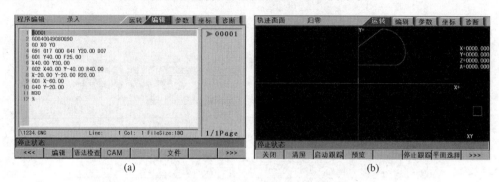

图 4-60　加工程序界面与轨迹仿真界面图

通过轨迹仿真图与加工原图进行比较后,发现与加工图一致,可分析得到 G 代码解析器功能运行正常,主控制器与运动控制器可进行实时数据交互。

本章主要进行了人机交互界面测试,通信测试以及 G 代码解析器测试等实验,通过人机界面反复切换实验可知本系统的人机界面可正常平稳工作;通过轨迹仿真界面获取到的轨迹仿真图可知主控制器与运动控制器可以进行实时准确地数据交互,主控制器中 G 代码解析器模块可以准确地解析出虚拟加工代码,这些也同时表明了数控系统主控制器能够完成任务控制调度的要求。本系统目前所设计并实现的功能无疑可以为日后数控系统主控制器功能的扩展与实现打下基础。

习题

4-1　简述嵌入式运动控制系统的概念并分析该系统具有的优势。

4-2　DSP 是以数字信号来处理大量信息的器件,试简要分析其工作原理并说明其特性。

4-3　以 TMS320F2812 DSP、PS21564 IPM 为例,试说明永磁同步电机控制系统的控制电路和功率驱动电路的基本组成。

4-4　FPGA 即现场可编程门阵列,试分析其特性及优点,并以 FPGA 为控制核心简要说明其控制原理。

4-5　试以 ARM 为控制核心设计出运动控制系统的结构图。

4-6　简述 DSP 处理器的结构特点及其物理指标。

4-7　画出 DSP 伺服系统的基本构成图。

4-8　简述 DSP 运动控制伺服系统的设计步骤。

第 5 章　基于 PC 运动控制板卡的交流伺服运动控制系统

从 20 世纪 70 年代后期开始,随着微处理器技术、大功率高性能半导体功率器件技术和电机永磁材料制造工艺的发展及其性能价格比的日益提高,交流伺服技术——交流伺服电机和交流伺服控制系统逐渐成为主导产品。交流伺服驱动技术已经成为工业领域实现自动化的基础技术之一。伺服系统以其出色的性能满足了各种产品制造厂家的要求,从而能够对产品的加工过程、加工工艺和综合性能进行改造。

基于 PC 的伺服运动控制系统是一种开放式结构,它可以充分利用 PC 的资源和第三方软件资源完成用户应用程序的开发,将生成的应用程序指令通过 PC 并行总线传送给运动控制器,运动控制器则根据来自上位计算机的应用程序命令,按照设定的运动模式,向驱动器发出运动指令,完成相应的实时运动规划,达到工业生产的目的。

5.1　预备知识

5.1.1　伺服运动控制系统的组成

在机电一体化设备上伺服系统的使用更加广泛,几乎工业生产的所有领域都成为伺服系统的应用对象。表 5-1 列出了伺服系统的主要应用领域。

表 5-1　伺服系统的主要应用领域

加工机械	FA 机械	医疗机械	机器人	自动组装线	半导体制造	部件组装	纺织机械
加工中心 铣床	食品加工 食品包装	CT 设备 人造器官	弧焊机器人 点焊机器人	卷线机 自动生产线	晶片机械 清洗设备 CVI(化学气相沉积)设备	芯片安装 插装机 焊接机	编织机 纺织设备
车床	自动仓库		搬运机器人				
磨床 数控机床	搬运机械 印刷机械 挤压成型机		喷涂机器人				

由于伺服驱动产品在工业生产中的应用十分广泛,市场上的相关产品种类有普通电机、变频电机、伺服电机、变频器、伺服控制器、运动控制器、单轴控制器、多轴控制器、可编程控制器、上位控制单元、车间级和厂级监控工作站等。

1. 伺服运动控制系统的硬件组成

基于 PC 的伺服运动控制系统一般由上位计算机、运动控制器、驱动器、反馈元件和伺服电机等组成,如图 5-1 所示。

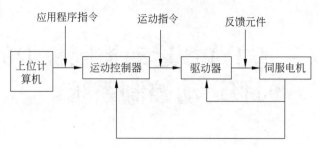

图 5-1　计算机控制系统组成框图

上位计算机：基于 PC 的伺服运动控制系统说到底是一个多 CPU 系统,其中,由 CPU 们各自完成系统分配给自己的任务,并在系统信息上传下递的交互中,实现系统资源的共享。这种系统结构上的"集中管理,分散控制"的思想,可以极大地增强系统的稳定性和可靠性。在结构上,伺服运动控制器需要内置于 PC 之中,即要使用 PC 的环境、电源等资源;在应用上,PC 上的调度程序是建立在操作系统之上的,操作系统的性能也会直接影响伺服运动控制器的工作。因此,上位计算机的选择直接会影响到伺服运动控制系统的性能。

运动控制器：随着生产过程对运动控制系统的速度和精度要求愈来愈高,传统的运动控制系统已难以取得满意的控制效果。由于 DSP(数字信号处理器)具有运算速度快,支持复杂的运动算法,可以满足高精度运动控制要求的特点,以 DSP 为核心的多轴运动控制卡已广泛地应用在运动控制系统之中。

驱动器：交流伺服系统驱动器目前已数字化,内部常采用 DSP,并运用 IGBT PWM 控制方式,可以支持脉冲与模拟量两种输入方式。

伺服电机：常用的有单相与三相供电电压两种,现有产品额定功率可以为 30～4000W。

交流伺服运动控制系统模型形式很多,自动控制工作者必须根据被控对象的需求和所要求的控制指标合理地选用某种控制模型,可详见本书第 3 章。

2. 伺服运动控制系统的软件组成

上位计算机软件：包括系统软件和应用软件。系统软件一般指操作系统和第三方软件资源等,它带有一定的通用性,由计算机制造厂提供。应用软件主要指用户调度程序,它具有专用性,是根据需要由用户开发的对机械传动装置的位置、速度进行实时的控制管理,使运动部件按照预期的轨迹和规定的运动参数完成相应动作的软件。

运动控制器软件：置于伺服运动控制器之中。它是实现伺服运动控制系统的核心,按照一定的控制算法和数学模型而编制的专用程序。

显然,从应用的角度看,自动控制工作者应把主要精力放在上位计算机轨迹运动规划和运动控制器软件的编程上,而系统软件是否丰富、是否能适应用户的要求,可以作为选择计算机的根据之一。

5.1.2　操作系统

操作系统(Operation System,OS)是一组计算机程序的集合,用来有效地控制和管理计算机的硬件和软件资源,即合理地对资源进行调度,并为用户提供方便的应用接口。

对于在 PC 上开发应用软件的用户来说,其工作完全是建立在操作系统之上的,是直接面对操作系统核心的编程,因此,对于操作系统软件结构的理解至关重要。

为了更好地了解操作系统的功能,首先说明以下几个基本概念:

任务——一个程序分段,这个分段被操作系统当作一个基本工作单元来调度。任务是在系统运行前已设计好的。

进程——任务在作业环境中的一次运行过程,它是动态过程。有些操作系统把任务和进程同等看待,认为任务是一个动态过程,即执行任务体的动态过程。

线程——20 世纪 80 年代中期,人们提出了比进程更小的能独立运行和调度的基本单位即线程,并以此来提高程序并发执行的程度。近些年,线程的概念已广泛应用,在 Windows 中就使用了线程的概念。

多用户和多任务——多个用户通过各自的终端使用同一台主机、共享同一个操作系统及各种系统资源;每个用户的应用程序可被设计成不同的任务,这些任务可以并发执行。多用户及多任务系统可以提高系统的吞吐量,更有效地利用系统资源。

5.1.3 实时多任务操作系统(iRMX)

1. iRMX 操作系统结构

iRMX 是美国 Intel 公司发行的集中式实时多任务操作系统。它的内部同时有多道程序运行。每道程序各有不同的优先级。操作系统按事件触发使程序运行。多个事件发生时,系统按优先级高低确定哪道程序在此时此刻占有 CPU,以保证优先级高的事件实时信息及时被采集。

iRMX 操作系统是模块化分层结构的系统。它由多个子系统组成。iRMX 子系统包括内核程序 iRMK(intel Real-time Kernel)、核心程序(nucleus)、基本 I/O 子系统简称 BIOS(basic I/O subsystem)、扩展 I/O 子系统简称 EIOS(Extended I/O Subsystem)、人机接口简称 HI(Human Interface)。

从图 5-2 可以看出,分层式操作系统,都是以它前一层子系统为基础的扩展。可以直接访问前一层数据代码,也允许访问最内层功能。iRMX 系统的人机接口基于扩展 I/O 子系统,扩展 I/O 基于基本 I/O 子系统,而基本 I/O 完全依赖于核。除了基本 I/O 子系统外,其他层子系统既依赖于前一级又可与核发生直接联系;用户程序可与任何一级子系统相关联,尤其是可以直接利用核提供的强大功能。从内核向外扩展,操作系统每扩展一层,与用户就更接近一步,用户对系统的使用方法就简化一步。

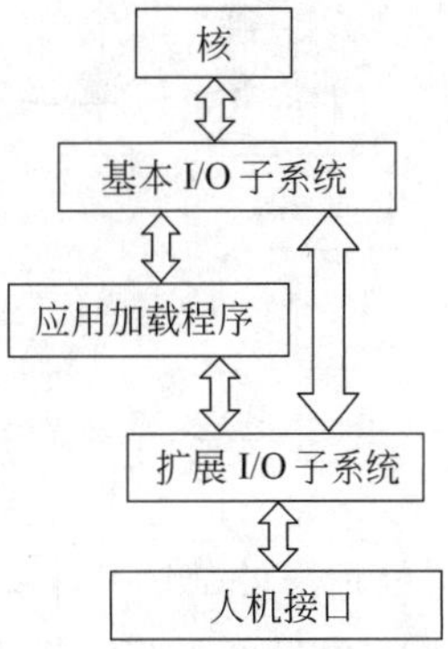

图 5-2 系统结构示意图

2. iRMX 操作系统的核

iRMX 操作系统的核是系统的心脏。系统的实时性,任务调度等重要功能与性能都是基于核实现的。核的主要功能如下:

目标管理——控制系统资源访问,实现任务间的通信。

任务调度——按基于优先级抢占方式调度任务。

中断管理——按基于中断优先级原理,响应外部中断请求,实现中断处理。

iRMX 操作系统中设定了 13 种目标。其中的每一类目标,实际上都是系统内部定义的数据结构,每一类结构都有它自己的特征。将数据结构提供给各子系统,用来控制资源访问、任务调度、中断响应。核心程序通过对目标管理,从而实现了对各子系统的管理。基于目标的程序设计实际上是利用系统提供的数据结构,实现目标之间的相互联系与相互作用。每种目标都对应着一系列建立目标和管理目标的相关系统调用。系统调用是 iRMX 操作系统提供给用户的编程接口,用于实现用户与系统内部的联系。顺序执行的单任务系统,实际上是系统目标少,目标之间缺少联系的系统。

　　iRMX 的核心程序中用到两类处理程序:异常处理程序和中断处理程序。

　　中断处理程序在实时系统中十分重要。对应于每个中断源,应有一个中断处理程序。当该中断源接收到一个外部事件发出的信号时.就会向系统申请 CPU,转去执行中断处理程序。如果中断处理复杂,占用的 CPU 时间较长,或者需要用多种系统调用,这是不允许的,这时 iRMX 要求用户安排一个任务,专由中断处理程序来激活,该任务称为中断任务。中断任务的优先级为 0~127,比所有非中断任务优先级高。执行中断处理程序和中断任务统称为中断处理,它会屏蔽优先级较低的中断。因此,在应用中设计中断服务程序时,要尽量优化程序。

　　任务是 iRMX 操作系统中唯一可活动的目标。活动是指目标的某些特征是动态变化的。iRMX 中任务的主要特征是任务优先级与任务状态。

　　iRMX 系统中,任务优先级用 0~255 中的一个整型数表示,数值越小,任务优先级越高,0 为最高优先级。多个任务竞争处理器时,优先级高的任务优先获得 CPU。

　　iRMX 系统将 0~127 号任务安排与中断级相对应,如果某外部中断长期被屏蔽,对应的任务号可由其他非中断任务使用。

　　任务优先级是在任务建立时指定的,用户应根据应用系统内不同的工作要求来安排任务优先级。系统运行中,任务优先级不能动态修改。

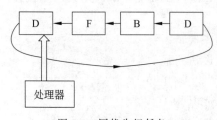

图 5-3　同优先级任务

可以给两个以上任务安排相同的优先级。相同优先级的任务同时申请 CPU 时,系统会安排给每个任务相同的时间片轮流执行。时间片的长短,要在系统配置(CPU)时设定。在一时间片内执行不完的指令将在下一轮时间片内才能继续执行。按这种方式,相同优先级的任务形成了一循环队列,如图 5-3 所示。

iRMX 操作系统对任务优先级范围做了以下安排:

　　(1) 0~127:操作系统安排用于外部中断服务,即外部中断发生后由中断处理程序激活,处理与外部事件相关的任务。该任务运行时会屏蔽中断优先级较低的外部中断。其中,0~16 由操作系统安排用于系统硬件的中断处理,应用中不能将这些中断级屏蔽。

　　(2) 128~255:用于用户建立的应用任务,如处理日常工作任务、通信任务等。通常将同优先级的任务安排在 200 左右,按时间片轮询。

　　任务一旦建立,就处于以下 5 种状态之一:

　　(1) 运行态(running),即任务正在执行。

　　(2) 就绪态(ready),即任务运行条件准备就绪,在等待 CPU 执行。就绪态队列中优先级最高的任务将首先获得 CPU。

(3) 睡眠态(sleep)，任务暂停执行，"睡眠"一定时间后再继续执行。

(4) 挂起态(suspend)，任务被挂起，暂不允许执行，直至有其他任务或某种信息到达为其解挂。

(5) 睡眠挂起态(asleep-suspended)，任务睡眠后被挂起，要到两个条件都能满足即睡眠时间到，被其他任务或消息解挂后才能运行。

任务状态之间的转换关系可用图 5-4 表示。由图可见，运行中的任务可以转换成就绪态、睡眠态或挂起态。状态转换的原因可能不相同，任务执行完成后进入就绪态，任务运行中被更高优先级任务中断也可进入就绪态。任务运行中由系统调用实行睡眠态或挂起态的转换；而睡眠态、挂起态的任务被时间唤醒或被解挂都不能直接进入运行态。必须先进入就绪态，在就绪态任务队列中按优先级排队等候 CPU。只有就绪态队列中优先级最高的任务才能进入运行态。一个正在睡眠的任务可能由其他任务挂起，成为睡眠挂起态，如果给定的睡眠时间到了，它还未被解挂，则进入挂起态；如果它被解挂了，但睡眠时间未到，则仍处于睡眠态继续"睡眠"。

图 5-4　任务状态转换

任务的建立，只是有了独立的运行模块，用通信机制为纽带，把任务联系起来，才能形成一套完整的体系。就像城市中的马路、街道及电话线路把一幢幢建筑物联系起来一样。没有任务间的通信联络及相互关系，多任务就没有意义。

iRMX 操作系统为任务提供了灵活的通信方法，主要概括为两种：同步的方法和互斥的方法。任务通信时，一个任务发送信息，必然有一个任务接收信息，分别称为发送任务或发送方及接收任务或接收方。接收任务只有获得所需的数据后才能继续执行，这种方式称为同步通信。互斥是指任何时候只能有一个任务访问某数据。

这里，只介绍邮箱通信。

使用邮箱通信时，发送任务发送一个信息到邮箱，另一任务从邮箱中接收这一信息。该信息可以是 128 字节的数据或者是一个目标的 TOKEN。通过邮箱发送的目标最常用的是数据段的 TOKEN，这个段中存放着接收方所需要的数据。邮箱常用于同步任务通信，即接收任务只有获得所需的数据后才能继续执行，否则总是在等待。

一个邮箱可由多个任务使用，每个邮箱有两个队列：

(1) 等待接收信息的任务队列；

(2) 已经被送出的目标(或信息)队列，即该队列中的目标暂未被接收任务取走。实际上，任何时候这两个队列中总有一个是空的：或者任务在等待目标信息到来，这时目标信息队列为空；或者是目标信息已到达，在等任务接收，这时任务队列为空。

因为目标信息队列是先进先出(FIFO)队列，目标信息一经发出，在等待的任务立即将其取走，即先进入队列的目标先被取走，使信息队列为空。若此时没有接收任务在等待，则任务队列为空。

任务在等待接收信息期间，处于睡眠状态或睡眠挂起状态。一旦接收到所需的信息，则从睡眠状态转换成就绪状态或从睡眠挂起状态转换为挂起状态。

如果接收任务优先级高于发送任务优先级，则当它接收到信息后会抢占 CPU 而立即投入运行，发送任务被中断。

前面已提到信息队列是先进先出的,但任务队列可以有两种:

① 先进先出队列;

② 基于优先级的队列。

先进先出队列即等待接收信息的任务按发出系统调用"RECEIVE $\$$ …"的时间先后排队;基于优先级的队列即按接收任务的优先级排队。优先级最高的任务总是在队列的最前面。邮箱建立时必须规定自己的任务队列类型,此后不能动态改变。

3. iRMX 操作系统的中断

中断及中断处理,是实时操作系统的中心议题。通过中断,才能将外部随机发生的事件通知 CPU,从而触发一个中断处理过程。iRMX 进行中断处理的过程如图 5-5 所示。

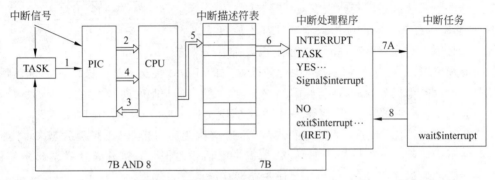

图 5-5　中断处理的过程

图 5-5 中各数字标号代表的含义如下:

1——PIC 可编程中断控制器(Programmable Interrupt Controller)接收到了一个中断;

2——PIC 通知 CPU;

3——CPU 向 PIC 回送一个应答信号;

4——PIC 向 CPU 发送中断号;

5——CPU 从中断描述符表(IDT)中获得相应中断级的中断处理程序;

6——将控制权发送给中断处理程序;

7A——如果系统中有中断任务,则激活并执行中断任务;

7B——如果系统中没有中断任务,则将控制返回到被中断的任务;

8——执行完中断任务后返回,将控制交于被中断任务。

下面详细讨论与中断有关的一些概念,包括中断处理、中断级、中断描述符表等。

当前计算机都使用可编程中断控制器实现外部事件对 CPU 的中断。PC 中主要使用 8259A 可编程中断控制器(PIC)。一个 8259A 可以管理 8 个外部中断源。一台主机中至少有一个中断控制器直接与 CPU 相连,它称为主 PIC,其所管理的中断源称为主中断源。每个中断源可以直接连接外部设备,也可用于与另一个 8259A 中断控制器相连,从而扩展出 8 个中断源。这个扩展的 8259A 称为从中断控制器,从中断控制器提供的中断源称为从中断源。一般,主机系统时钟总是接主 PIC 的主中断源而不接从中断源。因此,iRMX 操作系统可以管理其他 7 级主中断源扩展出的 56 个中断源。但是,与一般计算机系统一样,预配置的 iRMX 操作系统只配置了一个从中断控制器,该系统中共有 16 个中断源。

　　每个中断源都对应着一个号,称为中断级,中断级既表明了该中断源的优先级,同时又是每个中断源的名称。不同的操作系统中该名称是不同的。在 iRMX 操作系统中,主 PIC 的中断级号为 M0~M7;从 PIC 中断级号为 X0~X7,其中 X 表示主级序号,根据从 PIC 与第几级主 PIC 相连而决定。如与 M7 相连的从 PIC 的中断级号为 70H~77H,其中第 7 级中断源对应的中断级号为 77H。

　　中断级号越小,中断优先级越高。多个中断源同时申请 CPU 时,优先响应当前优先级最高的中断,即处理器调用相应的中断处理程序。中断处理程序的地址是按优先级定位在称为中断描述符表的内存中。

　　中断描述符表最多可有 256 个入口,每个入口包含着一个中断处理程序的物理地址,即程序第一条执行指令的地址。系统占用的中断源的处理程序地址在配置系统时由系统管理员给定;应用程序中所包含的外部中断处理程序由程序员作为系统调用 SET $ INTERRUPT 的参数给定。

　　IDT 不暂定位在内存哪块地址中,其格式及入口的相对定位都是确定的。一般地,0~16 主要由 SDM 和系统异常处理程序产生的内部中断占用;17~55 由系统保留作为扩展用;56~127 由外部中断使用。

　　iRMX 系统中每一级中断都可以屏蔽,即被禁止,使 CPU 不响应外部设备发出的中断请求,但系统时钟中断(M0)不屏蔽。

　　禁止中断的方法有两种:一种是由核心程序中断管理调度决定的;另一种是通过系统调用实现的。

　　基于优先级的抢占式调度方法决定,优先级较高的中断处理程序正在执行时,将自动禁止较低级的外部中断,直至高优先级的处理程序执行完毕打开较低级的中断(有效),并释放处理器。更高优先级的中断源发出信号请求时,可以中断当前运行任务而抢占 CPU,并禁止低级中断。

　　iRMX 系统中有两种中断服务方式:中断处理程序方式和中断任务方式。选用哪种方式主要取决于中断服务的内容,也可以将一个中断的服务内容分成两部分,分别由中断处理程序和中断任务处理。中断处理程序只能做以下几个有限的系统调用:ENTER $ INTERRUPT、EXIT $ INTERRUPT、GET $ LEVEL、DISABLE、SIGNAL $ INTERRUPT。如果这些调用不能满足服务要求,则应该安排一个中断任务来进一步服务。

　　中断处理程序运行时,中断信号位是 1,表示禁止本级中断,直到退出中断处理程序或激活一个中断任务,使中断信号复位。因此,当中断处理工作内容较多时,应激活一个中断任务,以便尽早退出中断处理,及时打开被禁止的中断级。中断处理程序与中断任务的相互关系及流程可用图 5-6 表示。

　　中断任务的优先级由核心程序根据对应的中断级指定,比一般任务优先级高。此外,它与其他任务一样,有自己的资源、按优先级调度。

5.1.4　操作系统对运动控制器的影响

　　早期 PC 的操作系统 MS-DOS 是单用户的操作系统,某一时刻只能有一个任务处于活动状态,不具备并发功能。它的单任务弱实时性主要表现在 DOS 内核的"不可重入",即操作系统核心不可在任意点处中断后,使其代码为另一程序重新使用。例如,若 CPU 当前正

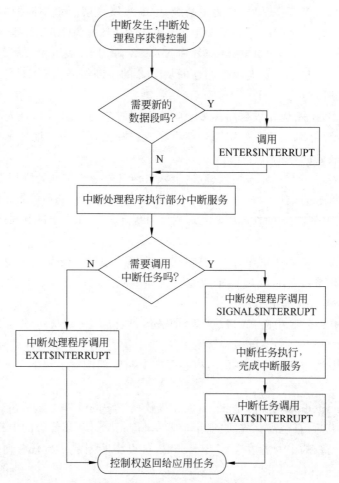

图 5-6 中断处理程序与中断任务的相互关系及流程

在运行的代码是 DOS 的系统功能调用(INT 21H),此时又出现了一个中断请求,则 CPU 暂停原代码的执行,转到中断例程,如果该例程也要调用 INT 21H,就会扰乱 DOS 内部堆栈,引起系统瘫痪或不可预料的行为。要想避免这种情况,一是将中断例程中调用 DOS 的代码暂缓执行,这显然不能满足实时性要求;二是中断例程只能用汇编语言编写,并且不能调用 DOS 功能,这使软件开发费时费力,编程的难度和工作量增加。由此可见,这种硬件中断方式弊多利少,并且难以保证可靠性。

Windows 是当今流行的多任务操作系统,其多任务处理可分为两种模式:协同式多任务和抢先式多任务处理模式。使用协同式多任务处理模式,CPU 的分配直接由应用程序决定,所以系统性能的好坏取决于应用程序设计的好坏。而运行抢先式多任务处理模式,各进程占用 CPU 的时间由系统调度程序决定,当调度程序检测出有比当前任务优先级更高的程序事件后,暂停当前任务并将 CPU 时间分配给优先级更高的进程。所有的 Win16 应用程序都在同一台虚拟机上运行,各程序之间采用的是协同式多任务处理;每个 Win32 应用程序和 MS-DOS 应用程序都具有自己专用的虚拟机,其进程按抢先式多任务处理模式运行。

Windows 中调度的任务有两种状态：运行状态和等待状态。正在运行的任务处于运行状态，当该任务把 CPU 控制权交给其他任务后，就被置为等待状态。为了便于任务调度和保存，每个任务运行的参数，Windows 在装载应用程序时，由 Load Module()函数创建一任务数据库(简称 TDB)，该任务数据库在内存中以链表的形式存在，TDB 链表中的节点记录了每个任务切换时的堆栈指针、中断处理程序地址及此任务对应的模块句柄和实例句柄等。

Windows 就是根据 TDB 链表中存放的各个任务的数据信息来完成任务调度的。对 Windows 而言，CPU 属于临界资源，在某一时刻只有一个任务独占 CPU。为了合理分配 CPU，提高系统的性能，Windows 根据任务是否存在等待事件进行任务调度。如果当前任务没有事件可供处理，那么就应该把控制权交给其他具有等待事件的任务。为了记录每个任务的等待事件个数，在 TDB 链表中，为每个任务建立一个事件计数器(TDB 偏移 6 处的值)，系统调度程序就是根据该计数器来进行任务调度。我们可以通过 Windows 中未公开的核心函数 Post Event()把指定任务的事件计数器值增 1，人为地伪造一个事件，引起相应的任务被唤醒。当有多个任务都具有等待事件时，Windows 采用的最高优先级(HPF)算法进行调度。为此 Windows 定义了任务的优先权值：范围是$-32\sim+15$，任务的优先权值越小，它的优先级就越高，其任务节点在 TDB 链表中的位置也越靠前。而在实际应用中，绝大多数 Windows 应用程序的优先值都是 0，若优先权值相同，则按先来先服务的原则进行。任务的优先权值只对具有等待事件的任务生效，如果一个任务没有等待事件，即使优先权再高，也不会被调度。

若当前任务所分配的时间片用完或当前任务再无等待事件，任务调度程序就要释放当前任务的控制权，把控制权交给已选中的可调度任务。但在 Windows API 中并没直接公开这样一个函数，许多具有释放控制权功能的函数都被隐藏在 Get Message()或 Peek Message()这样的消息函数中，当应用程序在消息环中没有消息可供接收时，它就会把控制权交给别的任务，以防止当前任务进入死循环。当前任务释放控制权以后，如果没有一个任务被调度程序选中，则调度程序就会使 Windows 进入系统空闲状态，相应的电源管理软件就会使整个系统处于低能耗的睡眠状态，直至有任务被唤醒而重新开始正常运转。

由此，我们看到 Windows 操作系统不能实现"确定性时间访问"这个计算机控制的本质要求。

iRMX 操作系统将所要完成的任务划分为两类：前台任务与后台任务。前台任务是必须及时完成的任务，而后台任务则可以暂缓执行。前台任务主要是数据采集与滤波，数据格式转换与显示，控制程序的运算，控制量的输出，执行机构的状态监测，报警信息显示等。后台任务主要是数据备份，报表打印，键盘命令的查询与识别，在线修正控制参数，数据曲线的图形显示等。

任务的调度是保证前台任务及时完成，必要时顺延后台任务。当定时周期到时，首先完成前台工作，在空余的时间内处理后台工作。如果时间不够，将后台工作推迟在下一个周期的空闲时间完成。用这样的方式实现了计算机控制的本质要求："确定性时间访问"。

在基于 PC 的伺服运动控制系统中，虽然上位计算机不直接参与"控制"，但上位计算机却在为多轴联动协调与规划，如果这个协调与规划不能与系统采样周期同步，则会使系统运动控制的速度减慢，直至产生意想不到的后果。因此，对于要求较为苛刻的被控对象，上位计算机应选用集中式实时多任务操作系统。

5.1.5　伺服运动控制对控制系统的要求

伺服运动控制是对机械运动部件的位置、速度等进行实时控制管理,使其按照预期的运动轨迹和规定的运动参数进行运动。如针对雕刻机、激光加工机械和 PCB 钻铣床等行业的专用伺服运动控制器、图像伺服控制专用运动控制器、力伺服专用运动控制器等,伺服运动控制对控制系统的要求可以分成如下几种形式:

(1) 点位运动控制。这种运动的特点是仅对终点位置有要求,与运动的中间过程即运动轨迹无关。在加速运动时,为了使系统能够快速加速到设定速度,往往提高系统增益和加大加速度,在减速的末段常采用 S 曲线减速的控制策略。为了防止系统到位后振动,规划到位后,又会适当减小系统的增益。所以,点位运动控制器往往具有在线可变控制参数和可变加减速曲线的能力。

(2) 连续轨迹(轮廓控制)运动控制。应用在数控系统、切割系统的运动轮廓控制中。相应要解决的问题是如何使系统在高速运动的情况下,既保证系统加工的轮廓精度,又保证刀具沿轮廓运动时切向速度的恒定。对小线段加工时,有多段程序预处理功能。

(3) 同步运动控制。指多个轴之间的运动协调控制,可以是多个轴在运动全程中进行同步,也可以是在运动过程中的局部有速度同步,主要应用在需要有电子齿轮箱和电子凸轮功能的系统控制中。工业上有印染、印刷、造纸、轧钢、同步剪切等行业。相应的运动控制器的控制算法常采用自适应前馈控制,通过自动调节控制量的幅值和相位,来保证在输入端加一个与干扰幅值相等、相位相反的控制作用,以抑制周期干扰,保证系统的同步控制。

5.2　PC 与伺服运动控制器的信息交换

PC 通过其内部(并行)总线(Backplane Busses,又称母板总线)与外部交换信息,并行总线安装在主机箱内,它是一块印制电路板,板上有若干条插线槽,插有 CPU 主板、显示卡、存储器和 I/O 电路的印制板等,伺服运动控制器就插在此母板的扩展槽中。总线支持各插件板之间的通信,总线一般为 ISA 和 PCI 总线。母板与插件板都有规定的尺寸与形状,固定在主机箱上。

5.2.1　ISA 总线与 PCI 总线

1. ISA 总线

ISA(Industry Standard Architecture)总线,又称 AT 总线,是由 Intel 公司、IEEE 和 EISA 集团联合开发的与 IBM-PC/AT 原装机总线意义相近的系统总线,它具有 16 位数据宽度,最高工作频率为 8MHz,数据传输速率达到 16MB/s,地址线 24 条,可寻访 16M 字节地址单元。它是在早期的 62 线 PC 总线基础上再扩展一个 36 线插槽形成的。分成 62 线和 36 线两段,共计 98 线。其 62 线插槽的引脚排列及定义与 PC 总线兼容。

ISA 总线信号分为总线基本信号、总线访问信号及总线控制信号。总线基本信号主要用来提供基本定时时钟、系统复位、电源和地信号。总线访问信号主要用来提供对总线目标模块访问的地址、数据、访问应答控制信号。总线控制信号的主要功能是提供中断、DMA

处理时的请求及响应信号以及扩展模块主控状态的确定信号 ISA。16 位总线在 ISA 8 位
总线基础上把数据线由 8 位扩充到 16 位，把地址线由 20 位扩充到 24 位；并扩充了中断请
求信号、DMA 请求与响应信号；还增加了 16 位数据访问的控制信号等。

　　ISA 总线引脚图如图 5-7 所示，"♯"表示低电平有效，否则表示高电平有效。

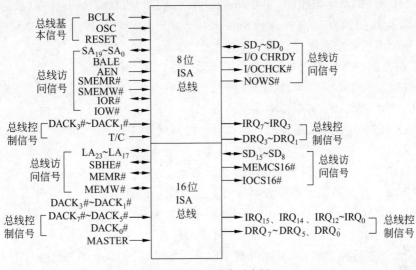

图 5-7　ISA 总线引脚图

2. PCI 总线

　　图 5-8 为 PCI(Peripheral Component Interconnect)总线引线图，图中"♯"表示低电平
有效，没有此符号表示高电平有效。

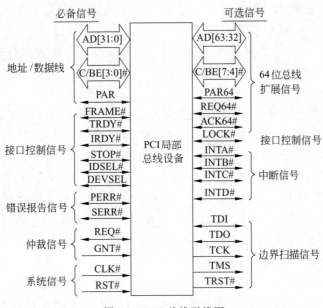

图 5-8　PCI 总线引线图

1) 高速的实现

PCI 总线的地址总线与数据总线是分时复用的,这样做的好处是:一方面可以节省接插件的引脚数,另一方面便于实现突发数据传输。在进行数据传输时,由一个 PCI 设备作发起者(主控,Initiator 或 Master),而另一个 PCI 设备作目标(从设备,Target 或 Slave)。总线上的所有时序的产生与控制,都由 Master 来发起。PCI 总线在同一时刻只能供一对设备完成传输,这就要求有一个仲裁机构(Arbiter),来决定谁有权利拿到总线的主控权。32 位 PCI 系统的引脚按功能分有以下几类:

(1) 系统控制:CLK,PCI 时钟,上升沿有效,RST,Reset 信号;

(2) 传输控制:FRAME♯,标志传输开始与结束;

(3) IRDY♯:Master 可以传输数据的标志;

(4) DEVSEL♯:当 Slave 发现自己被寻址时置低应答;

(5) TRDY♯:Slave 可以转输数据的标志;

(6) STOP♯:Slave 主动结束传输数据的信号;

(7) IDSEL:在即插即用系统启动时用于选中板卡的信号;

(8) 地址/数据总线:AD[31:0],地址/数据分时复用总线;

(9) C/BE[3:0]♯:命令/字节使能信号 PAR,奇偶校验信号。

当 PCI 总线进行操作时,Master 先置 REQ♯,当得到 Arbiter 的许可时(GNT♯),会将 FRAME♯ 置低,并在 AD 总线上放置 Slave 地址,同时 C/BE♯ 放置命令信号,说明接下来的传输类型。所有 PCI 总线上的设备都需对此地址译码,被选中的设备要置 DEVSEL♯ 以声明自己被选中。然后当 IRDY♯ 与 TRDY♯ 都置低时,可以传输数据。当 Master 数据传输结束前,将 FRAME♯ 置高以标明只剩最后一组数据要传输,并在传完数据后放开 IRDY♯ 以释放总线控制权。

可以看出,PCI 总线的传输是很高效的,发出一组地址后,理想状态下可以连续发数据,峰值速率为 132MB/s。从数据宽度上看,PCI 总线有 32 位、64 位之分;从总线速度上看,有 33MHz、66MHz 两种。目前流行的是 64 位、64MHz 芯片,其数据传输速率可以达到 200MB/s 的连续传输。

2) 即插即用的实现

所谓即插即用,是指当板卡插入系统时,系统会自动对板卡所需资源进行分配,如基地址、中断号等,并自动寻找相应的驱动程序,而不像旧的 ISA 板卡,需要进行复杂的手动配置。实际的实现远比说起来要复杂。在 PCI 板卡中,有一组寄存器,叫"配置空间",用来存放基地址与内存地址,以及中断等信息。以内存地址为例,当上电时,板卡从 ROM 里读取固定的值放到寄存器中,对应内存的地方放置的是需要分配的内存字节数等信息。操作系统根据这个信息分配内存,并在分配成功后在相应的寄存器中填入内存的起始地址,这样就不必手工设置开关来分配内存或基地址了,对于中断的分配也与此类似。

3) 中断共享的实现

ISA 卡的一个重要局限在于中断是独占的,而计算机的中断号只有 16 个,系统又用掉了一些,这样当有多块 ISA 卡要用中断时就会有问题了。PCI 总线的中断共享由硬件与软件两部分组成。硬件上,采用电平触发的办法:中断信号在系统一侧用电阻接高,而要产生中断的板卡上利用三极管的集电极将信号拉低,这样不管有几块板产生中断,中断信号都是低,而只有当所有板卡的中断都得到处理后,中断信号才会回复高电平。

　　软件上,采用中断链的方法:假设系统启动时,发现板卡 A 用了中断 7,就会将中断 7 对应的内存区指向 A 卡对应的中断服务程序入口 ISR_A,然后系统发现板卡 B 也用中断 7,这时就会将中断 7 对应的内存区指向 ISR_B,同时将 ISR_B 的指针指向 ISR_A。以此类推,就会形成一个中断链。而当有中断发生时,系统跳转到中断 7 对应的内存,也就是 ISR_B。这时 ISR_B 就要检查是不是 B 卡的中断,如果是,要处理,并将板卡上的拉低电路放开;如果不是,则呼叫 ISR_A。这样就完成了中断的共享,如图 5-9 所示。

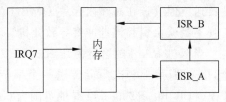

图 5-9　中断共享的软件实现

　　4) 可靠性的实现

　　PCI 总线与原先 PC 常用的 ISA 总线相比,增加了奇偶校验错(PERR)、系统错(SERR)、从设备结束(STOP)等控制信号及超时处理等可靠性措施,使数据传输的可靠性大为增加。

　　5) PCI 接口电路对逻辑器件的要求

　　PCI 总线是 CMOS 总线,在传输信号消失后,稳态电流是很小的,大多数电流消耗在上拉电阻上。PCI 总线基于反射波信号而不是入射波信号。总线无终端的特性导致传输线终端的反射波与入射波叠加后达到所需的电平值。PCI 规范要求集成电路的引脚有上拉电阻以防止振荡或在输入缓冲器上的功率消耗。除此之外要求芯片的输入引脚有箝位特性,PCI 对复杂可编程逻辑器件的要求如下:芯片引脚具有上拉电阻;专用输入和 I/O 引脚具有箝位功能。物理器驱动 TDAT 和 TADD,而其他处理器均采样 TADD 线,确认 TADD 地址线上的地址是否与本地址一致。如果一致,进行读操作,将接收的值从 TRSR 传递到 TRCV,并产生接收中断请求,表明 TRCV 已接收到一个有效数据,CPU 可以来读取。

5.2.2　双口 RAM

　　要实现 PC 和伺服运动控制器之间的数据传送,必须在 PC 和伺服运动控制器的 DSP 之间建立起双向的数据交换通道。

　　透过 ISA 总线实现数据交换有以下两种方法:

　　(1) 静态数据传送,采用并行接口器件 8255 等或锁存器如 74LS373 等构成一字节深度的 FIFO,这种方法较为简单,但一次传输的数据量小,只适应数据量小、速度要求不高的场合;

　　(2) 共用伺服运动控制器上的外部数据存储器,此时可直接采用双口 RAM 或通用 RAM 加上一些控制逻辑组成的双口 RAM 电路。

　　双口 RAM 是一种性能优良的快速通信器件,适用于多 CPU 分布式系统及高速数字系统的场合。它提供了两路完全独立的端口,每个端口都有完整的地址、数据、控制线。对器件两边的使用者而言,它与一般 RAM 并无大的区别,只有在两边同时读写同一地址单元时,才发生争用现象。利用双口 RAM 提供的指示信号,采用适当的通信规则,可以避免争用,实现快速数据交换。

5.2.3　IDT71321 应用举例

以在上位 PC 与单片机 8031 之间选用 2K×8 位的带中断请求信号 $\overline{\text{INT}}$ 和忙信号 $\overline{\text{BUSY}}$ 的 IDT71321 为例。

上位 PC 对接口的寻址方式有存储器寻址方式和 I/O 寻址方式。

存储器寻址方式可以有较大的地址空间,可达 32K 甚至 64K,且指令丰富,可以实现快速传送。但其选在高端内存块 UMB(640K～1M 范围),由于 UMB 内存分配已比较拥挤,选择不当就会引起地址冲突导致死机。

当双口 RAM 的容量为几 K 时可以使用 I/O 寻址方式。I/O 寻址方式使用专门的指令,指令明确,但一次只能传送一个字节或字。这里采用 I/O 寻址方式,使用的控制线为 $\overline{\text{IOW}}$ 和 $\overline{\text{IOR}}$。PC 的 I/O 寻址范围为 64K,有 16 根地址线。主板和 OEM 生产商生产的 I/O 扩展卡通常只对地址线 $A_0 \sim A_9$ 译码,即只定义了其中的 1K 寻址空间。当 I/O 指令的地址高 6 位不同而低 10 位相同时会选中同一个 I/O 地址。且 PC 内部由于软盘驱动器、串行口、并行口等用掉了一些空间,剩下的空间并不连续,且远远不足双口 RAM 所需要的 2K 地址空间,因此必须通过高 6 位地址来扩展地址空间。

扩展地址的方法如图 5-10 所示,将 $A_{15} \sim A_0$ 和 $A_{10L} \sim A_{0L}$ 非对应连接,将可以任意编址的 $A_{15} \sim A_{10}$ 和 $A_4 \sim A_0$ 共 11 根地址线组成 2K 的地址空间,与 IDT71321 的 $A_{10L} \sim A_{0L}$ 一一相连,将剩下的 $A_9 \sim A_5$ 作为基地址码,经数据译码器接地址拨码开关,这样可灵活地选择空闲的 I/O 端口地址。显然这样构成的地址空间在 PC 中是不连续的,各个小段相互隔开。当 PC 侧访问双口 RAM 时,应先将物理地址换码,以得到正确的 I/O 地址。换码公式是:设双口 RAM 地址为 X,则 PC 侧地址为 $400H \times N_1 + 340H + N_2$,其中 $N_1 = X/20H$(取整),$N_2 = X \% 20H$(求余)。一般 330H～360H 是用户可以自由使用的一块 I/O 空间,这里所加的 340H 是为了避免与计算机系统占用的资源相冲突。这时 PC 侧空闲的 $A_9 \sim A_5$ 译码为 11010。

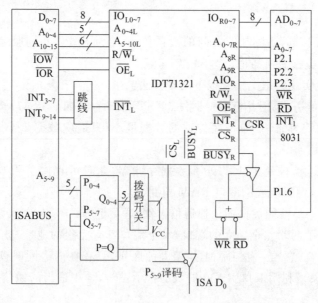

图 5-10　集成双口 RAM 的数据交换电路

双口 RAM 通信方式的关键是处理好争用现象,避免因此产生的读写错误。IDT71321 提供了中断判优和硬件判优两种方式,分别利用 $\overline{\text{INT}}$ 和 $\overline{\text{BUSY}}$ 引脚信号。本节同时采用这两种方式,以提高系统灵活性。在硬件电路图 5-10 中,IDT71321 内含硬件判优电路,两边端口都有 $\overline{\text{BUSY}}$ 引脚。当两端口争用同一地址单元时,由片内硬件电路,根据两边的地址、片选、读写信号到达的先后顺序,裁决哪个端口有使用权。IDT71321 的 $\overline{\text{BUSY}}$ 仲裁逻辑真值表如表 5-2 所列。如左端口优先使用,则自动将右端口的 $\overline{\text{BUSY}}_R$ 信号拉为低电平,通知右侧暂停读写操作。

表 5-2　IDT71321 的 $\overline{\text{BUSY}}$ 仲裁逻辑真值表

左　端　口					右　端　口					功　能	注:
$\text{R}/\overline{\text{W}}_L$	$\overline{\text{CE}}_L$	$\overline{\text{OE}}_L$	$\text{A}_{10L} \sim \text{A}_{0L}$	$\overline{\text{INT}}_L$	$\text{R}/\overline{\text{W}}_R$	$\overline{\text{CE}}_R$	$\overline{\text{OE}}_R$	$\text{A}_{10R} \sim \text{A}_{0R}$	$\overline{\text{INT}}_R$		
L	L	×	7FF	×	×	×	×	×	L	置右 $\overline{\text{INT}}_R$ 标志	H:高电平
×	×	×	×	×	×	L	L	7FF	H	清右 $\overline{\text{INT}}_R$ 标志	L:低电平
×	×	×	×	L	L	L	L	7FE	×	置左 $\overline{\text{INT}}_L$ 标志	×:未定
×	L	L	7FE	H	×	×	×	×	×	清左 $\overline{\text{INT}}_L$ 标志	

由此可知 $\overline{\text{BUSY}}$ 信号可直接接至支持插入等待时序的 CPU 如 80196 的 $\overline{\text{READY}}$ 引脚,此时无须软件支持。在本例中,由于 8031 没有 $\overline{\text{READY}}$ 信号,当 8031 发出读写 IDT71321 命令时,锁存 $\overline{\text{BUSY}}_R$ 信号,读 P1.6 口的值就可判断刚才对 IDT71321 读写时是否存在冲突。当 P1.6 的值为 1 时,刚才询问不存在冲突,当 P1.6 的值为 0 时,刚才询问存在冲突,那么就要重发读写 IDT71321 的命令。由于 ISA 总线没有 $\overline{\text{READY}}$ 信号,也没有通用的 I/O 引脚,故考虑将来自 IDT71321 的 $\overline{\text{BUSY}}_L$ 信号接至数据线的最低位 D_0。因除了查询 $\overline{\text{BUSY}}_L$ 引脚电平时外,$\overline{\text{BUSY}}_L$ 不应接到 D_0,这时应采用三态门 74LS125。$\overline{\text{BUSY}}_L$ 接三态门输入端,三态门输出端接 ISA 总线数据线 D_0 位,其门控信号由 $\text{A}_9 \sim \text{A}_5$ 产生,故占用 ISA 总线一个 I/O 端口。应该选用一个空闲的端口号,这里可选用 330H(双口 RAM 侧,PC 侧须换码),即将 $\text{A}_9 \sim \text{A}_5$ 译码为 11001。具体电路如图 5-11 所示。

两个中断引脚 $\overline{\text{INT}}$ 专为用于端口和端口之间的通信。当用户使用中断功能时,每个端口各分配一个固定的双口 RAM 单元,称为信箱或消息中心。左端为 7FEH,右端为 7FFH。其时序逻辑是当右端写 7FEH 单元时,左 $\overline{\text{INT}}_L$ 变低触发中断,左端口读 7FEH 时,将 $\overline{\text{INT}}_L$ 置 1 清中断。左端情况类似,只是 7FFH 单元操作。当使用中断判优时,右端口不应写

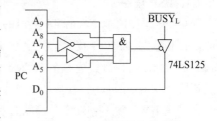

图 5-11　PC 侧硬件仲裁电路

7FFH 单元,左端口不应写 7FEH 单元,两单元中按约定置入用户握手信息,在不采用中断方案时两单元是普通双口 RAM。可见中断判优方式需要软件配合。ISA 总线提供了 3~7、9~14 共 11 个中断,$\overline{\text{INT}}_L$ 可经过跳线与上述 11 个中断相连,这样上位 PC 可以灵活地选择空闲的中断。$\overline{\text{INT}}_R$ 直接与 8031 的 $\overline{\text{INT}}_1$ 相连。8031 的另一个中断可用于来自 CAN 控制器的中断。当接收到 CAN 控制器有中断信号时,8031 查询 CAN 控制器的中断寄存器以判断是哪一类中断,进行相应的响应。

双口 RAM 主要承担上位计算机和 8031 之间的数据交换任务,其软件设计也包括两部分:

(1) PC 端的应用程序接口(API)函数,负责完成 PC 端与双口 RAM 之间的通信。主要包括向双口 RAM 发送控制命令、数据命令和请求数据命令,还将接收到的数据进行后处理如分析、显示、报表等。

(2) 8031 端的程序设计,负责 8031 与双口 RAM 之间的通信。主要包括接收来自 PC 的命令,将由 8031 接收的被控对象的数据、状态信息送到双口 RAM。

5.2.4　基于 PC ISA 的运动控制板卡

带有标准 ISA 总线的基于 DSP 和 FPGA 的运动控制卡,可提供 4 轴闭环伺服控制,8 路光电隔离限位开关信号输入,4 路光电隔离原点开关信号输入,16 路光电隔离通用信号输入,16 路光电隔离通用信号输出,其功能框图如图 5-12 所示。其中,DSP 为 TI 公司的 TMS320L F2407A,FPGA 为 AL TERA 公司的 EP1 K30QC208,DAC 为 ADI 公司的 AD1866。

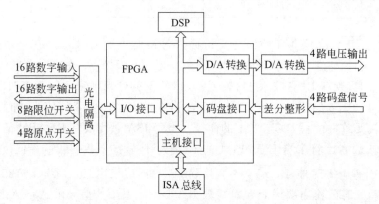

图 5-12　运动控制卡功能图

1. DSP 模块

TMS320L F2407A 是 TI 公司的 16 位定点 DSP,针对工业控制而开发。其主要特点是:采用静态 CMOS 技术,供电电压为 3.3V,最高 40MIPS 的指令执行速度。基于 TMS320C2xx 的 CPU 内核,与 TMS320 系列 DSP 代码相兼容。片内 32KB 的 Flash 程序存储器,115KB 的数据/程序 RAM,544KB 的双口 RAM,2K 的单口 RAM。两个事件管理器模块 EVA 和 EVB,每个模块包括 2 个 16 位通用定时器、8 个 16 位的 PWM 通道、3 个捕获单元及 16 通道 A/D 转换器。可扩展外部存储器空间为 192K。其中,64KB 的程序存储器空间,64KB 的数据存储器空间,64KB 的 I/O 空间。具有 SCI、SPI、CAN 接口等功能。

由于 TMS320L F2407A 具有多总线、多处理单元、流水线、硬件乘法器等结构,使其具有了高速数据处理和逻辑控制能力,能够较好地完成较为复杂的控制算法。在此,其主要任务是完成位置控制和速度控制的 PID 调节。位置控制分为 S 曲线和 T 曲线模式。当进行位置控制时,DSP 根据 PC 传过来的指令,按照 S 曲线或 T 曲线模式,将每个伺服周期内产生理论的位置、速度、加速度、加加速度与根据码盘反馈回来的信号而确定的位置、速度、加速度、加加速度进行比较,从而进行 PID 调节。DSP 通过其 I/O 地址空间对 FPGA 内部的各模块进行统一编址,要访问某一模块,只要对相应的 I/O 地址进行读操作或写操作即可。

2. FPGA 模块

EP1 K30QC208 是 ALTERA 公司的 ACEX1 K 系列 FPGA 中的一款,采用可重构的 CMOS SRAM 工艺,把连续的快速通道(Fast Track)与独特的嵌入式阵列(EAB)相结合,同时也结合了众多可编程器件的优点来完成普通门阵列的宏功能,可提供可编程单芯片系统(SOPC)集成。其特点是 30 000 个典型可用门,1728 个逻辑单元,6 个嵌入式阵列块,总共 24 576 位的内部 RAM(每个 EAB 有 4096 位),171 个用户 I/O 引脚,4 个专用输入引脚,2 个全局时钟输入引脚。支持多电压接口,允许输入/输出引脚电压 3.3V 和 5.0V,支持内部三态。内带 JTAG 边界扫描测试电路等特点。EP1 K30QC208 主要完成 4 个模块的逻辑功能,即主机接口模块,码盘接口模块,D/A 接口模块,I/O 接口模块。单片大容量 FPGA 的使用,一方面使整个系统得到了集成,提高了系统的可靠性,另一方面也解决了因 TMS320L F2407A 为 3.3V 供电不能与 5V 器件相兼容而导致的逻辑电平不兼容的问题。下面分别对 4 个模块进行介绍。

1) 主机接口模块

主机接口模块的主要任务是完成 PC 和 DSP 之间的数据交换。这里,把 PC 和 DSP 之间传送的指令分为两部分:指令代码和指令参数。指令代码代表指令的具体含义,指令参数是指令所带有的参数。在主机接口模块中用指令代码寄存器和指令参数寄存器分别存放指令代码和指令参数,PC 和 DSP 均可对其进行读或写。二者通信的基本原理是:PC 向 DSP 写参数。PC 先检查 BUSY 信号,若 BUSY 为 0,则不能写,若 BUSY 为 1,则 PC 可向指令代码寄存器写入指令代码。然后,BUSY 被置 0,同时产生中断信号向 DSP 申请中断。DSP 响应中断,检查到是指令代码中断,则读取指令代码,再根据指令代码确定 PC 欲写入的指令参数的位数,从而初始化相应的指令参数寄存器。然后,把 BUSY 置 1,同时清除中断信号。

PC 向指令参数寄存器写入指令参数的基本过程与写入指令代码相同。至此,DSP 得到了一个完整的指令,即可执行相应的功能。

PC 从 DSP 读参数的过程和上述过程基本相同,区别在于 DSP 向指令参数寄存器写入指令参数,而 PC 从指令参数寄存器中读取指令参数。

2) 码盘接口模块

经差分整形后的每路码盘的 A、B、Z 三相信号进入码盘接口模块。由于 4 路码盘信号性质相同,故这里只对一路码盘进行说明。对 A、B、Z 三相信号分别进行滤波以消除干扰信号的影响;对 A、B 两相信号进行 4 倍频,同时进行鉴相确定出 DIR;根据 DIR 对 4 倍频的脉冲进行加计数或减计数。可由 Z 相信号或原点信号对计数器进行瞬时捕捉,将捕捉到的值存入位置捕捉寄存器。计数器和位置捕捉寄存器均为 32 位,DSP 可对其进行读取或清零。

3) D/A 接口模块

由于 AD1866 是串行输入,同时又因 D/A 转换模块提供 4 路电压输出,故 D/A 接口模块的功能有:把来自 DSP 的 16 位并行数据转换成相应的 16 位串行数据;根据译码电路产生 4 路 DAC 中某一路的片选信号。

　　4) I/O 接口模块

　　I/O 接口模块的主要功能是对 I/O 进行统一管理,包括 16 路通用数字输入、16 路通用数字输出信号、8 路限位开关信号和 4 路原点信号以及 FPGA 内部的 4 位 0 信号。同时,原点信号也作为码盘信号位置捕捉的激发信号之一(另一信号为码盘的 Z 相信号。)

3. D/A 转换模块

　　由两片 AD1866 和一片 OP497 构成 D/A 转换模块,提供 4 路模拟电压输出,电压输出范围均为±10V。

4. 其他模块

　　差分整形模块将 4 路增量式码盘信号(每路均为 A、B、Z 三相的差分信号)处理后变为 A、B、Z 三相的单端信号,再进入 FPGA 的码盘接口模块进行相应的处理和应用。

　　光电隔离模块将 I/O 信号进行隔离后与 FPGA 的 I/O 接口模块相连,以消除内部系统和外部系统之间的影响。

5.2.5　基于 PC PCI 的运动控制卡

1. PCI 局部总线接口设计

　　PCI 总线既能满足当今技术的要求,又能满足未来发展的需要,是业界公认的最具有发展前途的总线。在 PCI 应用系统中,目标设备至少需要 47 条信号线,主控设备至少需要 49 条信号线,利用这些信号便可以处理数据、地址,实现接口控制、仲裁及系统功能,具体内容请参阅相关文献。但 PCI 总线协议复杂、信号很多,且这些信号无法直接与通用目标设备接通,必须首先根据协议对信号进行转换完成接口设计。

　　第一步的工作是将 PCI 总线信号转变为目标设备(运动控制卡)所需要或可以接收的接口信号。

　　PCI 的工作是从总线主控器宣布 FRAME ♯开始的,以后 PCI 总线上的全部其他设备便成为作业目标器,并对主控器放在总线上的地址和命令进行锁定,总线上的每个设备都对地址进行解码,以判定是否为一个匹配的地址。如果设备检测到匹配地址时,便宣布 DEVSEL ♯信号,以申请作业。这时目标器准备好向主控器传送数据或从主控器接收数据。主控器和目标器都在宣布解除 IRDY ♯、TRDY ♯后,传送数据,由主控器宣布解除 FRAME ♯以表示作业完成。目标器可以宣布 STOP ♯信号而引发作业提前中断。在全部数据传送完成后总线转入等待状态。

　　在本系统中,通过使用 I/O 端口完成双口存储器的数据读写,因此使得系统的实现大大简化,用到的信号也较少。为了易于说明,现将各部分的设计用原理图给出,在利用 FPGA 实现时,全部用硬件描述语言来编写,更容易实现。

2. PCI 接口运动控制卡设计

　　运动控制器硬件系统结构如图 5-13 所示。

　　运动控制卡硬件系统主要包括:

　　(1) 微处理器系统(处理器、辅助电路、板载存储器),完成系统的管理协调,位置控制。

　　(2) PCI 通信接口包括 PCI 接口逻辑,高速双端口存储器。

　　(3) 反馈处理主要包括数字滤波、鉴相、倍频、计数等,获取各轴实际位置和手摇脉冲发

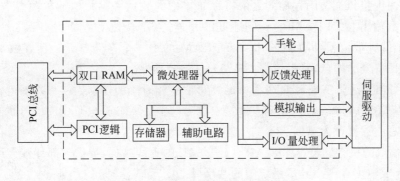

图 5-13 运动控制器硬件系统结构

生器的处理。

所以模拟量输出提供 8 根实轴驱动模块的 8 路 $-10\sim+10\text{V}$ 模拟信号,下面主要讨论位控卡 PCI 通信接口部分的设计,其他部分各种资料文献介绍较多,这里不再赘述。I/O 量处理模块负责对 I/O 量的输入/输出和逻辑处理。

3. 运动控制器 PCI 通信接口设计

运动控制器 PCI 通信接口设计如图 5-14 所示。

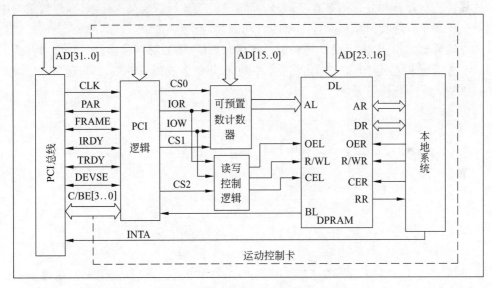

图 5-14 运动控制器 PCI 通信接口设计

PCI 通信接口中包含 4 部分:

(1) PCI 逻辑完成 5.1 节的 PCI 总线接口信号的实现,提供了 PCI 总线信号转变为目标设备(运动控制卡)所需要或可以使用的接口信号,这些信号可以供上位机通过少量 I/O 端口对下位机的存储器进行读写操作,本设计只采用了三个 I/O 地址单元,两个是预置数端口,另一个是数据端口。地址可以通过前面的 IOCS、BCS、IOW、IOR、A0 和 A1 的组合实现。

(2) 可预置数计数器占用 2 个 I/O 端口,数据位数根据不同容量的 DPRAM 的地址线位数决定。由上位机在访问存储器之前将存储器中的数据区起始地址送预置数端口地址,计数器的计数输出与 DPRAM 的一侧地址线相连,当上位机对数据端口执行一次读写操作,计数器中的计数值就自动加一,指向 DPRAM 的下一个存储单元。预置数端口的地址译码与 C/BE 信号的配合,使得该端口从 AD[15~0]取数。

（3）读写控制逻辑实现对 DPRAM 的读写使能和时序的控制。读写控制逻辑中的 CS2非常重要,其信号的译码输入中有 A0、A1 信号,因此保证了与 C/BE 信号的配合,使对 DPRAM 读写的数据位为 AD[23~16]。

（4）双端口随机存储器(DPRAM)有两套完整的总线结构,提供内部仲裁允许两套总线同时读写,完成数据在两个异步系统中的共享。

通信接口的数据传递由上位机对预置数端口预置起始地址开始,随后上位机对数据端口的反复读写就可以与运动控制卡成批交换数据了。

5.3　伺服运动控制系统的采样周期

5.3.1　信息变换原理

计算机进行运算和处理的是数字信号,而伺服运动控制系统是连续系统,连续系统中的给定量、反馈量及被控对象都是连续型的时间函数,把计算机引入连续系统,造成了信息表示形式与运算形式不同,为了设计与分析计算控制系统,就要对两种信息进行变换。为了对控制系统进行分析与运算,需把伺服运动控制系统变换成能够进行数学运算的结构,如图 5-15 所示。

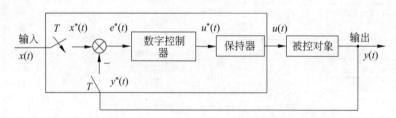

图 5-15　数字控制系统方框图

这里假设 A/D 转换有足够的精度,因此由 A/D 转换器形成的量化误差在数学上是可以不计的,这样可以把采样器和 A/D 转换器用周期为 T 的理想采样开关代替。该采样开关在不同采样时刻的输出脉冲强度(又称脉冲冲量),表示 A/D 转换在这一时刻的采样值。这样采样函数可以用 $x^*(t)$,$y^*(t)$ 及 $e^*(t)$ 表示,* 号表示离散化的意思。数字计算机用一个等效的数字控制器来表示,令等效的数字控制输出的脉冲强度,对应于计算机的数字量输出。计算机的输出通道 D/A 转换器的作用是把数字量转化成模拟量,D/A 转换器在精度足够高的情况下(通常也是满足的),数学上可用零阶保持器来代替。如图 5-15 所示为由计算机作为控制器的计算机控制系统,在数学上可以等效成为一个典型的离散控制系统。在上述假定下,分析和研究离散控制系统的方法可以直接应用于数字控制系统。

5.3.2　采样过程及采样函数的数学表示

计算机控制系统中,把一个连续模拟信号,经采样开关后,变成了采样信号,即离散模拟信号,采样信号再经过量化过程才变成数字信号。如图 5-16 所示,图(a)是采样开关,每隔一定时间(例如 T 秒),开关闭合短暂时间(例如 τ 秒),对模拟信号进行采样,得到时间上离散数值序列为

$$f^*(t) = \{f(0T), f(T), f(2T), \cdots, f(KT), \cdots\}$$

式中,T 为采样周期,$0T, T, 2T, \cdots$ 为采样时刻,$f(KT)$ 表示采样 K 时刻的数值,由于实际系统,$t \leqslant 0$ 时,$f(t) = 0$,所以从 $t = 0$ 开始采样是合理的。

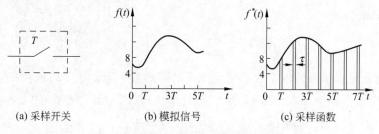

(a) 采样开关　　　　(b) 模拟信号　　　　(c) 采样函数

图 5-16　信息的转换过程

如果采样周期 T 比采样开关闭合时间 τ 大得多,即 $\tau \ll T$,而且 τ 比起被控对象的时间常数也非常小,那么认为 $\tau \to 0$。这样为了数学上的分析方便,因为以后要用到的 Z 变换与脉冲传递函数在数学上只能处理脉冲序列,因此引入了脉冲采样器的概念,脉冲采样器工作过程如图 5-17 所示。

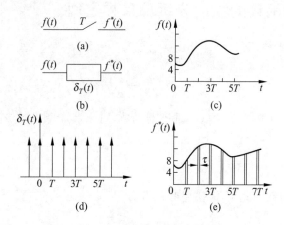

图 5-17　$f(t)$ 经脉冲采样器的调制过程

如图 5-17 所示,给脉冲采样器输入一个连续函数 $f(t)$,经脉冲采样器调制后输出一采样函数 $f^*(t)$ $\left(\text{图中} \delta_T(t) = \sum\limits_{k=0}^{\infty} \delta(t - kT) \text{称为单位理想脉冲序列,它是一个以 } T \text{ 为周期的}\right.$ 周期函数$\Big)$。采样函数表达式为

$$f^*(t) = f(t) \sum_{k=0}^{\infty} \delta(t - kT) \tag{5-1}$$

式中,k 为整数;T 为采样周期;$\delta(t)$ 为理想单位脉冲;$\delta(t-kT)$ 为 $t=kT$ 时刻的理想单位脉冲,定义为

$$\delta(t - kT) = \begin{cases} \infty, & t = kT \\ 0, & t \neq kT \end{cases} \tag{5-2}$$

且冲量为 1,即

$$\int_0^{\infty} \delta(t - kT) dt = 1 \tag{5-3}$$

式(5-2)中,当 $t \neq kT$ 时,$\delta(t-kT)=0$,因此 $f(t)$ 在 $t \neq kT$ 时的取值大小就没有意义了,所以式(5-1)可以改写为

$$f^*(t) = \sum_{k=0}^{\infty} f(kT)\delta(t - kT) \tag{5-4}$$

这就是理想脉冲采样函数的数学表达式。此式的物理意义可以这样理解:采样函数 $f^*(t)$ 为一脉冲序列,它是两个函数的乘积,其中 $\delta(t-kT)$ 仅表示脉冲存在的时刻,冲量为 1,而脉冲的大小由采样时刻的函数值 $f(kT)$ 决定。

需要指出,具有无穷大幅值和时间为零的理想单位脉冲纯属数学上的假设,而不会在实际的物理系统中产生。因此,在实际应用中,对理想单位脉冲来说,只有讲它的面积,即冲量或强度才有意义,用式(5-3)表示。

式(5-4)中,$f(kT)$ 是采样值,可以看作是级数求和式里对脉冲序列 $\delta(t-kT)$ 的加权系数,即 $f(kT)$ 是 $\delta(t-kT)$ 在 kT 时刻的脉冲冲量值,或称为脉冲强度。

5.3.3　采样函数的频谱分析及采样定理

采样函数的一般表达式为

$$f^*(t) = f(t) \sum_{k=-\infty}^{+\infty} \delta(t - kT) \tag{5-5}$$

又因为 $\sum_{k=-\infty}^{+\infty} \delta(t - kT) = \delta_T(t)$,$\delta_T(t)$ 是周期函数,可以展成傅里叶级数,它的复数形式为

$$\delta_T(t) = \sum_{k=-\infty}^{+\infty} C_k e^{jk\omega_s t} \tag{5-6}$$

式中,$\omega_s = \dfrac{2\pi}{T}$ 为采样角频率;C_k 为傅里叶系数,由下式给出:

$$C_k = \frac{1}{T} \sum_{-\frac{T}{2}}^{\frac{T}{2}} \delta(t) e^{-jk\omega_s t} dt$$

因为 $\delta_T(t)$ 在 $t=0$ 时积分值为 1,所以可得

$$C_k = \frac{1}{T}$$

将 C_k 代入式(5-6),得

$$\delta_T(t) = \frac{1}{T} \sum_{k=-\infty}^{+\infty} e^{jk\omega_s t} \tag{5-7}$$

将式(5-7)代入式(5-5),得

$$f^*(t) = \frac{1}{T} \sum_{k=-\infty}^{+\infty} f(t) e^{jk\omega_s t} \tag{5-8}$$

且定义 $F(s)$ 是 $f(t)$ 的拉氏变换式$\left[F^*(s) = \int_0^{\infty} f(t) e^{-st} dt\right]$ 则采样函数 $f^*(t)$ 的拉氏变换式为

$$F^*(s) = \int_0^{\infty} f^*(t) e^{-st} dt = \int_0^{\infty} \frac{1}{T} \sum_{k=-\infty}^{+\infty} f(t) e^{jk\omega_s t} e^{-st} dt$$

所以

$$F^*(s) = \frac{1}{T} \sum_{k=-\infty}^{+\infty} F(s + jk\omega_s) \tag{5-9}$$

它是采样函数 $f^*(t)$ 拉氏变换式的一种表达式。可见,采样函数的拉氏变换式 $F^*(s)$ 是以 ω_s 为周期的周期函数。若令 $s = j\omega$,直接求得采样函数的傅里叶变换式,即

$$F^*(j\omega) = \frac{1}{T} \sum_{k=-\infty}^{+\infty} F(j\omega + jk\omega_s) \tag{5-10}$$

式(5-10)建立了采样函数频谱与连续函数频谱之间的关系,$F(j\omega)$ 为原连续函数 $f(t)$ 的频谱,$F^*(j\omega)$ 为采样函数 $f^*(t)$ 的频谱,如图 5-18 所示。图 5-18(a)表示了连续函数 $f(t)$ 的频谱 $F(j\omega)$ 是孤立的,非周期频谱,只有在 $-\omega_{max} \sim +\omega_{max}$ 有频谱,其外 $|F(j\omega)| = 0$,而采样函数 $f^*(t)$ 的频谱 $F^*(j\omega)$ 是采样频率 ω_s 的周期函数,其中 $k = 0$ 叫主频谱,除了主频谱外,$F^*(j\omega)$ 尚包括 $|k| > 0$ 的无穷多个附加的高频频谱。

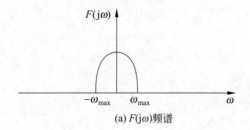

(a) $F(j\omega)$ 频谱

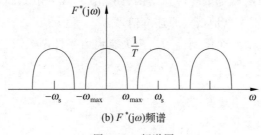

(b) $F^*(j\omega)$ 频谱

图 5-18　频谱图

频率域内的周期 ω_s 与时间域内的采样角频率 $\dfrac{2\pi}{T}$ 相等,即关系为

$$\omega_s = \frac{2\pi}{T} \tag{5-11}$$

显然采样周期 T 的选择会影响 $f^*(t)$ 的频谱、采样定理所要解决的问题是,采样周期选多大,才能将采样信号较少失真地恢复为原连续信号。

当 $\omega_s \geqslant 2\omega_{\max}$ 时,即 $T \leqslant \dfrac{\pi}{\omega_{\max}}$ 时,由式(5-11)知,如图 5-19(a)所示采样信号 $f^*(t)$ 的频谱是由无穷多个孤立频谱组成的离散频谱。其中主频谱就是原连续函数 $f(t)$ 的频谱,只是幅值是原来的 $\dfrac{1}{T}$,其他与 $|k| > 0$ 所对应的频谱都是由于采样过程而产生的高频频谱,如果将 $f^*(t)$ 经过一个频带宽大于 $\omega_{\max}$ 而小于 ω_s 的理想滤波器 $W(j\omega)$,滤波器输出就是原连续函数的频谱,说明当 $\omega_s \geqslant 2\omega_{\max}$ 时,采样函数 $f^*(t)$ 能恢复出不失真的原连续信号,这是我们希望得到的。

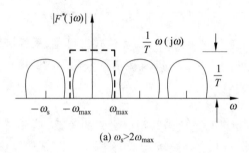

(a) $\omega_s > 2\omega_{\max}$

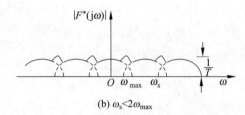

(b) $\omega_s < 2\omega_{\max}$

图 5-19　采样信号频谱的两种情况

而当 $\omega_s < 2\omega_{\max}$ 时,即 $T > \dfrac{\pi}{\omega_{\max}}$,如图 5-19(b)所示,采样函数 $f^*(t)$ 的频谱已变成连续频谱,重叠后的频谱中没有哪部分与原连续函数频谱 $F(j\omega)$ 相似,这样,采样信号 $f^*(t)$ 就不能通过低通滤波方法不失真地恢复原连续信号了。

因此,对采样周期就要有个限制。为了不失真地由采样函数恢复原连续函数,则要求

$$\omega_s \geqslant 2\omega_{\max} \tag{5-12}$$

即

$$T \leqslant \frac{\pi}{\omega_{\max}} \tag{5-13}$$

这就是香农(Shannon)采样定理,它给出了采样周期的上限。

5.3.4　采样周期 T 对运动控制器的影响

采样周期 T 的选择是实现计算机控制系统的一个关键问题,采样周期选择不合适,会导致系统动态品质恶化,甚至导致系统不稳定,前功尽弃。但是采样周期的选择至今没有一

个统一的公式,至于香农采样定理只给出了理论指导原则,实际应用还有些问题,主要是系统的数学模型不好精确地测量,系统的最高角频率 $\omega_{\max}$ 不好确定,况且采样周期的选择与很多因素有关,比较明显的因素如下:

(1) 控制系统的动态品质指标。

(2) 被控对象的动态特性。

(3) 扰动信号的频谱。

(4) 控制算法与计算机性能等。

目前采样周期的选择是在一般理论指导下,结合实际对象进行初步选择,然后再在实践中通过实验来确定的。对于伺服运动系统,要求其响应快,抗干扰能力强,采样周期可以根据动态品质指标来选择。假如系统的预期开环频率特性如图 5-20(a) 所示,系统的预期闭环频率特性如图 5-20(b) 所示。在一般情况下,闭环系统的频率特性具有低通滤波器的功能,当控制系统输入信号频率为 ω_0 (谐振频率) 时,幅值将会快速衰减,反馈理论告诉我们,ω_0 是很接近它的开环频率特性的截止频率 ω_c,因此可以认为 $\omega_c \approx \omega_0$,这样,我们对被研究的控制系统的频率特性可以这样认为,通过它的控制信号的最高分量是 ω_c,超过 ω_c 的分量被大大地衰减掉了,根据经验,用计算机来实现模拟校正环节功能时,选择采样角频率为

$$\omega_s \approx 10\omega_c \tag{5-14}$$

或

$$T \approx \frac{\pi}{5\omega_c} \tag{5-15}$$

可见,式(5-14)与式(5-15)是式(5-12)和式(5-13)的具体体现。

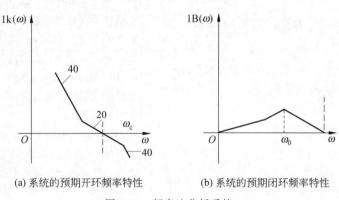

(a) 系统的预期开环频率特性　　　　(b) 系统的预期闭环频率特性

图 5-20　频率法分析系统

按式(5-15)选择采样周期 T,则不仅不能产生采样信号的频谱混叠现象,而且对系统的预期校正会得到满意的结果。

在伺服运动系统中,也可以根据系统上升时间而设定采样周期,即保证上升时间内有 $2 \sim 4$ 次采样。设 T_r 为上升时间,N_r 为上升时间采样次数,则经验公式为

$$N_r = \frac{T_r}{T} = 2 \sim 4 \tag{5-16}$$

经验表明,伺服运动系统采样周期太大,会产生失真,采样周期太小又会引进测量误差,为了达到好的滤波效果,许多伺服运动系统将控制器输出和编码器输入的周期分开,其中控

制器输出周期可为 $200\mu s$,编码器输入采样周期可为 $25\mu s$。

5.4　基于 PC 与基于 PLC 运动控制器的比较

在伺服运动控制中,基于 PC 与基于 PLC 的伺服运动控制器经常被人们选用。一般以为,基于 PC 与基于 PLC 的伺服运动控制器因其性能、重点不同而应用于不同的场合,PC 的实时性明显优于 PLC,有些场合仅能使用基于 PC 的伺服运动控制器。工控机与 PLC 性能比较一览表如表 5-3 所示。

表 5-3　工控机与 PLC 性能比较一览表

性　能	分　类	
	工控机 IPC	PLC
操作性	对于硬件的一些编程较为复杂,但可以借助软件功能扩充	采用面向用户的指令,因此编程方便,主要以梯形图为主,程序有通用性
可靠性	工控机能在粉尘、烟雾、高低温、潮湿、振动、腐蚀环境中工作。系统的故障率低,同时其可维修性好,抗干扰性不如 PLC	PLC 采用的 CPU 都是生产厂家专门设计的工业级专用处理器,抗干扰性特别是抗电源干扰能力也较高。系统软件为生产厂家所提供,具有很高的可靠性
移植性	受其自身限制,可移植性质较差	适合多种工业现场,有较好的移植性
工作方式	多为中断处理	串行通道顺序控制,循环扫描
实时性	由于 PC 的采用,实时性明显优于 PLC	PLC 大多都是晶体管输出类型的,这种输出类型的输出口驱动电流不大,决定了 PLC 实时性能不是很高,受每步扫描时间的限制
复杂控制	充分利用计算机资源,IPC 可用于运动过程、运动轨迹都比较复杂,且柔性比较强的机器	虽说有的 PLC 已经有直线插补、圆弧插补功能,但由于其本身限制,对于诸如伺服电机高速高精度多轴联动,高速插补等复杂动作不太容易实现
适用范围	工控机在中规模小范围自动化工程中有很高的性价比	主要适用于运动过程比较简单、运动轨迹固定的设备,如送料设备、自动焊机等 适合低成本自动化项目和作为大型 DCS 系统的 I/O 站
接线	接线涉及板卡,所以接线较为复杂,而且容易出错,在工业现场中较为不方便	接线较为简单,配置 I/O 模块非常清晰
扩展性	IPC 由于采用底板 CPU 卡结构,因而具有强大的输入/输出功能,能在与运动卡相接的同时,也与工业现场的各种其他外设、板卡等相连,以完成各种任务	要增加一个功能只要增加相应的模块和修正对应的程序,比较方便
故障诊断	利用看门狗技术能在系统出现故障时迅速报警,并在无人干预的情况下,使系统自动恢复运行。但很难诊断出故障元件及原因,使维修周期增加	本身有很强的自诊断功能,一旦系统出现故障,根据自诊断很容易诊断出故障元件,减少了出事故后的故障恢复时间

续表

性　能	分　类	
	工控机 IPC	PLC
多种控制	可以充分发挥计算机的多任务性特点,从而非常好地实现各种控制	尽管现代 PLC 可以实现过程控制,运动控制,顺序控制等,但是它的最大优点还是逻辑控制
可带电机	工控机可以通过增加运动卡来增加控制电机数目	其控制的电机数目受 PLC 自身设计的限制,往往只能带动少数几个电机
控制精度	可以充分发挥自行开发软件的优势,通过改进算法,来实现更精确的运动控制	因 PLC 设计时并不是以运动控制为主要目的,所以其控制精度不高
价格	相对便宜	相对昂贵
占地	体积相对较大	相对较小
主流厂家	上海康泰克、北京康拓和研华、艾讯等	A-B、Siemens 和 Modicon 等
市场占有率	35%左右	30%左右

5.5　基于 PC 的伺服运动控制系统设计分析

图 5-21 是基于 PC 的伺服运动控制系统结构框图,按物理结构可以划分为上位控制装置、交流伺服电机及其驱动器和机械传动机构 3 部分。

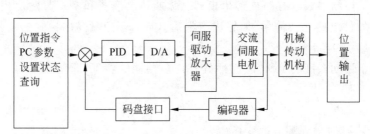

图 5-21　基于 PC 的伺服运动控制系统结构框图

5.5.1　上位计算机的选择

在伺服运动控制过程中,上位计算机实现运动规划、多轴插补、伺服控制滤波等数据运算和实时控制管理。

一般来说,在工业现场需要使用基于 PC 的伺服运动控制系统时,常采用专门为工业现场设计的计算机(工控机)作为上位计算机。这种计算机机箱采用钢结构,有较高的防磁、防尘、防冲击的能力并且便于维护,机箱内有专用底板,一般底板上有多个 ISA 和 PCI 总线插槽,机箱内还设有专门电源,电源有较强的抗干扰能力。

当工业现场条件恶劣,可以考虑使用 CNC 控制器。CNC 控制器除了满足商业利益的封闭性外,以其小巧、专用更能适应工业现场,但是 CNC 控制器本质上与工控机是相同的,都是一种加固的增强型工业个人计算机结构,是一种密闭的基于 PC 的伺服运动控制系统,它可以作为一个模块在工业环境中可靠运行。

实践表明,如果基于 PC 的伺服运动控制系统仅仅运行于实验室环境,使用一般的个人 PC 也能够胜任其工作。注意,这里所说的"实验室环境"主要指电源、温度、湿度、外部干扰等。这也是我们在开发时,经常使用一般个人 PC 的原因。

PC 操作系统也是选择上位计算机的一个重要内容。一般的,在工业现场,应该选择实时多任务或单任务操作系统。但是如果使用了 Windows 这样的非实时多任务操作系统,若不开启运行多个"任务",也能够达到正常"运行"的目的,这也是在开发时,经常使用 Windows 的原因。

5.5.2　运动控制器板卡的设计分析

采用 DSP 为核心,结合 FPGA/CPLD 逻辑可编程器件的灵活性完成运动控制的硬件架构组成的运动控制器是目前伺服运动控制系统的主流。

首先,DSP 以其不适应频繁中断,擅长深度处理而著称,而运动控制器恰恰又是中断源少,控制算法复杂为特点。基于以上的理由,在伺服运动控制器中,DSP 已取代单片机。其次,FPGA/CPLD 逻辑可编程器件的灵活性使其在多 CPU 架构的联系中发挥了越来越重要的不可替代的作用。基于 PC 板卡的伺服运动控制系统的结构限制了运动控制器的物理尺寸,其中复杂的逻辑和时序电路的转换又需要多种 TTL 集成电路,器件越多,故障点就会越多,会给系统带来多种不稳定因素。FPGA/CPLD 逻辑可编程器件的应用,刚好为问题提供了解决方案。

现在的运动控制器板卡有两种输出模式:脉冲输出模式和模拟量输出模式。其中,脉冲输出模式的硬件电路比较简单,但输出有滞后效应;模拟量输出模式的硬件电路比较复杂,但输出无滞后效应。

大多数用于运动控制的 DSP 设计都具有许多共同的特征,常见的 DSP 算法可以归结为以下几类:

(1) 信号滤波;

(2) 信号变换(时域到频域的变换);

(3) 卷积(信号混合);

(4) 相关(信号比较)。

下面的数学表达式描述了数字滤波的过程:

$$y(i) = \sum_{k=0}^{k} b(k)x(i-k) - \sum_{m=1}^{m} a(m)y(i-m)$$

该过程需要大量的加法、减法和乘法运算。$b(k)$ 和 $a(m)$ 分别是存储器中的两个系数表,它们分别与过去的输入 $x(i-k)$ 和输出 $y(i-m)$ 样值表相乘。每当一个新的样值到来,将其放入输入样值表的上端,并删掉表中最老的样值。这个过程表明:DSP 器件应该设计成能够高效访问和管理其存储器,同时能够处理数据端口的输入和输出的数据流。图 5-22 所示是滤波器系数和样值。

另一个常见的 DSP 算法是快速傅里叶变换(FFT)。FFT 常用计算中用到的"点数"来表示,例如,128 或 256 点 FFT。点数越大,输出的 FFT 的频域分辨率越高,缺点是随着点数的增加,运算量也相应增加。下式可用来估算每个 FFT 输出结果所需的乘法次数:乘法次数对于 $N=1024$ 点 FFT,需要大约 5120 次乘法。实际上,1024 点 FFT 通常作为一个标

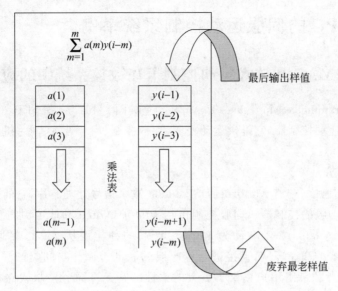

图 5-22　滤波器系数和样值

准来表示、比较不同 DSP 的性能。通用 FFT 可以用下面的关系式表示：

$$乘法次数 = \frac{N}{2}\log_2 N$$

$$X(K) = \sum_{n=0}^{N-1} x(n)W_N^{nK}$$

式中，$W_N^{nK} = \exp\left(-\frac{\mathrm{j}2\pi nK}{N}\right)$。

相关、卷积和功率谱都是与傅氏变换相关的函数。这些信号处理函数都能用 FFT 大致相同的关系式来实现。很明显这些算法都必须执行大量的乘法运算。大多数 DSP 器件具有乘累加运算（MAC）硬件，简化了这个过程。

5.5.3　驱动器、反馈元件的设计分析

交流伺服系统驱动器内部常采用 DSP 控制，内嵌频率解析功能，可检测出机械的共振点，具有共振抑制和控制功能，弥补机械的刚性不足，实现高速度定位，一般均采用 IGBT PWM 控制方式。

5.5.4　伺服电机的设计分析

伺服电机可匹配多种编码器，编码器模式与需求有关。如系统开始被控对象可复位时，常选用增量编码器，而当系统开始被控对象不可复位时，则常选用绝对编码器。

伺服电机的功率多为中容量（4000W 以下，三相供电电压）和小容量（750W 以下，单相供电电压），特别是交流伺服电机防护等级高，环境适应性强。

5.6　基于 PC 的伺服运动控制系统举例

5.6.1　PMAC 开放式运动控制卡在数控系统中的应用

PMAC(Programmable Multi-Axes Controller)是美国 Delta Tau 公司于 20 世纪 90 年代推出的开放式多轴运动控制器,它提供运动控制、离散控制、内务处理、同主机的交互等数控的基本功能。

1. PMAC 简介

PMAC 内部使用了一片 Motorola DSP 56003 数字信号处理芯片,它的速度、分辨率、带宽等指标远优于一般的控制器。伺服控制包括 PID 加 Notch 和速度、加速度前馈控制,其伺服周期单轴可达 $60\mu s$,2 轴联动为 $110\mu s$。产品的种类可从 $2\sim32$ 轴联动。甚至连接 MACRO 现场总线的高速环网,直接进行生产线的联动控制。与同类产品相比,PMAC 的特性给系统集成者和最终用户提供了更大的柔性。它允许同一控制软件在 3 种不同总线(PC-XT/AT、VME、STD)上运行,由此提供了多平台的支持特性,并且每轴可以分别配置成不同的伺服类型和多种反馈类型。

2. PMAC 的分类

PMAC 卡按控制电机的控制信号来分,有 1 型卡和 2 型卡。1 型卡输出 ±10V 模拟量,主要用速度方式控制伺服电机。2 型卡输出 PWM 数字量信号,可直接变为 PULSE+DIR 信号,来控制步进电机和位置控制方式的伺服电机。

PMAC 卡按控制轴数来分,有如下几种:

(1) 2 轴卡:MINI PMAC PCI;

(2) 4 轴卡:PMAC PCI Lite,PMAC2 PCI Lite,PMAC2A-PC/104 及 Clipper;

(3) 8 轴卡:PMAC-PCI,PMAC2-PCI 和 PMAC2A-PC/104 及 Clipper;

(4) 32 轴卡:TURBO PMAC 和 TURBO PMAC2。

PMAC 卡按通信总线形式分,有 ISA 总线、PCI 总线、PCI04 总线、网口和 VME 总线。PMAC 各种轴数的 1 型和 2 型卡,都有上述的计算机总线方式供选择,PMAC 除上述板卡形式外,还可以提供集成的系统级产品,有 UMAC、IMAC400、IMAC800、IMAC Flex、ADVANTAGE400、ADVANTAGE900 等,具体分类可以参考北京泰诺德公司网站。

3. 与各种产品的匹配

(1) 与不同伺服系统的连接:伺服接口有模拟式和数字式两种,能连接模拟、数字伺服驱动器,交、直流、直流无刷伺服电机伺服驱动器及步进电机驱动器。

(2) 与不同检测元件的连接:测速发电机、光电编码器、光栅、旋转变压器等。

(3) PLC 功能的实现:内装式软件化的 PLC,使用类似 Basic 的程序,可扩展到 2048 点 I/O。

(4) 界面功能的实现:按用户的需求定制。

(5) 与 IPC 的通信:PMAC 提供了 3 种通信手段——串行方式、并行方式和双口 RAM 方式。采用双口 RAM 方式可使 PMAC 与 IPC 进行高速通信,串行方式能使 PMAC 脱机运行。

（6）CNC 系统的配置：PMAC 以计算机标准插卡的形式与计算机系统共同构成 CNC 系统，它可以用 PC-XT&AT，VME，STD32 或者 PCI 总线形式与计算机相连。

4. 应用实例

随着 PC-NC 型数控技术的发展，具有模块化拓扑结构的集成电路在构筑数控系统硬件平台时得到广泛采用，使得系统硬件的可重构性和可重用性有了很大改观。而为了实现开放式数控系统平台，还必须建立一种通用的、组件化的软件模型，以提高这些软件的可重构能力与可重用性，真正达到开放性。COM 技术能很好地构筑组建化的软件模型，因此，可以利用 COM 技术来实现开放式数控系统平台。开放式数控系统软件平台如图 5-23 所示。

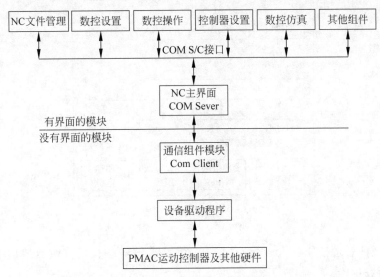

图 5-23　开放式数控系统软件平台

开放式数控平台的模块划分及模块间的关系如图 5-23 所示。NC 主界面程序运行时，运用插件技术将其他模块的 DLL 载入系统，系统被初始化，就能正常运行了。其中 COM Sever 是 NC 主界面程序，其他模块都是 COM Client，各个上层应用模块通过 COM 接口双向传输数据。用户可以根据自己的需求定制自己的程序，将不需要的模块删除，添加所需的模块，从而充分体现该数控平台的开放性。

笔者自行研制的微小零件加工机床其机床结构如图 5-24 所示，该机床具备铣、车、钻和镗等微细切削加工能力，机床共分为 X、Y、Z 和 C 共 4 轴，可实现 4 轴联动。同时机床在配上车削主轴后，X 轴与 C 轴可以组成 R-8 型车床，可以进行非球面车削。机床 X 和 Y 向导轨的运动分辨率为 1Fpm，C 轴旋转工作台转动分辨率为 2s。在铣削加工时 C 轴可以作为分度台使用，这样 C 轴既可在铣削时作为分度转台使用，又可在车削时实现球面和非球面加工。另外，利用伺服转台机构还可以充分利用其高精度、高频响的优点，并可以保持机床加工过程中的对称结构。由于微细切削加工不同于普通的切削加工，因此我们采用了基于 PMAC 的 IPC-NC 型开放式数控系统，针对微细加工的特点，对一些功能

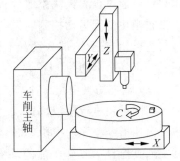

图 5-24　微型加工机床结构简图

模块的功能进行了改进。其硬件结构如图 5-25 所示,在通用的 IPC 插槽中插入 PMAC 卡,运用组件对象模型(COM)技术,建立了基于 PMAC 的开放式数控系统软件平台。微机上的操作系统为 Windows 98,采用 VC 作为开发语言,所开发的人机界面提供给用户一个操作接口,用户可以通过鼠标单击来完成相应的操作。该系统能实现的功能模块有 NC 文件管理、数控设置、数控操作、控制器设置、数控仿真、通信等。

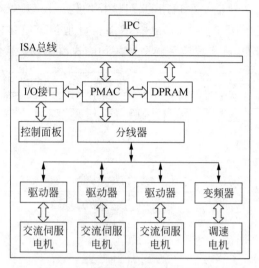

图 5-25   开放式数控系统原理框图

（1）NC 文件管理模块。管理数控加工文件输入、编辑、输出、修改数控加工文件,同时还具有语法检查功能。

（2）数控设置模块。此模块主要完成系统参数设定,刀具参数的设置,同时还进行系统诊断。

（3）数控操作模块。可以切换到手动操作、MDI 操作和自动操作,实时加工时各种数据的数字、图形综合显示窗口。显示的机床坐标包括绝对坐标显示,相对坐标显示与剩余距离显示；图形显示有加工轨迹图形与加工过程图像显示。

（4）控制器设置模块。该模块的主要功能是对 PMAC 运动控制器的资源进行配置并且驱动运动控制器以供数控系统使用,并且将已经加载进了系统的 PMAC 运动控制器及其资源显示出来以供用户选用。开机时检测 PMAC 运动控制器设备是否存在,如果不存在,用户可以通过设置模块添加设备及设置相应的端口。对已经存在设备的系统,用户可以通过设置模块配置运动控制器设备。对不需要的设备可以通过设置模块将其删除。如果有多卡与主机相连通信,那么设置不同卡的端口以及编号,以便主机可以区分不同的卡,分别或同时与每一个卡通信。

（5）数控仿真模块。通常在进行正式的 NC 加工之前,需要检验 NC 代码的正确性。对加工切削过程进行模拟仿真,校验其加工代码的正确性十分必要。为此,开发一个能调试和仿真数控指令程序的模块,该模块完全模拟零件的对刀和加工的整个过程,能在任意视图上真实逼真地显示刀具切削的动态过程,检测刀具、刀夹、主轴与工件、夹具、机床是否正常工作。

（6）通信模块。主要完成 IPC 与运动控制器 PMAC 的通信任务,是上层界面与运动控制器的桥梁,其他组件模块都要通过它与运动控制器交换数据。在对以上关键技术研究的基础上,在自研的微小零件加工机床上成功地实现了三维微细零件的切削加工。

图 5-26 是应用 COM 技术开发的开放式数控系统的软面板,与数控机床的硬操作面板功能一样。它的接口是通用和开放的,可以与数控设置和 NC 文件管理等组件模块通信,通过简单的按钮操作就可以进行数控操作。

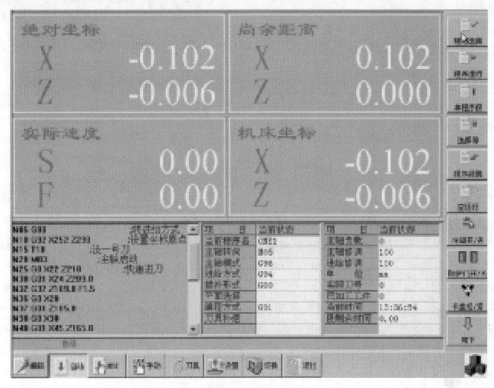

图 5-26　开放式数控系统的软面板

5.6.2　Trio 运动控制卡

Trio 从 1987 年创立之初起,一直致力于运动控制器的设计研发及应用研究工作。Trio 运动控制器的设计理念是:为客户提供满足各类现场应用要求的高品质的运动控制器。

1. Trio 运动控制器的特性说明

（1）独立性:Trio 运动控制器从设计之初,即按照独立运行的理念为依托来设计控制器。每一款控制器均可以独立进行编程,无须外部计算机而独立脱机运行。

（2）可靠性:目前在世界上,有超过 100 000 台各类电机由 Trio 运动控制器进行控制运转,没有发生一例安全事故。由 Trio 运动控制器组成的各个系统安全可靠地运行,涵盖了几乎工业自动化领域的各个行业。

（3）安全性:Trio 运动控制器是一种嵌入式系统,其有自身独立的操作系统和运行环境,该环境与外界彻底隔离,从原理上讲就没有遭到外界计算机病毒攻击的可能性。

(4) 开放性：提供几乎所有的各类通信接口形式，可以与各类伺服驱动器、伺服电机连接，与各类计算机系统连接以及触摸屏连接等。

(5) 实时性：Trio 运动控制器特有的嵌入式开发系统，可以为客户提供最底层的开发编程环境，可以为客户提供最为实时的响应特性，提高生产效率。

(6) 高精度：在脉冲(步进)方式控制时，可以提供最高 2MHz 的脉冲输出频率，作为伺服(模拟量)方式控制时，可以最高接收 6MHz 的反馈输入脉冲。并且所有轴的每个伺服运算周期可到达 0.25ms。

2. 与台湾产的运动控制卡的功能及性能比较

1) 控制器的结构和原理

台湾地区产的各类运动控制卡的原理如图 5-27 所示。

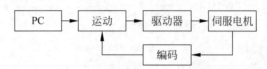

图 5-27　台湾地区产的各类运动控制卡的原理图

该图描述了目前市场上绝大多数运动控制卡的一个基本框图，运动控制卡作为一种接口卡插在计算机 PCI 插槽中，同时各个厂商为其运动控制卡提供专用的各类 PC 系统下的驱动和接口程序，运动控制卡作为一个计算机系统与实际伺服系统的一个接口单元，实时接收来自计算机的指令来进行运动过程的处理。用户在使用过程中，按照厂商提供的接口函数实时给运动控制卡发送各类指令。该类系统的实现需要计算机系统时刻参与运动过程的处理，简单的如限位处理，复杂的如多轴配合运动等。这类运动控制卡作为一种接口卡，预制了各种运动指令，但由于其没有自身的逻辑处理能力和编程能力，只能依靠上位计算机来做逻辑控制，而由于计算机目前多采用 Windows 系统，不能实现实时操作而且还需处理其他各种运算统计工作，此外运动控制还不同于简单的逻辑控制，因此造成各个子系统间耦合性过强，整体系统可靠性差，而且难于维护，例如急停处理，由于其要由 PC 进行处理，因此一旦 PC 系统出现故障，则急停信号就会失效，造成系统安全性能下降。

2) Trio 运动控制器体系结构

Trio 运动控制器的体系结构如图 5-28 所示。

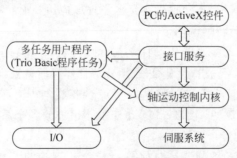

图 5-28　Trio 运动控制器体系结构

Trio 运动控制器采用独立式的设计方式和理念,本身控制器就是一个可以执行多任务程序的嵌入式系统。用户可以根据自身需要用 Trio Basic 语言进行程序开发,整个系统可以脱离任何外界 PC 系统独立运行。同时借助 PCI 总线或各类串口通信方式与 PC 可进行实时通信。此外控制器本身就具有 I/O 端口,加扩展后可直接扩展到 272 点,通过自身内部程序编写即可实现最为实时可靠的处理。由于运动控制并不是简单的指令传送问题,其还涉及更为复杂的逻辑及调度问题,所以可以用 Trio Basic 编写出各类程序模块,将运动问题全部交给控制器自己来做,PC 通过设置各个状态位实现对运动过程的调度。与其他控制卡相比,Trio 运动控制器更为灵活,即可以按照原有控制卡的模式进行工作外,还可以进行自身编程,将原来复杂的程序结构进行分解简化,可以大大降低程序的复杂程度,提高系统整体的可靠性。

3) 控制方式

控制方式上,Trio 运动控制器可以根据客户需要将各个轴进行独立配置,如前面两个轴为脉冲方式,后面 6 个轴为伺服方式等。而其他大多数轴卡只能有一种模式,而且每张轴卡所支持轴的数量也仅有 4 个而已。Trio 公司目前单个 CPU 支持的轴数最多可达 24 轴,并且已经开发出 64 轴的运动控制器。PCI 方式的运动控制器,目前标准产品为 8 轴,根据需要已经开发出 14 轴的 PCI 方式的运动控制器。此外 Trio 运动控制器形式多样,既有插在 PC 中的 PCI 接口卡,又有独立式的运动控制器,所有的运动控制器中的软件都互相通用,用户可以随时改变自己系统的形式,而不需要改变系统结构。

4) 运动程序的编程

Trio 运动控制器通过 Motion Perfect2 软件采用 Trio Basic 语法进行嵌入式程序开发,程序简单易懂。而且为 PC 提供 ActiveX 控件,上位机可以与控制器进行直接的数据交互和运动指令传送。用户可以根据需要将运动相关的所有过程直接编写到控制卡内,与 PC 只是简单交互对应数据和状态而已,整个系统结构清晰,稳定可靠。而且可大大简化上位机程序开发的复杂程度,节约开发周期。此外由于运动控制过程独立于其他计算机运算过程,系统效率较高,并且在上位机系统出现故障时,不会影响运动过程,提高了系统的安全性(例如紧急停止信号直接由控制器实现,不需要计算机的干预)。

其他大多数运动控制卡没有嵌入式开发接口,只提供 DLL 动态链接库,用户必须通过 PC 程序去单独地触发一个个运动指令,从形式上讲该类控制卡只是一种程序接口卡而已,用户必须将所有的运动过程在 PC 中进行处理,这样做的效率低下而且程序结构过于复杂,不利于系统的稳定运行和维护。

5) I/O 控制

Trio 运动控制器本身就带有 I/O 端口,以 PCI208 为例,其本体即带有 10 个输出、20 个输入接口,而且还可以直接连接扩展模块。用户可以将所有的 I/O 处理直接放在运动控制卡上实现,不但包括限位处理而且还有其他功能性 I/O 都可以在控制器中直接通过编程实现。

其他大多数控制卡没有 I/O 能力,需要在计算机中插接另外的 I/O 处理卡件,所有的逻辑(有时包括限位信号)都需要通过 PC 控制,这样做的效率过低,而且系统不够稳定。

3. 应用

1) Trio 公司的 PCI208 运动控制卡

英国翠欧运动技术公司(Trio Motion Technology Ltd)成立于 1987 年,是一家致力于运动控制领域内技术研发及产品生产的公司。其数字运动控制器产品分为独立型控制器和基于 PC 的 PCI 线式控制器两大类。

PCI208 是翠欧(Trio)公司基于 PC 的 PCI 线控制的控制卡的典型代表,该运动控制卡采用了独立的 120MHz 的 DSP 微处理器技术,可以控制 8 个轴的伺服或步进电机,并提供 1、2 个 CAN 点线通道和独立的 I/O 扩展。通过增加一个扩展连括器,PCI208 还能额外提供 10V 的电压输出。同时在实际工作中,它还能够独立于计算机运行。

PCI208 设计为主-子板结构,主板即为 PCI208,提供了运动控制卡的基本功能,当主板不能满足复杂应用的需要时,可以通过使用与 PCI208 配套的 P182,P183,P184,P185 等扩展组件即子板,增强 PCI208 的功能。PCI208 通过名为 Breakout Board 的子板(P181)与其他子板建立连接。

软件编程方面 PCI208 使用也非常方便。由于翠欧(Trio)公司已提供了高度封装的 Active X 控件,使用者可以很轻易地在 PC 上用 VB、VC、Delphi 等高级语言进行二次开发。通过控件提供的连接、运动、变量、输入/输出以及过程控制等命令完成与 PCI208 的通信,实现要求的运动控制。

PCI208 本身也是可编程的,使用的编程语言为 Trio BASIC,这是一种类 BASIC 的面向过程语言。在 Windows 系统下,Trio 公司还提供了一个集成开发环境 Motion Perfect 2,该软件不仅可以对运动控制器编程、离线开发,还能执行在线控制和监测等功能。

通过对控制器编程,PCI208 最多能同时提供多达 8 个任务的多任务运行。值得强调的是,使用者应该尽可能地充分利用控制卡的多任务特性,提高资源的利用率。

2) PCI208 在数控领域的应用

在数控系统中,PC 与运动控制卡通信最多、最频繁的是传递 G 代码数据。G 代码中包含着大量的信息。下面以一种简化的 G 代码模型为例,介绍如何利用 PCI208 的多任务特性完成上位机与运动控制卡的数据交换。

(1) 上位机与运动控制卡框架结构。

在运动控制卡内存在 3 个进程:控制卡主进程、解释程序进程以及实时状态进程。

上位机主程序发送加工命令和参数到运动控制卡主进程,然后由控制卡主进程开启解释程序进程和实时状态进程。实时状态进程向上位机主程序返回当前加工位置坐标等信息,上位机主程序则根据这些信息,启动传输数据例程向运动控制卡的 TABLE 数据表传送数据。解释程序进程则不断地从 TABLE 数据表取出数据,控制电机运动,完成数控加工,图 5-29 为程序结构模块。

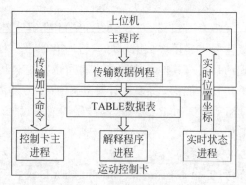

图 5-29　程序结构模块

（2）TABLE 数据表与解释程序。

PCI208 的 TABLE 数据表如表 5-4 所示,根据任务需要,将 TABLE 表示以 6 个存储空间为基础分段。在每段中,第 1 个存储位置存放插补方式 C 值,并将第 2,3,4,5,6 位置存放数据 X、Y、Z、I、J(根据插补方式的不同,有些位置的值为 0)。在控制卡内部有一个专门运行解释程序(见图 5-30)的线程,不断地从 TABLE 中读取插补方式和坐标点信息,以控制插补运动。

表 5-4　TABLE 数据表

Address	Value	Address	Value
1	G=1	8	X=112.374
2	X=103.902	9	Y=178.828
3	Y=209.159	10	0
4	Z=50.0	11	I=−22.543
5	0	12	J=−81.031
6	0	13	...
7	G=2		

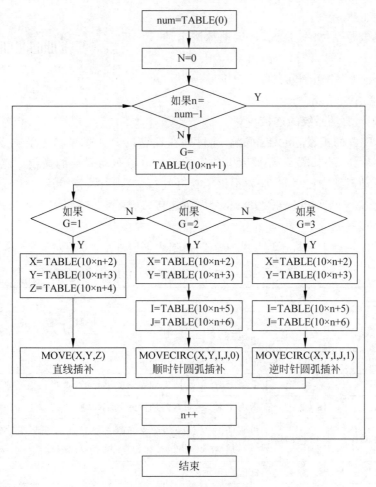

图 5-30　解释程序流程图

当然,随着问题复杂性的不同,还可以在每段中添加其他的数据成员,以控制更复杂的运动。

5.6.3 PCIMC-3A及PCIMC-3B控制卡

1. PCIMC-3A控制卡

PCIMC-3A型计算机运动控制卡是维宏科技公司专门为NC STUDIO™运动控制系统(该系统是上海维宏科技有限公司自主开发、自有版权的运动控制系统)设计的配套板卡。该卡插在PC PCI槽内,通过它实现机床运动控制。

1) 控制卡的结构

PCIMC-3A型计算机运动控制卡外形如图5-31所示,该卡尺寸为160mm×120mm。

LED为一发光二极管用做状态指示。系统上电启动时,LED闪烁发光。启动后持续发光。当NC STUDIO™运动控制软件启动后,LED熄灭。DB15为15芯(针)插座,通过电缆与机床通信。底端为插脚,插在PC PCI槽内。

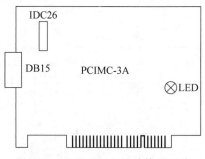

图5-31　PCIMC-3A型计算机运动
控制卡外形图

2) 控制卡的安装

关闭主机电源,打开机箱盖,将运动控制卡插入任何一个空的PCI槽内,安装时,用手轻按运动控制卡两侧,确保运动控制卡牢固插入PCI槽,然后,旋紧固定螺钉,盖好机箱盖。

3) 控制卡与驱动系统的连接

NC STUDIO的机械运动控制信号通过插在计算机PCI扩展槽上的运动控制卡实现NC STUDIO软件系统与安装在机床电气箱的进给电机驱动系统的通信。PCIMC运动控制卡与电机驱动系统连接之前,应先将机床与电气箱安装就位,用专用的15芯电缆将运动控制卡上的15芯插座与电气箱上的15芯插座连接,这样NC STUDIO运动控制卡与电机驱动系统的连接就完成了。

PCIMC-3A控制卡与机床连接线插头定义如表5-5和表5-6所示。

表5-5　PCIMC-3A控制卡引脚定义(DB15RA/M,针)

引脚	功能	信号方向	描　　　　述
1	对刀	输入	对刀信号为低电平时,表示刀已接触对刀块;对刀信号悬空或高电平时,表示无效
2	ZP	输出	低电平时,驱动器内的输入光耦导通,否则截止
3	YP	输出	低电平时,驱动器内的输入光耦导通,否则截止
4	XP	输出	低电平时,驱动器内的输入光耦导通,否则截止
5	主轴频率	输出	可驱动F/V模块的输入光耦主轴转速为控制主轴转速的频率信号,当频率越高时,转速越高,反之转速越低
6	Z限位	输入	低电平表示限位到

续表

引脚	功能	信号方向	描　述
7	Y 限位	输入	低电平表示限位到
8	X 限位	输入	低电平表示限位到
9	XD	输出	低电平时,驱动器内的输入光耦导通,否则截止
10	YD	输出	低电平时,驱动器内的输入光耦导通,否则截止
11	ZD	输出	低电平时,驱动器内的输入光耦导通,否则截止
12	冷却控制	输出	输出 TTL 信号,高电平有效并启动外部设备,低电平时无效并关闭外部设备
13	主轴控制	输出	输出 TTL 信号,高电平有效并启动外部设备,低电平时无效并关闭外部设备
14	GND		
15	+5V	输出	输出电流容量不小于 500mA

表 5-6　PCIMC-3A 控制卡引脚定义(DB25RA/F,孔,通过 IDC26 插座引出)

PCIMC-3A.PCB J2(DB25)引脚	功能描述
J2-1	GND
J2-2	+5V
J2-3	×1 挡
J2-4	Y− 　Y 负方向移动
J2-5	×10 挡
J2-6	Z− 　Z 负方向移动
J2-7	×100 挡
J2-8	Z 轴精定位
NC	
J2-10	LED1 ×1 指示灯
J2-14	GND
J2-15	+5V
J2-16	Z+ 　Z 正方向移动
J2-17	X+ 　X 正方向移动
J2-18	Y+ 　Y 正方向移动
J2-19	X− 　X 负方向移动
J2-20	X 轴精定位
J3-21	Y 轴精定位
J2-22	LED2 ×10 指示灯
J2-23	LED3 ×100 指示灯

注：NC 表示未定义,J2 插口用于扩展手持盒等设备。

4）电气接线示意图

（1）接法一。

为了控制主轴和冷却电机,这里采用固态继电器作为控制元件。主轴的固态继电器输出控制主轴变频器的启停,冷却的固态继电器输出控制冷却电机的启停,如图 5-32 所示。

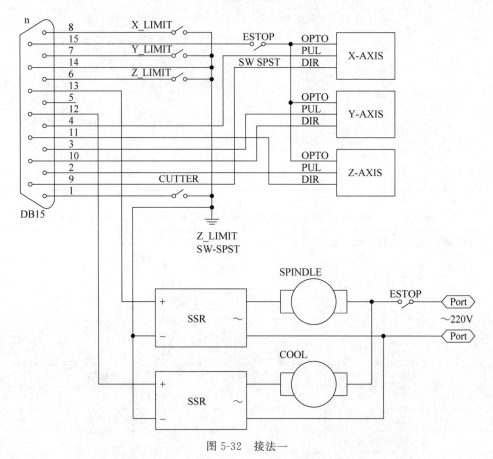

图 5-32　接法一

（2）接法二。

当需要主轴速度控制时,可选用 MPG-3AX 板,该板可用于连接手摇脉冲发生器,同时还有 0～10V 模拟量输出,可实现主轴转速的调速控制,如图 5-33 所示。

2. PCIMC-3B 控制卡

PCIMC-3B 型计算机运动控制卡是维宏科技公司专门为 NC STUDIO™ 运动控制系统（该系统是上海维宏科技有限公司自主开发、自有版权的运动控制系统）设计的配套板卡。该卡插在 PC 的 PCI 槽内,通过它实现机床运动控制。

1）控制卡的结构

PCIMC-3B 型计算机运动控制卡外形如图 5-34 所示,该卡尺寸为 160mm×120mm。

LED 为一发光二极管用做状态指示。系统上电启动时,LED 闪烁发光。启动后持续发光。当 NC STUDIO™ 运动控制软件启动后,LED 熄灭。

DB15 为 15 芯(针)插座,通过电缆与机床通信。

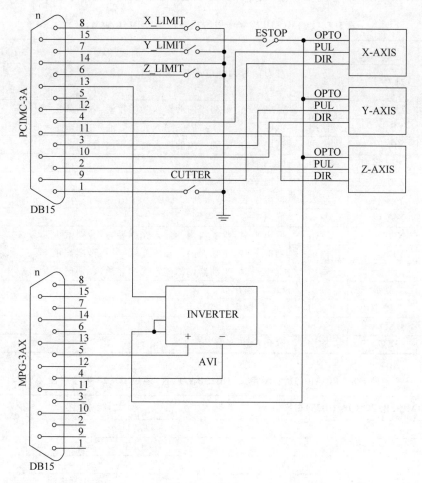

图 5-33　接法二

底端为插脚,插在 PC PCI 槽内。

2) 控制卡的安装

关闭主机电源,打开机箱盖,将运动控制卡插入任何一个空的 PCI 槽内,安装时,用手轻按运动控制卡两侧,确保运动控制卡牢固插入 PCI 槽,然后,旋紧固定螺钉,盖好机箱盖。

3) 控制卡与驱动系统的连接

NC STUDIO 的机械运动控制信号通过插在计算机 PCI 扩展槽上的运动控制卡实现 NC STUDIO 软件系统与安装在机床电气箱的进给电机驱动系统

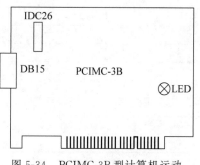

图 5-34　PCIMC-3B 型计算机运动控制卡外形图

的通信。PCIMC 运动控制卡与电机驱动系统连接之前,应先将机床与电气箱安装就位,用专用的 15 芯电缆将运动控制卡上的 15 芯插座与电气箱上的 15 芯插座连接,这样 NC STUDIO 运动控制卡与电机驱动系统的连接就完成了。

PCIMC-3B 控制卡与机床连接线插头定义如表 5-7 和表 5-8 所示。

表 5-7　PCIMC-3B 控制卡引脚插头定义(DB15RA/M,针)

引脚	功能	信号方向	描　　述
1	对刀	输入	对刀信号为低电平时,表示刀已接触对刀块;对刀信号悬空或高电平时,表示无效
2	ZP	输出	低电平时,驱动器内的输入光耦导通,否则截止
3	YP	输出	低电平时,驱动器内的输入光耦导通,否则截止
4	XP	输出	低电平时,驱动器内的输入光耦导通,否则截止
5	主轴高速	输出	OC 门输出
6	Z 零点	输入	低电平表示零点到
7	Y 零点	输入	低电平表示零点到
8	X 零点	输入	低电平表示零点到
9	XD	输出	低电平时,驱动器内的输入光耦导通,否则截止
10	YD	输出	低电平时,驱动器内的输入光耦导通,否则截止
11	ZD	输出	低电平时,驱动器内的输入光耦导通,否则截止
12	主轴低速	输出	OC 门输出
13	主轴中速	输出	OC 门输出
14	GND		
15	+5V	输出	输出电流容量不小于 500mA

表 5-8　PCIMC-3B 引脚定义(DB25RA/F,孔,通过 IDC26 插座引出)

PCIMC-3B. PCB J2(DB25)引脚	功 能 描 述
J2-1	GND
J2-2	+5V
J2-3	×1 挡
J2-4	Y—　Y 负方向移动
J2-5	×10 挡
J2-6	Z—　Z 负方向移动
J2-7	×100 挡
J2-8	Z 轴精定位
NC	
J2-10	LED1　×1 指示灯
J2-14	GND
J2-15	+5V
J2-16	Z+　Z 正方向移动
J2-17	X+　X 正方向移动
J2-18	Y+　Y 正方向移动
J2-19	X—　X 负方向移动
J2-20	X 轴精定位
J3-21	Y 轴精定位
J2-22	LED2　×10 指示灯
J2-23	LED3　×100 指示灯

注：NC 表示未定义,J2 插口用于扩展手持盒等设备。

4) 电气接线示意图

为了控制主轴电机的转速,控制卡输出 3 个 OC 门信号,分别可控制主轴高速、中速、低速旋转。这里要求变频器带分挡控制。

如果选择 DZJ-3 转接板,则电气接线更简单。3 个轴 6 个方向的限位都用常闭开关,并将它们串联后,一端连到 XW1,另一端连到 XW2;限位释放按钮(常开,按下时接通)并接到 XW1 和 XW2;紧停开关(常闭)两端分别连到 ES1 和 ES2。SPL、SPM、SPH 用于控制变频器实现主轴转速的分档控制。3 个轴的零点信号和对刀信号直接连到该转接板,如果使用普通行程开关,则这些开关都必须有一端与 GND 相连;如果使用光电开关、霍尔开关或接近开关,转接板可为其提供 5V 电源,如图 5-35 所示。

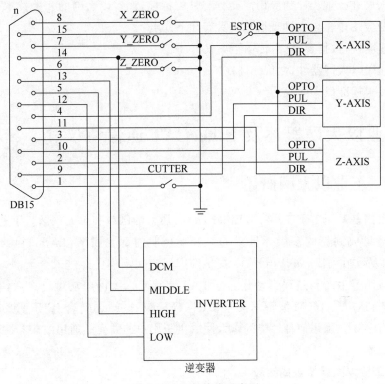

图 5-35　电气接线示意图

习题

5-1　伺服系统对控制系统的要求是什么? 简述基于 PC 与 PLC 运动控制器的区别。

5-2　试画出基于 PC 的运动控制系统结构框图。

5-3　PCI 总线与 ISA 总线在功能优缺点方面的比较分析。

5-4　描述实时多任务操作系统(iRMX),并分析其组成,画出系统结构示意图。

第6章　基于 EtherCAT 网络的交流伺服运动控制系统

工业以太网是指在工业环境的自动化控制及过程控制中应用以太网的相关组件及技术。工业以太网会采用 TCP/IP 协议和 IEEE 802.3 标准兼容,但在应用层会加入各自特有的协议。以太网在工业程序的应用需要有实时的特性,许多以太网的相关技术可以使以太网适用在工业应用中。以太网现场总线具有如下几点:

> 传输速度快,数据容量大,传输距离长;
> 使用通用以太网器件,性价比高;
> 可以接入标准以太网段。

6.1　工业以太网概述及 EtherCAT 通信协议

6.1.1　工业以太网概述

工业以太网是基于 IEEE 802.3(Ethernet)的强大的区域和单元网络。工业以太网,提供了一个无缝集成到新的多媒体世界的途径。企业内部互联网(Intranet)、外部互联网(Extranet),以及国际互联网(Internet) 提供的广泛应用不但已经进入今天的办公室领域,而且还可以应用于生产和过程自动化。继 10M 波特率以太网成功运行之后,具有交换功能,全双工和自适应的 100M 波特率快速以太网(Fast Ethernet,符合 IEEE 802.3u 的标准)也已成功运行多年。采用何种性能的以太网取决于用户的需要。通用的兼容性允许用户无缝升级到新技术。

1. 多种工业以太网协议的比较

对于多种多样的数控设备、PLC 设备以及机器人自动控制系统,使得工业控制网络的延时、吞吐量和数据刷新率等性能更加严格。到目前为止,由国际 IEC 委员会指定的以太网协议标准已达十几种,协议可划分为 3 个类别,即硬实时、软实时和同步硬实时。所谓通信协议,都是建立在某个逻辑控制器单元之上。在把控制器接入处于同一局域网的设备网络后,二者完成一次数据 I/O 时间,称为周期时间,该时间是衡量工业以太网实时性的重要标准之一。

表 6-1 结合了网络协议的实时类型,展示了不同协议类型的周期时间,并且通过该表可以得知,在主流的工业以太网协议标准中,EtherCAT 实时以太网协议是当前实时性最高的协议。

表 6-1　实时以太网比较

网 络 协 议	实 时 类 型	周期时间（节点数）
Modbus	软实时	$>10\text{ms}(-)$
Ethemet/IP	软实时	$>10\text{ms}(-)$
ProfiNet	硬实时	$250\mu s\sim 4\text{ms}(25)$
Powerlink	同步硬实时	$50\mu s\sim 1\text{ms}(240)$
EtherCAT	同步硬实时	$30\mu s\sim 1\text{ms}(1000)$

工业以太网通过改进工业上需求的实时性，高精度性等特征，使得以太网技术在工业上得到满足。相比于传统的总线技术，工业以太网不仅仅在数据通信距离、传输速率和多个数据帧组合方式上展现了更多的优势，在拓扑连线上也更加实用，并且与 IEEE 802.3 标准吻合。因此，实时工业以太网技术在工业自动化控制领域中应用越来越广泛，成为现场总线应用的一种走向。从底层实现的角度出发，可以大体将实时以太网技术归为 3 种类型，如图 6-1 所示。

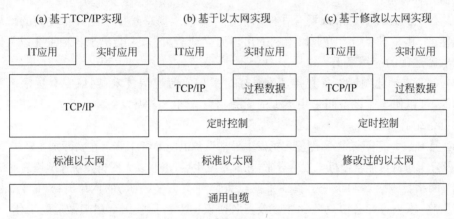

图 6-1　以太网通信模式

（1）以 TCP/IP 协议为基础。

如图 6-1(a)所示，该方案可向上向下很好的兼容，对上层通过优化后的调度算法，优先级策略实现，实现 IT 、实时应用的通信接口，对下层通过基础的 TCP/IP 协议，也可以很好地兼容商用网络，实现逻辑网络的跨界通信，然而缺点是不能实现数据传输的及时性。主要代表有传统以太网和 Modbus TCP 协议。

（2）以标准以太网为基础。

如图 6-1(b)所示，该方案介入了一种专用的定时控制协议，来保证传输数据的实时性，并且标准的传输层协议来传输非周期数据。主要代表有 Powerlink 等协议。

（3）以修改的标准以太网为基础。

如图 6-1(c)所示，该方案通过改造以太网协议，大幅缩短了实时响应的时间，但从站要采用专用通信芯片。通信方面，依旧区分周期数据与非周期数据的通信，并且兼容常规以太网控制卡。这种方案的主要代表有 EtherCAT 等协议。

表 6-2 是四种常规的以太网的性能对比。通过上表的数据可以看出 EtherCAT 协议在各通信特点中比其他三个以太网更适合应用在工业自动化控制领域的实时数据传输。

表 6-2　各种类型以太网比较

通信特点	EtherCAT	Powerlink	Ethernet/IP	Modbus/TCP
通信结构	Master/Slave	Master/Slave	Client/Server	Master/Slave
通信方法	集总帧	面向信息的传输帧	面向信息的传输帧	面向信息的传输帧
拓扑结构	线、星、菊花链状	线、星、树状	星状	星、树状
传输模式	全双工	半双工	全双工	全双工
传输速度	百兆	百兆	百兆	百兆
同步机制	分布时钟	IEEE 1588	IEEE 1588 Sync	—
同步精度	100ns	$1\mu s$	$1\mu s$	$1\mu s$

2. 工业以太网的发展趋势

随着工业自动化技术的不断发展,产品制造水平也水涨船高,对制造业需求也变得越来越严格。在自动化控制技术高精尖发展的趋势中,对传统的工业实时网络也提出了更高的要求。从目前工业以太网在自动化控制领域的应用现状来看,工业以太网在未来的发展趋势有下面几种特点:

(1) 与现场总线结合形成混合式控制系统。目前现场总线技术已具有较高的市场占有率和成熟度,其并不会因为工业以太网的出现而立刻消失,未来会出现各种工业以太网与现场总线兼容适配的应用案例。

(2) 工业自动化领域设备直接适配。通过采用实时通信技术、网络安全技术以及上下电技术等,可以使工业设备间采用很少的人力物力就可以实现设备间互联互通,使得工业以太网在设备中直接应用。

(3) 具有强大的容灾能力,即使现场发生异常设备也能继续工作。在实际加工环境下,物件温度以及碎末迸溅可能会使机床发生异常,在异常发生后,工业以太网也要快速地恢复通信。

(4) 网络标准兼容和统一。目前工业以太网种类繁多,现场的网络升级和可重构工作会变得困难,未来可能各协议互相兼容或者各协议向上再抽象出一层来做适配工作。

6.1.2　EtherCAT 协议概述

EtherCAT (Ethernet for Control Automation Technology)是一种基于以太网的实时工业现场总线通信协议和国际标准,由德国 Beckhoff 自动化公司于 2003 年提出,并于 2007 年 12 月成为国际标准,2014 年成为中国标准,是 IEC 61158 和 IEC 61784 中定义的第十二种通信协议标准。它与其他实时工业以太网相比,EtherCAT 一网到底,协议处理直达 I/O 层,无须任何下层子系统,无网关延时,单一系统即可涵盖所有设备,包括输入输出、传感器、驱动器及显示单元等,适合于运动控制领域。

从 EtherCAT 网络运行原理如图 6-2 所示,这些以太网设备并不是独立的,它们之间接收和发送标准的 ISO/IEC 8802-3 以太网数据帧,这些从站可以直接处理接收到的子报文,并对这些报文进行相应的加工,例如,提取某些数据或插入需要的用户数据,之后将加工之后的报文传输给下一个 EtherCAT 从站。最后一个 EtherCAT 从站的功能则是发回经过完全处理的报文,并由第一个从站作为相应报文将其发送给控制单元。EtherCAT 参考模型如图 6-3 所示,EtherCAT 网络是具有物理层(PHL)、数据链路层(DLL)和应用层(APL)的三层模型。接下来将分别对 EtherCAT 网络模型进行详细介绍。

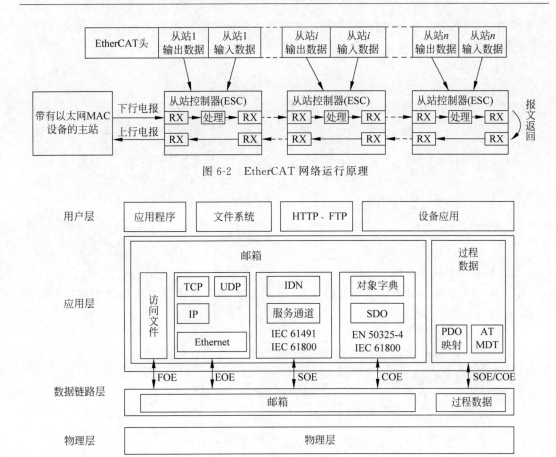

图 6-2 EtherCAT 网络运行原理

图 6-3 EtherCAT 参考模型

6.1.3 EtherCAT 系统组成

EtherCAT 是一种实时的工业以太网技术,它拥有以太网的特性,继承了以太网的优势,通信方式是媒体访问控制(MAC)的主从模式。主设备向每个从设备发送以太网帧,从设备从数据帧提取数据或将数据插入数据帧,然后将以太网帧发往下一个从设备。主设备运用标准以太网接口卡,而从站使用专用以太网从控制器 ESC。

EtherCAT 网段传输的是标准的 ISO/IEC 8802-3 数据帧,并且在 EtherCAT 网络系统中,一个主站可以控制一个网段,一个网段中可以包含多个从站,如图 6-2 所示。

网段中的从站可以直接处理主站发来报文中的命令或者数据,还可以把主站需要的数据或命令写入报文,发往下一个从站,如此执行,直到报文到达最后一个从站。报文由最后一个从站梳理完毕后发回主站。

1. EtherCAT 主站组成

EtherCAT 系统的传输介质是通用的 UTP 线缆,主站可以使用通用的以太网控制器。如图 6-4 所示,通信控制芯片的主要任务是完成数据链路层功能,物理层芯片的任务是接收从站发来的数据并进行解码,完成数据的编码并发送给从站。数据的传输是通过 MII (Media-Independent Interface)进行的。这个接口可以将物理层 PHY 与以太网数据链路层完全隔离,这样传输介质就可以灵活变通,不局限于某种传输介质。隔离变压器用来隔离信号,使通信安全可靠。

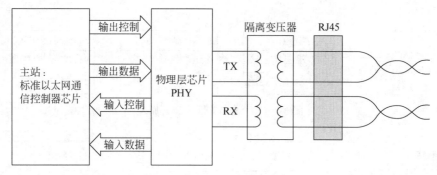

图 6-4　EtherCAT 物理层连接图

2. EtherCAT 从站组成

EtherCAT 从站设备可以实现通信功能,还可以根据具体任务实现具体的应用程序的设计,其结构如图 6-5 所示。

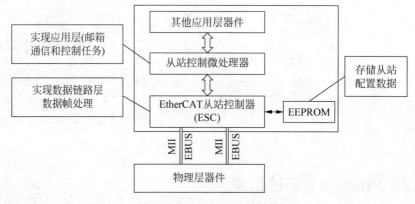

图 6-5　EtherCAT 从站结构

从站结构可以分为 4 部分,各部分如下:

(1) EtherCAT 从站控制器(ESC)。

ESC 的功能是处理数据帧,每个 ESC 存储区有两个读写端口,一个端口用于完成与主站和从站的数据交流,另一个端口用于从站和本地应用程序之间的数据交流。每个从 ESC 移动和读写数据帧的依据是其在循环中的物理放置顺序。报文到达从站时,ESC 将相应的数据复制到它的内部存储区,并可以同时将内部存储区的数据写入对应的报文中。

(2) 从站控制微处理器。

微处理器主要担任着处理以太网通信过程数据并完成应用层具体的控制任务,比如普通的 I/O 量,伺服运动控制行规等。微处理器管理 ESC,并从 ESC 读数据,实现应用层具体的控制任务,从站控制微处理器将数据或命令写入 ESC,主站从 ESC 读取。ESC 和微处理器是分离的,单独运行,各司其职,通信速率与微处理器的性能无关,所以从站控制微处理器可以依据于设备控制任务选择合适的。

（3）物理层器件。

物理层器件取决于接口类型,当从站使用 EBUS 时,不需要其他物理层器件,当从站使用 MII 时,物理层使用标准的外部设备。

（4）其他应用层器件。

微处理器可以根据具体任务的要求连接其他器件。

3. EtherCAT 物理拓扑结构

从逻辑的角度看,依托于 ESC 内数据传输的数据回环机制,从设备在 EtherCAT 网络中的布局可以形成一个环形。在任意开口的端口,主设备直接或间接插入以太网数据帧,并在数据处理结束之后经过数据回环从另一端口发出数据帧,发出的数据帧又发送的下一个主站。所有从站设备都按照这个规则执行,直到最后一个从站设备。将数据帧发回给主机。

基于上述回环机制,允许在 EtherCAT 网段内的任何节点插入从站设备,插入的从站设备也可以是网段,且网段的可以是任意的分支结构,比如常见的环状、星状等分支结构。但是这样多样化的拓扑结构并不会影响逻辑循环。这样的机制使设备的连接和布局非常灵活便捷。

6.1.4　EtherCAT 数据帧结构

EtherCAT 的数据帧跟以太网数据帧完全一样。如图 6-6 所示,EtherCAT 数据主要包括两部分:第一部分是 2 字节的报头;第二部分是数据,数据区大小是 44～1498 字节。数据区子报文的数量由从设备的数量及占用的资源决定,每个子报文都唯一的跟一个独立的设备对应。表 6-3 列出了以太网数据帧结构的定义。EtherCAT 子报文的结构如表 6-4 所示。

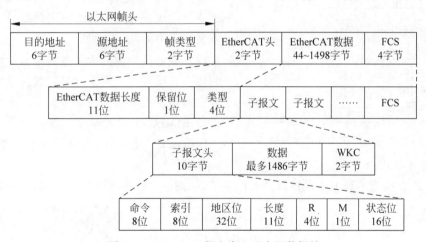

图 6-6　EtherCAT 报文嵌入以太网数据帧

表 6-3　以太网数据帧结构的定义

数 据 名 称	含　义
目标地址	接收方的 MAC 地址
帧类型	0x88A4
源地址	发送方的 MAC 地址
EtherCAT 头的类型	1:表示主从站通信;其余保留
EtherCAT 头的长度	EtherCAT 数据区长度
FCS(Frame Check Sequence)	校验序列

表 6-4　EtherCAT 子报文的结构

数据名称	含义	数据名称	含义
命令	读写方式与寻址方式	状态位	中断标志
地址区	从站的地址	M	报文标志
索引	编码	数据区	用户定义子报文结构
R	保留	WKC	工作计数器
长度	数据区长度		

一个 EtherCAT 子报文包含 3 部分：数据字段、子报文头和工作计数器(Working Counter,WKC)。WKC 内的数据记录了从设备的操作次数。在处理数据帧时由 ESC 处理对 WKC 进行相应的改变,不同的通信服务以不同的方式更改 WKC 以作区分。

6.1.5　EtherCAT 寻址方式和通信服务

主站发送的数据帧用来读写从设备的内部存储区,数据帧需要正确的寻找目的存储区才能成功实现 EtherCAT 通信。为了便于操作 ESC 的内部存储区域,应对各种通信服务,EtherCAT 的寻址方式有多种,用于不同的服务类型。EtherCAT 网络的各种寻址模式如图 6-7 所示。

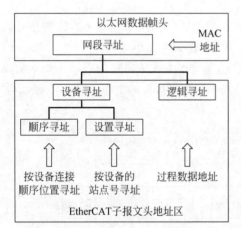

图 6-7　EtherCAT 网络的各种寻址模式

寻址方式按照寻址顺序划分为网段寻址和段内寻址。网段寻址使用的地址是以太网数据帧标头的 MAC 地址,段内寻址使用的是 EtherCAT 子报文标头中的 32 位地址。

段内寻址按用途分为可分为设备寻址和逻辑寻址两类。设备寻址用于读写配置从设备。逻辑寻址主要用于过程数据的读写。

1. EtherCAT 网段寻址

EtherCAT 主站寻址到网段有两种方式。

1) 直连模式

从设备直接连接到主站设备的以太网端口,如图 6-8 所示,数据帧结构如图 6-9 所示。

图 6-8　直接模式中 EtherCAT 网络

图 6-9　直接模式下的 EtherCAT 数据帧结构

2）开放模式

　　开放模式下寻址方式如图 6-10 所示，需要主从设备之间需要外接一个交换机作为媒介，每个网段有自己的 MAC 地址跟主站设备一一对应。主站传输的 EtherCAT 数据帧如图 6-11 所示，其中的目的地址跟该网段相应 MAC 地址对应。

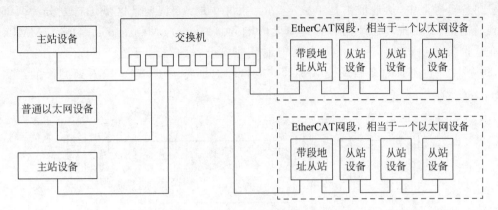

图 6-10　开放模式中的 EtherCAT 网段

图 6-11　开放模式下的 EtherCAT 数据帧结构

　　EtherCAT 网段中的第一个从设备具有代表整个网段的 MAC 地址，它用来更改以太网帧中的目标地址区域和源地址数据以便寻址下一个从设备。

2. 设备寻址

　　在设备寻址中 EtherCAT 子报文标头中的 32 位地址被分为两部分，如图 6-12 所示，前 16 位代表从设备地址，后 16 位代表从设备内部物理存储空间地址。设置寻址的每个报文寻址单个从设备，根据寻址的机制还可以细分为两类，即顺序寻址和设置寻址。

图 6-12　EtherCAT 设备寻址帧结构

1）顺序寻址

　　顺序寻址比较好理解，主站设置第一个从站的基地址，然后根据报文在网段中传送顺序决定下一个从站的地址，报文每通过一个从设备，其位置地址将增加 1，而从站会将地址为 0 的消息发送给自己，在消息通过时更新设备地址，也被称为"自动增量寻址"。

2) 设置寻址

设置寻址的方式是在初始化阶段,由主站通过邮箱通信对从站的地址进行配置,也可以由从站根据自身的配置文件自我配置。

3. 逻辑寻址和 FMMU

在逻辑寻址中,从地址不是单独定义的,报文中的 32 位地址区域不再划分为两部分单独使用,而是由现场总线内存管理单元(Fieldbus Memory Management Unit,FMMU)将所有从设备的存储区作为整体数据逻辑地址完成设备的逻辑寻址。其原理如图 6-13 所示,每个 ESC 内都拥有各自的 FMMU,本地物理地址将被 FMMU 映射到网段的逻辑地址中。

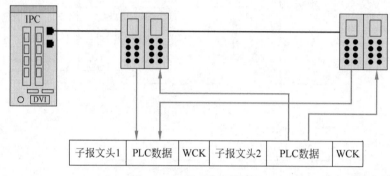

图 6-13　FMMU 运行原理

6.1.6　分布时钟和时钟同步

使用分布式时钟(Distributed Clock,DC)技术可以降低同步误差,有利于提高多轴系统的同步性能。从站可以基于同步的系统时间生成同步信号,该信号用于触发任务执行。

此次设计是基于单个 EtherCAT 从站的多轴伺服系统专用从站,因此分布时钟系统对于此设计的多轴同步性影响为零,对于本系统的意义不大,但是为了提高系统的可扩展性和通用性,此次设计的 EtherCAT 从站支持分布时钟功能,本章只对分布时钟机制进行简单的介绍。

分布式时钟机制就是将所有设备的时钟进行同步,使其与参考时钟同步。主站发出的数据帧到达的第一个具有分布时钟功能的从站的时钟用作参考时钟,其他设备包括主站在内都要同步于该从站的时钟。所以必须同时弥补传输延迟和时钟偏移带来的误差以提高分布时钟的同步精度。

每个从站都有一个独自运行的本地时钟,并使用本地时钟来计时,所以本地时钟会与参考时钟产生误差,该误差称为时钟偏移,并且各个本地时钟之间也会有误差,这个误差称为时钟漂移。因此,想要提高同步精度,必须要使用科学的方法补偿时钟偏移和时钟漂移。

设备初始化过程中,主站会观测参考时钟与所有其他设备的时钟之间的传输延迟,并将其写入对应的设备,同时主站会计算每个设备的时钟和参考时钟之间的偏移量并将其写入相应的设备。因此,便可以实现时钟同步,而无须更改自由运行的本地时钟。

6.1.7　通信模式

通信模式分为两种,划分规则是根据实际生产过程中的自动化设备里各个模块之间的数据交换时间:时间紧迫和非时间紧迫。前者意味着任务有严格的速度要求和时间限制,一般被称为周期性过程数据通信。后者对时间上的要求没那么严格,一般跟实践生产中需要具体操作的数据无关,被称为非周期数据通信,在 EtherCAT 中使用邮箱通信机制实现非周期性数据通信。

1. 周期性过程数据通信

周期性过程数据通信的寻址方式有多种,逻辑寻址是常用的实现方式。在该模式下,主站可以同时读、写多个从站,同时主、从站的同步操作模式也有多种。此次设计使用的是 DC 同步模式,其余模式只做简单介绍。从站设备主要有以下三种同步运行模式。

(1) 本地时钟模式。

在该运行模式下,从站控制周期的时钟是本地时钟产生的,因此也被称为自由运行模式。从站周期还可以由主站对从站进行配置,然后由本地时钟依据配置参数由本地时钟的定时器中断产生本地控制周期。

(2) 同步于数据输入/输出事件。

当有数据通过从站时,将触发本地周期事件。该模式下从站需要对比主站周期和自身的配置,并反馈给主站是否可以实现该周期事件,或者对其加以优化。从站可以选择支持或不支持该功能。该事件通常与输出事件同步,如果从站没有输出事件,则它将与输入事件同步。

(3) 同步于分布式时钟同步事件。

本地任务的执行要由 SYNC 事件来触发,并且数据传输要在这事件发生之前完成。此时,所有设备的时钟都必须与参考时钟同步。

2. 非周期性数据通信

在 EtherCAT 系统中,非时间紧迫的数据通信在 EtherCAT 协议中被称为邮箱数据通信,它可以双向进行,并且各方向相互独立。从站之间的通信需要由主站管理支持。邮箱数据通信的主要作用是实现参数交换,使用邮箱数据通信可以实现配置定期过程数据通信或其他非定期服务。

邮箱通信数据帧结构如图 6-14 所示,寻址方式采用设备寻址模式。表 6-5 中说明了数据头中的数据元素内容。

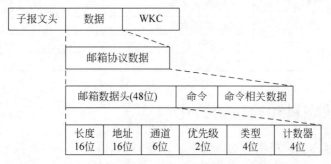

图 6-14　邮箱通信数据帧结构

表 6-5　邮箱数据头

数据元素	描　述
长度	服务数据长度
通道	保留
地址	该地址根据通信服务变更,主站跟从站通信时,为数据源从站地址,从站之间通信时,为数据目的从站地址
协议类型	0 代表邮箱通信出错
	2 代表 EoE
	3 代表 CoE
	4 代表 FoE
	5 代表 SoE
	15 代表 VoE
优先级	保留
计数器 Ctr	顺序编号,每个新的邮箱服务将加 1

(1) 写邮箱命令。

写邮箱命令由主站发起,来将邮箱数据发送到目标从站。发送结束后的一定时间内,主服务器需要查看由从站反馈的邮箱响应命令中的工作计数器 WKC,如果工作计数器为 1,则写成功。相反,如果 WCK 没有增加,代表写入失败,主站必须重新组织发送相同的邮箱数据命令。

(2) 读邮箱命令。

如果主站需要读取从站的邮箱,主站会发送相应的命令,通知从站将相应的数据写入邮箱。主站会周期性查询从站的邮箱,确定邮箱是否写有数据,如果有内容,主站会发送相应的命令读取从站的邮箱数据。

邮箱通信出错时,应答数据定义如表 6-6 所示。

表 6-6　邮箱通信错误时,应答数据定义列表

数据类型	错误描述
命令	0x01:邮箱命令
命令相关数据	0x01:语法错误
	0x02:不支持邮箱通信
	0x03:通道无效
	0x04:不支持邮箱通信
	0x05:邮箱头无效
	0x06:数据太短
	0x07:内存不足
	0x08:数目错误

6.1.8　状态机和通信初始化

EtherCAT 状态机可以用来初始化主从设备,可以协调设备运行期间主从站之间的状态关系。EtherCAT 设备支持 5 个状态,其中引导状态是可选的,状态之间的转换关系如

图 6-15 所示。

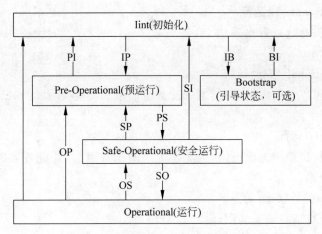

图 6-15 EtherCAT 状态转换关系

各个状态之间的转换只能按照图中箭头的方向进行。当状态机需要从初始状态转换到运行状态时,必须按照"初始化→预运行→安全运行→运行"的顺序逐步进行转换,引导状态是可选的。每个箭头代表一种转换关系,每个箭头开始执行都是从主机开始的,主机向从机发送相应的状态转换命令。从机执行状态转换,并对主机做出相应的反馈。如果状态转换失败,则从站将反馈给主站一个错误信息。表 6-7 总结了 EtherCAT 状态转换操作和初始化过程。

表 6-7　EtherCAT 状态及转换过程总结

状态和状态转换	操　作
初始化	只能操作 ESC 寄存器 配置从站地址寄存器
初始化向预运行转换	配置邮箱通道参数
Init to Pre-Op(IP)	配置 DC 相关寄存器 请求"Pre-Op"状态
预运行	进行邮箱数据通信 初始化过程数据映射
Pre-Op to Safe-Op(PS)	配置 SM 通道 配置 FMMU 请求"Safe-Op"状态
安全运行	进行邮箱数据通信 只允许读过程数据的输入
Safe-Op to Op(SO)	输出数据有效 请求"Op"状态
引导状态	输入和输出全部有效 可以使用邮箱通信

1. Init：初始化

初始化状态用来初始化 ESC 的各种参数。主从站之间不可以进行通信。如果有需要,

还能配置邮箱通信通道的参数。

2. Pre-Operational：预运行

在该状态下,没有过程数据通信,主要是通过邮箱进行的初始化主从站参数等相关的操作。

3. Safe-Operational：安全运行

在该状态下,可以使用邮箱通信,主从设备通信正常,但主设备无输出,从设备也不对过程数据做出反应。

4. Operational：运行

在该状态下,可以使用邮箱通信,主从设备之间正常通信,从设备可执行或者输出主设备发来的命令或数据。

5. Bootstrap：引导状态(可选)

该状态可以执行下载设备的固件。

6.2　EtherCAT 网络交流伺服系统的硬件设计

6.1 节已对 EtherCAT 技术的特点、性能及技术原理进行了详细阐述,由于 EtherCAT 网络通信具有良好的实时能力、快速性和灵活的拓扑结构等优点,在网络化运动控制系统应用有着巨大的发展潜力和广阔的前景。本节将 EtherCAT 工业以太网技术引入网络伺服运动控制系统设计,利用 EtherCAT 技术,通过主从通信实现伺服运动控制,同时增强控制系统的网络扩展性、实时性和稳定性。本节采用软件 Altium Designer 对系统的硬件进行设计,主要包括主站硬件选配、从站通信接口板设计和从站控制功能板设计。

6.2.1　系统硬件总体设计方案

基于 EtherCAT 的伺服运动控制系统设计采用模块化和标准化进行设计,通过实时以太网 EtherCAT 实现主从站通信,整个系统包括系统层、通信控制层和执行层。系统的总体架构如图 6-16 所示。

1. 系统层

系统层由主站 PC 构成,作为中央控制系统负责系统管理、配置、解析及从设备识别,协调、控制各从站运动单元,发送控制指令,监测整个系统的运行。

2. 通信控制层

通信控制层是系统的从站模块,其硬件设计是系统的核心部分,主要由通信接口板和控制功能板两大模块构成,负责与系统层的通信及从站配置,并解析系统层发送的控制指令以供执行层执行,完成系统通信及运动控制功能。通信接口板和控制功能板采用模块化独立设计,同时又通过 ET1100 的 PDI 接口连接在一起构成系统从站。从站网络运动控制板卡的模块化设计即能实现系统的网络通信和运动控制功能,又有利于系统模块的柔性应用和网络扩展,不但可以应用于网络运动控制,还可以通过接入信息采集和检测监控模块,构成 EtherCAT 网络检测监控系统。

通信接口板主要实现 EtherCAT 主从站之间的通信功能和从站控制器 ET1100 与 DSP 的通信功能,起着桥梁作用。主要由 EtherCAT 从站控制器 ET1100 实现通信功能,设计两

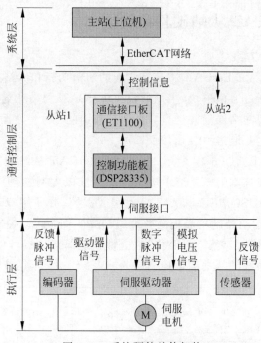

图 6-16　系统硬件总体架构

个数据收发端口,采用 MII 接口外接标准以太网物理层器件,采用标准 RJ45 网线接收和发送以太网数据帧,通过 SPI 串行接口连接伺服运动控制功能板微处理器 DSP。从站个数及拓扑结构可按控制系统要求,通过 EtherCAT 网络进行扩展,理论上从站单元最多可以扩展到 65535 个。

控制功能板是实现系统伺服运动控制的核心模块,它通过 DSP 模块从 EtherCAT 通信板读取控制数据并解析数据,并发出伺服运动控制信号,接收处理运动反馈信号,实现伺服运动控制功能。主要包括 DSP 模块、伺服控制模块、系统和外扩 I/O、外扩存储模块。

3. 执行层

执行层由伺服驱动器、伺服电机、传感器等执行部件和检测器件组成,主要根据控制层的指令执行相应的动作,并将检测数据反馈给控制层。

6.2.2　EtherCAT 主站硬件设计

EtherCAT 主站是 EtherCAT 网络数据通信的发起端和控制端,实现主从站之间以及从站与从站之间的数据通信。EtherCAT 主站在硬件方面只需一块标准以太网网卡 NIC (Network Interface Card),主站的功能可完全由软件实现。主站可由 PC 或其他嵌入式计算机实现。

本系统选用 PC 构成 EtherCAT 主站,使用标准以 NIC 作为主站硬件接口。主机安装德国 Beckhoff 公司的 TwinCAT 组态软件,操作系统采用 Windows XP,通过 TwinCAT 的组态配置构成 EtherCAT 主站;主站功能由 PC 软件实现。

6.2.3 EtherCAT 从站硬件设计

1. 通信接口板设计方案

通信接口板主要实现 EtherCAT 主从站之间的通信功能和从站控制器 ET1100 与 DSP 的通信功能。一方面,通过通信模块,主站通过 EtherCAT 网络和通信接口板,实现与从站的连接,主从站之间实现网络通信并进行数据读写与访问;另一方面,DSP 将反馈数据写入通信模块板内部存储区,并通过 SPI 通信反馈回主站。

通信接口板设计方案如图 6-17 所示,主要由 EtherCAT 从站控制器 ET1100 实现通信功能,设计两个数据收发端口,采用 MII 接口外接标准以太网物理层器件,采用标准 RJ45 网线接收和发送标准的 ISO/IEC 8802-3 以太网数据帧,并使用双端口存储区通过 16 位 SPI 串行接口连接伺服运动控制功能板微处理器 DSP。伺服运动控制功能板和通信接口板属于两个不同的功能模块,二者具有相对的独立性。通信接口板可以通过 PDI 接口与伺服控制功能板连接,构成系统的从站通信控制层。

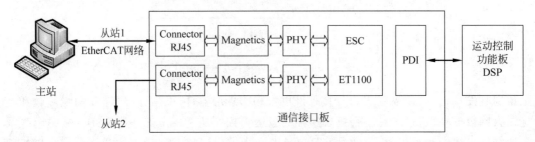

图 6-17　通信接口板设计方案

从站通信接口板原理如图 6-18 所示,主要由两部分电路组成:数据链路层和物理层。数据链路层和物理层提供对 EtherCAT 通信协议的全面支持。

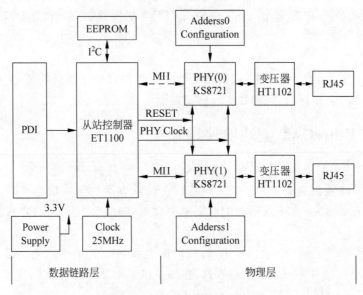

图 6-18　从站通信接口板原理图

通信模块的核心是从站控制器 ESC。本设计选用了德国倍福公司的从站控制芯片 ET1100 来实现。ET1100 提供的数据接口可以连接 EtherCAT 总线和从站应用程序，负责处理 EtherCAT 通信数据帧，是实现 EtherCAT 数据链路层协议的专用集成芯片。

ET1100 的硬件架构如图 6-19 所示，它的主要特性有以下几点：

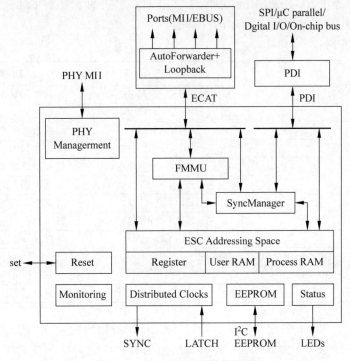

图 6-19　ET1100 的硬件架构图

（1）集成了通信数据帧转发单元，网络通信性能不会受到从站控制器微处理器限制；

（2）提供容量 64KB 的 DPRAM，包括 1～60KB 的用户数据区和 4KB 的寄存器空间。DPRAM 可以通过三种 PDI 接口，通过使用缓存或邮箱的方式，被外部微处理器访问。

（3）具有 8 个同步管理器（Sync Manager，SM）。同步管理器 SM 在 ET1100 的数据传输中起桥梁作用，利用同步管理器 SM 命令管理 DPRAM，通过三级缓存模式和邮箱握手模式处理周期性过程数据和非周期性数据，保证了应用数据的通信的快速性。

（4）通过分布时钟（Distributed Clock，DC）功能，主站可以测量各个从站通信事件在网络传输中的时间延迟，在根据延迟偏移对各时间值进行调整，使网络得到精确的同步误差时间基，可提供高了系统同性的精度的同步精度和实时性。

（5）自带 EEPROM 量为 16KB，定义从站接口信息（Slave Interface Information，SII），存储从站配置参数；提供外扩 EEPROM 接口，实现 EEPROM 扩展。

（6）提供了多种 PDI 接口：32 位数字 I/O、16 位微处理器接口 MCI 和 SPI 接口，使应用层与 ET1100 连接实现通信。

2. 数据链路层模块设计

数据链路层（Data Link Layer，DLL）是 OSI 模型的第二层，它的主要功能是为两个相邻的网络节点或者主机和节点之间提供可靠的数据通信，包括数据流量控制（Data Flow

Control)和差错控制。数据链路层在 IEEE 规范下可分成两层：媒体访问介质(Media Access Control，MAC)子层和逻辑连接控制子层(Logical Link Control，LLC)。MAC 子层与物理层相连，主要负责数据流量控制，并处理数据传输时发生的数据顺序错误、重复、遗失等事件。本设计采用 ET1100 从站控制器作为 MAC 媒体接口的控制芯片。ET1100 内部集成了物理层管理单元，支持 MII 管理接口，与 PHY 之间的 MII 数据通信为双向传输，接口共需 15 个，表 6-8 为 ET1100 MII 接口描述。

表 6-8　ET1100 MII 接口描述

序号	信号	方向	功能描述
1	LINK_MII	PHY→ET1100	连接状态显示
2	RX_CLK	PHY→ET1100	接收时钟
3	RX_DV	PHY→ET1100	接收数据有效
4	RX_D[3:0]	PHY→ET1100	接收数据 RXD
5	RX_ER	PHY→ET1100	接收出错 RX_ER
6	TX_EN	ET1100→PHY	发送使能 TX_EN
7	TXD[3:0]	ET1100→PHY	发送数据 TXD
8	MDC	ET1100→PHY	管理接口时钟
9	MDIO	ET1100↔PHY	管理接口数据
10	PHYAD_OFF 或 PHYAD_OFF_VEC[4:0]	PHY→ET1100	配置引脚：PHY 地址偏移
11	LINKPOL	PHY→ET1100	配置硬件：极性配置

从站控制器 ET1100 的配置电路主要包括 CPU 时钟输出配置、EEPROM 配置、端口选择和 MII 配置等。表 6-9 为 ET1100 各引脚配置值和对应的含义。在硬件上，其配置引脚与 MII 引脚复用，通过上拉(接电阻到电源)和下拉(接地)来控制引脚的配置。ET1100 在上电时锁存配置信息，上电后这些引脚都被分配相应的操作功能。RESET 信号表示上电配置完成。

表 6-9　ET1100 各引脚配置值和对应的含义

序号	名称	ET1100 引脚	属性	配置值	含义
1	P_CONF[0]	J12	I	1	端口 0 使用 MII 接口
2	P_CONF[1]	L1	I	1	端口 1 使用 MII 接口
3	EEPROM_SIZE	H11	I	0	EEPROM 大小为 16Kbit
4	C25_ENA	L8	I	0	不使能 CLK25OUT2 输出
5	C25_SHI[0]	L7	I	0	无 MII TX 相位偏移
6	C25_SHI[1]	M7	I	0	
7	CLK_MODE[0]	J11	I	0	不输出 CPU 时钟信号
8	CLK_MODE[1]	K2	I	0	
9	P_MODE[0]	L2	I	0	使用端口 0 和端口 1
10	P_MODE[1]	M1	I	0	
11	TRANS_MODE_ENA	L3	I	0	不使用透明模式
12	PHYAD_OFF	C3	I	0	PHY 无地址偏移
13	LINKPOL	K11	I	0	LINK_MII(x)低有效

3. 物理层接口模块设计

物理层是 OSI 参考模型的第一层,也是实现 EtherCAT 协议的最底层,它将以太网中各节点设备连接到物理介质上。物理层器件(PHY)为链路层提供物理连接所需的光电转换、电气功能、机械功能和规程手段,其功能集成在一个专用芯片上。EtherCAT 物理层采用收发器采用 PHY 芯片,采用 RJ45 标准网络接口。PHY 为数据链路层提供 MII 接口,定义了 EtherCAT 数据通信所需的时钟基和线路状态。

本设计中,ET1100 的物理通信端口共有 4 个(Port0～Port3),ET1100 与 PHY 芯片共用一个时钟源。根据 ET1100 的功能要求,选用 MICREL 公司的 PHY 芯片 KS8721BL。KS8721BL 采用 2.5V CMOS 设计,3.3V 供电,兼容 MII/RMII 接口,符合 IEEE 802.3u 标准,可用于 100BASE-FX/100BASE-TX/10BASE-T 的物理层解决方案,使用方便安全。

KS8721BL 芯片的硬件连接如图 6-20 所示。KS8721 共有引脚 48 个,其中 15 个信号与 ET100 连接,用于 MII 接口的信号有 15 个:RXER、TXEN、RXC、RXDV、MDIO、LED1、MDC RX_D 和 TX_D 等用于网络变压器连接的信号有 4 个:RX+、RX-、TX+ 和 TX-。此外,KS8721BL 有内部锁相环 PLL(引脚 47),ET1100 为其提供时钟。为了提高系统的传输距离,须加强通信电路的抗干扰能力。本设计在 PHY 芯片和 RJ45 之间加入以太网网络变压器,用于信号电平耦合。其硬件连接如图 6-21 所示。

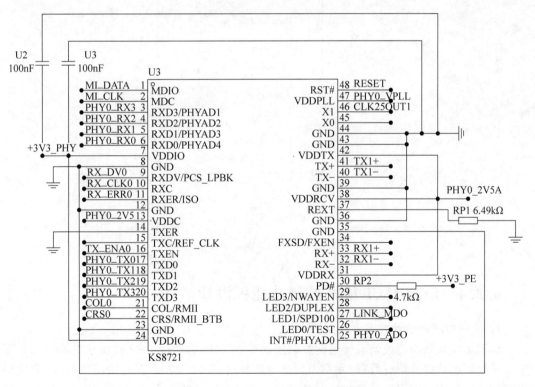

图 6-20　KS8721BL 芯片的硬件连接图

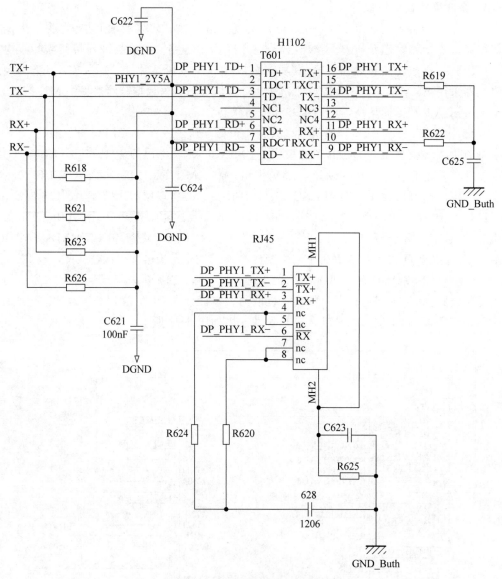

图 6-21 网络变压器连接图

6.2.4 EtherCAT 从站控制功能板设计

1. 控制功能板设计方案

伺服运动控制功能板是系统通信控制层的核心模块,它通过 DSP 模块从 EtherCAT 通信板读取控制数据并解析数据,并发出伺服运动控制信号,接收处理运动反馈信号,实现伺服运动控制功能。伺服运动控制功能板设计方案如图 6-22 所示,主要包括 DSP 核心处理模块、伺服接口电路模块和系统电源模块;扩展接口模块包括 RS232 串口和 RS422 串口;系统辅助电路有看门狗/复位模块以及 JTAG 接口单元。

2. DSP 核心处理模块

DSP 核心处理模块主要包括伺服控制单元、I/O 处理单元、时钟模块、存储器模块、扩

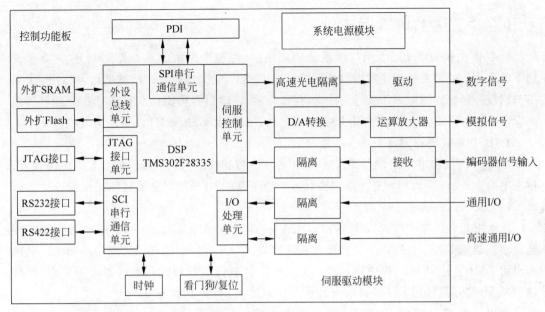

图 6-22　控制功能板设计方案

展接口模块和系统辅助模块等。DSP 一方面接收来自 EtherCAT 从站控制器传输过来的运动控制信息,进行数据解析,发出伺服控制信号,将产生的单轴电机脉冲指令和伺服控制输出信号传输到光电隔离模块;并将处理过的反馈信息发送到 EtherCAT 从站控制器;另一方面接收差动接收模块处理过的光电编码器反馈信号,采集光电隔离模块输出的外部自定义输出信号。

3. 伺服接口模块

伺服接口模块主要包括数字脉冲差动输出模块、D/A 及运算放大模块、差动接收模块等。数字脉冲差动输出模块,采用 DSP 芯片 PWM 单元输出的脉冲和方向信号包括脉冲及方向的单脉冲或包括正脉冲和负脉冲的双脉冲,输出到伺服驱动器;D/A 及运算放大模块,包括 D/A 电路和运算放大电路,接收 DSP 模块传输过来的串行单轴电机脉冲指令并转换变为 $-1V \sim +1V$ 模拟信号,经运算放大器芯片 AD621 进行放大到 $-10V \sim +10V$ 模拟电压后驱动外部伺服驱动器模块控制电机运行;差动接收模块将外部伺服驱动器模块反馈的光电编码器差分信号转换为单端信号,然后传输到 DSP 模块。

4. 系统辅助模块

系统辅助模块包括看门狗/复位单元及 JTAG 接口单元,其中看门狗/复位系统单元负责检测系统是否锁死,在系统出现故障时控制电源模块暂时停止向系统供电,实现系统的重启;JTAG 接口单元实时读取 DSP 模块的数据信息,在开发时实现软件系统的在线调试以及单步运行。

5. 扩展接口模块

扩展接口模块主要用于获取外部信息,并将外部信息传输给 DSP 模块,包括 RS232 串口和 RS422 串口。RS232 串口用于运动控制器与外部监控系统进行通信,RS422 串口用于接收绝对值编码器的串行数据。

6.2.5　DSP 模块设计

DSP 模块作为整个以太网控制系统的应用层,是整个系统的核心控制部分,具有承上启下的作用:对上通过 SPI 实现与从站控制器 ET1100 的通信,完成数据的接收和发送;对下与伺服控制模块相连,完成数据的解析存储及输入/输出等功能。本节针对 DSP 的硬件电路设计硬件作详细介绍,主要包括 DSP 系统电路设计以及 DSP 与 ET1100 的通信接口设计。

1. DSP 系统电路设计

DSP 系统模块电路设计主要包括 DSP 芯片选型、时钟电路、外围存储器扩展电路设计、供电电路设计、电源监控和复位电路设计等。以下是 DSP 模块电路硬件的详细设计。

(1) DSP 芯片选型。

在本书设计的基于实时以太网 EtherCAT 的伺服运动控制系统中,DSP 芯片主要实现与从站控制器 ET1100 的数据交换及作为从站应用程序控制器实现网络应用层功能。具体为应用 DSP 中的 ePWM 模块和 eQEP 模块来控制电机运行和接收编码器反馈信息、处理输入/输出信号及利用 SPI 接口实现和从站控制器 ET1100 的数据交换。

DSP 芯片型号较多,功能各异,根据本系统的设计要求,选择了 TI 公司 DSP 芯片TMS302F28335。图 6-23 是 TMS320F-28335 系列 DSP 的功能框图。TMS302F28335 是TI 公司开发的 C2000 系列中的 32 位浮点型 DSP 处理器,使用 32 位 CPU,主频高达150MHz,有多达 18 路的 PWM 输出,其中有 6 路为高精度的 PWM 输出(HRPWM),包含有 ADC 和 DAC 模块、ePWM 模块、eCAP 模块、eQEP 模块,适用于自动化控制领域的模块资源,且与 C2000 平台的所有控制器兼容,易于实现项目和产品的开发,特别适用于电机控制、数字马达控制和工业自动化等领域。

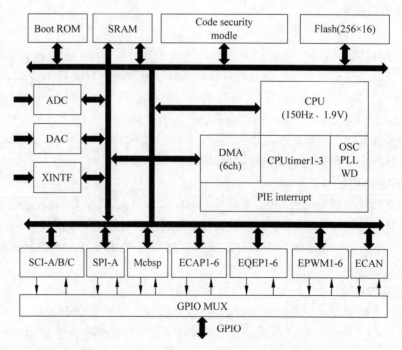

图 6-23　TMS320F-28335 系列 DSP 的功能框图

（2）时钟电路设计。

TMS320F28335 主频高达 150MHz，内部有基于锁相环 PLL 的时钟模块为芯片提供了所有必要的时钟信号，还可以根据需要，通过低功耗方式的控制入口设置 PLL 寄存器，从而选择不同的 CPU 时钟频率。PLL 具有 4 位倍频设置位，最高可提供 5 倍频。本系统选用 30MHz 的外部有源晶振给处理器提供时钟，其电路如图 6-24 所示。

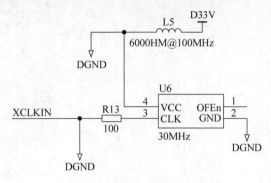

图 6-24　DSP 时钟输入电路

（3）外扩存储器电路设计。

TMS320F28335 有 4M×16 位的程序空间和数据空间。考虑本系统调试时对数据存储空间的需要，外扩 SDRAM 存储器和 Flash 存储器，其中 SRAM 存储器为 ISSI 公司的 ISSI61LV25616 芯片，大小为 256KB×16 位，作为用户程序运行变量与数据存储以及采集数据存储空间；Flash 存储器为 SST 公司的 SST39VF800 芯片，大小为 512KB×16，作为控制器运行程序存储空间；外扩存储器电路及地址分配如图 6-25 和图 6-26 所示。

（4）电源监控、复位电路设计。

为了提供伺服控制系统运行的可靠性和稳定性，必须设计一个电源监控和复位电路。本系统的复位电路如图 6-27 所示。本系统采用 TPS3823-33 芯片实现电源监控、复位和看门狗功能。TPS3823-33 的 RESET 信号连接到 DSP 的复位引脚，WDI 为喂狗信号，TPS3823-33 若在定时周期内没有收到来自微处理器的触发喂狗信号 WATCHDOG，RESET 输出 200ms 低电平引发系统复位。此外，硬件 3 接入手动复位输入，用于系统的手动复位。

2. DSP 与 ET1100 的通信接口设计

本书采用 SPI 模块实 DSP 和 ET1100 之间的通信。SPI（Serial Peripheral Interface）是一种高速全双工同步串行外围接口通信总线，采用主从方式模式，一般由一个主设备及一个或多个从设备构成，至少需要 4 根线：CS（从站设备使能信号，由主设备控制），SCK（时钟信号，由主设备产生），SDI（主设备数据输入，从设备数据输出），SDO（主设备数据输出，从设备数据输入）。从站控制器 ET1100 的 PDI（过程数据接口）是 ES 与从站应用程序微处理器实现通信的唯一接口。

ET1100 和 DSP 的硬件连接中 CS 信号控制着芯片是否被选中，只有片选信号为预先规定的使能信号时（高电平或低电平），对此芯片的操作才有效（见图 6-28）。这就使同一总线上连接多个 SPI 设备成为可能。SPI 在芯片引脚上只占用四根线，节约了芯片的引脚，同时为 PCB 的布局节省了空间。

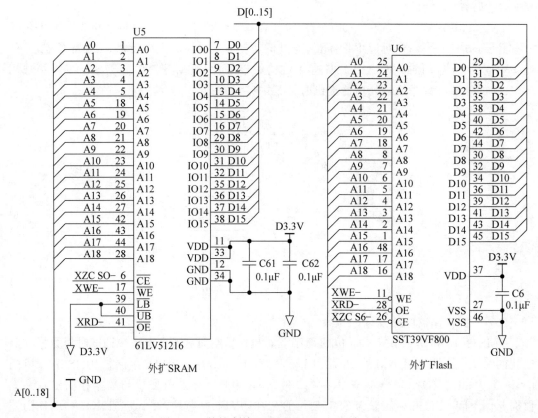

图 6-25　外扩存储 SRAM 和 Flash 电路连接

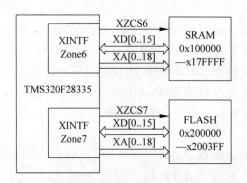

图 6-26　外扩存储 SRAM 和 Flash 地址分配

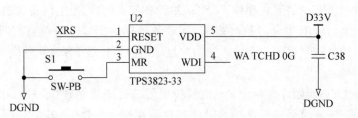

图 6-27　电源监控、复位电路

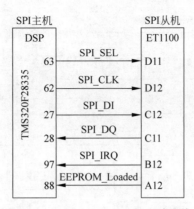

图 6-28　DSP 和 ET1100 的电路连接

6.3　EtherCAT 网络交流伺服系统的软件设计

　　软件是系统设计的关键。本系统的软件从模块上分为主站软件和从站软件,从功能上分为通信软件和应用程序软件。主站软件主要通过 TwinCAT 软件的组态配置来实现。通信软件的主要功能是实现主从站的通信和从站与从站间的内部通信。主从站通信是从站和主站间的 EtherCAT 数据交换,由主站通过软件 TwinCAT 实现,包括解析从站设备描述文件. xml,加载以太网卡驱动,管理各从站设备的工作状态和主从站之间的数据通信,发出相关操作命令,将网络传输变量与 TwinCAT PLC 定义的变量相连接实现控制任务。从站之间的内部通信通过 EtherCAT 从站网络接口程序模块实现,完成数据链路层数据的解码与读写、从站应用程序控制器 DSP 与从站控制器 ESC 之间的数据交换。本章围绕主站与从站 ET1100 的通信、ET1100 与从站应用程序控制器 DSP 的通信,详细讨论系统通信软件的设计。

6.3.1　系统软件开发方案

　　在本系统的设计中,软件开发包括主站软件开发和从站软件开发。

　　系统通信软件总体规划如图 6-29 所示,主要为主从站软件和从站软件。主要内容包括系统 TwinCAT 主站、从站 ESI 设备文件编写和从站网络接口程序。其中,从站网络接口程序主要分为 3 大模块:主初始化程序模块、主执行程序模块和主程序基本操作模块。

　　对于主站软件,在开发的第一阶段,采用倍福公司的组态软件 TwinCAT 来实现,通过 TwinCAT 的组态配置实现系统主站,伺服控制通过 TwinCAT PLC 模块实现。后期考虑自主开发具有嵌入式功能的、具有实时核管理功能的主站,甚至主站能独立运行在嵌入式裸机上,则可以大大增强系统的程序的自主性、灵活性。

　　对于从站软件,从站网络接口程序主要负责 EtherCAT 数据链路层 ET1100 芯片的数据读写、SPI 接口数据的读写、ESC 处理和邮箱处理等,采用模块化设计,主要包括主初始化程序模块、主执行程序模块和主程序基本操作模块。本书参考 BECKHOFF 的 ETG 技术规范,使用 C 语言设计系统的网络接口程序,从站的配置文件(. xml 格式)则使用 Altova XMLSpy 软件编写。DSP 选择 TI 公司的 CCS 软件来编写程序,在产品开发初期,软件调试通过 JTAG 接口实现调试。在产品开发后期,由于产品硬件基本定型,JTAG 调试接口被

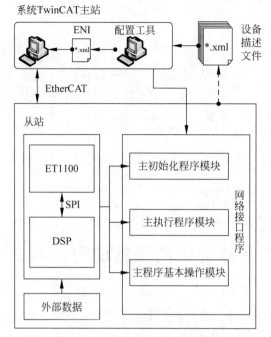

图 6-29　系统通信软件总体规划

封闭,软件的开发和升级需借助 Bootload 软件实现。TMS320F28335 内部已经固化有 TI 公司提供的 Bootload 软件,无须自行开发。最后,实现主从站的软硬件联调,验证系统的通信性能和运动控制功能。

6.3.2　EtherCAT 主站实现

1. 主站结构和功能概述

EtherCAT 主站功能通过纯软件实现。EtherCAT 主站功能块如图 6-30 所示。

EtherCAT 主站主要实现以下几个功能:

(1) 读取并解析从站设备描述.xml 文件,完成网络配置工作,更新主站与从站设备;

(2) 为从站发送 ESI 中定义的初始化帧,管理从站设备状态,初始化从站设备,为通信做准备;

(3) 发送和接收来自网络适配器的 EtherCAT 数据帧;

(4) 以发送周期性数据帧的方式,实现主从站间的过程数据通信,完成实时数据交换,并实时处理从站状态机,使主站控制从站的运行;

(5) 以邮箱传输非周期性数据的方式,处理网络通信中的突发事件,配置系统参数;本系统主站采用 Beckhoff 公司的组态软件 TwinCAT 实现 EtherCAT 系统的主站功能。

2. TwinCAT 主站系统实现

TwinCAT 软件是德国 Beckboff 公司开发的一款实时工控软件,可实现 EtherCAT 系统的主站功能,并支持人机界面。TwinCAT 由两部分组成:一部分是实时运行系统,用于执行实时控制程序;另一部分是提供开发环境,能实现编程、配置、诊断功能。如图 6-31 所示,TwinCAT 系统模块主要包括 TwinCAT 系统管理器、TwinCAT PLC 控制器、系统配置

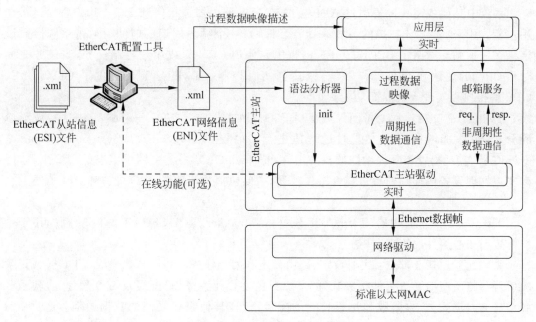

图 6-30　EtherCAT 主站功能块

文件、实时服务器、TwinCAT I/O 系统、系统 OCX 接口、自动化设备规范接口 ADS、TwinCAT CNC 系统、自动化信息路由器（AMS Router），以及用户应用软件开发系统（User Application）等。其中 EtherCAT 系统配置文件采用 .xml 格式，用来贮存 EtherCAT 系统配置信息，包括主从站的配置信息、循环命令以及输入输出映射。通过配置该组态软件将其运行在装有 Windows XP 的计算机中，可实现主站功能。

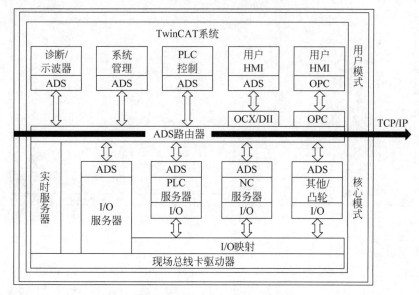

图 6-31　TwinCAT 通信系统结构

　　该系统由核心模式和用户模式组成。核心模式中运行一个实时内核（BECKHOFF 实时核），该内核嵌入在 Windows XP（或 Windows NT）操作系统中，实现数据通信的实时性。

　　系统中其他各逻辑设备通过 ADS 接口与 ADS 路由器进行信息交换。用户程序运行在用户模式中,通过循环扫描的方式来执行程序,每一个循环周期的时间可通过系统参数设定。在一个循环周期中 BECKHOFF 内核优先使用 CPU 完成用户控制任务,当任务完成时将 CPU 的使用权交与操作系统,以达到实时控制。TwinCAT 还提供了 OCX、DLL、OPC 等接口以实现人机界面功能。

　　TwinCAT 支持过程变量图像可视功能,通过内嵌 TwinCAT Scope View 这一波形诊断分析工具,能够以图形方式对过程值进行实时展示。TwinCAT System Manager 是 TwinCAT 实现配置和管理功能的核心组件,是 TwinCAT 系统中用于组态的主要工具,可以实现物理设备地址到逻辑过程变量的映射,主要包括系统配置、I/O 配置和 PLC 配置。

　　1) 系统配置

　　TwinCAT 系统管理器(TwinCAT System Manager)是 TwinCAT 的核心组件,用于系统配置和核心组件的管理。

　　系统配置包括 3 部分:实时设定、路由设定和附加任务。如图 6-32 所示,TwinCAT 系统管理器将所有的系统组件相关联,如系统配置、NC 配置、PLC 配置及 I/O 配置等,联系着各组件的数据关系、数据域和过程映射的配置,管理其他组件之间的数据通信。通过 ESI 文件扫描从站设备,并将解析的 ESI 信息显示在 TwinCAT 中。

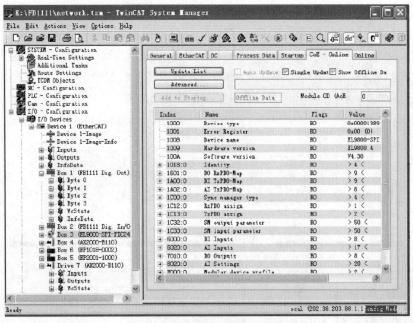

图 6-32　TwinCAT 系统管理器

　　2) I/O 配置

　　TwinCAT 支持多种现场总线类型,如 CANopen、Ethernet TCP/IP、Modbus、Device Net、Sercos、Comrol Net 及 RS485/232 等,同时也支持第三方接口卡和 PC 外设。I/O 配置可根据从站设备的特点,编写相应的配置文件,完成系统内所有设备的 I/O 通道和 I/O 映射。

　　3) PLC 配置

　　TwinCAT PLC Control 是一款多任务软件,主要用于设计系统运动控制程序,

TwinCAT 系统最多可支持四个软 PLC 操作,具有仿真和状态显示功能,且嵌入有 HMI 界面,具有良好的用户交互性能;具有丰富的定时器、计数器和内存量,其大小基本不受限制;调试时可设置断点,单步运行。图 6-33 是 TwinCAT PLC 控制器,它支持对程序的编辑、编译和调试等各项功能,操作界面友好,类似 C++,支持五种 PLC 编程语言,分别为梯形图(LD)、顺序功能图(SFC)、结构文本(ST)、指令列表(IL)和功能块图(FBD),同样支持程序调试相关的断点、单步运行和跟踪变量等功能。可以使用 TwinCAT PLC Control 控制器编写运动控制程序并在系统管理器中对其进行加载。

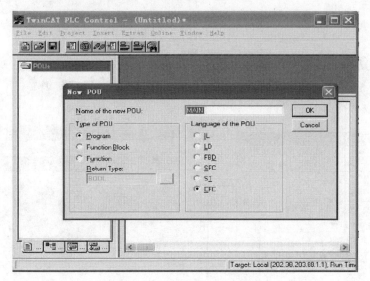

图 6-33　TwinCAT PLC 控制器

　　下面对 TwinCAT 主站配置进行阐述。

　　(1) 运行 TwinCAT System Manager,单击 Options→Show Real Time Ethernet Compatible Devices,显示系统可用网卡,如图 6-34 所示。

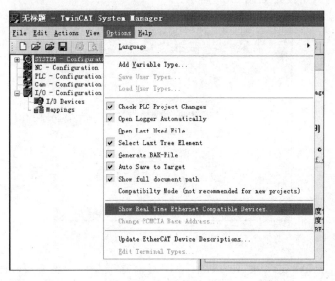

图 6-34　扫描可用网卡

（2）选中 Compatible devices 下的本地连接 2，单击 Install 按钮，配置系统网卡，如图 6-35 所示。

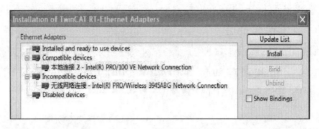

图 6-35　网卡的安装

（3）在 I/O Configuration 菜单下的 I/O Devices 中右键选择 Scan Devices，如图 6-36 所示；TwinCAT 运行 Config Mode，为所连接的 EtherCAT 设备扫描总线，系统扫描所有可用从站设备，如图 6-37 所示。

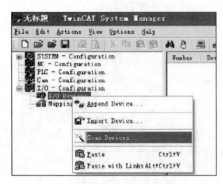

图 6-36　系统硬件扫描

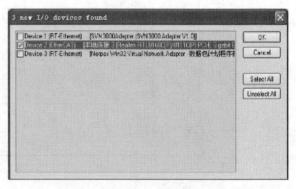

图 6-37　EtherCAT 接口卡的选择

（4）扫描到 EtherCAT 接口卡后，单击"是"，系统扫描已连接的从站设备，如图 6-38 所示；扫描到更新的从站设备如图 6-39 所示。

图 6-38　从站设备的扫描

（5）运行 TwinCAT PLC Control，编写 PLC 程序或是调入已编写好的 PLC 程序，编译程序，使之生成后缀名为 .tpy 的文件，如图 6-40 所示。

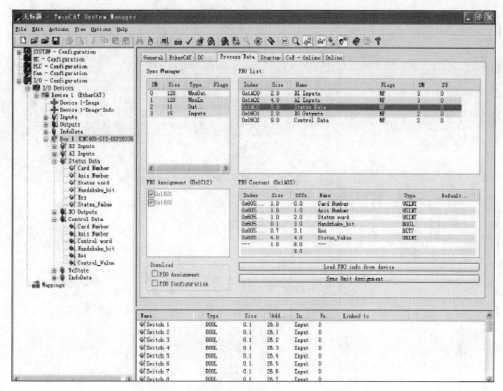

图 6-39　扫描到更新的从站设备

图 6-40　调入 PLC 程序

（6）在 Twin CAT System Manager 的 PLC-Configuration，添加已编译好的 .tpy 文件，然后将 NC 组态和 PLC 中标准的 Inputs 和 Outputs 变量连接，建立映射，即进行 NcToPlc 和 PlcToNc 的配置，主要包括电机转动角度和转速，图 6-41 是变量的连接图。

（7）系列设置后，回到 TwinCAT PLC Control 界面，下载程序到控制器 Online→Run，

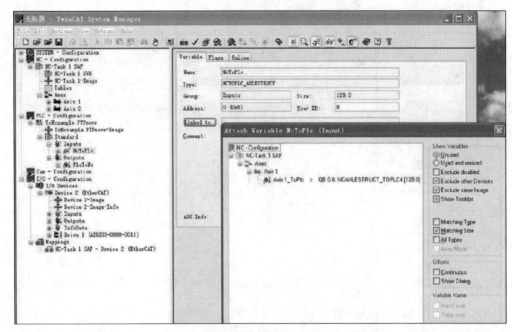

图 6-41　控制变量的连接

运行程序,可看到电机跟随 PLC 程序运行,可以看见 TwinCAT PLC Control 中电机运动参数的设置界面如图 6-42 所示。

图 6-42　电机运行控制界面

6.3.3　从站网络接口程序设计

从站网络接口程序根据主站发送的指令完成数据的接收、反馈和处理,负责从和存储器读取数据,主要负责 EtherCAT 数据链路层 ET1100 芯片的数据读写、SPI 接口数据的读写、ESC 处理和邮箱处理等。本章参考 BECKHOFF 的 ETG 技术规范,使用 C 语言设计系统的网络接口程序。

在 EtherCAT 网络接口程序中,通过从站控制器 ET1100 与从站控制器微处理器 DSP 间的互操作,完成网络的应用层任务,通过 ET1100 实现数据链路层任务,完成数据的接收、发送及错误处理。如图 6-43 所示为网络接口程序的流程图,具体内容包括:从站控制器 ET1100 初始化、从站控制器微处理器 DSP 初始化、过程数据大小初始化及对象初始;状态机处理,完成通信初始化;周期性和非周期性的数据处理,完成 ET1100 与 DSP 的数据交换,实现应用层任务。

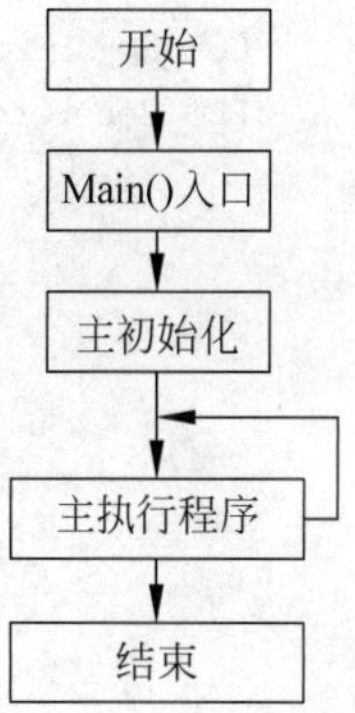

主函数部分程序代码如下:

```
void main (void)
{
    Main Init ();                          //主初始化
     do
    {
     Main Loop ();                         //主执行程序

    } while (1);
}
```

图 6-43　网络接口程序的流程图

1. 主初始化程序模块

主初始化的任务主要包括 DSP、从站 ESC、服务对象和过程数据大小等初始化过程,程序流程如图 6-44 所示。其中硬件初始化包括 DSP 寄存器初始化、从站控制器 ET1100 初始化、硬件输入输出引脚对应初始化、中断初始化及 SPI 通信初始化等。从站接口初始化包括分布时钟初始化、状态初始化、邮箱初始化、CoE 初始化及紧急事件处理初始化。服务对象初始化包括同步管理器参数初始化、PDO 输出复位及默认项初始化。主初始化部分程序代码如下:

```
//-------------------------------------------- 主初始化
------------------------------------------------ //
void Main Init (void)
{
//------------------------- 初始化 DSP-------------------------- //
void DSP_init(void);                       //初始化 DSP
{
Init Sys Ctrl()                            //初始化 CPU
//外设初始化
Init Adc()                                 //初始化 ADC
Init EPwm()                                //初始化 PWM
//启用中断
(IER)Set DBGIER;                           //配置 DBGIER 的实时调试
}
//----------------------- 初始化从站 ESC ----------------------- //
void ECAT_init(void);                      //初始化从站 ESC
{
    Uint16 al_event_mask[2] = {0x0000,0x0400, };    //应用层中断事件屏蔽码
```

```
    cur_state = 0x01;                          //当前应用层状态
}

    COE_Obj Init();                            //初始化服务对象
    PDO_Generate Mapping();                    //初始化 PDO 过程数据大小


}
```

图 6-44　主初始化程序流程

2. 主执行程序模块

当程序初始化工作完成后,系统硬件及各种参数变量都有了初始状态,为主执行程序中数据的交换和处理做好了准备。主执行程序主要是通过周期性调用的主执行程序 Main Loop()中的各子程序模块,完成状态机处理、过程数据的输入输出和邮箱处理等任务。根据前文所述,从站控制器有两种数据传输方式:周期性过程数据和非周期性邮箱数据。在运动控制中,对于实时要求较高的数据,采用周期性的数据传送模式,如运动控制指令、急停及故障指令等,由主站周期性地发送给从站,通过查询 ET1100 的寄存器 0x221 的 SM 状态镜像来判断中断类型并进行相应的中断处理,DSP 响应中断读取从站控制器中的指令数据,并将反馈数据写入到 ESC 中,完成一次数据交换。最后对接收到的数据根据一定的协议进行解码,完成一次数据处理过程。

EtherCAT 程序主初始化为网络数据的通信和处理做好了准备,但主从站之间还不能够直接通信。EtherCAT 状态机 ESM(EtherCAT State Machine)的功能就是协调主从站应用程序在初始化和运行时的状态关系。图 6-45 为 EtherCAT 主执行程序状态机处理过程。EtherCAT 支持 4 种状态,分别为 Init(初始化)、Pre OP(Pre-Operational 预运行)、Op(Operational 运行)、Safe-Op(Safe-Operation 安全运行)。主站通过设置寄存器 state Trans 的值(0 x0130-0x0134)向从站发送状态控制命令,请求新状态,从站响应此命令,执行所请求的状态转换,并将结果写入状态指示变量。从初始化状态向运行状态转化时,必须按照"初始化—预运行—安全运行—运行"的顺序转化,不可以越级转化。从运行状态返回时可以越级转化。如果请求的状态转换失败,从站将给出错误标志。在预运行状态下,邮箱通信(Mbx_Start Mailbox Handler)被激活。在安全运行状态下,从站应用程序读入输入数据(Start Input Handler),但不产生输出信号,设别无输出,处于"安全状态"。在运行状态下,从站应用程序读入输入数据(Start Output Handler),主站应用程序发出输出数据,从站设备产生输出信号。此时仍然可以使用邮箱通信。

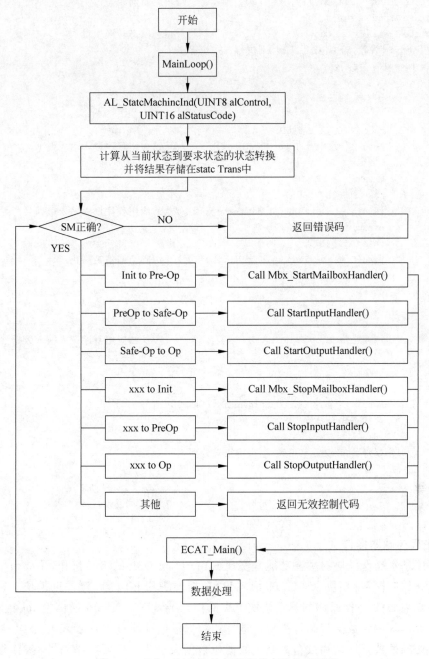

图 6-45　EtherCAT 主执行程序状态机处理过程

主执行程序状态机处理的关键源代码如下：

```
void AL_State Machine Ind (UINT8 al Control, UINT16 al Status Code)
{
                                      //有关变量定义

    UINT8 state Trans;
```

```
        al Control & = STATE_MASK;
        state Trans = n Al Status;                    //得到目前状态
        state Trans << = 4;
        state Trans += al Control;                    //得到状态转换变量
        //检查 SM 设置,若 SM 设置正确,则执行下一步程序
        If (results == 0)
        {
            switch (statetrans)
            {
                case PREOP_2_SAFEOP:
                result = Start Input Handler ();      //从站应用程序读入输入数据

                break;
                case SAFEOP_2_OP:
                result = Start Output Handler ();     //从站应用程序读入输入数据且产生输出信号
                break;
                case OP_2_INIT:
                result = Mbx_Stop Mailbox Handler (); //邮箱通信被终止

                break;
                case SAFEOP_2_PREOP:
                case OP_2_PREOP:
                result = Stop Input Handler ();       //从站应用程序读入输入数据被终止

                break;
                default:
                result = ALSTATUSCODE_INVALIDALCONTROL;
                //状态代码设置
            }
            else//如果 SM 设置不正确,则进行错误处理

            ......
        }
    }
```

3. 主程序基本操作

主程序基本操作模块的主要功能是实现 ET1100 与 DSP 的 SPI 操作,主要包括 3 个主要程序:SPI 芯片寻址模块、ET1100 写(输出)数据模块和 ET1100 读数据模块。它们是实现 ET1100 与 DSP 数据通信的基本模块。在 ET1100 与 DSP 的 SPI 通信中,每个 SPI 通信数据被分成地址相和数据相两种类型。地址相数据根据寻址模式由 2~3 字节组成,通过主站发送要访问的数据地址和读写命令。数据相数据大小为 0~32 字节,读写操作根据命令来执行。具体操作由以下三个程序模块实现:

(1) SPI 寻址。通过 SPI 实现从站芯片 ET1100 寻址的关键代码如下:

```
//----------------------- 关键字与指令说明 ----------------------- //
\ Address 被访问的从站芯片 ET1100 地址和 DRRAM 地址(最大值为 0x1FFF ).
\ Command ESC_RD = 0x04 为读访问;
\ ESC_WR = 0x02            为写访问
.
```

```
//------------------------------------------------------------------//
static void Addressing Esc (UINT16 Address, UINT8 Command)
{
    UBYTETOWORD tmp;
    UINT8 dummy;
    tmp.Word = (Address << 3) | Command;
    SELECT_SPI;                              //SPI 选择
    SPI1_IF = 0;                             //复位标识
      dummy = SPI1_BUF;
      Esc Al Event.Byte[0] = SPI1_BUF;       //读 AL 事件寄存器的第一个字节
      ……
}
```

(2) 向 ET1100 写数据。按指定地址通过 SPI 操作向 ET1100 写数据,程序代码如下:

```
//------------------ 关键字与指令说明 ------------------------ //
\ Address           要读取的 ET1100 地址 (最大值为 0x1FFF )
\ p Data            指向包含要操作(写或读)的数组数据
\return             反馈写操作是否成功的逻辑值
\p Len              读取的数据的字节数
//------------------------------------------------------------//
void HW_Esc Write Access (UINT8 * p Data, UINT16 Address, UINT16 Len)
{
    UINT16 i = Len;
    UINT8 dummy;
    while (i --> 0)
    {
    //从 ET1100 读取的数据会被 AL EVENT ISR 事件中断, 所以每一位数据须单独读取 //
    DISABLE_AL_EVENT_INT;
    Addressing Esc (Address, ESC_WR);
    SPI1_BUF = p Data++;                   //开始进行数据的传输
    WAIT_SPI_IF;                           //等待完成数据的传输
    ……
    }
}
```

(3) 从 ET1100 读数据。按指定地址通过操作 SPI 从 ET1100 读数据,程序代码如下:

```
//----------------- 关键字与指令说明 ------------------------------ //
\ Address           要读取的 ET1100 地址 (最大值为 0x1FFF)
\ p Data            指向包含要操作(写或读)的数组数据
\return             反馈写操作是否成功的逻辑值
\p Len              读取的数据的字节数
//------------------------------------------------------------//
void HW_Esc Read Access (UINT8 * p Data, UINT16 Address, UINT16 Len)
{
    //从 ET1100 中读取数据
    UINT16 i = Len;
    /* 循环读取所有指定的字节 */
    while (i --> 0)
    {
        Addressing Esc (Address, ESC_RD);              //ESC_RD = 0x02
```

```
        SPI1_BUF = 0x FF;                           //开始进行数据的传输

        WAIT_SPI_IF;                                //等待完成数据的传输
        ......
    }
}
```

6.4　EtherCAT 网络交流伺服系统的控制算法设计

6.4.1　EtherCAT 伺服产品的特点

EtherCAT 主要特点如下：

(1) 完全符合以太网标准。EtherCAT 设备可以与其他的以太网设备共存于同一网络中；普通的以太网卡、交换机、路由器等标准组件都可以在 EtherCAT 中使用。

(2) 支持多种拓扑结构。EtherCAT 网络可以支持多种网络拓扑结构，如线状、星状、树状拓扑结构。

(3) 适用性广泛。任何带有普通以太网控制器的控制单元都可以作为 EtherCAT 主站。EtherCAT 网络可以使用普通的以太网电缆或光缆，同时 EtherCAT 还能够使用倍福公司自己设计的低压差分信号低压差分信号(Low Voltage Differential Signaling，LUDS)线来延时地通信。

(4) 高效率、刷新周期短。EtherCAT 网络可以最大化利用以太网带宽进行数据传输。EtherCAT 网络可以用于伺服控制技术中底层的闭环控制。

(5) 同步性能好。EtherCAT 使用高分辨率的分布式时钟，各个从站节点之间的同步精度远小于 $1\mu s$。

(6) 无须从属子网。无论是复杂的节点还是只有一两位数字 I/O 都能被用作 EtherCAT 从站。

6.4.2　抗干扰控制算法

永磁同步电机具有体积小、结构简单、高转矩惯量比等优点，被广泛应用于现代交流伺服系统，特别是机器人、航天航空和数控机床等领域。然而，永磁同步电机是一种典型的非线性多变量耦合系统，特别是作为伺服电机应用受到未知负载、摩擦及磁场非线性的影响，常见的线性控制难以满足高控制性能的要求。近年来，非线性控制算法如扰动观测器、滑模变结构和神经网络等方法被引入到永磁同步电机控制中，有效提高了电机性能。自抗扰控制技术是一种新的非线性算法，通过积分串联结构，既控制了系统的输出和各阶微分，又兼顾扰动的动态补偿，显著提高了控制系统的稳定性和鲁棒性。接下来，将利用自抗扰控制技术为永磁同步电机调速系统设计速度环的一阶自抗扰控制器。

1. 自抗扰控制原理

标准的自抗扰控制器(Active Disturbances Rejection Control ，ADRC)由三部分组成：跟踪微分器(Tracking Differentiator，TD)，扩张的状态观测器(Extended State Observer，

ESO)和非线性状态误差反馈控制律(Nonlinear State Error Feedback,NLSEF)。TD 用来实现对系统输入信号的快速无超调跟踪,并能给出良好的微分信号;ESO 用来对系统的状态和扰动分别进行估计。自抗扰控制器把系统自身模型的不确定性当作系统的内扰,它和系统的外扰一起被看作整个系统的扰动,不区分内扰和外扰而直接检测它们的综合作用——系统的总扰动,而 ESO 能对系统的总扰动进行估计;NLSEF 利用广义误差来构造非线性的状态误差反馈控制律。

　　自抗扰控制器的具体结构是:利用 TD 来对参考输出进行轨迹规划,安排过渡过程,利用 ESO 来对系统输出进行各阶状态和扰动的估计,并选择适当的状态误差的非线性组合获得系统的自抗扰控制律。其结构图如图 6-46 所示。其中,TD 是用来安排快速无超调的过渡过程,并给出参考输入 $V(t)$ 的各阶导数跟踪信号 $v_1,v_2,\cdots,v_n$,$n+1$ 阶 ESO 估计对象的各阶状态变量 $z_1,z_2,\cdots,z_n$ 和对象的总扰动 z_{n+1},非线性状态误差反馈控制律是利用 TD 和 ESO 对应输出量之间的误差(系统的广义误差)产生控制量 $u_0(t)$,扰动量被用于系统的前馈补偿。

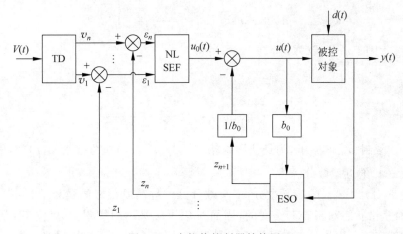

图 6-46　自抗扰控制器结构图

　　下面对自抗扰控制器的各部分进行详细介绍。

　　1) 跟踪微分器

　　由于系统输入信号通常是阶跃形式的,根据文献的模型偏差补偿原理,传统的 PID(或 PI)并不适合用于跟踪阶跃信号,因为输出信号一般是从零开始逐步增大,这使得系统响应的开始阶段误差比较大,积分对误差的累积作用会使控制量过大而引起超调和振荡。解决这一问题的途径之一就是对输入信号安排合适的参考轨迹过渡过程。

　　经典微分器的形式为

$$y = w(s)v = \frac{s}{\tau s + 1}v = \frac{1}{\tau}\left(1 - \frac{1}{\tau s + 1}\right)v \tag{6-1}$$

$$y(t) \approx \frac{1}{\tau}(v(t) - v(t-\tau)) \approx \dot{v}(t) \tag{6-2}$$

式中,$v(t)$,$y(t)$ 分别是系统的输入输出信号,$w(s)$ 是系统的传递函数。当对信号叠加随机噪声 $n(t)$ 时

$$y(t) \approx \frac{1}{\tau}(v(t) - v(t - \tau)) + \frac{n(t)}{\tau} \approx \dot{v}(t) + \frac{n(t)}{\tau} \qquad (6\text{-}3)$$

当 τ 越小时,系统输出的噪声放大就越严重。

另外由于参考输入 $v(t)$ 常常不可微,甚至不连续,而输出信号 $y(t)$ 的量测又常被噪声污染,因此误差信号 $e(t) = v(t) - y(t)$ 通常是不可微的。经典 PID 中一般采用差分或超前网络近似实现微分信号,这种方式对噪声放大作用很大,因此按以上这些方法得到的微分信号都很容易失真。

对二阶系统,则

$$\begin{cases} \dot{x}_1 = x_2 \\ \dot{x}_2 = u, \quad |u| \leqslant r \end{cases} \qquad (6\text{-}4)$$

的"快速最优控制"综合系统为

$$\begin{cases} \dot{x}_1 = x_2 \\ \dot{x}_2 = -r \, \mathrm{sgn}\left(x_1 + \dfrac{x_2 \mid x_2 \mid}{2r}\right) \end{cases} \qquad (6\text{-}5)$$

把式(6-5)中的 $x_1(t)$ 改为 $x_1(t) - v(t)$,得

$$\begin{cases} \dot{x}_1 = x_2 \\ \dot{x}_2 = -r \, \mathrm{sgn}\left(x_1 - v(t) + \dfrac{x_2 \mid x_2 \mid}{2r}\right) \end{cases} \qquad (6\text{-}6)$$

式中,$x_1(t)$ 在限制 $|\ddot{x}_1| \leqslant r$ 下,为最快跟踪输入信号。$x_1(t)$ 充分接近 $v(t)$ 时,有 $x_2(t) = \dot{x}_1(t)$,可做 $v(t)$ 的近似微分。

实际上 $x_2(t)$ 为 $v(t)$ 的广义微分,广义微分是一种品质很好的微分。它不是靠微分环节来实现,而是由状态观测器来实现的,因而避免了对噪声的敏感。另外,TD 还有一个很重要的意义就在于可以通过参数的选取安排过渡过程,避免出现初始误差过大,导致超调的情况。

对于图 6-46 所示的 n 阶系统,非线性跟踪微分器的一般形式为

$$\begin{cases} \dot{v}_1 = v_2 \\ \vdots \\ \dot{v}_{n-1} = v_n \\ \dot{x}_n = R^n f(v_1 - V(t), v_2/R, \cdots, v_n/R^{n-1}) \end{cases} \qquad (6\text{-}7)$$

式中,$V(t)$ 为系统的参考输入信号,$R > 0$,为可调参数。只要适当选取函数 $f(v_1, v_2, \cdots, v_n)$,便有

$$v_1 \to V(t), \quad v_2 \to \dot{v}_1, \quad \cdots, \quad v_n \to \dot{v}_1^{(n-1)} \qquad (6\text{-}8)$$

2) 扩张的状态观测器

对于系统方程

$$\begin{cases} \dot{x} = Ax + Bu \\ y = Cx \end{cases} \qquad (6\text{-}9)$$

系统

$$\dot{z} = Az - L(Cz - y) + Bu \tag{6-10}$$

称为经典状态观测器。这两个系统的误差方程为

$$\begin{cases} \varepsilon = z - x \\ \dot{\varepsilon} = (A - LC)\varepsilon \end{cases} \tag{6-11}$$

如果矩阵 $A - LC$ 是稳定的，$z(t)$ 渐近的估计状态变量 $x(t)$。

考虑二阶系统：

$$\begin{cases} \dot{x}_1 = x_2 \\ \dot{x}_2 = f(x_1, x_2, t) + bu \\ y = x_1 \end{cases} \tag{6-12}$$

当 $f(x_1, x_2, t)$ 为已知时，其观测器可设计为

$$\begin{cases} \varepsilon_1 = z_1 - y \\ \dot{z}_1 = z_2 - \beta_{01}\varepsilon_1 \\ \dot{z}_2 = f(z_1, z_2, t) - \beta_{02}\varepsilon_1 + bu \end{cases} \tag{6-13}$$

可在很多情况下，$f(x_1, x_2, t)$ 是未知的，所以对于一类 SISO 非线性不确定对象：

$$y^{(n)} = f(y, \dot{y}, \cdots, y^{(n-1)}, t) + w(t) + bu \tag{6-14}$$

可以写成如下的状态方程形式：

$$\begin{cases} \dot{x}_1 = x_2 \\ \vdots \\ \dot{x}_{n-1} = x_n \\ \dot{x}_n = f(x_1, x_2, \cdots, x_{n-1}, x_n, t) + w(t) + bu \\ y = x_1 \end{cases} \tag{6-15}$$

式中，$f(x_1, x_2, \cdots, x_{n-1}, x_n, t)$ 为未知函数，$w(t)$ 为未知外扰，u 为控制量，b 为控制系数。构造出的非线性系统为 $n+1$ 阶扩张的状态观测器：

$$\begin{cases} \dot{z}_1 = z_2 - g_1(z_1 - y(t)) \\ \vdots \\ \dot{z}_{n-1} = z_n - g_{n-1}(z_1 - y(t)) \\ \dot{z}_n = z_{n+1} - g_n(z_1 - y(t)) + bu(t) \\ \dot{z}_{n+1} = -g_{n+1}(z_1 - y(t)) \end{cases} \tag{6-16}$$

记 $a(t) = f(x_1, x_2, \cdots, x_{n-1}, x_n, t) + w(t)$，为扩张的状态变量。如能选择合适的非线性函数 $g_1(\cdots), g_2(\cdots), \cdots, g_{n+1}(\cdots)$，就可以使 $z_1, z_2, \cdots, z_{n+1}$ 跟踪 $x, \dot{x}, \ddot{x}, \cdots, x^{(n-1)}$ 和系统总的扰动 $a(t)$，即

$$z_1(t) \rightarrow x(t), \quad \cdots, \quad z_n(t) \rightarrow x^{(n-1)}(t), \quad z_{n+1} \rightarrow a(t) \tag{6-17}$$

观测器可以取如下非线性函数：

$$\mathrm{fal}(\varepsilon, \alpha, \delta) = \begin{cases} |\varepsilon|^\alpha \mathrm{sgn}(\varepsilon), & |\varepsilon| > \delta \\ \varepsilon/\delta^{1-\alpha}, & |\varepsilon| \leqslant \delta \end{cases} \tag{6-18}$$

也就是说在系统模型摄动 $f(x_1,x_2,\cdots,x_{n-1},x_n,t)$ 和外扰 $w(t)$ 未知的情况下,可以将 $z_{n+1}=\hat{a}(t)$ 作为 $a(t)$ 的估计值,可以实现对不确定性受控对象的控制器设计中"模型和未知外扰"的补偿。所以说扩张的状态观测器实际上就是这样一个环节:得到系统输出 $y(t)$ 的估计信号、它的各阶导数信号 $z_i(t)(i=2,\cdots,n)$,以及系统的扰动估计信号 $z_{n+1}(t)$。

经典 PID 设计注重于通过消除误差来控制好过程,但是对过程状态本身却缺少一个预测或估计,而 ADRC 对 $a(t)$ 进行了实时地估计,并进行补偿,所以比经典 PID 更具有鲁棒性。

3) 非线性状态误差反馈控制律

经典 PID 简单地采用误差的比例、积分和微分的线性加权和形式,这种线性配置不易解决快速性和超调之间的矛盾。利用误差过去、现在和未来信息的非线性反馈结构替代经典的线性加权和的形式,就成为非线性的 PID 控制。非线性状态误差反馈控制就是利用这种广义误差的比例、积分的非线性组合来构造控制律的。

由跟踪微分器得到的输入信号 $V(t)$ 及其各阶微分信号的估计量 $v_i(i=1,2,\cdots,n)$ 和通过扩张的状态观测器得到的系统状态变量的估计量 $z_i(i=1,2,\cdots,n)$,可以定义系统的广义状态误差如下:

$$\varepsilon_1=v_1-z_1,\quad \varepsilon_2=v_2-z_2,\quad \cdots,\quad \varepsilon_n=v_n-z_n \tag{6-19}$$

对上述广义状态误差进行适当的非线性组合,可以实现基于广义状态误差的非线性控制器,一般的非线性组合形式如下:

$$u_0(t)=\beta_1 fal(\varepsilon_1,\alpha,\delta)+\beta_2 fal(\varepsilon_2,\alpha,\delta)+\cdots+\beta_n fal(\varepsilon_n,\alpha,\delta) \tag{6-20}$$

式中,$\beta_1,\beta_2,\cdots,\beta_n$ 为控制器的可调参数。利用广义状态误差的非线性组合和模型与外扰的补偿 $\hat{a}(t)(z_{n+1})$,得到最终控制量 $u(t)$ 的表达式如下:

$$u(t)=u_0(t)-z_{n+1}(t)/b \tag{6-21}$$

式中,$-z_{n+1}(t)/b$ 起着补偿扰动的作用,这种补偿是不确定性系统反馈线性化的具体实现。同样,这也是一种对被控对象模型依赖性不强的非线性控制器结构。

2. 永磁同步电机调速系统的一阶简化自抗扰方案设计

永磁同步电机受电机参数变化(如电阻、电感、惯量以及磁链的变化)、外部负载扰动和非线性等因素的影响,基于精确电机模型的解耦很难实现,经典控制很难克服这些不良因素的影响,无法取得令人满意的控制效果。因此,采用先进的电机控制算法来提高交流调速系统的性能一直是国内外学者研究的一个热点。

从前面的分析可以看出,自抗扰控制方案不需要精确的电机参数就可以实现扰动补偿,这使得自抗扰控制器的设计能独立于永磁同步电机的数学模型,对负载扰动、电机参数变化都有较强的鲁棒性。

但是,自抗扰控制中的三个组成部分 TD、ESO、NELSEF 均使用了非线性函数,这些非线性函数不仅结构上是比较复杂的,而且需要调整的参数也多。这给工业应用时如何保证实时性以及参数调试工作带来了困难。如何在对自抗扰控制器进行合理简化同时保留其优良性能,对其在实际工业生产的应用具有重要意义。

在自抗扰控制器三个组成部分中,扩张状态观测器 ESO 实现了对系统综合扰动的观测,是自抗扰控制具有良好品质的关键。如果用线性函数仍能观测出系统的扰动,那么 ESO 的结构将大大简化。下面以一阶为例,简要介绍如何构造线性观测器。

对于一阶系统,则

$$\dot{y} = f(y,t) + w(t) + bu(t) = f(y,t) + w(t) + b_0 u(t) + (b - b_0)u(t) \quad (6\text{-}22)$$

式中,y 为系统输出,$f(x,t)$ 为未知的非线性时变函数,$w(t)$ 为外部扰动,$u(t)$ 为控制输入。b 为模型参数,b_0 为 b 的估计。

令系统的综合扰动项 $a(t) = f(y,t) + w(t) + (b - b_0)u(t)$,该扰动项既包括内部扰动 $f(y,t) + (b - b_0)u(t)$,又包含了外部扰动 $w(t)$。把 $a(t)$ 作为一个扩张的状态,并且令 $x_1 = y$,$x_2 = a(t)$,则上面的动态系统可以写成如下的状态方程:

$$\begin{cases} \dot{x}_1 = x_2 + b_0 u(t) \\ \dot{x}_2 = c(t) \end{cases} \quad (6\text{-}23)$$

式中,$c(t) = \dot{a}(t)$,则可以构造出线性的 ESO 如下:

$$\begin{cases} \dot{z}_1 = z_2 - \beta_1(z_1 - x_1) + b_0 u \\ \dot{z}_2 = -\beta_2(z_1 - x_1) \end{cases} \quad (6\text{-}24)$$

对应的线性控制律为

$$\begin{cases} u_0(t) = k(y^* - z_1) \\ u(t) = u_0(t) - \dfrac{z_2}{b_0} \end{cases} \quad (6\text{-}25)$$

式中,y^* 为系统的参考输入。由于是一阶系统,没有用到输出的微分信号,所以在此一阶自抗扰控制器中不含跟踪微分器。一阶简化自抗扰控制器的结构如图 6-47 所示。

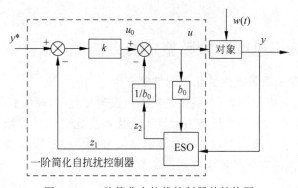

图 6-47　一阶简化自抗扰控制器的结构图

由图 6-47 可知,简化的一阶自抗扰要比标准的一阶自抗扰要简单,将简化的一阶自抗扰用在永磁同步电机调速系统更容易实现。目前所研究的永磁同步电机一阶简化的自抗扰控制器目前只应用在交流调速系统的速度环,考虑到 DSP 芯片的处理速度以及电流环对实时性有较高的要求,电流环仍采用 PI 控制器。永磁同步电机在实际应用中,除了周围环境存在未知外扰,还有电机本身内部参数的摄动,这些因素会造成电机运行性能的下降。自抗扰控制器能对这些扰动进行观测和补偿,设计永磁同步电机的自抗扰控制器如下。

$$\dot{\omega} = \frac{n_p \psi_f i_q}{J} - \frac{B\omega}{J} - \frac{T_L}{J} \quad (6\text{-}26)$$

令扰动 $a(t) = -B\omega/J - T_L/J + (b - b_0)i_q$，$b = n_p\psi_f/J$，$b_0$ 是 b 的估计。可得到：

$$\dot{\omega} = a(t) + b_0 i_q \tag{6-27}$$

由上式可以看出，负载转矩、摩擦系数、惯量的扰动以及由于 b_0 估计误差所造成的扰动都可以在 $a(t)$ 中反映出来。如果能对 $a(t)$ 进行观测并予以补偿，则永磁同步电机调速系统可近似化为一阶积分型线性系统。ADRC 的结构图如图 6-47 所示。

1) ESO

$$\begin{cases} \dot{z}_1 = z_2 - \beta_1(z_1 - \omega) + b_0 u \\ \dot{z}_2 = -\beta_2(z_1 - \omega) \end{cases} \tag{6-28}$$

2) 控制律

$$\begin{cases} u_0(t) = k_p(\omega^* - z_1) \\ u(t) = u_0(t) - \dfrac{z_2}{b_0} \end{cases} \tag{6-29}$$

为了将该算法在基于 DSP 的全数字控制系统上实现，需要对控制器的表达式进行离散化。离散化后的二阶简化扩张状态观测器表达式为

$$\begin{cases} z_1(k) = z_1(k-1) + T(z_2(k-1) - \beta_1(z_1(k-1) - \omega(k)) + b_0 u(k-1)) \\ z_2(k) = z_2(k-1) - T\beta_2(z_1(k-1) - \omega(k)) \end{cases} \tag{6-30}$$

控制量的离散表达式为

$$\begin{cases} u_0(k) = k_p(\omega^* - z_1(k)) \\ u(k) = u_0(k) - \dfrac{z_2(k)}{b_0} \end{cases} \tag{6-31}$$

6.4.3 自抗扰速度环参数整定的方法

1. 自抗扰控制器在惯量发生变化下的性能分析

在伺服系统的实际应用中，当负载设备的惯量发生变化时，通常要调整控制器的参数才能保证控制器的性能。如果负载设备惯量发生变化而简化自抗扰控制器的参数保持不变，其控制性能就会变差。本节将用仿真和实验的结果来说明惯量发生变化时，调速性能所受到的影响，以及调速性能变差的原因并给出参数调整的方向。

2. 仿真分析

仿真中所用的电机参数如表 6-10 所示，在 MATLAB/Simulink 下搭建的仿真模型如图 6-48 所示。

表 6-10 永磁同步电机参数表

名　　称	符　　号	参　　数	名　　称	符　　号	参　　数
额定功率	P_N	0.75kW	q 轴电感	L_q	4mH
额定电压	U_N	103V	极对数	n_p	4
额定电流	I_N	4.71A	定子电阻	R_s	1.74Ω
额定转速	n_N	3000r/min	d 轴电感	L_d	4mH
额定力矩	T_N	2.387N·m	磁链	ψ_f	0.402Wb
转子惯量	J_n	1.78kg·cm²	阻尼系数	B	7.4×10^{-5} Nms/rad

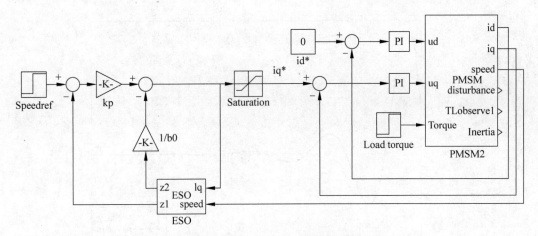

图 6-48　矢量控制的永磁同步电机调速系统仿真结构图

仿真中简化自抗扰控制器的参数为 $k_p = 0.05$，ESO 极点 $-p = -300$，$b_0 = b = \dfrac{n_p \psi_f}{J} = 9033.7$，dq 电流环 PI 控制器的参数是：比例增益为 50，积分增益为 2500。q 轴电流环限幅为 15A，速度给定为 1000r/min。

在此参数下，自抗扰控制器有较好的控制性能，然后保持自抗扰控制器的参数不变，把电机转子的惯量增加为原来的 10 倍，此时自抗扰控制器的输出以及速度响应都会发生变化，惯量发生变化前后，速度响应和控制量响应的对比如图 6-49 和图 6-50 所示。

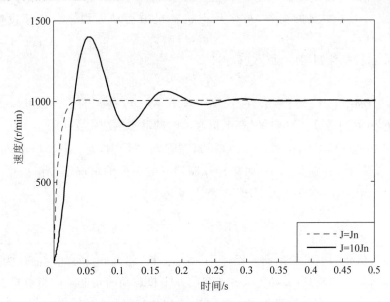

图 6-49　惯量变化前后速度响应对比

从图 6-49 可以看出，电机的惯量增加为原来的 10 倍后，速度响应出现大的超调，并且调节时间变长。对应的控制量输出也有较大的震荡和较长的调节时间。由此仿真结果可以看出，惯量增加后，如果保持简化自抗扰控制器的参数不变，速度响应会明显变差。要想在惯量增加后使速度响应具有较好的性能，必须对简化自抗扰控制器的参数进行调整。

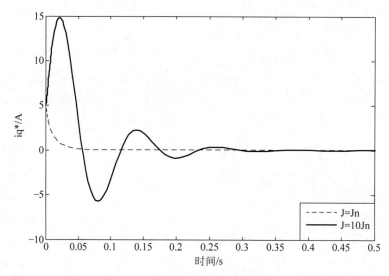

图 6-50　惯量发生变化前后,输出控制量的响应对比

从控制的角度来讲,电机可等效为一个惯性环节 $\dfrac{1}{Js+B}$,在惯量增加后,其响应应该变慢,从图 6-48 可以看出,速度响应确实变慢了。但是速度响应却出现了大的超调和振荡,控制量也有振荡。惯量增加后,速度响应出现超调和振荡是由控制引起的,所以应该从控制量的角度来分析速度响应出现超调和振荡的原因。从以上的仿真结果中可以看出,速度的动态响应发生了明显的变化,可以从电机的机械运动方程来分析速度响应变差的原因。

由第 3 章自抗扰控制器的设计过程得

$$\dot{\omega}=a(t)+b_0 i_q \tag{6-32}$$

式中,$a(t)=-B\omega/J-T_L/J+(b-b_0)i_q$,$b=n_p K_t/J$,$b_0$ 是 b 的估计。可以看出,由于在仿真中 $b_0=b$,并且负载 $T_L=0$,所以在电机起动时的动态响应中 $a(t)=-B\omega/J<0$。而电机在起动时其加速度 $\dot{\omega}\gg0$,由式(6-32)可知,在起动过程中,有 $|b_0 i_q|\gg|a(t)|$,从仿真图 6-51 中也可以看出在惯量增加,而保持控制器参数不变的情况下,有 $|b_0 i_q|\gg|a(t)|$。因此在式(6-32)中,$b_0 i_q$ 项起主要作用,可将式(6-32)化为

$$\dot{\omega}\approx b_0 i_q=\frac{n_p\psi_f u}{J} \tag{6-33}$$

式(6-33)可以近似作为电机的运动方程,为了便于分析,将式(6-33)的左面认为是受控制量影响的机械量,式(6-33)的右面认为是控制量。从电机运动的角度来讲当电机惯量增加时,式(6-33)左面的 $\dot{\omega}$ 要比惯量增加前小,而式(6-33)右面的控制量本来也应该随着惯量的增加而减小,但却由于 $b_0=\dfrac{n_p\psi_f}{J}$ 是一个常数,并没有随惯量的增加而改变,造成了在式(6-33)右边的控制量偏大,而要满足式(6-33),则左边 $\dot{\omega}$ 必须增大,因此速度响应会出现大的超调和振荡。所以,在惯量增加后而保持控制器参数不变的情况下,速度响应变差的主要原因是 b_0 没有随着惯量而发生改变。

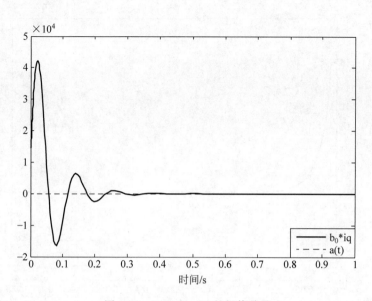

图 6-51　$b_0 i_q$ 和 $a(t)$ 的幅值关系

另外，从 ESO 的角度来讲，b_0 是 b 的估计，在 b 发生变化的情况下，b_0 并没有对这种变化做出变化，造成 ESO 对扰动量 $a(t)$ 的估计不准确，从而在进行扰动补偿形成控制量时，对控制量的补偿不准确。

当 b_0 随着惯量的增加而成比例地缩小后，对应的仿真效果图如图 6-52 所示。

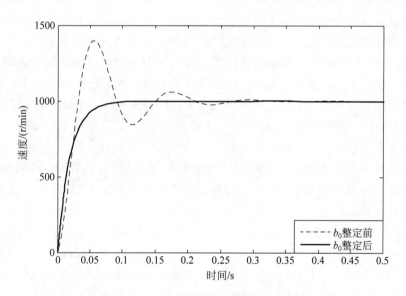

图 6-52　b_0 整定前后，速度响应对比

由此可见，在惯量增加后，b_0 没有调整是使速度响应变坏的主要原因。当根据惯量对 b_0 进行调整后，速度响应和控制量响应能够明显地改善(见图 6-53)。

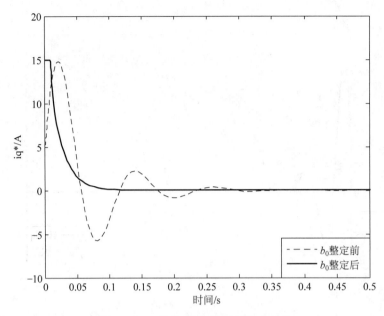

图 6-53　b_0 整定前后,控制量响应对比

6.4.4　电流环参数整定方法

　　精度高、性能优良的伺服驱动器要求力矩响应快,即要求电流环响应速度快,从而使得力矩电流能够快速且准确地跟踪上给定电流。电流环控制性能受众多因素的影响,如电流环控制器的设计,中高速时电机的反向电动势,dq 轴电流的交叉耦合项,电机工作时参数的摄动,负载力矩扰动等,所以良好的电流环控制器设计时要考虑这些因素的影响,并力求减小这些因素给伺服系统带来的负作用。反馈线性化控制方法是近年来逐渐发展起来的一种现代控制算法。它的优点在于通过简单的代数变换即可实现将一个复杂的非线性环节转变为简单的线性环节,从而降低了控制器的设计难度,并且保证了系统是全局稳定的,因此它是作为一种全局线性化的方法而存在。伺服系统电流环是典型的非线性环节,使用反馈线性化后可将其转换为简单的线性环节,从而可以在确保系统稳定性和可控性的前提下,在较宽的工作区域内使用线性理论知识来分析和设计线性控制器。反馈线性化方法和传统的线性化方法相比差异明显,作为一种典型且控制性能优异的非线性控制算法,它是通过简单的代数变换,将原本复杂且较难控制的非线性系统变为简单、易控的线性系统。通过反馈线性化后得到的模型是精确的状态变换结果,并且在全局作用域内都是有效的,而传统的线性化方法则只是在某些工作点上有效。永磁同步电机电流环非线性项中包括电阻、磁链等电机参数,所以需事先通过相关测量方法得到这些必要参数,之后再设计反馈线性化控制器,通过在电流环控制器中添加包含这些电机参数的非线性项,来近似达到减小甚至抵消该部分非线性造成的影响。在实际应用中,电机参数可能随着温度、湿度等工况变化,预先设定的控制器参数往往难以保持较好地控制性能。传统的解决方法,即人工整定,根据不同工况手工调整控制器参数。但这种方法具有很大的局限性,不利用控制器的推广和提升对环境的适应能力。因此在电机参数变化剧烈的情况下,辨识出最能表征系统当前工况的特征参数,

并据此对控制器参数进行自动调整。这样做不仅提升了交流伺服系统的控制性能,也增强了交流伺服系统的通用性和对工况变化的适应性。

1. 永磁同步电机参数测量及辨识

(1) 永磁同步电机相电阻测量方法。

永磁同步电机三相定子绕组通常采用 Y 形接法,其三相定子侧等效绕组如图 6-54 所示。

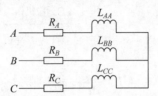

图 6-54　永磁同步电机三相定子绕组等效示意图

由图 6-54 可以看出,永磁同步电机定子侧的绕组相电阻满足

$$\begin{cases} R_{AB} = R_A + R_B \\ R_{BC} = R_B + R_C \\ R_{CA} = R_C + R_A \end{cases} \tag{6-34}$$

又因为 $R_A = R_B = R_C$,所以电机相电阻为

$$R_S = \frac{R_{AB} + R_{BC} + R_{CA}}{6} \tag{6-35}$$

实际操作时,利用万用表分别测量电机两端的线电阻,再根据式(6-35)计算得到电机的相电阻。

(2) 永磁同步电机转子磁链的测量方法。

永磁同步电机的转子磁链 ψ_f 是转子永磁体磁链等效到定子侧的磁链值,该值可在电机处于空载情况下测量得到,其基本原理如下所示:

PMSM 的 a 相反电势表达式为

$$e_a = \psi_f \omega_e = \psi_f \cdot (2\pi f)$$

又因为三相交流电压中,线电压是对应相电压幅值的 $\sqrt{3}$ 倍,因此可得磁链为

$$\psi_f = \frac{U_{AB}}{2\sqrt{3}\,\pi f} \tag{6-36}$$

由式(6-36)可得磁链测量方法,即使永磁同步电机稳态运行于一定转速后再自由停车,使用示波器采样对应端电压波形,得到端电压也即线电压幅值后,将其和此时对应的转子频率代入式(6-36)计算得到转子磁链系数,此即为最终需要得到的转子磁链值。

(3) 永磁同步电机电感辨识算法。

如图 6-55 所示,模型参考自适应辨识算法基本原理就是利用参考模型和实际可调系统的输出偏差,设计合理的自适应控制律来不断调整可调系统参数,使得参考模型和实际可调系统输出偏差逐渐减小直至为零的那组可调系统模型的参数即为待辨识的参数。模型参考自适应辨识的关键是建立合适的可调系统模型以及合理的自适应控制律。

PMSM 在 dq 旋转坐标系下的定子电压方程分别为

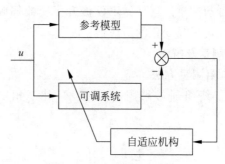

图 6-55　模型参考自适应辨识

$$u_d = R_s i_d + L_d \frac{\mathrm{d}i_d}{\mathrm{d}t} - n_p L_d \omega i_q \tag{6-37}$$

$$u_q = R_s i_q + L_q \frac{\mathrm{d}i_q}{\mathrm{d}t} - n_p L_q \omega i_d + n_p \psi_f \omega \tag{6-38}$$

式中,u_d、u_q、i_d、i_q 分别为 dq 旋转坐标系下 d 轴和 q 轴的电压和电流;L_d 和 L_q 为 dq 旋转坐标系下 d 轴和 q 轴等效电感;R_s 为定子电阻;n_p 为磁极对数;ω 为转子转速;ψ_f 为转子磁链。

　　由于实际系统中 i_d 基本会在 0 附近小范围波动,故可以忽略 ωi_d 对 q 轴电压的影响。并且由于电流环中断周期往往远小于速度环,在考虑 q 轴电压、电流时可以认为转速 ω 为恒值。将式(6-37)和式(6-38)通过一阶后向离散化后,得到第 $(k-1)$ 和 $(k-2)$ 个采样周期内 q 轴电压方程,即

$$u_q(k-1) = R_s i_q(k-1) + L_q \frac{i_q(k) - i_q(k-1)}{T_s} + n_p \psi_f \omega(k-1) \tag{6-39}$$

$$u_q(k-2) = R_s i_q(k-2) + L_q \frac{i_q(k-1) - i_q(k-2)}{T_s} + n_p \psi_f \omega(k-2) \tag{6-40}$$

式中,T_s 为电流环中断周期。考虑到一个电流环中断周期内,转速可认为近似恒值,即满足
$$\omega(k-1) = \omega(k-2)$$

　　联立式(6-39)和式(6-40),整理后得方程如式(6-41)所示。

$$i_q(k) = 2i_q(k-1) - i_q(k-2) + \frac{T_s}{L_q}(u_q(k-1) - u_q(k-2)) -$$
$$\frac{R_s T_s}{L_q}(i_q(k-1) - i_q(k-2)) \tag{6-41}$$

在实际伺服系统中,由于 $\dfrac{R_s T_s}{L_q} = 1$,并且在相邻的两个电流环中断周期内 q 轴电流一般不会发生突变,故式(6-41)可以简化为

$$i_q(k) = 2i_q(k-1) - i_q(k-2) + \frac{T_s}{L_q}(u_q(k-1) - u_q(k-2)) \tag{6-42}$$

将式(6-42)作为实际的参考模型(见图 6-56),可得对应的可调参考模型为

$$\hat{i}_q(k) = 2i_q(k-1) - i_q(k-2) + \hat{b}(k-1)u(k-1) \tag{6-43}$$

$$u(k-1) = u_q(k-1) - u_q(k-2) \tag{6-44}$$

$$\hat{b}(k) = \hat{b}(k-1) + \Delta\hat{b} \tag{6-45}$$

定义输出误差

$$\varepsilon(k) = i_q(k) - \hat{i}_q(k)$$

选取性能指标为

$$J = \frac{1}{2}\varepsilon^2$$

采用梯度法,得

$$\Delta b = -\lambda \cdot \text{grad}(J) = -\lambda \frac{\partial\left(\frac{1}{2}\varepsilon^2\right)}{\partial b} = -\lambda\varepsilon \frac{\partial\varepsilon}{\partial b} = \lambda\varepsilon u(k-1) \tag{6-46}$$

式中,λ 为步长,这里选择 $\lambda = \dfrac{\beta}{1+\beta u^2(k-1)}$ 为变步长,则式(6-46)可改写为

$$\Delta b = \frac{\beta}{1+\beta u^2(k-1)}\varepsilon(k)u(k-1)$$

式(6-45)改写为

$$\hat{b}(k) = \hat{b}(k-1) + \frac{\beta u(k-1)}{1+\beta u^2(k-1)}\varepsilon(k) \tag{6-47}$$

式中,$i_q(k)$ 为参考模型的输出,实际应用时通过电流传感器采样得到;$\hat{i}_q(k)$ 为可调模型即式(6-43)的输出,也可视作 $i_q(k)$ 的估计值;$\varepsilon(k)$ 为两个模型输出的差。式(6-47)是自适应机制,$\hat{b}$ 为 $\dfrac{T_s}{L_q}$ 的估计值;β 为自适应增益。通过自适应机制得到 $\hat{b}$ 后,即可得到实时的电感估计值为

$$L_q = \frac{T_s}{\hat{b}}$$

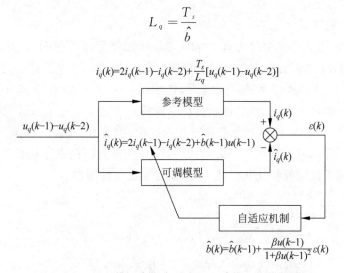

图 6-56　基于模型参考自适应的电感辨识系统框图

由式(6-42)可知,参考模型的输出 $i_q(k)$ 共包括以下三部分:

第一部分是 $i_1 = i_q(k-1)$,它表示相对当前时刻的前一时刻电流值,稳态时 $i_q(k-1)$ 与 $i_q(k)$ 是相等的;

第二部分是 $i_2 = i_q(k-1) - i_q(k-2)$ 它表示在电压保持不变时两个相邻的电流环中断周期中电流的增量,稳态时该项为零;

第三部分是 $i_3 = \dfrac{T_s}{L_q}(u_q(k-1) - u_q(k-2))$,它表示在一个电流环控制周期中电压增量引起的电流变化量。

由于待辨识的参数 L_q 只出现在 i_3 中,如果电压增量 $u_q(k-1) - u_q(k-2) = 0$,所以激励信号为零时,此时电感将不会对电流产生影响,也即此时的电流数据无法用于电感辨识。由系统辨识理论知,系统辨识的前提是输入必须存在持续激励,即电压增量不能为零。否则采用式(6-47)自适应机制时,辨识结果 $\hat{b}$ 将不会变化,这将会影响电感最终的辨识结果,也即辨识算法失效。

但是在实际系统中,由于电流采样过程易受到电路元器件和测量噪声等影响。即使电机稳态运行时,实际电流值也不会与给定电流值保持一致。而此时电流环控制器难以区分该电流跟踪偏差是真实存在还是由测量噪声引起的,所以会一直处于动态调节状态。相应地,其输出电压也会一直变化,即存在电压纹波,且纹波的幅值会受到传感器测量噪声的影响,测量噪声越大,相应的纹波也越大。如果不采取有效的措施,该电压纹波会被当成激励信号,作用于电感的辨识过程,经过长时间的积累可能使得电感的辨识结果产生误差。由于该纹波电压受噪声等外界扰动影响,而噪声通常幅值较小,所以该纹波电压的幅值也不大。基于该特性提出一种简易地改进方法,即通过判断电压增量 $u_q(k-1) - u_q(k-2)$ 的幅值是否超过了某个设定的阈值。如果增量超过阈值,即表示此时激励信号足够强烈,不是由噪声引起,则此时辨识算法起作用;相反,则认为该激励信号是由噪声引起的,此时辨识算法不起作用。该改进算法可以减小电流在稳态时系统噪声对辨识的影响,从而减小辨识结果中的稳态波动,提高了辨识的精度。

2. 电流环控制器设计

永磁同步电机电流环主要分为 d 轴和 q 轴。d 轴电流环控制的目标是使得 i_d 尽快地趋于 0,从而实现 dq 轴电流的完全解耦。本质上 d 轴控制属于定点跟踪控制(即跟踪信号为一个常值给定信号),从控制的角度考虑,该控制目标较易实现,只需 d 轴 PI 参数足够大。然而,对于 q 轴电流环而言,其控制目标是使得 i_q 尽快跟踪上 i_q^*,但 i_q^* 是速度环 PI 的输出,会随着速度给定信号、突加负载等变化而变化,本质上 q 轴控制是随动系统跟踪问题(即跟踪变化的给定信号),经典控制策略如传统 PI 控制策略很难达获得理想的控制效果。所以,本章设计基于反馈线性化和经典 PI 的复合电流环控制器。

1)反馈线性化

考虑如下式(6-48)所示的 SISO 非线性系统:

$$y^{(n)} + a_1 y^{(n-1)} + \cdots + a_{n-1}\dot{y} + a_n y = f(y^{(n-1)}, \cdots, \dot{y}, y, u^{(m)}, \cdots, \dot{u}, u) \qquad (6\text{-}48)$$

式中,$u(t)$ 和 $y(t)$ 分别对应系统的输入和输出,并且 $n > m$,$f(y^{(n-1)}, \cdots, \dot{y}, y, u^{(m)}, \cdots, \dot{u}, u)$ 为系统中的非线性环节。

当我们把式(6-48)右边用一个时间函数 $v(t)$ 来表示,即

$$f(y^{(n-1)}, \cdots, \dot{y}, y, u^{(m)}, \cdots, \dot{u}, u) = v(t) \qquad (6\text{-}49)$$

那么,相对于输入量 $v(t)$,非线性系统式(6-48)就转变为线性的被控对象

$$y^{(n)} + a_1 y^{(n-1)} + \cdots + a_{n-1}\dot{y} + a_n y = v(t)$$

式中，$v(t)$ 为原系统式(6-48)的虚拟控制输入量。此时，通过简单的变换，就可以将原本复杂的非线性问题转换为较易解决的线性问题，降低了控制器的设计难度。

考虑永磁同步电机 q 轴电流环的数学表达式为

$$\dot{i}_q = -\frac{R_s}{L_q}i_q - n_p\omega i_d - \frac{n_p\psi_f}{L_q}\omega + \frac{u_q}{L_q} \tag{6-50}$$

式中，对于 i_q 来说其非线性项包括 d 轴耦合项 $n_p\omega i_d$ 和反电势项 $n_p\psi_f\omega$。

定义虚拟控制量 $v = u_q - n_p\psi_f\omega - Ln_p\omega i_d$，则式(6-50)可改写为

$$\dot{i}_q = -\frac{R_s}{L_p}i_q + \frac{v}{L_q} \tag{6-51}$$

此时，q 轴电流环方程变成线性方程，设计好虚拟控制量 v 后，真实控制量为

$$u_q = v + n_p\psi_f\omega + L_q n_p\omega i_d \tag{6-52}$$

2）电流环复合控制器

电流环存在很多参数摄动，如定子电阻随着温度变化阻值会发生相应变化，反电势模型不精确，定子电感变化等，这些参数变化会降低电流环控制器的性能。由于电流环的控制周期远小于速度环，并且它是串级控制的内环，任何能提高内环抗干扰性能的方法都可以提升整个闭环系统的性能。考虑到 q 轴电流环的扰动不属于慢变、常值扰动，传统的 PI 控制器难以达到较好的控制性能，此时可尝试采用先进的控制算法如反馈线性化。

当采用反馈线性化后，q 轴电流环方程可以转变为

$$\dot{i}_q = -\frac{R_s}{L_q}i_q - n_p\omega i_d - \frac{n_p\psi_f}{L_q}\omega + \frac{u_q + (L_0 n_p\omega i_d + n_p\psi_f'\omega + R_s' i_q)}{L_q}$$

$$= \frac{u_q}{L_q} + \Delta v \tag{6-53}$$

式中，L_0、ψ_f'、R_s' 为测量得到，使用测量得到的参数进行反馈线性化补偿的偏差为 Δv。

若 q 轴采用传统 PI 控制策略，即

$$u_q = K_p\left[(i_q^* - i_q) + K_I\int(i_q^* - i_q)\mathrm{d}t\right]$$

代入式(6-53)得

$$\dot{i}_q + \frac{K_p}{L_p}i_q + \frac{K_p K_I}{L_q}\int i_q\mathrm{d}t = \varphi(i_q^*, \Delta v) \tag{6-54}$$

式中，$\varphi(i_q^*, \Delta v)$ 是关于 i_q^*，Δv 的函数。

式(6-54)的特征多项式为 $s^2 + \frac{K_p}{L_q}s + \frac{K_p K_I}{L_q} = 0$。如果配置 q 轴的闭环特征值为 $-\alpha(\alpha>0)$，那么 $s^2 + \frac{K_p}{L_q}s + \frac{K_p K_I}{L_q} = (s+\alpha)^2$，进而可以得出

$$\begin{cases} K_p = 2\alpha L_q \\ K_I = \dfrac{\alpha}{2} \end{cases} \tag{6-55}$$

第7章　工业机器人运动控制系统

7.1　工业机器人概述

7.1.1　工业机器人的定义与发展状况

在科技界,科学家会给每一个科技术语一个明确的定义,但机器人问世已有几十年,机器人的定义仍然仁者见仁,智者见智,没有一个统一的意见。原因之一是机器人还在发展,新的机型,新的功能不断涌现。根本原因主要是因为机器人涉及了人的概念,成为一个难以回答的哲学问题。就像机器人一词最早诞生于科幻小说之中一样,人们对机器人充满了幻想。也许正是由于机器人定义的模糊,才给了人们充分的想象和创造空间。

其实并不是人们不想给机器人一个完整的定义,自机器人诞生之日起人们就不断地尝试着说明到底什么是机器人。但随着机器人技术的飞速发展和信息时代的到来,机器人所涵盖的内容越来越丰富,机器人的定义也不断充实和创新。

机器人的定义是多种多样的,其原因是它具有一定的模糊性。动物一般具有上述这些要素,所以在把机器人理解为仿人机器的同时,也可以广义地把机器人理解为仿动物的机器。

根据美国机器人研究所(Robot Institute of America)作出的定义,机器人是一种可以再编程序的多功能操纵器(Manipulator),它被用来移动材料、工件、工具或专用设备,并通过可编程的运动来完成各种任务。

1987年国际标准化组织对工业机器人进行了定义:"工业机器人是一种具有自动控制操作和移动功能,能完成各种作业的可编程操作机。"

1988年法国的埃斯皮奥将机器人学定义是:"机器人学是指设计能根据传感器信息实现预先规划好的作业系统,并以此系统的使用方法作为研究对象。"

中国国家标准对机器人的定义是:"机器人是一种能自动定位控制、可重复编程的、多功能的、多自由度的操作机,它能搬运材料、零件或操持工具,用以完成各种作业。"机器人赖以完成各种作业的机械实体被定义为:"具有和人手臂相似的功能,可在空间抓放物体或进行其他操作的机械装置。"可见,工业机器人是一种机电一体化系统。

综合以上各家的定义,可以按照下列的特点来描述机器人:

(1) 机器人的动作机构类似人或人的某些器官,如上肢。

(2) 机器人具有一定程度的智能,如记忆、感知、推理、决策、学习等。

(3) 机器人具有通用性,工作种类和工作程序灵活多变。

(4) 机器人具有独立性,一旦工作程序设定,机器人在工作时不需要人的干预。

(5) 机器人是人造的机械电子装置。

在研究和开发未知及不确定环境下作业的机器人的过程中,人们逐步认识到机器人技术的本质是感知、决策、行动和交互技术的结合。随着人们对机器人技术智能化本质认识的加深,机器人技术开始源源不断地向人类活动的各个领域渗透。结合这些领域的应用特点,人们发展了各式各样的具有感知、决策、行动和交互能力的特种机器人和各种智能机器,如移动机器人、微机器人、水下机器人、医疗机器人、军用机器人、空中空间机器人、娱乐机器人等。对不同任务和特殊环境的适应性,也是机器人与一般自动化装备的重要区别。这些机器人从外观上已远远脱离了最初仿人型机器人和工业机器人所具有的形状,更加符合各种不同应用领域的特殊要求,其功能和智能程度也大大增强,从而为机器人技术开辟出更加广阔的发展空间。

原中国工程院院长宋健指出:"机器人学的进步和应用是 20 世纪自动控制最有说服力的成就,是当代最高意义上的自动化。"机器人技术综合了多学科的发展成果,代表了高技术的发展前沿,它在人类生活应用领域的不断扩大正引起国际上重新认识机器人技术的作用和影响。

在工业机器人飞速发展的同时,在非制造业领域对机器人技术应用的研究和开发也非常活跃,这被称为特种机器人技术。据专家预测,21 世纪将是非制造业自动化技术快速发展的时期。机器人以及其他智能机器将在空间和海洋探索、农业及食品加工、采掘、建筑、医疗、服务、交通运输、军事等领域具有广阔的市场前景。

在美国不仅将工业机器人和服务机器人看作是机器人,还将无人机、水下潜水器、月球车甚至巡航导弹等都看作是机器人。

机器人技术的内涵正在不断丰富,它在人类生活中的应用范围也在不断扩大,对国民经济和国家安全都具有重要的战略意义,各国政府都希望抢占机器人这一经济技术制高点。一些经济发达国家都实施了自己的机器人研究发展计划,如日本的极限作业机器人计划、微机器人计划、仿人机器人计划,美国的自主地面机器人计划、未来作战系统计划等。此外,新加坡、韩国、巴西等国家也都有相应的计划内容。

我国的工业机器人研究开始于 20 世纪 70 年代,大体可分为 4 个阶段,即理论研究阶段、样机研发阶段、示范应用阶段和初步产业化阶段。

前期理论研究开始于 20 世纪 70—80 年代初期,研究单位分布在国内部分高校。这一阶段由于当时国家经济条件等因素的制约,主要从事工业机器人基础理论的研究,在机器人运动学、机构学等方面取得了一定的进展,为后续工业机器人的研究奠定了基础。

进入 20 世纪 80 年代中期,随着工业发达国家开始大量应用和普及工业机器人,我国工业机器人的研究得到政府的重视和支持。国家组织了对工业机器人需求行业的调研,投入大量的资金开展工业机器人的研究,进入了样机开发阶段。1985 年,我国在科技攻关计划中将工业机器人列入了发展计划。1986 年,我国将智能机器人列入了国家高技术研究发展计划,这一阶段开展了工业机器人基础技术、基础元器件、几类机器人型号样机的攻关,先后研制出点焊、弧焊、喷漆、搬运等型号的机器人样机以及谐波传动组件、焊接电源等,形成了中国工业机器人发展的第一次高潮。

20 世纪 90 年代为工业机器人示范应用阶段。为促进高技术发展与国民经济主战场的密切衔接,确定了特种机器人与工业机器人及其应用工程并重,以应用带动关键技术和基础研究的发展方针。这一阶段共研制出平面关节型装配机器人、直角坐标机器人、弧焊机器人、点焊机器人及自动引导车等 7 种工业机器人系列产品,102 种特种机器人,实施了 100 余项机器人应用工程。其中 58 项关键技术和应用基础技术研究成果达到国际先进水平,先后获得国家科技进步奖 21 项,省部级科技进步奖 116 项,发明专利 38 项,实用新型专利 125 项。同时为了促进国产机器人的产业化,20 世纪 90 年代末,建立了 9 个机器人产业化基地和 7 个科研基地,包括沈阳自动化研究所的新松机器人公司、哈尔滨博实自动化设备有限责任公司、北京机械工业自动化研究所机器人开发中心等,为发展我国机器人产业奠定了基础。

进入 21 世纪,国家中长期科学和技术发展规划纲要突出增强自主创新能力这一条主线,着力营造有利于自主创新的政策环境,加快促进企业成为创新主体,大力倡导企业为主体,产学研紧密结合。国内一大批企业或自主研制或与科研院所合作,进入工业机器人研制和生产行列,我国工业机器人进入了初步产业化阶段。在这一阶段,先后涌现出新松机器人、博实自动化、奇瑞装备、巨一焊接、广数、沃迪、青岛软控等数十家从事工业机器人生产的企业。具有代表性的有沈阳新松公司自行开发研制的 6 台 RD120-A 型点焊机器人及 II 型电阻焊控制器,实现小红旗、世纪星 2 种轿车车身、前后风窗和左右车门全自动焊装工作。新松 AGV 机器人,广泛应用于汽车制造、机械加工、电子、纺织、造纸、卷烟、食品、印刷、图书出版等行业,占据国内 AGV 市场 70% 以上的份额,并进入国际市场,先后出口到美国、韩国、俄罗斯、加拿大等国家,开创了国产机器人出口的先河。哈尔滨博实自动化装备股份公司研制的搬运机器人广泛应用于石化行业粉粒料和橡胶的后处理生产线中,实现年销售近 100 台。天津大学先后开发 Diamond、Delta-S 和 Cross-IV 等具有自主知识产权且性能达到国际先进水平的 2～4 自由度高速搬运机器人 3 个系列新产品,在锂电池分选(天津力神应用)、医药软袋(北京双鹤药业应用)、果奶和塑性炸药(云南安化应用)10 余条包装和搬运自动化生产线上得到成功应用。巨一自动化公司汽车白车身机器人焊装成套技术已经在一汽、东风、北汽、奇瑞、江淮、长城等国内整车企业与伊朗、埃及等国外的整车企业得到了广泛应用,为客户方提供焊装生产线 40 多条。奇瑞装备有限公司与哈尔滨工业大学合作研制的 165kg 点焊机器人,已在线应用约 50 台,分别用于焊接、搬运等场合,自主研制出我国第一条国产机器人自动化焊接生产线,可实现 S11 车型左右侧围的生产。上述成果表明了我国工业机器人产业化发展的新局面已初步形成。

我国工业机器人的发展经历了一系列国家攻关。计划支持的应用工程开发,奠定了我国独立自主发展机器人产业的基础。但是,我国工业机器人在总体技术上与国外先进水平相比还有很大差距,仅相当于国外 20 世纪 90 年代中期的水平。目前工业机器人的生产规模仍然不大,多数是单件小批生产,关键配套的单元部件和器件始终处于进口状态,工业机器人的性价比较低。伴随我国经济的高速增长,以汽车等行业需求为牵引,我国对工业机器人需求量急剧增加,国际工业机器人知名企业如 ABB、FANAC 等纷纷在中国建厂,国外知名品牌工业机器人价格逐年下降,制约了我国工业机器人产业的形成和实现规模化的发展,我国工业机器人新装机量近 90% 仍依赖进口。

7.1.2　工业机器人的基本组成

工业机器人通常由执行机构、驱动系统、控制系统和传感系统 4 部分组成。

1. 执行机构

执行机构是机器人赖以完成工作任务的实体,通常由一系列连杆、关节或其他形式的螺母丝杆运动副所组成。从功能的角度可分为手部、腕部、臂部、腰部和机座。

(1) 手部:工业机器人的手部也叫做末端执行器,是装在机器人手腕上直接抓握工件或执行作业的部件。手部对于机器人来说是完成作业好坏、作业柔性好坏的关键部件之一。

(2) 腕部:工业机器人的腕部是连接手部和臂部的部件,起支撑手部的作用。机器人一般具有 6 个自由度才能使手部达到目标位置和处于期望的姿态,腕部的自由度主要是实现所期望的姿态,并扩大臂部运动范围。手腕按自由度个数可分为单自由度手腕、二自由度手腕和三自由度手腕。腕部实际所需要的自由度数目应根据机器人的工作性能要求来确定。在有些情况下,腕部具有两个自由度:翻转和俯仰或翻转和偏转。有些专用机器人没有手腕部件,而是直接将手腕安装在手部的前端;有的腕部为了特殊要求还有横向移动自由度。

(3) 臂部:工业机器人的臂部是连接腰部和腕部的部件,用来支撑腕部和手部,实现较大的运动范围。臂部一般由大臂、小臂所组成。臂部总质量较大,受力一般比较复杂,在运动时,直接承受腕部、手部和工件的静、动载荷,尤其在高速运动时,将产生较大的惯性力,引起冲击,影响定位精度。

(4) 腰部:腰部是连接臂部和基座的部件,通常是回转部件。由于它的回转,再加上臂部的运动,就能使腕部作空间运动。腰部是执行机构的关键部件,它的制作误差、运动精度和平稳性对机器人的定位精度有决定性的影响。

(5) 机座:机座是整个机器人的支撑部分,有固定式和移动式两类。移动式机座用来扩大机器人的活动范围,有的是专门的行走装置,有的是轨道、滚轮机构。机座必须有足够的刚度和稳定性。

2. 驱动系统

工业机器人的驱动系统是向执行系统各部件提供动力的装置,包括驱动器和传动机构两个部分,它们通常与执行机构连成一体。驱动器通常由电动、液压、气动装置以及把它们结合起来应用的综合系统组成。常用的传动机构有谐波传动、螺旋传动、链传动、带传动以及各种齿轮传动等机构。

(1) 气力驱动:气力驱动系统通常由气缸、气阀、气罐和空压机等组成,以压缩空气来驱动执行机构进行工作。其优点是空气来源方便、动作迅速、结构简单、造价低、维修方便、防火防爆、漏气对环境无影响;缺点是操作力小、体积大,又由于空气的压缩性大、速度不易控制,因气源压力一般只有 60MPa 左右,故此类机器人适宜抓举力要求较小的场合。

(2) 液压驱动:液压驱动系统通常由液压机、伺服阀、油泵、油箱等组成,以压塑机油来驱动执行机构进行工作。其特点是操作力大、体积小、传动平稳且动作灵敏、耐冲击、耐振动、防爆性好。相对于气力驱动,液压驱动的机器人具有大得多的抓举能力,可高达上百千克。但液压驱动系统对密封的要求较高,且不宜在高温或低温的场合工作,要求的制造精度较高,成本较高。

(3) 电力驱动:电力驱动是利用电动机产生的力或力矩,直接或经过减速机构驱动机器人,以获得所需的位置、速度和加速度。电力驱动具有电源易取得,无环境污染,响应快,驱动力较大,信号检测、传输、处理方便,可采用多种灵活的控制方案,运动精度高,低成本,驱动效率高等优点,是目前机器人使用最多的一种驱动方式。驱动电动机一般采用步进电动机、直流伺服电动机以及交流伺服电动机。由于电动机转速高,通常还须采用减速机构。目前有些机构已开始采用无须减速机构的特制电动机直接驱动,这样既可简化机构,又可提高控制精度。

(4) 其他驱动方式:采用混合驱动,即液-气或电-气混合驱动。

3. 控制系统

控制系统任务是根据机器人的作业指令程序以及从传感器反馈回来的信号支配机器人的执行机构完成固定的运动和功能。若工业机器人不具备信息反馈特征,则为开环控制系统;若具备信息反馈特征,则为闭环控制系统。

工业机器人的控制系统主要由主控计算机和关节伺服控制器组成,上位主控计算机主要根据作业要求完成编程,并发出指令控制各伺服驱动装置使各杆件协调工作,同时还要完成环境状况、周边设备之间的信息协调工作。关节伺服控制器用于实现驱动单元的伺服控制,轨迹插补计算,以及系统状态检测。机器人的测量单元一般安装在执行部件中的位置检测元件和速度检测元件,这些检测量反馈到控制器中或者用于闭环控制,或者用于检测,或者进行示教操作,通常还包括手持控制器,通过手持控制器可以对机器人进行控制和示教操作。

工业机器人的位置控制方式有点位控制和连续路径控制两种。其中,点位控制这种方式只关心机器人末端执行器的起点和终点位置,而不关心这两点之间的运动轨迹,这种控制方式可完成无障碍条件下的点焊、上下料、搬运等操作。连续路径控制方式不仅要求机器人以一定的精度达到目标点,而且对移动轨迹也有一定的精度要求,如机器人喷漆、弧焊等操作。实质上这种控制方式是以点位控制方式为基础,在每两点之间用满足精度要求的位置轨迹插补算法实现轨迹连续化的。

4. 传感系统

传感器用来收集机器人内部状态的信息或外部通信。像人一样,机器人控制器也需要知道每个连杆的位置才能知道机器人的总体构型。人即使在完全无光的状态下,也会知道胳膊和腿在那里,这是因为肌腱内的中枢神经系统中的神经传感器将信息反馈给了人的大脑。大脑利用这些信息来测定肌肉伸缩程度,进而确定胳膊和腿的状态。机器人也一样,集成在机器人内的传感器将每一个关节和连杆的信息发送给控制器,于是控制器就能决定机器人的构型。机器人常配有许多外部传感器,如视觉系统、触觉传感器、语言合成器等,以使机器人能与外界进行通信。

传统的工业机器人仅采用内部传感器,用于对机器人运动、位置及姿态进行精确控制。使用外部传感器,使得机器人对外部环境具有一定适应能力,从而表现出一定程度的智能。

7.1.3　工业机器人的应用与技术要求

机器人学是近几十年间发展起来的一门新学科,它是人们设计和应用机器人的技术和知识。机器人学包括的内容极其广泛,综合了诸如力学、机械学、电子学、控制论、计算机、人工智能、生物学、系统工程等方面的知识。随着机器人技术的迅速发展,其应用范围也在日益扩大。

以下列举机器人的主要应用:

（1）机器加载：指机器人为其他机器装卸工件。在这项工作中，机器人甚至不对工件做任何操作，而只是完成一系列操作中的工件处理任务。

（2）取放操作：指机器人抓取零件并将它们放置到其他位置。这还包括码垛、添装、将两物件装到一起的简单装配、将工件放入烤炉或从烤炉内取出处理过的工件或其他类似的例行操作。

（3）焊接：这时机器人与焊接及相应配套装置一起将部件焊接在一起，这是机器人在自动化工业中最常见的一种应用，且机器人连续运动时可以焊接得非常均匀和准确。通常焊接机器人的体积和功率比较大。

（4）检测：对零部件、电路板以及其他类似产品的检测也是机器人比较常见的应用。一般来说，检测系统中还集成有其他设备。它们是视觉系统、X 射线装置、超声波探测仪或其他类似仪器。例如，在其中一种应用中，机器人配有一台超声波裂隙探测仪，并提供有飞机和机翼的计算机辅助设计的数据。用这些来检查飞机机身轮廓的每一个连接处、焊点或铆接点。在类似的另外一种应用中，机器人用来搜寻并找出每一个铆钉的位置，对它们进行检查并在有裂纹的铆钉处做上记号，然后将它钻出来，再移向下一个铆钉的位置，最后由技术人员插入安装新的铆钉。机器人广泛用于电路板和芯片的原件信息比较，并根据检测结果来决定接受还是拒绝元件。

（5）抽样：在许多工业中，都采用机器人做抽样试验。抽样只在一定量的产品中进行，除此之外它与取放和检测操作相类似。

（6）装配操作：装配是机器人的所有任务中最难的一种操作。通常，将原件装配成产品需要很多操作。例如，必须首先定位和识别原件，再以特定的顺序移动元件到规定的位置，然后将元件固定在一起进行装配。许多固定和装配任务也非常复杂，需要许多操作才能将元件连接在一起。

（7）机械制造：用机器人进行制造包含许多不同的操作。例如，去除材料、钻孔、除毛刺、涂胶、切屑等，同时也包括插入零部件。如将电子元件插入电路板、电路板安装到 VCR 的电子设备上及其他类似操作。插入机器人在电子工业中的应用也非常普遍。

（8）危险环境：机器人非常适合在危险的环境中使用。在这些危险的环境下工作，人类必须采取严密的保护措施。而机器人可以进入或穿过这些危险区进行维护和探测等工作，并且不需要得到像人一样的保护。例如，在放射性环境中工作等。

（9）监视：曾尝试利用机器人执行监视任务，但不是很成功。然而，无论是在安全生产还是在交通控制方面，已广泛使用视觉系统来进行监视。

工业机器人最早应用的领域是汽车工业，其中应用最早最多的工种为焊接、喷漆和上下料。焊接包括点焊、弧焊、压焊、激光焊等。人工焊接不但劳动强度大而且质量不易保证，点焊机器人可编程，可调整空间点位，焊接质量高；喷漆工序中雾状漆料对人体有危害，喷漆环境中照明、通风等条件很差，因此在这个领域中大量使用了机器人，不仅改善了劳动条件，而且还可以提高产品的产量和质量，降低成本。挪威生产的 TRALLFA 喷漆机器人，其手臂是关节式的，用电液伺服机构驱动，由微机控制，是一种示教再现控制式机器人。其动作灵活，操作轻便，可伸入到狭窄的空间进行工作，易于示教，存储装置容量大，不仅可以进行点位控制和连续轨迹控制，而且可采用不同的频率进行示教。工业机器人和数控机床可以组成柔性加工系统实现对零部件的切削与冲压等工作。此外，工业机器人还广泛应用于原子能工业、宇宙开发、军事领域、农业畜牧业、建筑和工矿业、医疗服务等事业,如放射性物质搬运、设备的检查与维修、星球探查、布雷、弹药装填、喷洒农药、开矿爆破、盲人导行等。下面举两种典型机器人的技术要求。

1. 点焊工艺对机器人的基本要求

(1) 点焊作业一般采用点位控制(PTP),其重复定位精度≤±1mm。

(2) 点焊机器人工作空间必须大于焊接所需的空间(由焊点位置及焊点数量确定)。

(3) 按工件形状、种类、焊缝位置选用焊钳。

(4) 根据选用的焊钳结构、焊件材质与厚度以及焊接电流波形(如工频交流、逆变式直流等)来选取点焊机器人额定负载,一般在 50～120kg。

(5) 机器人应具有较高的抗干扰能力和可靠性(平均无故障工作时间应超过 2000h,平均修复时间不大于 30min);具有较强的故障自诊断功能,例如可发现电极与工件发生"黏结"而无法脱开的危险情况,并能做出电极沿工件表面反复扭转直至故障消除。

(6) 点焊机器人示教记忆容量应大于 1000 点。

(7) 机器人应具有较高的点焊速度(例如 60 点/min 以上),以保证单点焊接时间(含加压、焊接、维持、休息、移位等点焊循环)与生产线物流速度匹配,且其中 50mm 短距离移动的定位时间应缩短在 0.4s 以内。

(8) 需采用多台机器人时,应研究是否选用多种型号;当机器人布置间隔较小时,应注意动作顺序的安排,可通过机器人群控或相互间连锁作用避免干扰。

2. 弧焊工艺对机器人的基本要求

(1) 弧焊作业均采用连续路径控制(CP),其定位精度应≤±0.5mm。

(2) 弧焊机器人可达到的工作空间必须大于焊接所需的工作空间。

(3) 按焊件材质、焊接电源、弧焊方法选择合适种类的机器人。

(4) 正确选择周边设备,组成弧焊机器人工作站。弧焊机器人仅仅是柔性焊接作业系统的主体,还应有行走机构及移动机架,以扩大机器人的工作范围。同时,还应有各种定位装置、夹具及变位机。多自由度变位机应能与机器人协调控制,使焊缝处于最佳焊接位置。

(5) 弧焊机器人应具有防碰撞及焊枪矫正、焊缝自动跟踪、熔透控制、焊缝始端检出、定点摆焊及摆动焊接、多层焊、清枪剪丝等相关功能。

(6) 机器人应具有较高的抗干扰能力和可靠性(平均无故障工作时间应超过 2000h,平均修复时间不大于 30min;在额定负载和工作速度下连续运行 120h,工作应正常),并具有较强的故障自诊断功能(如"黏丝""断弧"故障显示及处理等)。

(7) 弧焊机器人示教记忆容量应大于 5000 点。

(8) 弧焊机器人的抓重一般为 5～20kg,经常选用 8kg 左右。

(9) 在弧焊作业中,焊接速度及其稳定性是重要指标,一般情况下焊速取 5～50mm/s,在薄板高速 MAG 焊中,焊接速度可能达到 4m/min 以上。因此,机器人必须具有较高的速度稳定性,在高速焊接中还对焊接系统中电源和送丝机构有特殊要求。

(10) 由于弧焊工艺复杂,示教工作量大,现场示教会占用大量的生产时间,因此弧焊机器人必须具有离线编程功能。其方法为:在生产线外另安装一台主导机器人,用它模仿焊接作业的动作,然后将生成的示教程序传送给生产线上的机器人;借助计算机图形技术,在显示器上按焊件与机器人的位置关系对焊接动作进行图形仿真,然后将示教程序传给生产线上的机器人,目前已经有多种这方面商品化的软件包可以使用,如 ABB 公司提供的机器人离线编程软件 Program Maker。随着计算机技术的发展,后一种方法将越来越多地应用于生产中。

在工业机器人的实际应用中,工作效率和质量是衡量机器人性能的重要指标,提高工业机器人的工作效率,减小实际操作中的误差成为工业机器人应用亟待解决的关键性问题。

多关节机器人是工业机器人的一个分支和杰出代表,它伴随着工业机器人的发展而发展。多关节机器人最接近于人的手臂的构造,它由多个关节组成,一般采用电机驱动。通过采用不同的关节连接方式,它可以完成各种复杂的操作。如果将机器人的各个部分抽象为一系列的刚性连杆,它们之间通过一个个关节连接在一起,所有的机械手都可以看作是开链式多连杆机构。多关节机器人可以实现多方向的自由运动。在很多情况下,多关节机器人被称为机械臂、机械手或直接称为机器人。

7.1.4　工业机器人轨迹规划及其研究现状

1. 机器人轨迹规划

机器人学(Robotics)是一门高度综合和交叉的新兴学科,有着极其广泛的研究和应用领域。具体地说,包括了传感器与感知系统、驱动、建模与控制、自动规划与调度、计算机系统和应用研究等领域。其中,机器人的轨迹规划问题是自动规划与调度中的一个重要研究领域。

机器人的轨迹规划问题是机器人研究领域中一个长期存在的问题。近年来,已引起了越来越多学者的关注,重要的研究成果层出不穷。因为轨迹规划器负责为机器人控制器提供输入,所以机器人是否能有效地完成一个任务就最终取决于它对应的轨迹规划器的性质。轨迹规划问题在各种工业场合中均能得到广泛应用。

由于机器人控制中的非线性和强耦合,所以机器人的控制通常都是分两级来进行的:机器人运动轨迹规划和机器人伺服动态跟踪。而机器人的运动轨迹规划又可以被分为两大类:路径规划和轨迹规划。路径规划用于在机器人的工作空间中产生一条无碰撞的几何路径;而轨迹规划则用于产生机器人沿着该几何路径运动至各点处的最优时间序列。机器人伺服动态跟踪用于实现机器人各关节精确而实时地对规划出的轨迹进行伺服跟踪。目前,大多数的机器人控制中,通常只能实现点到点(Point-to-Point,P-P)运动和种类有限的简单运动(如直线和圆弧运动等)。

因为机械手动力学上的高度非线性,以及驱动力/力矩的限制和工作空间中障碍物的影响等诸多方面的复杂系统约束条件的限制,所以机械手的最优运动规划是很困难的。目前,已经有比较多的最优运动规划算法,这些算法各具特色,在某些场合中发挥了一定的功效。不过,这些算法也存在着一些缺陷,例如计算量过大,很难应用于实际工作;某些系统参数难以精确确定;以及对问题中的一些数学模型进行了过度的简化,从而不能体现原有问题的本质特性等。

2. 机器人轨迹规划研究现状

为了提高生产率和改进跟踪精度,轨迹规划技术也在不断地深化和发展。机器人轨迹规划算法的性能优化指标有很多,如时间最优和系统能量最优等。

在过去的十多年中,对全驱动刚性机械手最优时间轨迹规划问题的刻画和描述以及计算一直是一个活跃的研究领域。现有的大部分工作可以被广泛地分为两类:沿着一条预设路径的最优时间动作轨迹算法;针对最优时间下点到点动作的优化处理算法。这里主要回顾并介绍机器人在运动轨迹规划方面的一些成果和进展。

Tondu 等基于同样的约束条件,提出类似的最优时间下轨迹规划方法,不过为了简化起见,这种方法使用了带有光滑转折的直线段来连接关节空间中的关键点,这样做的缺陷是在产生的轨迹中不能对给定的中间点进行插值操作。Bazaz 等指出在考虑了速度和加速度约束的前提下,进行最优时间轨迹规划的过程中,三次样条曲线是连接关节空间中各个关键点的最简单多项式曲线形式,并据此提出了相应的算法,但遗憾的是,在使用三次样条曲线的过程中,在关键点的连接处没有考虑加速度的连续性,这可能会引起机械手移动过程中的振动。此后,Bazaz 等对前面的方法进行了一定的综合,提出利用带有光滑转折的三次曲线段来连接关键点的新方法,据此设计的算法取得了一定的效果。Choi 等则针对某些机器人精确的动力学方程式难以获得的特殊情形,提出了仅使用运动学方法来求解轨迹规划问题的方法,并特别地使用了进化策略(Evolution Strategy,ES)来求解优化模型,得到了一些优化解,但是 Choi 等设计的算法比较简单,而且也对原来的优化问题进行了过度简化,不能完全体现原来优化问题的本质特征。

另外,还有在同时考虑了机械手运动学和动力学约束条件的前提下而设计的时间最优轨迹规划算法。如杨国军和崔平远提出了一种基于模糊遗传算法的机械手时间最优轨迹规划算法,该算法将模糊原理应用于遗传算法,对遗传算法中的交叉概率和变异概率进行模糊控制,综合考虑了机械手的运动学和动力学特性,克服了传统的非线性规划方法易陷入局部极小的不足,不过他们对机械手运动学及动力学特性的考虑不甚全面(如没有考虑加速度或二阶加速度方面的约束等),另外仅对低自由度的机械手进行了仿真。王建滨等研究了一种超冗余度机械臂同时受速度和力矩约束的时间最优轨迹规划算法,引入 B 样条曲线拟合无碰撞离散路径,使用动态规划技术来进行具体的优化求解,但是因为是采用数值方法进行求解,所以在最优时间计算结果的精度与计算机的仿真时间之间存在折中问题,当问题规模增大时,求得一定精度解的计算代价也随之急剧增加。

基于 P-P 动作的机械手工作任务,一般是指需要机械手在工作空间中设定的各个工作点之间来回移动来完成的一类工作任务,其中限定机械手必须到达每个工作点,并在相应的各点停留,P-P 工作任务具有广泛的工业应用背景。传送带上的产品组装、电路板上的电子元件插接、汽车部件或其他自动化设备器件的点焊和切割操作、外太空中空间机械手的货物传输操作以及一些高级的工件夹具生产等都是主要的应用实例。目前,已经有一些具有代表性的处理最优时间下机械手 P-P 动作的优化控制算法。Dubowsky 和 Blubaugh 特别结合了工业上一些应用实例,讨论了多种高效的特定应用算法。Abdel-Malek 和 Zhining 针对空间中的每个工作点具有多个对应机械手工作参数的情况,使用分支定界技术设计了相应的求解最优时间下 P-P 动作任务的算法。Borenstein 和 Koren 对同样的问题,又提出了一种特别的启发式算法。Petiot 等针对以往算法仅能对移动机器人起作用的局限性,同时针对机械手和移动机器人这两个对象,使用弹性网络算法解决了类似问题,得到了更加高效的优化解,并进一步地拓展了算法的工业应用领域。在国内,张凯等特别针对 IVECO 横梁的焊接,研究了 6R 机器人在焊接过程中进行 P-P 运动的轨迹规划算法。不过,在机械手执行一些相对复杂的 P-P 工作任务中的求解算法研究上,就较少有相应的研究成果。另外,现有的算法也或多或少地存在着一些不足。

除了以时间最优作为优化指标之外,目前也有一些算法以能量最优作为优化指标。例如,Hirakawa 和 Kawamura 讨论了冗余机器人的轨迹产生问题,通过引入变分法和 B 样条曲线来对机器人系统消耗的能量进行最优化。Gargo 和 Kurnar 特别针对一个两连杆机器人和两个协操作机器人,以机器人的力矩最小为优化目标,通过使用自适应模拟退火算法和遗传算法,求得了机器人移动的最优轨迹。Lianfang Tian 和 Curtis Collins 基于基因算法(GA)对机器人的轨迹进行优化,从而实现冗余机器人的最优避障运动。P. G. Zavlangas 和 S. G. Tzafestas 则是基于模糊逻辑的方法研究机器人的导航和避障轨迹问题,并取得了良好的效果。A. Pashkevich 和 M. Kazheunikau 等利用神经网络构建机器人行走的避障模型,并基于此模型完成机器人的轨迹规划。Simon X. Yang 同样用神经网络进行机器人避障动力学规划,满足了机器人对实时性的要求。Alessandro Farinelli 和 Luca Iocchi 采用了梯度算法研究了机器人的动力学轨迹规划,取得了一定的效果。Kyoungrae Cho、Munsang Kim 和 Jae-Bok Song 研究了用查表法来实现多关节机器人在三维空间内反复拾放工件时的轨迹规划情况,具有极其重要的现实意义。H. Yamamoto 同时用生物进化算法研究了机器人的运动轨迹规划问题,并实现了机器人的自主导航功能。

以上回顾了机器人运动轨迹研究领域国内外的研究成果,可以这样说,在轨迹规划的研究中,几乎所有的智能算法都已考虑到,但是是否可行和合理有效,还需经过实践的检验,随着机器人在各个领域的广泛应用,轨迹规划的研究还会逐步深入,最终实现机器人智能化和系统化的目标。

7.2　机器人的运动学和动力学模型

7.2.1　机器人的运动学模型

1. 数学基础

机器人的主要操作机构是各种各样的机械手,机械手是一种模拟人的手臂功能的机械结构,它是由一系列刚性连杆通过一系列关节交替连接而成的开式链,是机器人的执行装置,由它来实现指定的运动,所以对组成机械手的每一连杆与其他连杆及工作空间位置和姿态的算法是必要和基础的。

在机器人的操作过程中,无论是机械手的连杆、末端还是机械手的整体都将在空间做复杂的运动。如果将这些物体看成是刚体,那么就需要一种描述刚体空间位置和方向的数学方法。在这里,我们采用矩阵法来描述机械手的位姿。

1) 刚体的位置和姿态表示

(1) 位置描述。

刚体的位置可以用它在某个参考坐标系中的坐标向量来描述。例如,在参考坐标系 $\{A\}$ 中有一刚体 G,在 G 上选择一点 p,则 G 在空间 $\{A\}$ 中的位置可以用三维向量来表示,如图 7-1 所示。

建立了坐标系之后,我们就能用一个位置向量来确定该空间的任意点:

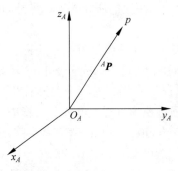

图 7-1　刚体的空间位置表示

$$
{}^A P = \begin{bmatrix} \boldsymbol{P}_x \\ \boldsymbol{P}_y \\ \boldsymbol{P}_z \end{bmatrix} \tag{7-1}
$$

式中,上标 A 表示 ${}^A\boldsymbol{P}$ 是相对于 $\{A\}$ 而言; $\boldsymbol{P}_x$、$\boldsymbol{P}_y$、$\boldsymbol{P}_z$ 是点 p 在 $\{A\}$ 中的 3 个坐标分量; ${}^A\boldsymbol{P}$ 也被称为位置向量。

（2）方位描述。

为了研究机器人的运动和操作,不仅要表示空间某一点的位置,而且需要表示物体的方位。物体的方位可由某个固连于此物体的坐标系描述。例如,为了规定空间刚体 G 的方位,需要另外建立一个坐标系 $\{B\}$,该坐标系与此刚体固接在一起,假设它的原点和点 p 重合,则 $\{B\}$ 的坐标相对于 $\{A\}$ 的方向就完全确定了 G 在 $\{A\}$ 中的方向。用坐标系 $\{B\}$ 的 3 个单位主向量相对于参考系 $\{A\}$ 的方向余弦组成的矩阵来表示刚体的方位。

$$
{}_B^A \boldsymbol{R} = \begin{bmatrix} {}^A\boldsymbol{X}_B & {}^A\boldsymbol{Y}_B & {}^A\boldsymbol{Z}_B \end{bmatrix} = \begin{bmatrix} r_{11} & r_{12} & r_{13} \\ r_{21} & r_{22} & r_{23} \\ r_{31} & r_{32} & r_{33} \end{bmatrix} \tag{7-2}
$$

式中, ${}_B^A\boldsymbol{R}$ 称为旋转矩阵, $\boldsymbol{R}$ 的上标 A 和下标 B 表示 $\boldsymbol{R}$ 是 $\{B\}$ 相对于 $\{A\}$ 的关系;列向量 ${}^A\boldsymbol{X}_B$, ${}^A\boldsymbol{Y}_B$, ${}^A\boldsymbol{Z}_B$ 的分量分别为 $\{B\}$ 的单位向量投影到 $\{A\}$ 中的方向余弦。 ${}^A\boldsymbol{X}_B$、${}^A\boldsymbol{Y}_B$、${}^A\boldsymbol{Z}_B$ 都是单位向量,且它们之间互相垂直,因而是正交的,并且满足条件:

$$
{}_B^A\boldsymbol{R}^{-1} = {}_B^A\boldsymbol{R}^{\mathrm{T}}, \quad |{}_B^A\boldsymbol{R}| = 1 \tag{7-3}
$$

（3）位姿描述。

综上所述,刚体在 $\{A\}$ 中的位姿可以通过与其固连的坐标系 $\{B\}$ 在 $\{A\}$ 中的位置和方向来描述,固连坐标系 $\{B\}$ 的原点在 $\{A\}$ 中的位置和 $\{B\}$ 的 3 个轴相对于 $\{A\}$ 的方向分别表示了刚体 G 在 $\{A\}$ 中的位置和方向。这样,在描述刚体的位姿时,可以不用考虑具体的刚体,而抽象地讨论不同坐标系之间的关系。

2）坐标变换

空间任意一点 p 的位姿在不同的坐标系中的描述也是不同的,因此有必要阐明点 p 在各个坐标系中的描述之间的关系。

（1）平移坐标变换。

在图 7-2 中,假设坐标系统 $\{B\}$ 与坐标系统 $\{A\}$ 的方位相同,坐标轴相互平行,但原点不同, $\{B\}$ 的原点在 $\{A\}$ 中的位置向量为 ${}^A\boldsymbol{p}_{B0}$,在此情况下, $\{B\}$ 可以看作是先与 $\{A\}$ 重合,然后沿 ${}^A\boldsymbol{p}_{B0}$ 平移而得到的一个坐标系。

如果点在坐标系 $\{B\}$ 中的位置向量为 ${}^B\boldsymbol{p}$,则它在坐标系 $\{A\}$ 中的位置向量可由式(7-4)求得。

$$
{}^A\boldsymbol{p} = {}^B\boldsymbol{p} + {}^A\boldsymbol{p}_{B0} \tag{7-4}
$$

该式称为坐标平移方程。

（2）旋转坐标变换。

假设坐标系 $\{A\}$ 和 $\{B\}$ 的原点重合,但方向不同,如图 7-3 所示。 $\{B\}$ 可以看作是这样得到的：$\{A\}$ 先绕 x 轴旋转 α 角得到坐标系 $\{B'\}$，$\{B'\}$ 再绕轴 y 旋转 β 角得到 $\{B''\}$，$\{B''\}$ 再绕 z 轴旋转 γ 角得到坐标系 $\{B\}$，对应于轴 x、y、z 的转角为 α、β、γ 的旋转变换矩阵分别为

$$\mathbf{R}(x,\alpha) = \begin{bmatrix} 1 & 0 & 0 \\ 0 & c\alpha & -s\alpha \\ 0 & s\alpha & c\alpha \end{bmatrix} \tag{7-5}$$

$$\mathbf{R}(y,\beta) = \begin{bmatrix} c\beta & 0 & s\beta \\ 0 & 1 & 0 \\ -s\beta & 0 & c\beta \end{bmatrix} \tag{7-6}$$

$$\mathbf{R}(z,\gamma) = \begin{bmatrix} c\gamma & -s\gamma & 0 \\ s\gamma & c\gamma & 0 \\ 0 & 0 & 1 \end{bmatrix} \tag{7-7}$$

式中，s 表示 sin，c 表示 cos。以后将一律采用此规定。

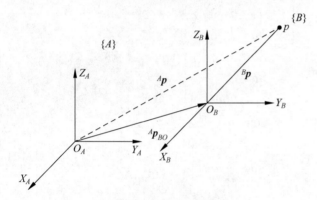
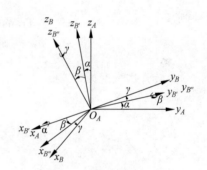

图 7-2　平移坐标变换　　　　　　　　图 7-3　旋转坐标变换

（3）复合变换。

对于最一般的情况，即坐标系 $\{B\}$ 和 $\{A\}$ 的原点既不重合，方位也不相同，$\{B\}$ 的原点 O_B 在 $\{A\}$ 中的位置向量表示为 ${}^A\boldsymbol{p}_{B0}$，$\{B\}$ 相对于 $\{A\}$ 的旋转矩阵为 ${}^A_B\mathbf{R}$，则 $\{B\}$ 可以认为是 $\{A\}$ 沿 ${}^A\boldsymbol{p}_{B0}$ 平移至 O_B，然后再旋转得到的坐标系，如图 7-4 所示，有下式成立：

$$^A\boldsymbol{p} = {}^A_B\mathbf{R} \cdot {}^B\boldsymbol{p} + {}^A\boldsymbol{p}_{B0} \tag{7-8}$$

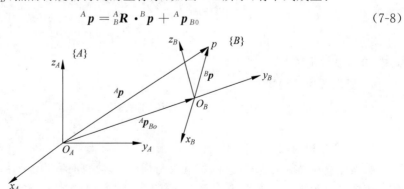

图 7-4　坐标复合变换

3) 齐次坐标变换

空间任意两个坐标系之间的关系可以看成是平移变换和旋转变换的合成结果。已知一坐标系中某点的坐标,那么该点在另一坐标系中的坐标可以通过式(7-9)表示的复合变换求得,但是其不是齐次的,因此需要转化成等价的齐次变换形式:

$$\begin{bmatrix} {}^A\boldsymbol{p} \\ 1 \end{bmatrix} = \begin{bmatrix} {}^A_B\boldsymbol{R} & {}^A\boldsymbol{p}_{B0} \\ 0 & 1 \end{bmatrix} \begin{bmatrix} {}^B\boldsymbol{p} \\ 1 \end{bmatrix} \tag{7-9}$$

式中,4×1 的列向量表示三维空间的点,称为点的齐次坐标,可把上式写成矩阵形式:

$$^A\boldsymbol{P} = {}^A_B\boldsymbol{T} \cdot {}^B\boldsymbol{P} \tag{7-10}$$

式中,齐次变换矩阵${}^A_B\boldsymbol{T}$ 是 4×4 的方阵,具有如下形式:

$$^A_B\boldsymbol{T} = \begin{bmatrix} {}^A_B\boldsymbol{R} & {}^A\boldsymbol{p}_{BO} \\ 0 & 1 \end{bmatrix} \tag{7-11}$$

${}^A_B\boldsymbol{T}$ 综合表示了平移变换和旋转变换。

平移齐次变换为

$$\mathbf{Trans}(a,b,c) = \begin{bmatrix} 1 & 0 & 0 & a \\ 0 & 1 & 0 & b \\ 0 & 0 & 1 & c \\ 0 & 0 & 0 & 1 \end{bmatrix} \tag{7-12}$$

旋转齐次变换为

$$\mathbf{Rot}(x,\alpha) = \begin{bmatrix} 1 & 0 & 0 & 0 \\ 0 & \mathrm{c}\alpha & -\mathrm{s}\alpha & 0 \\ 0 & \mathrm{s}\alpha & \mathrm{c}\alpha & 0 \\ 0 & 0 & 0 & 1 \end{bmatrix} \tag{7-13}$$

$$\mathbf{Rot}(y,\beta) = \begin{bmatrix} \mathrm{c}\beta & 0 & \mathrm{s}\beta & 0 \\ 0 & 1 & 0 & 0 \\ -\mathrm{s}\beta & 0 & \mathrm{c}\beta & 0 \\ 0 & 0 & 0 & 1 \end{bmatrix} \tag{7-14}$$

$$\mathbf{Rot}(z,\gamma) = \begin{bmatrix} \mathrm{c}\gamma & -\mathrm{s}\gamma & 0 & 0 \\ \mathrm{s}\gamma & \mathrm{c}\gamma & 0 & 0 \\ 0 & 0 & 1 & 0 \\ 0 & 0 & 0 & 1 \end{bmatrix} \tag{7-15}$$

式中,$\mathbf{Rot}$ 表示旋转变换。

4) 齐次变换的逆变换

$$^B_A\boldsymbol{T} = \begin{bmatrix} {}^A_B\boldsymbol{R}^{\mathrm{T}} & -{}^A_B\boldsymbol{R}^{\mathrm{T}\,A}\boldsymbol{p}_B \\ 0 & 1 \end{bmatrix} \tag{7-16}$$

5) 变换方程初步

必须建立机器人各连杆之间,机器人与周围环境之间的运动关系,用于描述机器人的操作。要规定各种坐标系来描述机器人与环境的相对位姿关系。例如,$\{B\}$ 代表基坐标系,$\{T\}$ 是第一工作站系,$\{S\}$ 是第二工作站系,$\{G\}$ 是目标系,它们之间的位姿关系可用相应的齐次变换来描述：${}^B_S T$ 表示第二工作站系$\{S\}$相对基坐标系$\{B\}$的位姿；${}^S_G T$ 表示目标系$\{G\}$相对于$\{S\}$的位姿；${}^G_T T$ 表示第一工作站$\{T\}$相对于$\{G\}$的位姿；${}^B_T T$ 表示第一工作站系$\{T\}$相对于基坐标系$\{B\}$的位姿。

$$ {}^B_T T = {}^B_S T \, {}^S_G T \, {}^G_T T \tag{7-17} $$

2. 连杆变换矩阵

表示相邻两连杆相对空间关系的矩阵称为 A 矩阵，也叫做连杆变换矩阵，并把两个或两个以上 A 矩阵的乘积叫做 T 矩阵。

1）连杆参数的确定

机器人机械手是由一系列连接在一起的连杆组成的，如图 7-5 所示。需要两个参数来描述一个连杆，即公共法线距离 a_i 和垂直于 a_i 所在平面内两轴的夹角 α_i；需要另外两个参数来表示相邻两杆的关系，即两连杆的相对位置 d_i 和两连杆法线的夹角 θ_i。除第一个和最后一个连杆外，每个连杆两端的轴线各有一条法线，分别为前、后相邻连杆的公共法线。这两法线间的距离即为 d_i。我们称 a_i 为连杆长度，α_i 为连杆扭角，d_i 为两连杆距离，θ_i 为两连杆夹角。

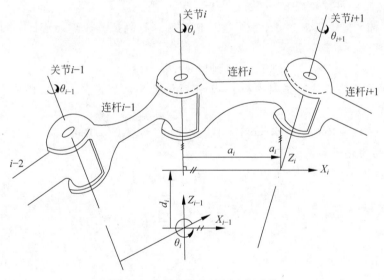

图 7-5　连杆参数和连杆坐标系统

机器人机械手上坐标系的配置取决于机械手连杆连接的类型。有两种连接——转动关节和棱柱连轴节（移动关节）。对于转动关节，θ_i 为关节变量。连杆 i 的坐标系原点位于关节 i 和 $i+1$ 的公共法线与关节 $i+1$ 轴线的交点上。如果两相邻连杆的轴线相交于一点，那么原点就在这一交点上。如果两轴线互相平行，那么就选择原点对下一个连杆的距离为 0。连杆 i 的 z 轴与关节 $i+1$ 的轴线在一直线上，而 x 轴则在连杆 i 和 $i+1$ 的公共法线上，其方向从 i 指向 $i+1$。当两关节轴线相交时，x 轴的方向与两向量的交积 $Z_{i-1} \times Z_i$ 平行或反向平行，x 轴的方向总是沿着公共法线从转轴 i 指向 $i+1$。

现在来考虑棱柱连轴节的情况。棱柱连轴节又称为移动关节，图 7-5 中指出其特征参数 θ、d 和 a。这时，距离 d_i 为连轴节（关节）变量，而连轴节轴线的方向即为此连轴节移动方向,该轴的方向是规定的,但不同于转动关节的情况,该轴的空间位置是没有规定的。对于棱柱连轴节来说,其长度 a_i 没有意义,令其为 0。连轴节的坐标系原点与下一个规定的连杆原点重合。棱柱式连杆的 z 轴在关节 $i+1$ 的轴线上。X_i 轴平行或反向平行于棱柱连轴节方向向量与 $\boldsymbol{Z}_i$ 向量的交积。当 $d_i=0$ 时,定义该连轴节的位置为零。

当机械手处于零位置时,能够规定转动关节的正旋转方向或棱柱连轴节的正位移方向,并确定 z 轴的正方向。如果需要规定一个不同的参考坐标系,那么该参考系与基系间的关系可以用一定的齐次变换来描述。在机械手的端部,最后的位移 d_n 或旋转角度 θ_n 是相对 z_{n-1} 而言的。

相邻坐标间及其相应连杆可以用齐次变换矩阵来表示。要求出机械手所需要的变换矩阵,每个连杆都需要连杆参数来描述。在求得相应的广义变换矩阵之后,可以对其加以修正,以适合每个具体的连杆。

2) 广义变换矩阵

全部连杆规定坐标系之后,我们就能够按照下列顺序由两个旋转和两个平移来建立相邻两连杆 $i-1$ 与 i 之间的相对关系。

(1) 绕 z_{i-1} 轴旋转 θ_i 角,使 x_{i-1} 轴转到与 x_i 同一平面上。

(2) 沿 z_{i-1} 轴平移距离 d_i,把 x_{i-1} 移到与 x_i 同一直线上。

(3) 沿 i 轴平移距离 a_{i-1},把连杆 $i-1$ 的坐标系移到使其原点与连杆 i 的坐标系原点重合的地方。

(4) 绕 x_{i-1} 轴旋转 α_{i-1},使 z_{i-1} 转到与 z_i 同一直线上。

这种关系可由表示连杆 i 对连杆 $i-1$ 相对位置的 4 个齐次变换来描述,并叫做 $\boldsymbol{A}$ 矩阵。此关系式为

$$\boldsymbol{A}_i = \mathbf{Rot}(z,\theta_i)\mathbf{Trans}(0,0,d_i)\mathbf{Trans}(a_{i-1},0,0)\mathbf{Rot}(x,\alpha_{i-1}) \tag{7-18}$$

在此基础上,可得连杆变换通式

$$
{}_i^{i-1}\boldsymbol{T} = \begin{bmatrix} c\theta_i & -s\theta_i & 0 & a_{i-1} \\ s\theta_i c\alpha_{i-1} & c\theta_i c\alpha_{i-1} & -s\alpha_{i-1} & -d_i s\alpha_{i-1} \\ s\theta_i s\alpha_{i-1} & c\theta_i s\alpha_{i-1} & c\alpha_{i-1} & d_i c\alpha_{i-1} \\ 0 & 0 & 0 & 1 \end{bmatrix} \tag{7-19}
$$

式中,s 表示 sin,c 表示 cos。

3. 机器人的运动学

机器人运动学是专门研究机器人运动规律,而在研究中不考虑产生的力和力矩,它涉及机器人机械手和各个关节的位置、速度、加速度变量对时间的高阶导数。

实际上,机器人运动学研究有两类问题:一类是给定机器人各关节角度,要求计算机器人手爪的位置与姿态问题,称为正向运动学;另一类是已知手爪的位置与姿态求机器人对应于这个位置与姿态的全部关节角,称为逆向运动学。显然,正问题是简单的,解是唯一的,但逆问题的解是复杂的,而且具有多解性,这给问题求解带来困难,往往需要一些技巧与经验。

1) 雅可比矩阵

机器人的雅可比矩阵是重要概念,它联系手爪在基坐标系的速度与关节速度的关系。由此关系可导出基于运动学的轨迹控制方法。雅可比矩阵在静力分析时也很有用。

一般地,对于 n 个自由度的机器人来说,按照参考文献[16]提供的方法,并借助于齐次

变换矩阵,就可以求出末端的角速度和线速度。如果将其合成一个向量,即

$$\dot{\boldsymbol{x}} = \begin{bmatrix} {}^0 v_n \\ {}^0 \omega_n \end{bmatrix} \tag{7-20}$$

则推导的结果可以表示成一个雅可比矩阵形式,即

$$\dot{\boldsymbol{x}} = \boldsymbol{J}(\boldsymbol{\Theta}) \dot{\boldsymbol{\Theta}} \tag{7-21}$$

式中,$\boldsymbol{\Theta}$ 为机器人的关节位移向量;$\dot{\boldsymbol{x}}$ 为直角坐标速度向量;雅可比矩阵 $\boldsymbol{J}(\boldsymbol{\Theta})$ 表明关节速度和末端手爪直角坐标速度之间的线性变换关系。

2) 机器人运动方程的正解

无论用什么方法,建立起机器人坐标系之后,可以得到几个转换矩阵的积:$\boldsymbol{A}_1 \boldsymbol{A}_2 \boldsymbol{A}_3 \cdots \boldsymbol{A}_n$(对具有 n 个自由度机器人),矩阵 $\boldsymbol{T}$ 表示机器人手端坐标系相对于机器人基础坐标系的位置和姿态:

$$\boldsymbol{T} = \boldsymbol{A}_1 \boldsymbol{A}_2 \boldsymbol{A}_3 \cdots \boldsymbol{A}_n \tag{7-22}$$

则 $\boldsymbol{T}$ 为机器人正向运动学的解。

可以把任何机器人的机械手看作是一系列由关节连接起来的连杆构成的。我们将为机械手的每一连杆建立一个坐标系,并用齐次变换来描述这些坐标系间的相对位置和姿态。通常把描述一个连杆与下一个连杆间相对关系的齐次变换叫做 $\boldsymbol{A}$ 变换。一个 $\boldsymbol{A}$ 矩阵就是一个描述连杆坐标系间相对平移和旋转的齐次变换。如果 $\boldsymbol{A}_1$ 表示第一个连杆对于基坐标系的位置和姿态,$\boldsymbol{A}_2$ 表示第二个连杆相对于第一个连杆的位置和姿态,那么第二个连杆在基坐标系中的位置和姿态可由下列矩阵的乘积给出:

$$\boldsymbol{T}_2 = \boldsymbol{A}_1 \boldsymbol{A}_2 \tag{7-23}$$

3) 机器人运动方程的逆解

机器人位姿逆解法可分为代数法、几何法和数值解法。前两种解法的具体步骤和最终公式,因机器人的具体构形而异。后一种解法是目前人们寻求位姿逆解的通解而得到的方法,由于计算量大,计算时间往往不能满足实时控制的需要,所以这一方法目前只具有理论意义。下面介绍代数法。

为了便于说明,设末杆位姿矩阵为(即 6 杆操作机):

$${}_6^0 \boldsymbol{T} = {}_1^0 \boldsymbol{T} \, {}_2^1 \boldsymbol{T} \, {}_3^2 \boldsymbol{T} \, {}_4^3 \boldsymbol{T} \, {}_5^4 \boldsymbol{T} \, {}_6^5 \boldsymbol{T} \tag{7-24}$$

并用 q_i 表示关节变量。

若已知末杆的位姿矩阵 ${}_6^0 \boldsymbol{T}$ 为

$${}_6^0 \boldsymbol{T} = \begin{bmatrix} n_x & o_x & a_x & p_x \\ n_y & o_y & a_y & p_y \\ n_z & o_z & a_z & p_z \\ 0 & 0 & 0 & 1 \end{bmatrix} \tag{7-25}$$

一般的解题步骤为

$$[{}_1^0 \boldsymbol{T}]^{-1} {}_6^0 \boldsymbol{T} = {}_2^1 \boldsymbol{T} \, {}_3^2 \boldsymbol{T} \, {}_4^3 \boldsymbol{T} \, {}_5^4 \boldsymbol{T} \, {}_6^5 \boldsymbol{T} \Rightarrow q_1 \tag{7-26}$$

$$[{}_2^1 \boldsymbol{T}]^{-1} [{}_1^0 \boldsymbol{T}]^{-1} {}_6^0 \boldsymbol{T} = {}_3^2 \boldsymbol{T} \, {}_4^3 \boldsymbol{T} \, {}_5^4 \boldsymbol{T} \, {}_6^5 \boldsymbol{T} \Rightarrow q_2 \tag{7-27}$$

$$\vdots$$

$$[{}_5^4 \boldsymbol{T}]^{-1} [{}_4^3 \boldsymbol{T}]^{-1} [{}_3^2 \boldsymbol{T}]^{-1} [{}_2^1 \boldsymbol{T}]^{-1} [{}_1^0 \boldsymbol{T}]^{-1} {}_6^0 \boldsymbol{T} = {}_6^5 \boldsymbol{T} \Rightarrow q_{5,} q_6 \tag{7-28}$$

注意,通常上述推算并不需要做完,就可以利用等号两端矩阵对应元素相等,求出全部的关节变量 q_i。

用代数法和几何法进行位姿逆解时,关节角的解一般来说都是多解的。如用几何法,则这种多值问题可以方便地由解图直接判定。

当机器人具有局部闭链机构或关节之间运动传递有诱发现象时,不能直接使用上面所介绍的建立位姿矩阵的方法。因为这时决定末端执行器位姿的主要杆件之间的相对转角中,有些是被间接驱动的。有些关节运动时,另一些关节会由于结构上的原因产生附加运动。所以,在求解时必须分析运动特点,找出直接决定末杆位姿的关节角,把它们分离出来求解,然后找出电机通过减速器的驱动角方程式。

4)工作空间

工作空间又称为工作范围,它是指机器人运动时手腕中心或工具安装点能够到达的所有空间区域,不包括手爪或工具本身所能够到达的区域。工作空间必须与被加工的工件和使用的夹具相适应。工作空间的大小不仅与机器人各连杆的尺寸有关,而且也与它的总体构形有关。在工作空间内要考虑连杆自身的干涉,以防止与作业环境发生碰撞。此外,还应注意,在工作空间内的某些位置(如边界),机器人不可能达到预定的速度,甚至不能在某些方向上运动,即所谓工作空间的奇异性。

7.2.2 机器人的动力学模型

机器人运动学都是在稳态下进行的,没有考虑机器人运动的动态过程。实际上,机器人的动态性能不仅与运动学相对位置有关,还与机器人的结构形式、质量分布、执行机构的位置、传动装置等因素有关。机器人动态性能由动力学方程描述,动力学是考虑上述因素,研究物体运动和受力之间的关系。机器人动力学有两个需要解决的问题:

动力学正问题:根据关节驱动力矩和力,计算机器人的运动(关节位移、速度和加速度);

动力学的逆问题:已知轨迹运动对应的关节位移、速度和加速度,求出所需要的关节力矩和力。

机器人机械手是个复杂的动力学系统,由多个连杆和多个关节组成,具有多个输入和多个输出,存在着复杂的耦合关系和严重的非线性。而对于这方面的研究,出现了许多方法,具体的有拉格朗日(Lagrange)方法、牛顿-欧拉(Newton-Eider)方法、高斯(Gauss)方法、旋量对偶数方法等。这里采用的是牛顿-欧拉方法,它是基于运动坐标系和达朗贝尔原理来建立相应的动力学方程。这种方法没有多余信息,计算速度快。

一般来说,主要讨论机器人在关节空间的动力学方程,它的形式为

$$\boldsymbol{\tau} = \boldsymbol{D}(q)\ddot{q} + \boldsymbol{h}(q,\dot{q}) + \boldsymbol{G}(q) \tag{7-29}$$

上式就是机械手在关节空间中的动力学方程的一般结构式。它反映了关节力矩与关节变量、速度和加速度之间的函数关系。对于 n 个关节的操作臂,其中 $\boldsymbol{D}(q)$ 是 $n \times n$ 阶的正定对称矩阵,是 q 的函数,称为机械手的惯性矩阵;$\boldsymbol{h}(q,\dot{q})$ 是 $n \times 1$ 阶的离心力和哥氏力向量;$\boldsymbol{G}(q)$ 是 $n \times 1$ 阶的重力向量,与机械手的形位有关。

研究机器人动力学的目的是多方面的。首先是为了实时控制的目的,利用机械手的动力学模型,才有可能进行最优控制,以期达到最优指标和更好性能。问题的复杂性在于实时

的动力学计算。因此各方案都要作某些简化假设。拟定最优控制方案仍然是当前控制理论的研究课题，至今尚未用在机器人产品上。此外，利用动力学方程中重力项的计算结果，可以进行前馈补偿，以达到更好的动态特性。

当前机器人动力学模型的重要应用是设计机器人，设计人员可以根据连杆质量、负载大小、传动结构的特征进行动态仿真，可用于选择适当尺寸的传动机构。

1. 机器人速度、加速度分析

1）速度分析

在机器人中，设两相邻连杆 L_{i-1} 和 L_i，以旋转关节相连接，已知杆 L_{i-1} 以速度 v_{i-1} 移动，并以 ω_{i-1} 角速度转动，而杆 L_i 在关节驱动力矩的作用下绕关节轴 z_i 相对于 L_{i-1} 以角速度 $\dot{\theta}_i k_i$ 旋转，于是对杆 L_i 来说，其原点相对于基础坐标系的线速度 v_i 和角速度 ω_i 分别为

$$\omega_i = \omega_{i-1} + \dot{\theta}_i k_i$$
$$v_i = v_{i-1} + \omega_{i-1} \times r_{i-1,i} \tag{7-30}$$

机械手通常可认为是一个多杆系统，为便于计算，还可以把某杆的速度和角速度表示在该杆自身的坐标系中，则

$$\omega_i^i = \omega_{i-1}^i + \dot{\theta}_i k_i^i = {}_{i-1}^i R \omega_{i-1}^{i-1} + \dot{\theta}_i k_i^i \tag{7-31}$$
$$v_i^i = {}_{i-1}^i R (v_{i-1}^{i-1} + \omega_{i-1}^{i-1} \times r_{i-1,i}^{i-1}) \tag{7-32}$$

由于研究的机器人不涉及移动关节，这里暂不分析移动关节的速度传递。

2）雅可比矩阵

在进行机器人的速度分析时，经常遇到关节速度向机械手末端速度的转化，这种转化主要是应用雅可比矩阵来实现。令 $\dot{X}$ 为末端抓手的操作速度向量，$\dot{q}$ 为关节速度向量，则

$$\dot{X} = J\dot{q} \tag{7-33}$$

J 为雅可比矩阵，它表示从关节速度向量到末端速度向量的广义传动比。

$$\dot{q} = J^{-1}\dot{X} \tag{7-34}$$

J^{-1} 为逆雅可比矩阵，当 $|J|=0$ 时机器人处于奇异状态，将失去一些自由度。

3）杆件之间的加速度分析

对速度向量求导，即可得到加速度公式。

（1）角加速度。

对角速度公式求导，注意向量 k_i 还随坐标系转动，则

$$\dot{k}_i = \frac{\mathrm{d}k}{\mathrm{d}t} = \omega_{i-1} \times k_i \tag{7-35}$$

得到

$$\varepsilon_i = \frac{\mathrm{d}\omega_i}{\mathrm{d}t} = \dot{\omega}_i = \dot{\omega}_{i-1} + \ddot{\theta}_i k_i + \dot{\theta}_i \dot{k}_i = \dot{\omega}_{i-1} + \ddot{\theta}_i k_i + \dot{\theta}_i (\omega_{i-1} \times k_i) \tag{7-36}$$

将其表示在本身坐标系中有

$$\varepsilon_i^i = {}_{i-1}^i R \dot{\omega}_{i-1}^{i-1} + \ddot{\theta}_i k_i^i + \dot{\theta}_i ({}_{i-1}^i R \omega_{i-1}^{i-1} \times k_i^i) \tag{7-37}$$

（2）线加速度。

由速度公式得

$$a_i = \frac{\mathrm{d}v_i}{\mathrm{d}t} = \dot{\boldsymbol{v}}_i = \dot{\boldsymbol{v}}_{i-1} + \dot{\boldsymbol{\omega}}_{i-1} \times r_{i-1} + \omega_{i-1} \times (\omega_{i-1} \times r_{i-1}) \tag{7-38}$$

$$a_i^i = {}^i_{i-1}R \lfloor \dot{\boldsymbol{v}}_{i-1}^{i-1} + \dot{\boldsymbol{\omega}}_{i-1}^{i-1} \times r_{i-1}^{i-1} + \omega_{i-1}^{i-1} \times (\omega_{i-1}^{i-1} \times r_{i-1}^{i-1}) \rfloor \tag{7-39}$$

注意：线速度和线加速度与角速度、角加速度不同，对于刚体来说，其上各点都是不同的。若求刚体质心的速度和加速度，则有

$$v_{ci} = v_i + \omega_i \times r_{ci} \tag{7-40}$$

$$v_{ci}^i = v_i^i + \omega_i^i \times r_{ci}^i \tag{7-41}$$

$$a_{ci} = a_i + \dot{\boldsymbol{\omega}} \times r_{ci} + \omega_i \times (\omega_i \times r_{ci}) \tag{7-42}$$

$$a_{ci}^i = a_i^i + \dot{\boldsymbol{\omega}}_i^i \times r_{ci}^i + \omega_i^i \times (\omega_i^i \times r_{ci}^i) \tag{7-43}$$

2. 牛顿-欧拉方程的动力学算法

基于牛顿-欧拉方程的动力学算法是以理论力学的两个最基本方程——牛顿方程和欧拉方程为出发点，结合机器人的速度和加速度分析而得出的一种动力学算法。它常以递推的形式出现，具有较高的计算速度，但形成最终的动力学完整方程(闭合解)却比较麻烦。它的特点之一是要计算关节之间的约束力，所以在用于含闭链的机械手动力学比较困难。但也正由于该算法可算出关节处的约束力，从而为机器人机构设计提供了分析的原始条件。

牛顿动力学方程有

$$\boldsymbol{F} = m\boldsymbol{a} = \frac{\mathrm{d}(mv)}{\mathrm{d}t} \tag{7-44}$$

式中，a，v 为具有质量为 m 的刚体的质心加速度和速度。

写成分量形式为

$$\begin{cases} \boldsymbol{F}_x = m\boldsymbol{a}_x = m\dfrac{\mathrm{d}v_x}{\mathrm{d}t} \\[2mm] \boldsymbol{F}_y = m\boldsymbol{a}_y = m\dfrac{\mathrm{d}v_y}{\mathrm{d}t} \\[2mm] \boldsymbol{F}_z = m\boldsymbol{a}_z = m\dfrac{\mathrm{d}v_z}{\mathrm{d}t} \end{cases} \tag{7-45}$$

欧拉动力学方程是对绕定点转动的刚体给出的。刚体绕定点转动时对该点的动量矩 $\boldsymbol{J}$ 为

$$\boldsymbol{J} = \sum_{i=1}^{n} (r_i \times m_i v_i) = \boldsymbol{I}\boldsymbol{\omega} \tag{7-46}$$

式中，r_i，m_i，v_i 为组成刚体的质点 P_i 的向径、质量和速度；ω 为刚体绕定点的角速度；$\boldsymbol{I}$ 为刚体的惯量张量。

应用动量矩定理有

$$\boldsymbol{M} = \frac{\mathrm{d}\boldsymbol{J}}{\mathrm{d}t} = \dot{\boldsymbol{J}} + \boldsymbol{\omega} \times \boldsymbol{J} = \boldsymbol{I}\dot{\boldsymbol{\omega}} + \boldsymbol{\omega} \times \boldsymbol{I}\boldsymbol{\omega} \tag{7-47}$$

式中，$\boldsymbol{M}$ 是外力对于定点的合力矩。

Luh、Walker 和 Paul 在 1980 年提出了递推的牛顿-欧拉方程的动力学递推算法，从而大大加快了动力学的计算机计算速度。该法是由基座前推，即向末杆递推，逐次求出各杆的角速度、角加速度和质心加速度，再由末杆的末关节向第一关节后推，从而求出各关节力矩。

速度和惯性力前推：

$$
\begin{cases}
\omega_i^i = {}_{i-1}^{i}R\,\omega_{i-1}^{i-1} + \dot{\theta}_i k_i^i \\
\dot{\omega}_i^i = {}_{i-1}^{i}R\,\dot{\omega}_{i-1}^{i-1} + {}_{i-1}^{i}R\,\omega_{i-1}^{i-1} \times \dot{\theta}_i k_i^i + \ddot{\theta}k_i^i \\
v_i^i = {}_{i-1}^{i}R\,(v_{i-1}^{i-1} + \omega_{i-1}^{i-1} \times r_{i-1,i}^{i-1}) \\
\dot{v}_i^i = {}_{i-1}^{i}R\,[\dot{\omega}_{i-1}^{i-1} \times r_{i-1,i}^{i-1} + \omega_{i-1}^{i-1} \times (\omega_{i-1}^{i-1} \times r_{i-1,i}^{i-1}) + \dot{v}_{i-1}^{i-1}] \\
v_{ci} = v_i^i + \omega_i^i \times r_{i,ci}^i \\
\dot{v}_{ci}^i = \dot{\omega}_i^i \times r_{i,ci}^i + \omega_i^i \times (\omega_i^i \times r_{i,ci}^i) + \dot{v}_i^i \\
f^i = m_i \dot{v}_{ci}^i \\
N_i^i = I_i \dot{\omega}_i^i + \omega_i^i \times (I_i \omega_i^i)
\end{cases}
\tag{7-48}
$$

约束力和关节力矩后推：

$$
F_i^i = {}_{i+1}^{i}R\,F_{i+1}^{i+1} + F_i^i \tag{7-49}
$$

$$
M_i^i = N_i^i + {}_{i+1}^{i}R\,m_{i+1}^{i+1} + r_{i,ci} \times f_i^i + r_{i,i-1} \times {}_{i+1}^{i}R\,F_{i+1}^{i+1} \tag{7-50}
$$

$$
\tau_i = k_i^i \cdot M_i^i \tag{7-51}
$$

为了考虑重力力矩，可对整个操作机附加一个与重力加速度相反的加速度，即在 z_0 向上时，取

$$
\dot{v}_0^0 = \begin{bmatrix} 0 & 0 & -g \end{bmatrix}^{\mathrm{T}} \tag{7-52}
$$

3. 拉格朗日方程的动力学算法

牛顿-欧拉方法特别适合于机械手的设计计算。因为它不但可求出各主动关节的驱动力（对转动关节为驱动力矩），而且还可求出关节中各杆件的作用力（约束反力）。但在进行动力学分析时，目的在于求出动力学方程，就不需要求出关节中的约束反力，所以上述方法显得有些累赘。下面介绍拉格朗日方法。

拉格朗日方程是建立在力学系统的动能和势能函数基础上的。对于定常的力学系统，该方程可表示为

$$
\frac{\mathrm{d}}{\mathrm{d}t}\left(\frac{\partial \boldsymbol{L}}{\partial \dot{q}_i}\right) - \frac{\partial L}{\partial q_i} = \boldsymbol{Q}_i \tag{7-53}
$$

式中，$\boldsymbol{L}$ 指拉格朗日函数，与能量有下列关系：$\boldsymbol{L} = \boldsymbol{T} - \boldsymbol{U}$；$\boldsymbol{T}$ 指系统动能；$\boldsymbol{U}$ 指系统势能；q 指系统的广义坐标；$\dot{q}$ 指系统的广义速度；$\boldsymbol{Q}_i$ 指作用在系统上的广义主动力。

机械手的动能 $\boldsymbol{T}$ 为操作机的每一个构件，可以看作是做一般运动的刚体，其动能由移动和转动两部分动能组成，即

$$
\boldsymbol{T}_i = \frac{1}{2}m_i\,\boldsymbol{v}_{ci}^{\mathrm{T}}\,\boldsymbol{v}_{ci} + \frac{1}{2}\,\boldsymbol{\omega}_i^{\mathrm{T}}\boldsymbol{I}_i\boldsymbol{\omega}_i \tag{7-54}
$$

对于整个机构有

$$
\boldsymbol{T} = \sum_{i=1}^{n}\boldsymbol{T}_i \tag{7-55}
$$

在运动分析中，则

$$
\dot{\boldsymbol{X}} = \boldsymbol{J}\dot{\boldsymbol{q}} \tag{7-56}
$$

可以得出

$$\begin{bmatrix} \boldsymbol{v}_{ci} \\ \boldsymbol{\omega}_i \end{bmatrix} = \begin{bmatrix} \boldsymbol{J}_L^i \\ \boldsymbol{J}_A^i \end{bmatrix} \begin{bmatrix} \dot{q}_1 \\ \vdots \\ \dot{q}_2 \end{bmatrix} \tag{7-57}$$

式中，$\boldsymbol{J}_L^i$ 和 $\boldsymbol{J}_A^i$ 是相应 $\boldsymbol{v}_{ci}$ 和 $\boldsymbol{\omega}_i$ 的雅可比矩阵的元素，故当下标大于 i 时，即由 $i+1$ 到 n 时，由于关节变量 $q_{i+1} \sim q_n$ 对杆 L_i 的质心速度 $\boldsymbol{v}_{ci}$ 和角速度 $\boldsymbol{\omega}_i$ 不产生作用，因为相应的雅可比矩阵元素为零。于是动能的表达式变为

$$T = \frac{1}{2} \sum_{i=1}^{n} (m_i \dot{\boldsymbol{q}}^{\mathrm{T}} \boldsymbol{J}_L^{i\mathrm{T}} \boldsymbol{J}_L^i \dot{\boldsymbol{q}} + \dot{\boldsymbol{q}}^{\mathrm{T}} \boldsymbol{J}_A^{i\mathrm{T}} \boldsymbol{I}_i \boldsymbol{J}_A^i \dot{\boldsymbol{q}}) = \frac{1}{2} \dot{\boldsymbol{q}}^{\mathrm{T}} \boldsymbol{H} \dot{\boldsymbol{q}} \tag{7-58}$$

式中，$\boldsymbol{H} = \displaystyle\sum_{i=1}^{n} (m_i \boldsymbol{J}_L^{i\mathrm{T}} \boldsymbol{J}_L^i + \boldsymbol{J}_A^{i\mathrm{T}} \boldsymbol{I}_i \boldsymbol{J}_A^i)$ 定义为机械手的总惯性张量。

机械手的势能 U：以基础坐标零点为相对零点，$\boldsymbol{g}$（重力加速度）为列向量，则总势能是各杆质心向量 $\boldsymbol{r}_{o,ci}$ 的函数，则

$$U = \sum_{i=1}^{n} m_i \boldsymbol{g}^{\mathrm{T}} \boldsymbol{r}_{o,ci} \tag{7-59}$$

机械手的关节力矩为

$$\boldsymbol{\tau} = \begin{bmatrix} \tau_1, \tau_2, \cdots, \tau_n \end{bmatrix}^{\mathrm{T}} \tag{7-60}$$

末端执行器的外力为

$$\boldsymbol{F} = \begin{bmatrix} \boldsymbol{F}_x & \boldsymbol{F}_y & \boldsymbol{F}_z & \boldsymbol{M}_x & \boldsymbol{M}_y & \boldsymbol{M}_z \end{bmatrix} \tag{7-61}$$

4. 基于闭链的动力学分析

1) 凯恩方法

凯恩方法也是一种规格化的普遍方法，它既适用于完整系统，也适用于非完整系统。用凯恩方程所得运动微分方程有如下形式：

$$\boldsymbol{F}_r + \dot{\boldsymbol{F}}_r = 0 \quad r = 1, 2, \cdots, n \tag{7-62}$$

$$\boldsymbol{F}_r = \sum_{i=1}^{n} (\boldsymbol{R}_i \cdot \boldsymbol{v}_i^{(r)} + \boldsymbol{T}_i \cdot \boldsymbol{\omega}_i^{(r)}) \tag{7-63}$$

$$\boldsymbol{F}_r = \sum_{i=1}^{n} (\dot{\boldsymbol{R}}_i \cdot \boldsymbol{v}_i^{(r)} + \dot{\boldsymbol{T}}_i \cdot \boldsymbol{\omega}_i^{(r)}) \tag{7-64}$$

$$\dot{\boldsymbol{R}}_i = -m_i a_i, \dot{\boldsymbol{T}}_i = -(\boldsymbol{J}_i \cdot \boldsymbol{\alpha}_i + \boldsymbol{\omega}_i \times \boldsymbol{J}_i \cdot \boldsymbol{\omega}_i) \tag{7-65}$$

式中，$\boldsymbol{F}_r$ 及 $\boldsymbol{F}_r^*$ 为对应于伪速度 u_r 的广义主动力及广义惯性力，a_i, ω_i, α_i 为刚体质心的加速度、角速度和角加速度，$\boldsymbol{v}_i^{(r)}, \boldsymbol{\omega}_i^{(r)}$ 为偏速度及偏角速度。凯恩方程的推导过程主要是加法和乘法运算，所得结果为一阶微分方程，因而便于计算机计算。

机器人的运动学和动力学计算是机器人的设计和控制的基础。在机器人操作机设计中，常采用开链和闭链结合的杆件结构，这给上述的计算提出了新课题。尽管对开链机器人的动力学建模方法繁多，计算步骤比较成熟；对纯闭链也有许多研究和富有说服力的解决方法，但在实际应用中仍有障碍；对开链和闭链相结合的混合链的成熟的运算方法还不多，还需要在理论和实践上加深研究。

在动力学研究中，最常用的是牛顿-欧拉方法、拉格朗日方法、凯恩方法等，各种方法就原理来说都是等价的。对于混合链机器人的动力学计算，凯恩方法有明显优势，其他方法要

求将闭链机构在某处切开,使其变成几个开链机构,然后求处在切开处的约束力及约束力矩,再按开链处理。凯恩动力学方法不需要在切开处求约束力及约束力矩,而且该方法的运算量小、效率高。

2) 凯恩动力学方法在含闭链机器人中的应用简介

凯恩动力学方法是将含闭链的机器人拆开成几个开链,将杆系分成若干个逻辑开链,轮流选择闭链中的并联路线,可使所有的杆件都存在于某个开链中,然后确定主动关节变量与从动关节变量之间的关系,进行速度分析,偏速度分析。在此给出杆件的驱动力计算公式为

$$\boldsymbol{\tau}_q = \sum_{\lambda=1}^{n} (\boldsymbol{M}_\lambda \dot{\boldsymbol{v}}_{c\lambda} \cdot \boldsymbol{v}_{c\lambda,\dot{q}} + \boldsymbol{N}_\lambda \cdot \boldsymbol{\omega}_{\lambda,\dot{q}} - \boldsymbol{f}_{c\lambda} \cdot \boldsymbol{v}_{c\lambda,\dot{q}} - \boldsymbol{n}_{c\lambda} \cdot \boldsymbol{\omega}_{\lambda,\dot{q}}) \tag{7-66}$$

式中,$\boldsymbol{\tau}_q$ 表示杆件的驱动力,$\boldsymbol{M}_\lambda$ 表示杆件的质量,$\boldsymbol{f}_{c\lambda}$ 和 $\boldsymbol{n}_{c\lambda}$ 分别表示外载荷质心简化后的合力及合力矩,$\boldsymbol{N}_\lambda = \boldsymbol{I}_\lambda \dot{\boldsymbol{\omega}}_\lambda \times (\boldsymbol{I}_\lambda \boldsymbol{\omega}_\lambda)$,其中 $\boldsymbol{I}_\lambda$ 为杆件对于质心坐标系的惯量张量。

7.3　机器人运动轨迹规划

7.3.1　机器人轨迹规划的一般形式与常用方法

机器人运动轨迹规划就是根据机器人要完成的一定的作业来设计机器人各关节的位移、速度和加速度对时间 T 的运动规律,通常有两种形式的规划,即 PTP 规划和 CP 规划。

机器人的 PTP 运动轨迹规划所要解决的 2 个问题如下:

(1) 规划运动轨迹时,必须设法避免出现机构的奇异点问题。

(2) 为了让机械手从起始位置到达终点,在这之间要经过多少个点,在这些中间点之间关节如何运动。近年来,一些学者提出采用样条函数法来进行机器人运动轨迹规划,样条函数法轨迹规划法的好处是简单、直观,当对中间段轨迹点无特殊运动要求时,这两种方法较好,但其主要缺点是:由于轨迹中间段是采用三次样条函数来拟合,所以其中间点的速度是由边界条件所决定,因而无法对中间点的运动控制,而用高阶多项式插值来进行机器人运动轨迹规划,解决运动过程中对中间点有约束的问题。

机器人的 CP(Continuous Path)运动轨迹规划是中间点有约束的情况下进行的规划,一般可以分成若干小段,每一小段的运动看成是 PTP 运动即可。

机器人运动轨迹规划就是根据机器人要完成的一定的作业来设计机器人各关节的位移、速度和加速度对时间 T 的运动规律。机器人常用的轨迹规划方法有以下 2 种:

(1) 要求用户对于选定的转变节点(插值点)上的位姿、速度和加速度给出一组显式约束,轨迹规划器从一类函数(例如 n 次多项式)中选取参数化轨迹,对节点进行插值,并满足约束条件。

(2) 要求用户给出运动路径的解析式,如为直角坐标空间中的直线路径,轨迹规划器在关节空间或直角坐标空间中确定一条轨迹来逼近预定的路径。轨迹规划既可在关节空间也可在直角空间中进行,但是所规划的轨迹函数都必须连续和光滑,使得机械手的运动平稳。在关节空间进行规划时,是将关节空间变量表示成时间的函数,并规划它的一阶和二阶时间导数;在直角空间进行规划是指将手部位姿、速度和加速度表示为时间的函数,而相应的关

节位移、速度和加速度由手部的信息导出,通常通过运动学反解得出关节位移,用逆雅可比矩阵求出关节速度,用逆雅可比矩阵及其导数求解关节加速度。

机器人轨迹规划属于机器人低层规划,基本上不涉及人工智能问题,而是在机械手运动学和动力学的基础上,讨论在关节空间和笛卡儿空间中机器人运动的轨迹规划和轨迹生成方法。

机器人轨迹规划一般涉及下列 3 个问题:

(1) 对机器人的任务、运动路径和轨迹进行描述,轨迹规划用来简化编程手续,只要求用户输入有关路径和轨迹的若干约束和简单描述,而复杂的细节问题由计算机系统来解决。

(2) 根据所确定的轨迹参数,在计算机内部描述所要求的轨迹。

(3) 对内部描述的轨迹进行实际计算,即根据位置、速度和加速度生成运动轨迹。

7.3.2　基于自适应神经模糊推理系统的机器人轨迹规划

自适应神经模糊推理系统是一种将模糊逻辑和神经元网络有机结合的新型模糊推理系统结构,在一定程度上又归为模糊神经网络的范畴,它可以采用反向传播算法和最小二乘法的混合算法调整前提参数和结论参数。并能自动产生 If-then 规则,引用自适应神经模糊推理系统(ANFIS)可以方便系统建模。

1. 自适应神经模糊推理系统的结构

ANFIS 是基于 Takagi-Sugeno 提出的 T-S 模型。它是一种非线性模型,适合表达复杂系统的动态特征,是常用的模糊推理模型。ANFIS 由前件和后件构成,例如一个两输入、单输出系统的规则有

$$\text{If } x \text{ 为 } A_1 \text{ and } y \text{ 为 } B_1 \text{ then } z_1 = p_1 x + q_1 y + r_1$$
$$\text{If } x \text{ 为 } A_2 \text{ and } y \text{ 为 } B_2 \text{ then } z_2 = p_2 x + q_2 y + r_2$$

假设输入变量采用高斯型隶属度函数,分别用 $g_{xi}(x, a_i, b_i)$ 和 $g_{yi}(y, c_i, d_i)$ 表示,则该推理系统可等效为下列 ANFIS 结构,如图 7-6 所示。

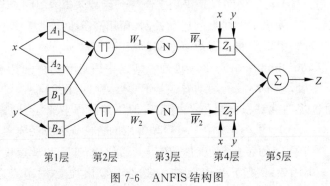

图 7-6　ANFIS 结构图

从图中可以看出,ANFIS 结构可以分为 5 层。

第 1 层:计算输入的模糊隶属度,即

$$O_{1,i} = g_{xi}(x, a_i, b_i) \quad i = 1, 2 \quad O_{1,j} = g_{y(j-2)}(y, c_{j-2}, d_{j-2}) \quad j = 3, 4 \tag{7-67}$$

第 2 层:计算每条规则的适用度,即

$$O_{2,1} = O_{1,1} \times O_{1,3} = g_{x1}(x,a_1,b_1) \times g_{y1}(y,c_1,d_1) \to w_1 \tag{7-68}$$
$$O_{2,2} = O_{1,2} \times O_{1,4} = g_{x2}(x,a_2,b_2) \times g_{y2}(y,c_2,d_2) \to w_2$$

第 3 层：计算适用度的归一化值，即

$$O_{3,1} = \frac{w_1}{w_1 + w_2} \quad \to \overline{w}_1 \tag{7-69}$$

$$O_{3,2} = \frac{w_2}{w_1 + w_2} \quad \to \overline{w}_2$$

第 4 层：计算每条规则的输出，即

$$z_i = p_i x + q_i y + r_i \tag{7-70}$$

第 5 层：计算模糊系统的输出，即

$$z = \overline{w}_1 z_1 + \overline{w}_2 z_2 \tag{7-71}$$

这样，通过某种算法训练 ANFIS，可以按指定的指标得到这些参数，从而达到模糊建模的目的。

2. 自适应神经模糊推理系统建模过程

在 MATLAB 中，训练 ANFIS 的任务可由 anfis 函数完成，因此使模糊建模变得轻而易举。模糊建模过程可分为下列 6 个步骤：

(1) 产生训练数据和检验数据。

(2) 确定输入变量的隶属度函数的类型和个数。

(3) 由 genfis 函数产生初始的 FIS 结构。

(4) 设定 ANFIS 训练的参数。

(5) 利用 anfis 函数训练 ANFIS。

(6) 检验得到的 FIS 的性能。

3. 基于自适应神经模糊推理系统的机器人轨迹规划仿真研究

1) 二关节机器人运动学方程

复杂系统的模型往往需要经过一些适当的简化才能运用现代的理论工具进行分析和设计，二关节机器人是比较复杂的系统，但是为了研究方便，对其模型要适当进行简化处理。

一个简化的二关节机器人如图 7-7 所示，关节角 θ_1 和 θ_2 描述了其在平面内的几何位置，其末端的笛卡儿坐标 (x,y) 可由下式计算：

$$\begin{cases} x = l_1\cos(\theta_1) + l_2\cos(\theta_1 + \theta_2) \\ y = l_1\sin(\theta_1) + l_2\sin(\theta_1 + \theta_2) \end{cases} \tag{7-72}$$

式中，$l_1 = 3\text{m}$，$l_2 = 1.5\text{m}$。

同时，末端坐标必须满足

$$\begin{cases} x = 6\cos t + 8 \\ y = 6\sin t + 8 \end{cases} \tag{7-73}$$

式中，$t \in [0,5]$。

期望的速度应为 $[-6\sin t \quad 6\cos t]^{\mathrm{T}}$；期望的加速度应为 $[-6\cos t \quad -6\sin t]^{\mathrm{T}}$。

在实际规划中，采用根据末端位置的坐标来计

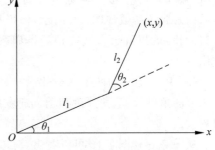

图 7-7　两连杆机器人示意图

算关节角度 θ_1 和 θ_2，这是机器人的运动学求逆问题，在很大程度上存在一定的难度，为此，采用自适应神经模糊推理系统来对机器人的逆运动学进行建模，从而实现机器人的运动学轨迹规划。

2）轨迹规划一般步骤

（1）根据上述公式画出运动学模型和逆运动学模型的输入和输出曲面，由于自适应神经模糊推理系统能够完成复杂的非线性映射的功能，对每个关节各采用一个 ANFIS 来分别映射 $(x,y)\rightarrow\theta_1$ 和 $(x,y)\rightarrow\theta_2$，同时画出 $(\theta_1,\theta_2)\rightarrow(x,y)$ 的映射曲面，如图 7-8 所示。

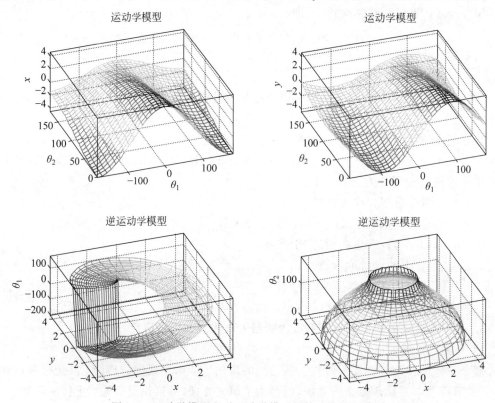

图 7-8　运动学模型和逆运动学模型的输入和输出曲面

图 7-8 是从纯粹的运动学方程（数学表达式）来实现机器人正逆模型的映射。

（2）要运用自适应神经模糊推理系统进行建模，必须要有足够的数据，在空间的第一象限内取一定数量可靠的数据对两个 ANFIS 系统进行训练，所有输入均采用 3 个隶属度函数（钟形）表示，利用 anfis 函数进行训练后的结果保存在 inv1.fis1 和 inv2.fis2 文件中，训练前后的隶属度函数如图 7-9 所示，模糊推理系统的输出如图 7-10 所示，并与逆运动学模型进行对比，可以看出自适应神经模糊系统对机器人的运动学正、逆解曲面都有很好的逼近作用。

（3）用训练后的两个 ANFIS 结构 fis12 和 fis22 来逼近末端跟踪的曲线；从而求出两个关节的角度位移、角速度和角加速度曲线，如图 7-11～图 7-13 所示，最终实现机器人轨迹规划。

从图 7-11～图 7-13 可以看出，自适应神经模糊推理系统能够较好地实现数据建模，完成机器人的轨迹规划，所规划的第一关节和第二关节的位移、速度和加速度曲线变化是光滑

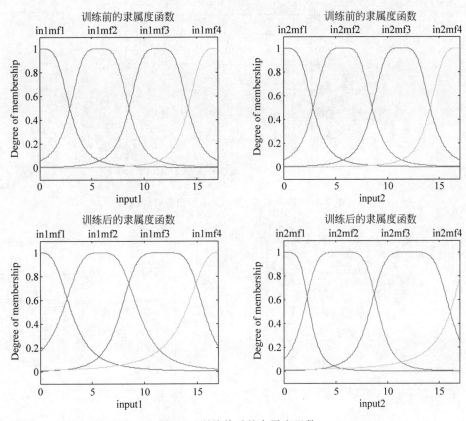

图 7-9　训练前后的隶属度函数

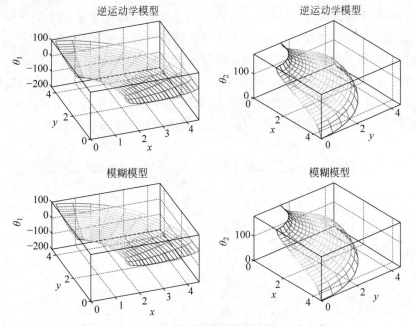

图 7-10　逆运动学模型和模糊模型的输入/输出曲面

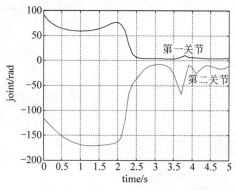

图 7-11　第一关节、第二关节的角位移曲线

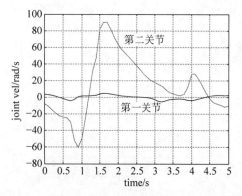

图 7-12　第一关节、第二关节的角速度变化曲线

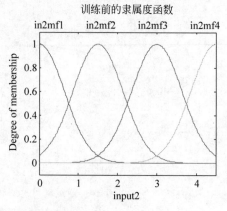

图 7-13　第一关节、第二关节的角加速度变化曲线

而连续的,没有发生阶跃突变,从而保证了机器人运动的平稳性要求。由于 ANFIS 能基于数据建模,一般无须专家经验,自动产生模糊规则和调整隶属度函数,在建立一个初始系统进行训练时,其隶属度函数的类型、隶属度函数的数目以及训练次数都是待定的,这 3 个参数的选择直接影响系统训练后的效果,例如,如果将两个输入的隶属度函数改成高斯型,那么其训练前后的隶属度函数曲线将发生变化,如图 7-14 所示,同时,第一关节和第二关节的角度、角速度和角加速度曲线都将发生显著的变化,如图 7-15~图 7-17 所示。

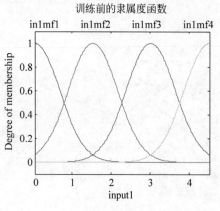

图 7-14　训练前后的隶属度函数

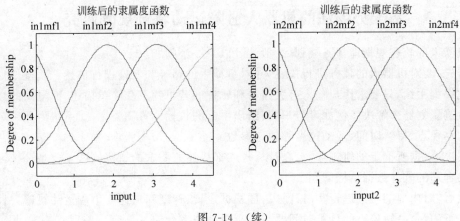

图 7-14　（续）

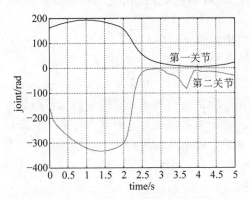

图 7-15　第一关节、第二关节的角位移曲线

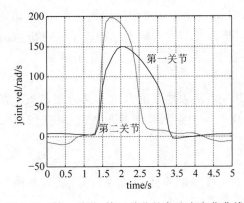

图 7-16　第一关节、第二关节的角速度变化曲线

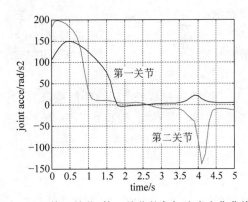

图 7-17　第一关节、第二关节的角加速度变化曲线

　　同理，隶属度函数的数目，训练次数等对机器人轨迹规划产生一定的影响，它们的确定需要进一步的研究。

7.3.3　基于势场法的机器人避障运动轨迹规划研究

机器人的轨迹规划即任务规划,一般涉及以下 3 个问题:

首先,要对机器人的任务进行描述,并对机械手的路径和轨迹进行描述。轨迹规划器用来简化编程手续,只要求用户输入有关路径和轨迹的若干约束和简单描述,而复杂的细节问题由轨迹规划器来解决。例如,用户只需给出手部的目标位置和姿态,让系统由此确定到达目标的路径点、持续时间、运动速度等轨迹参数。

其次,根据所确定的轨迹参数,在计算机内部描述所要求的轨迹。这主要是选择习惯规定以及合理的软件数据结构问题。

最后,对内部的轨迹进行实时计算。即根据位置、速度和加速度生成运动轨迹。计算是实时进行的,每一轨迹点的计算时间要与轨迹更新速率合拍。

关于后两个问题,只要根据实际需要选用适当的轨迹规划器即可解决,这里不做专门讨论。

1. 无碰撞轨迹规划初步知识

当机器人的手爪、臂或本体在有障碍物的环境中运动时,为了到达某一目标位置和姿态,完成作业,就需要在空间中确定一条无碰撞的运动路径。这一问题称为无碰撞路径规划。在此,"规划"的含义实际上是直观的求解带约束的几何问题,而不是操作序列或者行为步骤。另一方面,如果把运动物体看作是研究的问题的某种状态,把障碍物看作是问题的约束条件,而无碰撞路径就是满足约束条件的解,那么,空间路径规划就是一种多约束的问题求解过程,这不但符合"规划"的广义理解,而且对复杂问题的描述和求解提供了新思路。无碰撞轨迹规划的常用方法有以下几种:

(1) G-空间法。

G-空间法是由 Udupa 和 Lozano Peaez 等发展出来的一种无碰撞轨迹规划方法,其实质是把运动物体位姿的描述转化为 G-空间中的一个点。由于环境中障碍物的存在,运动物体在 G-空间中就有一个相应的禁区,称为 G-空间障碍物。这实际上是构造了一个虚拟的数据结构,它把运动物体、障碍物及其几何约束关系作了等效变换,从而简化了运算。

(2) J-函数法。

J-函数法就是把空间物体的位置关系利用数学关系抽象成数值表示 J,从而形成使 J 直接代表空间两物体的位置关系。J-函数的值间接反映了两空间物体的距离,但其几何意义不太明显,理解比较困难。

(3) 广义坐标法。

广义坐标法是根据 J-函数法演绎过来的,它也是把空间物体抽象成数值形式,不同的是,其数值大小直接代表着两物体的位置关系。

(4) 势场法(人工势能法)。

势函数的构造是势场法的关键所在,主要研究以下两种情况:

一种是指势函数由目标位姿产生的引力场与障碍物产生的斥力场叠加形成。引力场与斥力场产生力的方向不同,一个是靠近物体,另一个是远离物体。在这种人为的势力场中,机器人会在引力场的作用下向目标位置靠近,同时在斥力场的作用下远离障碍物,从而达到碰撞轨迹规划的目的。当然,这里的人工势能场的构造相当重要,它直接影响机器人的灵活性及其到达目标位置所走的轨迹。以一个二关节平面机器人为例,不考虑各个关节是否避障,基于势场法求解使得机器人的手端越过平面内的若干障碍点,然后利用 ANFIS 找出两个关节的角度变化情况。

另外一种是基于冗余度机器人的速度分解的思想,对一个三关节机器人的势函数进行构造,考虑到各个关节的避障规划。

2. 不考虑关节避障的势场法轨迹规划仿真研究

仍以 7.3.2 节中的两连杆机器人为例,$l_1 = 3\text{m}$,$l_2 = 1.5\text{m}$,现在平面内有 7 个障碍点,坐标分别是 $(2, 1.6)$、$(1.7, 1.4)$、$(1.5, 1.8)$、$(1.8, 2)$、$(2, 2.2)$、$(2.3, 2)$、$(2.8, 2.5)$。机器人手端的起始坐标为 $(1, 1)$,手端所要到达目标位置坐标为 $(3, 2.8)$,现要求机器人手端避开这些障碍点到达目标位置的轨迹,并由此求出两个关节的关节角的变化曲线,其中计算引力需要的增益系数 $k = 6$;计算斥力的增益系数 $m = 10$,这些都是自己设定的。

障碍影响距离 $P_0 = 1$,当障碍和机器人手端的距离大于这个距离时,斥力为 0,即不受该障碍的影响,也是自己设定。障碍个数 $n = 7$;机器人手端移动步长 $l = 0.005$;循环迭代次数 $J = 200$;这里暂不考虑机器人的连杆或关节与障碍物的碰撞情况。

1) 基于势场法规划的主程序流程

(1) 初始化各个参数:当 $k = 0$ 时,$x_k = x_0$,$y_k = y_0$,选定位置增益参数 k,η,障碍影响距离 P_0,手端移动步长 l,迭代次数 J。

(2) 调用计算模块:

① 求斥力和引力与 x 轴的角度模块。

② 求引力 x,y 方向分量。

③ 求斥力 x,y 分量。

④ 计算合力:$F_{\text{sumyk}} = F_{\text{atyk}} + F_{\text{reyk}}$,$F_{\text{sumxk}} = F_{\text{atxk}} + F_{\text{rexk}}$。

⑤ 计算合力与 x 轴夹角:$\alpha_k = \arctan \dfrac{F_{\text{sumyk}}}{F_{\text{sumxk}}}$。

(3) 计算机器人手端的下一个位置,l 是移动步长,则

$$\begin{cases} x_{k+1} = x_k + l\cos\alpha_k \\ y_{k+1} = y_k + l\sin\alpha_k \end{cases}$$

(4) 机器人手端移动到点 (x_{k+1}, y_{k+1}),$k = k+1$,置 $k+1$ 点为当前点,$x_k = x_{k+1}$,$y_k = y_{k+1}$。判断手端是否到达目标:看 (x_k, y_k) 是否等于 $(x_{\text{goal}}, y_{\text{goal}})$。如果等于则跳出,否则返回。

(5) 由规划好的机器人手端运动轨迹,根据 7.3.3 节中的 ANFIS 训练方法求得两个关节的角度变化曲线,最终完成机器人的避障轨迹规划。

2) 基于势场法规划的子程序计算模块

(1) 角度计算模块。

程序片段如下:

```
function Y = compute_angle(X, Xsum, n)    % Y 是引力,斥力与 x 轴的角度向量,X 是起点坐标,
                                          % Xsum 是目标和障碍的坐标向量,是(n+1)×2 矩阵
for i = 1:n + 1                           % n 是障碍数目
    deltaXi = Xsum(i,1) - X(1)
```

```
deltaYi = Xsum(i,2) − X(2)
ri = sqrt(deltaXi^2 + deltaYi^2)
if deltaXi > 0
    theta = asin(deltaYi/ri)
else
    theta = pi − asin(deltaYi/ri)
end
if i == 1                                   % 表示是目标
    angle = theta
else
    angle = pi − theta
end
Y(i) = [angle]                              % 保存每个角度在 Y 向量里面,第一个元素是与目标
                                            % 的角度,后面都是与障碍的角度
end
```

（2）引力计算模块。

程序如下：

```
function [Yatx, Yaty] = compute_Attract(X, Xsum, k, angle)   % 输入参数为当前坐标,目标坐
                                            % 标,增益常数,分量和力的角度
                                            % 把路径上的临时点作为每个时
                                            % 刻的 Xgoal
R = (X(1) − Xsum(1,1))^2 + (X(2) − Xsum(1,2))^2;   % 路径点和目标的距离平方
r = sqrt(R);                                % 路径点和目标的距离
% deltax = Xgoal(1) − X(1);
% deltay = Xgoal(2) − X(2);
Yatx = k * r * cos(angle); % angle = Y(1)
Yaty = k * r * sin(angle);
% 也可以这样编写
% function y = compute_Attract(X, Xgoal, k)
% y = [Yafx, Yafy]                          % 引力在 x,y 方向的分量放在 y 向量里

end
```

（3）斥力计算模块。

程序如下：

```
% 斥力计算
function[Yrerxx, Yreryy, Yataxx, Yatayy]
 = compute_repulsion(X, Xsum, m, angle_at, angle_re, n, Po)
Rat = (X(1) − Xsum(1,1))^2 + (X(2) − Xsum(1,2))^2;   % 路径点和目标的距离平方
rat = sqrt(Rat);                           % 路径点和目标的距离
for i = 1:n
    Rrei(i) = (X(1) − Xsum(i+1,1))^2 + (X(2) − Xsum(i+1,2))^2;   % 路径点和障碍的距离平方
    rre(i) = sqrt(Rrei(i));                % 路径点和障碍的距离保存在数组 Rrei 中
    if rre(i) > Po                         % 如果每个障碍和路径的距离大于障碍影响距离,斥力令为 0
        Yrerx(i) = 0
        Yrery(i) = 0
        Yatax(i) = 0
        Yatay(i) = 0
```

```
      else
          Yrer(i) = m * (1/rre(i) - 1/Po) * 1/Rrei(i) * Rat      % 分解的 Fre1 向量
          Yata(i) = m * ((1/rre(i) - 1/Po)^2) * rat             % 分解的 Fre2 向量
          Yrerx(i) = Yrer(i) * cos(angle_re(i))                 % angle_re(i) = Y(i + 1)
          Yrery(i) = Yrer(i) * sin(angle_re(i))
          Yatax(i) = Yata(i) * cos(angle_at)  % angle_at = Y(1)
          Yatay(i) = Yata(i) * sin(angle_at)
      end                                                        % 判断距离是否在障碍影响范围内
  end
      Yrerxx = sum(Yrerx)                                        % 叠加斥力的分量
      Yreryy = sum(Yrery)
      Yataxx = sum(Yatax)
      Yatayy = sum(Yatay)
  end
```

3) 仿真结果及分析

根据以上算法和流程,可以得到两关节机器人的手端避开障碍物的运行轨迹。这里暂不考虑各关节与障碍物的碰撞问题。

从图 7-18 可以看出,机器人手端在(1,1)处向右下方运动一小段距离后,即以直线形式趋于目标点,从而证明了势场法在机器人轨迹规划中的有效性和可行性。下面来求解机器人的逆运动学问题,即从机器人手端所要求跟踪的曲线,求出两关节角度曲线。从图 7-18 知道,手端运行轨迹可以用一条直线来代替,即

$$\begin{cases} x = t \\ y = 1.35t - 0.35 \end{cases} \tag{7-74}$$

式中,$t \in (0,5)$。

利用 ANFIS 可以求得两个关节角的曲线,即

```
th1 = evalfis([x',y'],fis12);
th2 = evalfis([x',y'],fis22);
```

从图 7-19 可以看出,所规划出的两个关节角曲线是光滑而连续的,在实现机器人避障过程中,能够保证机器人工作的稳定性和可靠性。

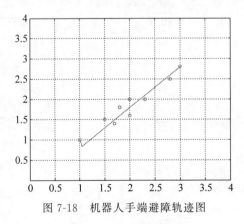

图 7-18　机器人手端避障轨迹图

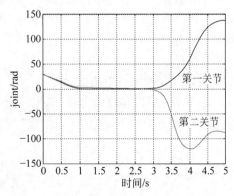

图 7-19　机器人第一关节、第二关节角位移曲线

3. 考虑关节避障的势场法轨迹规划仿真研究

1) 机器人的速度分解问题

先对用到的数学符号进行定义。设用 $\boldsymbol{p}(t)=[p_x \quad p_y \quad p_z \quad \phi \quad \theta \quad \varphi]$ 表示机器人末端在笛卡儿空间的位姿坐标向量；$\boldsymbol{q}(t)=[q_1 \quad q_2 \quad \cdots \quad q_n]$ 表示机器人关节空间广义坐标向量。则这两个坐标向量之间的关系可以表示为

$$\boldsymbol{p}(t)=f(\boldsymbol{q}(t)) \tag{7-75}$$

更一般地,假设一台机器人本身有 n 个自由度,机器人的操作空间有 m 个自由度,则机器人的运动学方程同样可以表示为式(7-75)。若对该式求一次导数,则有

$$\dot{\boldsymbol{p}}(t)=\boldsymbol{J}(\boldsymbol{q})\dot{\boldsymbol{q}}(t) \tag{7-76}$$

式中,$\boldsymbol{J}(\boldsymbol{q})$ 表示机器人关于关节空间广义坐标向量 $\boldsymbol{q}(t)$ 的雅可比矩阵,即

$$\boldsymbol{J}_{ij}=\frac{\partial \boldsymbol{f}_i}{\partial \boldsymbol{q}_j}, \quad 1\leqslant i\leqslant m, 1\leqslant j\leqslant n \tag{7-77}$$

为根据在笛卡儿坐标系中给出的期望速度 $\dot{\boldsymbol{p}}(t)$ 求得对应在机器人关节空间的关节速度 $\dot{\boldsymbol{q}}(t)$,需要根据两个坐标系的维数关系分为两种情况分别说明:

当 $m=n$ 时,即机器人本身的自由度与其坐标空间的自由度相等,则通过式(7-76)直接求解得到

$$\dot{\boldsymbol{q}}(t)=\boldsymbol{J}^{-1}(\boldsymbol{q})\dot{\boldsymbol{p}}(t) \tag{7-78}$$

当 $m\neq n$ 时,根据矩阵理论中关于广义逆矩阵的知识知道

$$\dot{\boldsymbol{q}}(t)=\boldsymbol{J}^{+}(\boldsymbol{q})\dot{\boldsymbol{p}}(t) \tag{7-79}$$

式中,$\boldsymbol{J}^{+}(\boldsymbol{q})$ 表示求矩阵的广义逆矩阵(伪逆),而且当 $\boldsymbol{J}^{+}(\boldsymbol{q})$ 满秩时,存在如下关系:

$$\boldsymbol{J}^{+}=\boldsymbol{J}^{T}(\boldsymbol{J}\boldsymbol{J}^{T})^{-1} \tag{7-80}$$

现在分析,当 $m<n$ 时的机器人运动学方程逆解。根据矩阵理论的知识,对于微分方程式(7-79),关于机器人关节速度的解可以表示为

$$\dot{\boldsymbol{q}}=\boldsymbol{J}^{+}\dot{\boldsymbol{p}}+k(\boldsymbol{I}-\boldsymbol{J}^{+}\boldsymbol{J})\boldsymbol{v} \tag{7-81}$$

式中,$\boldsymbol{I}\in R^{m\times n}$ 是单位矩阵；k 是标量系数；$\boldsymbol{v}\in R^{m\times 1}$ 任意维向量,在梯度投影法中为性能指标 $H(\boldsymbol{q})$ 的梯度,即 $\boldsymbol{v}=\nabla H(\boldsymbol{q})$,当机器人用于避障时,$H(\boldsymbol{q})$ 是避障势函数。

该方程右边第一项为原方程的最小二乘解,而第二项为齐次解。第二项所表示的关节速度属于机器人雅可比矩阵的正交空间向量,因此并不影响机器人末端的速度,但是却改变了机器人关节空间的速度。这就为我们提供了通过选择合适的任意向量 $\boldsymbol{v}$ 来实现某种控制目的的途径。

2) 避障势函数的构造方法

假定机器人的连杆均为直杆,工作空间的每个障碍物都可以包含在一个球体中,则利用机器人和障碍物之间的几何关系(见图 7-20)来构造避障势函数,连杆 j 与障碍物 i 之间的距离为

$$d_{1ij}=\frac{\|(\boldsymbol{o}_i-\boldsymbol{p}_j)\times(\boldsymbol{p}_{j+1}-\boldsymbol{p}_j)\|}{\|(\boldsymbol{p}_{j+1}-\boldsymbol{p}_j)\|}$$
$$i=1,2,\cdots,k; \quad j=1,2,\cdots,n \tag{7-82}$$

式中,k 是障碍数目；n 是关节(连杆)数目；$\boldsymbol{o}_i$ 是障碍物 i 的位置向量；$\boldsymbol{p}_j$ 是关节的 j 位置

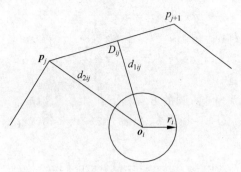

图 7-20　机器人与障碍物的位置示意图

向量。

关节 j 与障碍 i 之间的距离为

$$d_{2ij} = \| \boldsymbol{p}_j - \boldsymbol{o}_i \|, \quad j = 2, 3, \cdots, n+1 \tag{7-83}$$

现在构造避障势函数为

$$h(q) = \frac{1}{2} W_1 \sum_{i=1}^{k} \sum_{j=1}^{n} F_{ij}^1(q) + \frac{1}{2} W_2 \sum_{i=1}^{k} \sum_{j=2}^{n+1} F_{ij}^2(q) \tag{7-84}$$

式中，当 $(d_{1ij} - r_i - s_{ii}) < 0$ 且 D_{ij} 位于 $\boldsymbol{p}_j$ 和 $\boldsymbol{p}_{j+1}$ 之间时，$F_{ij}^1(q) = (d_{1ij} - r_i - s_i)^2$，否则 $F_{ij}^1(q) = 0$；当 $(d_{2ij} - r_i - s_i) < 0$ 时，$F_{ij}^2(q) = (d_{2ij} - r_i - s_i)^2$，否则 $F_{ij}^2(q) = 0$。

W_1 和 W_2 是正的常数；r_i 是球体的半径；s_i 是安全因子；D_{ij} 是连杆 j 经过障碍物 i 的中心垂线的垂足。

3）机器人避障规划步骤及仿真实验

（1）建立机器人的运动学方程。

如图 7-21 所示，可以直接写出其运动学方程为

$$p = \begin{bmatrix} l_1 c_1 + l_2 c_{12} + l_3 c_{123} \\ l_1 s_1 + l_2 s_{12} + l_3 s_{123} \end{bmatrix} \tag{7-85}$$

式中，

$$c_1 = \cos(q_1); \ c_{12} = \cos(q_1 + q_2); \ c_{123} = \cos(q_1 + q_2 + q_3)$$
$$s_1 = \sin(q_1); \ s_{12} = \sin(q_1 + q_2); \ s_{123} = \sin(q_1 + q_2 + q_3)$$

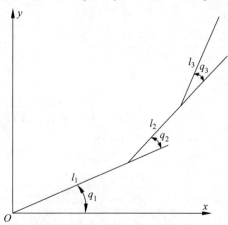

图 7-21　平面三关节机器人

雅可比矩阵为

$$J = \begin{bmatrix} -l_1s_1 - l_2s_{12} - l_3s_{123} & -l_2s_{12} - l_3s_{123} & -l_3s_{123} \\ l_1c_1 + l_2c_{12} + l_3c_{123} & l_2c_{12} + l_3c_{123} & l_3c_{123} \end{bmatrix} \tag{7-86}$$

(2) 避障规划数学描述。

假定机器人手端跟踪一个圆,圆的方程如下:

$$\boldsymbol{p} = [1 + 0.5\cos(2\pi t) \quad 2 + 0.5\sin(2\pi t)]^T \tag{7-87}$$

则手端期望的速度为

$$\dot{\boldsymbol{p}} = [-\pi\sin(2\pi t) \quad \pi\cos(2\pi t)]^T \tag{7-88}$$

同时假设存在一个障碍物,被圆心在$(1,0.5)$,半径为 0.5 的圆包围,这里 W_1 和 W_2 取 2,安全因子取 0,这时避障势函数为

$$h(q) = \sum_{j=1}^{3} F_{1j}^1(q) + \sum_{j=2}^{4} F_{2j}^2(q) \tag{7-89}$$

为研究简便起见,机器人的连杆参数选为

$$l_1 = l_2 = l_3 = 1 \tag{7-90}$$

(3) 伪逆矩阵的求解 MATLAB 程序。

程序如下:

```
syms q1 q2 q3;
j = [ - sin(q1) - sin(q1 + q2) - sin(q1 + q2 + q3), - sin(q1 + q2) - sin(q1 + q2 + q3), - sin(q1 + q2
+ q3);cos(q1) + cos(q1 + q2) + cos(q1 + q2 + q3),cos(q1 + q2) + cos(q1 + q2 + q3),cos(q1 + q2 + q3)];
jn = [ - sin(q1) - sin(q1 + q2) - sin(q1 + q2 + q3),cos(q1 + q2) + cos(q1 + q2 + q3); - sin(q1 + q2)
- sin(q1 + q2 + q3),cos(q1 + q2) + cos(q1 + q2 + q3); - sin(q1 + q2 + q3),cos(q1 + q2 + q3)];
jw = (jn) * inv(j * (jn))
j 为雅可比矩阵,即 J;
jn 为 J⁻¹;
jw 为 J⁺.
```

j 为雅可比矩阵,即 $\boldsymbol{J}$;

jn 为 $\boldsymbol{J}^{-1}$;

jw 为 $\boldsymbol{J}^+$.

(4) 根据势函数确定向量 $\boldsymbol{v}$。

根据 $h(q) = \sum_{j=1}^{3} F_{1j}^1(q) + \sum_{j=2}^{4} F_{2j}^2(q)$,可以得到

$$\begin{aligned} d_{111} &= \frac{\|(o_1 - p_1) \times (p_{1+1} - p_1)\|}{\|(p_{1+1} - p_1)\|} \\ &= \frac{\|((1,0.5) - (0,0)) \times ((c_1,s_1) - (0,0))\|}{\|((c_1,s_1) - (0,0))\|} \end{aligned} \tag{7-91}$$

$$\begin{aligned} d_{112} &= \frac{\|(o_1 - p_2) \times (p_{2+1} - p_2)\|}{\|(p_{2+1} - p_2)\|} \\ &= \frac{\|((1,0.5) - (c_1,s_1)) \times ((c_1 + c_{12},s_1 + s_{12}) - (c_1,s_1))\|}{\|((c_1 + c_{12},s_1 + s_{12}) - (c_1,s_1))\|} \end{aligned} \tag{7-92}$$

$$\begin{aligned} d_{113} &= \frac{\|(o_1 - p_3) \times (p_{3+1} - p_3)\|}{\|(p_{3+1} - p_3)\|} \\ &= \frac{\|((1,0.5) - (c_1 + c_{12},s_1 + s_{12})) \times ((c_1 + c_{12} + c_{123},s_1 + s_{12} + s_{123}) - (c_1 + c_{12},s_1 + s_{12}))\|}{\|((c_1 + c_{12} + c_{123},s_1 + s_{12} + s_{123}) - (c_1 + c_{12},s_1 + s_{12}))\|} \end{aligned} \tag{7-93}$$

$$d_{211} = \| p_2 - o_1 \| = \| (c_1, s_1) - (1, 0.5) \| \tag{7-94}$$

$$d_{212} = \| p_3 - o_1 \| = \| (c_1 + c_{12}, s_1 + s_{12}) - (1, 0.5) \| \tag{7-95}$$

$$d_{213} = \| p_4 - o_1 \| = \| (c_1 + c_{12} + c_{123}, s_1 + s_{12} + s_{123}) - (1, 0.5) \| \tag{7-96}$$

这样可以编写相应的 MATLAB 程序求解 v，程序如下：

```
syms q1 q2 q3 v1 v2 v3;
d111 = 1/2 * (4 * cos(q1)^2 + sin(q1)^2)^(1/2);
d112 = ((1 - cos(q1))^2 * cos(q1 + q2)^2 + (1/2 - sin(q1))^2 * sin(q1 + q2)^2)^(1/2);
d113 = ((1 - cos(q1) - cos(q1 + q2))^2 * cos(q1 + q2 + q3)^2 + (1/2 - sin(q1) - sin(q1 + q2))^2 *
sin(q1 + q2 + q3)^2)^(1/2);
d211 = ((cos(q1) - 1)^2 + (sin(q1) - 1/2)^2)^(1/2);
d212 = ((cos(q1) + cos(q1 + q2) - 1)^2 + (sin(q1) + sin(q1 + q2) - 1/2)^2)^(1/2);
d213 = ((cos(q1) + cos(q1 + q2) + cos(q1 + q2 + q3) - 1)^2 + (sin(q1) + sin(q1 + q2) + sin(q1 + q2 + q3)
 - 1/2)^2)^(1/2);
h = (d111 - 0.5)^2 + (d112 - 0.5)^2 + (d113 - 0.5)^2 + (d211 - 0.5)^2 + (d212 - 0.5)^2 + (d213 -
0.5)^2;
v1 = diff(h, q1);
v2 = diff(h, q2);
v3 = diff(h, q3);
v = [v1; v2; v3]
```

(5) 求解机器人速度反解。

不妨假定初始条件：机器人的手端初始位置为 $(1.5, 2)$，$q_1 = 0.9250$。通过编程求得 $q_2 = 0.7227$；$q_3 = -1.4454$。

可以求得 3 个关节的角度变化曲线，如图 7-22 所示，同时还可以得到机器人手端的运行轨迹如图 7-23 所示。

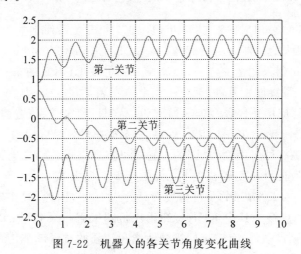

图 7-22　机器人的各关节角度变化曲线

从图 7-22 可以看出，第一关节从初始位置开始，向正方向逐渐作等幅振荡运动，其角度变化曲线振幅约为 0.5，同理，第二关节和第三关节也是做类似的等幅振荡，不同的是第二关节和第三关节在负方向上运动，目的是既要满足机器人手端的轨迹约束，又要实现各个关节的避障规划。

通过仿真实验，可以看出机器人的手端能够完成预期的运行轨迹，机器人的各个关节又

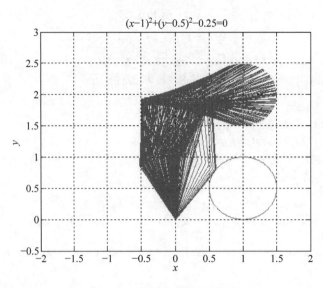

图 7-23　机器人避障仿真曲线

能有效地避开障碍物,而且关节角度的变化是连续光滑的,没有发生突变,能够很好地满足机器人规划的要求。

7.4　工业机器人的典型案例分析

7.4.1　KUKA 机器人在汽车焊接中的应用

德国库卡(KUKA)公司成立于1898年,自1977年开始系列化生产各种用途的机器人,至今已经是国际上最大的机器人制造商之一。KUKA Roboter Gmbh 公司位于德国奥格斯堡,是世界顶级工业机器人制造商之一,1973年研制开发 KUKA 的第一台工业机器人。该公司工业机器人年产量接近1万台,至今已在全球安装了超过10万台工业机器人。当前,KUKA 机器人已广泛应用在仪器、汽车、航天、食品、制药、医学、铸造、塑料等工业制造中,在材料处理、机床装料、装配、包装、堆垛、焊接、表面修整等领域大显身手。

KUKA 机器人是一种多用途的机器人,它可以实现点焊、涂胶、电弧焊和搬运等功能,它具有良好的加速性能和速度较快的特点,在点焊方面尤其出色,负载125kg 的机器人(IR761/125 和 IR760/125)焊点的重复精度可达±0.4mm,因此,它广泛应用在汽车行业、摩托车行业进行自动焊接。其中 KUKA 卸码垛机器人采用了精巧的"聚碳纤维"材料制造,重量轻、扭力大、韧性强,具有较高的机械性能和较强的抗震动能力,令机器人在非常轻巧的同时具有更高强度,使其尤其适用于高负载作业,而4轴倾斜式的设计降低了维护保养的成本。

总线标准采用 CAN/Device Net 及 Ethernet;配有标准局部现场总线(Interbus,FIFIO,Profibus)插槽,方便客户扩展通信接口;机器人采用 C/S 架构,可以通过 Internet 进行远程诊断;驱动系统采用机电一体化设计,所有轴都是由数字化交流伺服电机驱动,交流伺服驱动系统有过载、过流、缺相、超差等各种保护,性能安全可靠;先进的设计令机器人

能够高速、精确、稳定的运行,并易于维护。机器人运动的轨迹十分精确、重复定位精度小于
0.35mm;KUKA 机器人采用开放式的操作系统,用户可以根据需要开发相应的功能包、菜
单、指令条等。

KUKA 机器人的另一个显著特点是采用 PC BASED 控制系统的设计。PC BASED 系
统在微软的 Windows 界面下操作,加上标准化的个人计算机硬件和简单的规划设置,不仅
使机器人的操作能够灵活适应产品的变化,而且其平均故障间隔时间长达 7 万多小时(约 8
年),从而使机器人的平均使用寿命达 15 年之久,保障了投资价值。

除此之外,KUKA 机器人的使用和维护成本也很低。最新推出的 4 轴码垛专用机器人
KR180PA 采用当今世界上先进的碳纤维和优质航空铸铝材料。不但机身更轻巧、快捷、强
健,更重要的是其正常工作耗电仅为 2.5kW,而传统码垛机的功耗为 6~11kW,大大降低了
能源消耗成本。

1. KUKA 机器人在汽车车身装焊生产线中的应用

近几年来,许多汽车厂、摩托车厂、工程机械厂进行技术改造工程设计,采用了许多焊接
机器人,提高了焊接生产线的柔性程度,为制造厂家提供了生产产品多样化、更新换型的可
能性。

在焊接车间,机器人能独立完成工件的移动搬运、输送、组装夹紧定位,可完成工件的点
焊、弧焊、涂控等工作。有的工位上把上件、夹具、工具以机器人为中心布置,以便机器人能
完成多个工序,实现多品种、不同批量的生产自动化,如图 7-24 所示。采用机器人使焊接生
产线更具柔性化、自动化,使多种车身成品可在一条车身装焊生产线上制造,实现多车型混
线生产。因此,焊接生产线必须很容易地因产品结构、外形的改变而改变,具有较高的柔性
程度。由于柔性车身焊接生产线可以适应汽车多品种生产及换型的需要,是汽车车身制造
自动化的必然趋势,特别是进入 20 世纪 90 年代以后,各大汽车生产厂家基本都考虑使新建
的车身焊接生产线柔性化。

图 7-24　KUKA 焊接机器人在汽车生产线工作

焊接机器人在汽车装焊生产线上采用的数量及机器人类型(自由度数、工作方式等),反
映焊接生产线柔性程度和生产水平。确定选择合适机器人的类型,是机器人在汽车车身装
焊生产线上合理应用的关键。根据不同类型的机器人的特点,确定机器人在焊接生产线上
的位置,完成汽车车身不同部位的焊接任务。

1) 焊接机器人的选用原则

在设计汽车及零部件装焊自动线时,使用的机器人类型虽然有所不同。但对机器人的选用基本应考虑以下原则:

(1) 选择与自动生产线结构相匹配、最合适的机器人;

(2) 根据能保证接头焊点焊接质量和生产效率高的焊接工艺,选择不同的机器人末端轴承载力;

(3) 选择操作范围和技术性能参数能满足工件施焊位置的机器人;

(4) 在满足生产规模、生产节拍、保证焊接质量的前提下,工艺设计方案既要先进可行、又要经济合理,在关键部件、部位、关键工序位,按需选配机器人数量;

(5) 经比较后选用各种运动更自由、灵活,性能价格比更高的机器人。

2) 应用实例

天津微型汽车厂夏利轿车车身总成装焊线采用了 4 台 RH 型点焊机器人。在该厂 15 万辆夏利轿车改扩建项目工程设计中,在三厢夏利轿车焊接生产线的第 2 位,采用了 4 台由德国库卡机器人公司引进的 6 自由度点焊机器人,使三厢夏利轿车车身装焊线更具柔性化,为以后产品换型、改造、混线生产创造了有利条件。

总之,随着汽车工业日益发展,对装焊专业化和自动化程度以及新装焊工艺和技术不断提出要求,必须进一步研究探索,在保证高质量、高效率和高可靠性的前提下,实现装焊自动线用最少的投资生产出尽可能多的优质产品。

2. KUKA 机器人在聚氨酯喷涂中的应用

当车进入机器人工作区域前,机器人接收到安装在喷涂区域入口处的射频识别系统自动识别车型信息,这些信息包括车型代码、车身序列号、颜色信息,车身信息等。识别车身信息成功后,系统再将车型信息传递给机器人控制系统,控制系统再将车型代码转换成机器人能够识别的机器人代码,然后机器人再调用根据不同车型事先编好的程序完成喷涂工作。

1) 聚氨酯喷涂机器人存在的缺陷

机器人进行喷涂前,需要两个人在车门部位粘贴上遮蔽纸,喷涂结束后再由两个人揭掉遮蔽纸,造成了人员以及材料的极大浪费。

2) 难点

(1) 质量方面:由于聚氨酯材料的特性导致机器人在喷涂后出现针孔,颗粒胶雾等问题,其高发部位为喷嘴的两端。如果不采用纸进行遮蔽会导致车身出现针孔。

(2) 设备方面:由于现有的机器人喷涂时存在雾化不良的问题,导致喷涂时过渡不平滑,在无遮蔽的情况下喷涂后的车身有明显的橘皮现象。

(3) 材料方面:由于喷房内温度变化比较明显,而聚氨酯特性随着温度变化比较明显导致喷嘴变化,如果没有遮蔽会导致喷涂不稳定。

针对以上问题。在研究了机器人的喷涂轨迹及机器人的结构后做如下调整:

(1) 增加一个固定挡板替代遮蔽纸的功能。

(2) 调整固定挡板高度和角度后开始调试机器人喷涂轨迹和角度,使喷枪喷出来的聚氨酯在一条直线上。同时保证容易出现针孔的部位挡板完全能够将聚氨酯挡住,使其不喷涂到车身上(喷涂最低位置距离挡板 10mm)。

(3) 在机器人末端执行器上自行设计安装了一套刮涂装置,当机器人喷涂完毕后,通过刮涂装置将挡板上的余胶刮干净,以免下次喷涂时余胶污染车身。

KUKA 机器人通过与总线控制、网络通信、射频识别等国际先进技术相结合,使机器人的功能更加强大,操作更加方便,同时将工人从高温、繁重、单调、危险的工作环境中解放出来,极大地提高了工作效率。

3. 不同型号双焊接机器人协调控制(KUKA 和 Motoman)

大型厚板构件在船舶、高压容器等领域应用广泛。厚板传统焊接工艺选用非对称坡口。先焊接正面坡口,从反面进行碳弧气刨清根、刨槽、打磨、预热后再进行焊接,工序多,质量稳定性差。生产效率低,只适合应用于手工焊和半自动焊中。厚板双面双弧焊接方法是一种新的高效高质焊接方法,焊接过程不用清根,相比传统厚板焊接工艺,大大简化了工序,能大幅提高焊接生产率,减小变形和改善焊缝质量,并且这种工艺非常适合于机器人焊接。将这种高效的双面双弧厚板焊接工艺与机器人智能化焊接技术相结合,给出了厚板双机器人双面双弧焊的系统方案,即由两台机器人按照一定的路径规划和时序规划对厚板对称坡口完成协调焊接,故本章提出了对双面双机器人协调运动控制的要求。

1) 双机器人协调控制策略和算法

厚板双面双弧焊工艺采用对称 X 形坡口。打底焊采用脉冲 TIG 焊,两侧焊枪在焊接方向保持一定间距;而填充焊采用 MAG 焊,两侧焊枪保持对称姿态同步焊接。这就提出了对双面双机器人进行协调运动控制的要求,采用主从协调控制策略解决这一问题。目前,针对主手把持工件,从手进行装配或焊接的双机器协调运动模式的研究比较多,系统以 KUKA 机器人为主机器人执行焊接运动,Motoman 机器人作为从机器人跟随主机器人运动并进行焊接。

2) 主从协调算法仿真

在基于 SolidWorks 的离线编程系统中对双机器人主从协调算法进行仿真验证。KUKA 机器人作为主机器人,Motoman 机器人为从机器人。测试中使 KUKA 机器人 TCP 运动任意一段轨迹,根据主从协调算法计算出 Motoman 机器人的目标轨迹,使 Motoman 机器人按此轨迹进行随动,观察 Motoman 机器人的随动轨迹是否符合双面焊接协调运动的要求,从而测试主从协调算法能否实现对双机器人双面焊接协调运动的控制。

3) 主从协调运动及焊接实验

实验中首先测试一下主从协调运动的实时性和稳定性,不起弧焊接。对 KUKA 机器人示教一段程序使之运动,该程序中 KUKA 机器人的姿态、运动速度都有变化。主从协调运动中,观察到 Motoman 机器人能精确地跟随 KUKA 机器人在相应的路径运动,且其姿态和速度也能跟随 KUKA 机器人进行改变。但是主从协调运动过程中也存在一些问题,Motoman 机器人在跟随运动过程中相比 KUKA 机器人有 $200 \sim 500 \mathrm{ms}$ 的延时。经测试,延时主要是 Motoman 机器人 RS232 串口通信的固有延时。

在实现双机器人主从协调运动的基础上,再进行主从协调焊接实验。主从协调焊接相比主从协调运动,实现上更为复杂,不仅要实时获取主机器人的位姿并发送给从机器人使之跟随运动,还需要判断焊接过程何时开始、何时结束。及时控制从机器人起弧和熄弧。

实验中,KUKA 机器人焊接一段预先示教的由两段圆弧轨迹组成的 S 型焊缝,Motoman 机器人在主从运动模式下跟随 KUKA 机器人进行焊接,结果表明:主从协调焊接过程中,双机协调动作稳定可靠,Motoman 机器人能精确跟随 KUKA 机器人轨迹进行同步焊接。焊接运动稳定、焊缝成形良好。

7.4.2　ABB 机器人激光切割系统应用

ABB 公司是世界上最大的机器人制造公司。1974 年,ABB 公司研发了全球第一台全电控式工业机器人——IRB6,主要应用于工件的取放和物料的搬运。1975 年,生产出第一台焊接机器人。到 1980 年兼并 Trallfa 喷漆机器人公司后,机器人产品趋于完备。至 2002年,ABB 公司销售的工业机器人已经突破 10 万台,是世界上第一个突破 10 万台的厂家。ABB 公司制造的工业机器人广泛应用在焊接、装配、铸造、密封涂胶、材料处理、包装、喷漆、水切割等领域。

随着汽车业、军工及重工等行业的飞速发展,这些行业中的三维钣金零部件和特殊型材的切割加工呈现小批量化、多样化、高精度化的趋势。工业机器人和光纤激光所组成的机器人激光切割系统一方面具有工业机器人的特点,能够自由、灵活地实现各种复杂三维曲线加工轨迹;另一方面采用柔韧性好、能够远距离传输激光光纤作为传输介质,不会对机器人的运动路径产生限制作用。相对于传统的加工方法,机器人激光切割系统在满足精确性要求的同时,能很好地提高整个激光切割系统的柔性,占用更少的空间,具有更高的经济性和竞争力。

1. ABB 机器人相关技术

与点焊、搬运等运动控制所不同的是,激光切割是基于连续工艺状态下的运动控制,除了要求机器人具有较高的运动点的精度和重复定位精度外,还对机器人运动的轨迹即机器人的直线和圆弧轨迹插补的精度提出了很高的要求。激光切割中的倒角切割和小圆切割的精度和稳定性能够很好地衡量机器人的运动控制能力。ABB 利用自身强大的研发实力开发了一系列的高端技术,来满足市场的需求。所开发的 True Move 和 Quick Move 技术能够很好地解决高速情况下倒角切割的精度问题,Advanced Shape Tuning 和 Wrist Move 技术则能够很好地解决小圆切割的精度问题。同时,结合 ABB 的离线编程仿真软件 Robot Studio 和良好的人机交互接口 Flexpendant 及人机界面,使得整个激光切割系统在满足客户技术要求的前提下,容易操作及管理。

1) True Move 和 Quick Move 技术

如图 7-25 所示,传统机器人在低速情况下实际路径与编程路径相吻合,但是在高速情况下做转弯运动时,实际路径就会偏离编程路径。基于高级前馈伺服控制技术的 True Move 极大地提升了运动控制精度,解决了机器人在高速情况下实际运动路径偏离编程路径的问题,真正实现了所编即所得。

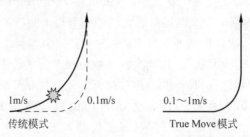

图 7-25　True Move 示例

如图 7-26 所示,传统机器人在速度上升和下
降的过程中加速度保持不变,相应的完成一个动
作节拍的时间也较长。基于高级动力模型控制技
术的 Quick Move 可以精确控制机器人的加减速
度和稳定速度,通过使机器人任意时刻的加速度
最大化来减少动作节拍时间。

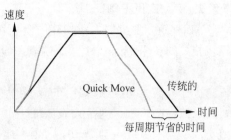

图 7-26　Quick Move 示例

2) Advanced Shape Tuning 和 Wrist Move
技术

ABB 开发的 Advanced Shape Tuning 软件能够补偿机器人轴摩擦力功能,对机器人在
走复杂的三维切割路径时的微小抖动、共振等情况做及时、精确的补偿。这些功能包含在机
器人的选项中,应用时客户只需要调用相应的功能模块,机器人就能根据指令重复走所编程
的路径并且自动获得各个轴的摩擦参数。

Wrist Move 是使机器人在切割时 1、2、3 轴不动,只有机器人运动末端 4、5、6 轴进行运
动,这就避免了 1、2、3 轴运动时轴摩擦力对小圆切割路径造成的不良影响。

3) 离线编程仿真和人机交互接口

Robot Studio 是 ABB 开发的离线编程与仿真软件,可在计算机上完成几乎所有的机器
人编程与仿真。如图 7-27 所示,通过 Robot Studio 能够实现十分逼真的模拟,并且所用的
均为实际使用的机器人程序和配置文件。配合 ABB Absolute Accuracy 校正系统,可以使
模拟结果达到很高的精度。Robot Studio 还可方便地导入 IGES、STEP、CATIA 等主流
CAD 格式数据,然后依据这些精确的数据编制机器人程序。使用软件中的 AutoPath 功能,
仅在数分钟之内便可自动生成跟踪加工曲线所需要的机器人位置(路径),很好地解决了激
光切割中复杂切割曲线无法通过示教产生的问题,大大节约了编程时间。

图 7-27　Robot Studio 离线编程与仿真环境

ABB 机器人采用触摸屏式的示教器 FlexPendent,配合示教器上的摇杆和简洁的按键
设计,使用十分方便。同时,ABB 新开发的专用切割操作软件具有良好的激光切割人机界
面,将切割参数设置、轴摩擦力调整及 I/O 监控等界面以图形化、数字化等形式显示在示教
器上,界面十分友好,便于使用人员对系统进行状态监控和操作。

2．相关应用案例

ABB 2600 型机器人所构建的激光切割系统很好地体现了 ABB 机器人在激光切割应用领域相关的技术,下面以此为应用案例进行介绍。

1) 系统组成

机器人激光切割系统外部布局和内部布局分别如图 7-28 和图 7-29 所示。整个系统主要由 ABB IRB 2600 机器人及 MTC750 转台(见图 7-30(a))、IPG 激光器及水冷设备(见图 7-30(b))、Precitec 激光切割头(见图 7-30(c))、RIP 烟尘净化设备(见图 7-30(d))组成。

图 7-28　激光切割系统外部布局　　　　图 7-29　激光切割系统内部布局

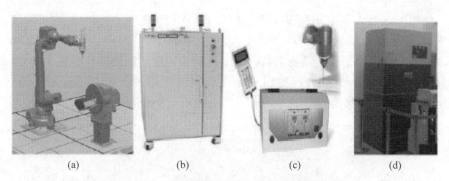

(a)　　　　　(b)　　　　　(c)　　　　　(d)

图 7-30　机器人切割系统主要设备

(a) ABB IRB 2600 机器人及 MTC750 转台;(b) IPG 激光器及水冷设备;(c) Precitec 激光切割头;(d) RIP 烟尘净化设备

(1) IRB 2600 机器人具有同类产品中最高的定位精度及加速度,可确保高产量及低废品率从而提高生产率。所切割的钣金件安放在 MTC750 转台上。应用 ABB 机器人的 MultiMove 功能,机器人和转台能够协同运动,且能达到很高的运动精度,从而保证工件的激光切割精度。

(2) 激光发生器及水冷设备选用 IPG 公司的,型号为 YLS-1000,激光最大功率为 1000 W。激光采用光纤传输,经聚焦后作为切割热源,使工件被照射处的材料迅速熔化,同时用与激光束同轴的高速气流来吹除熔融物质,以形成空洞,随着光束与材料沿一定轨迹做相对运动,从而使孔洞连续形成一定形状的切缝,完成对工件的激光切割。

(3) 激光切割头选用 Precitec 公司 YRC 形切割头,该切割头除了具有用来聚焦激光的聚焦透镜以及相应的光纤插口、水冷和气体连接口外,还具有高度传感器,能够进行防碰撞保护和自动浮动调焦。该功能可以有效地提高激光切割质量。

除此之外,为了防止激光切割过程中所产生的激光辐射和烟尘污染,2600 机器人和 MTC750 转台都放置在工作房内,整个加工过程在工作房内进行,用于观察切割过程和上下料的窗口均采用特制的激光防护玻璃,产生的烟尘在加工过程中利用 RIP 净化设备及时抽走,从而保证了整个激光切割系统的安全性。

2) 系统特点

(1) 采用 ABB 离线编程与仿真技术,显著缩短了整个系统的编程和调试的时间,提高了整体生产效率。大部分机器人编程均可在 Robot Studio 环境下完成。首先将相关的机器人、转台模型,以及 Precitec 激光切割头、所加工工件的三维模型导入到 Robot Studio 中,应用 AutoPath 功能根据工件形状模型自动生成编程路径,必要时进行路径优化和碰撞检测。然后通过虚拟运行机器人程序,在 Robot Studio 虚拟三维环境中能够直观地观察机器人的运动路径,以便进行修改和调整。最后将确定好的机器人程序下载至实际的机器人控制器中,进行少量的实际调试即可完成整个系统的机器人编程。实际生产中应用该技术,无论是投产还是换线,机器人编程均可提前准备就绪,大大降低了在生产现场调试和停机中断生产的时间,提高了生产效率,扩大了机器人系统的投资回报。

(2) 采用 ABB 机器人 True Move 和 Quick Move 技术,最大限度地保证了机器人的运动精度和速度。同时利用 Advanced Shape Tuning 对 2600 机器人 6 个轴的摩擦力进行补偿,提高了机器人自身运动精度,最大限度地降低了机器人运动误差对激光切割质量的不良影响。

(3) 高质量的激光切割效果除了要求机器人自身应具有很高的运动轨迹精度外,良好的切割工艺也是必备因素。切割工艺涉及切割速度和加速度、激光功率、焦点位置、吹气量等多种因素的综合调节。图 7-31 为工艺调整后切割出的小圆,直径分别为 $\phi6$、$\phi8$、$\phi10$、$\phi12$、$\phi14$、$\phi16$、$\phi20$、$\phi30$,可以看出切割后的小圆热变形很小,边缘光洁,无明显缺陷。经测量,小圆的轨迹误差为 0.1～0.25mm,说明基于 ABB 机器人的激光切割系统具有很高的运动精度和切割精度,如图 7-31 所示。

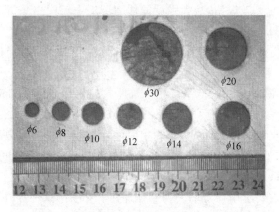

图 7-31　小圆切割

ABB 机器人激光切割系统既具有机器人运动灵活,柔性高的特点,又具有激光切割的切割速度快、质量好、切缝窄等优点,很好地满足了现代制造业发展的要求;同时借助 ABB 机器人在激光切割领域的相关技术,不仅在技术上能够满足复杂三维切割的要求,有助于提高工业产品的质量水平,同时降低了生产成本,能够给企业带来巨大的经济效益。

7.4.3　FANUC 焊接机器人控制系统应用分析

FANUC 公司的前身致力于数控设备和伺服系统的研制和生产。1972 年,从日本富士通公司的计算机控制部门独立出来,成立了 FANUC 公司。FANUC 公司包括两大主要业务,一是工业机器人,二是工厂自动化。2004 年,FANUC 公司的营业总收入为 2648 亿日元,其中工业机器人(包括铸模机产品)销售收入为 1367 亿日元,占总收入的 51.6%。其最新开发的工业机器人产品有:

(1) R-2000iA 系列多功能智能机器人。具有独特的视觉和压力传感器功能,可以将随意堆放的工件捡起,并完成装配。

(2) Y4400LDiA 高功率 LD YAG 激光机器人。拥有 4.4kW LD YAG 激光振荡器,具有更高的效率和可靠性。

焊接是工业生产中非常重要的加工方式,同时由于焊接烟尘、弧光和金属飞溅的存在,焊接的工作环境非常恶劣,随着人工成本的逐步提升,以及人们对焊接质量的精益求精,焊接机器人得到了越来越广泛的应用。

1. 机器人在焊装生产线中运用的特点

焊接机器人在高质、高效的焊接生产中发挥了极其重要的作用,其主要特点如下:

(1) 性能稳定、焊接质量稳定,保证其均一性。

焊接参数如焊接电流、电压、焊接速度及焊接干伸长度等对焊接结果起决定性作用。人工焊接时,焊接速度、干伸长等都是变化的,很难做到质量的均一性;采用机器人焊接,每条焊缝的焊接参数都是恒定的,焊缝质量受人为因素影响较小,降低了对工人操作技术的要求,焊接质量非常稳定。

(2) 改善了工人的劳动条件。

采用机器人焊接后,工人只需要装卸工件,远离了焊接弧光、烟雾和飞溅等;点焊时,工人不再需要搬运笨重的手工焊钳,从大强度的体力劳动中解脱出来。

(3) 提高劳动生产率。

机器人可一天 24h 连续生产,随着高速、高效焊接技术的应用,使用机器人焊接,效率提高得更加明显。

(4) 产品周期明确,容易控制产品产量。机器人的生产节拍是固定的,因此安排生产计划非常明确。

(5) 可缩短产品改型换代的周期,降低相应的设备投资。可实现小批量产品的焊接自动化。机器人与专机的最大区别就是它可以通过修改程序以适应不同工件的生产。

2. FANUC 控制系统概述

FANUC 机器人主要应用在奇瑞公司乘用车一厂和乘用车三厂的焊装车间,是奇瑞最早引进的焊接机器人,也是奇瑞公司最先用到具有附加轴的焊接机器人。

其控制系统采用 32 位 CPU 控制,以提高机器人运动插补运算和坐标变换的运算速度。采用 64 位数字伺服驱动单元,同步控制 6 轴运动,运动精度大大提高,最多可控制 21 轴,进一步改善了机器人的动态特性。支持离线编程技术,技术人员可通过离线编程软件设置参数,优化机器人运动程序。控制器内部结构相对集成化,这种集成方式具有结构简单、整机价格便宜、易维护保养等特点,如图 7-32 所示。

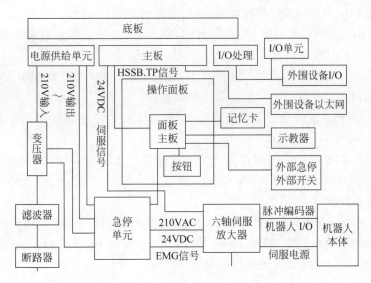

图 7-32　FANUC 机器人控制系统框图

3. FANUC 控制系统内部结构分析

控制器是机器人的核心部分,实现对机器人的动作操作、信号通信、状态监控等功能。下面以 FANUC——F-200iB 为例,对其控制系统内部结构和各部分的功能进行分析,如图 7-33 所示。

图 7-33　控制系统内部结构

(1) 电源供给单元:变压器向电源分配单元输入 230V 交流电,通过该单元的系统电源分配功能对控制箱内部各工作板卡输出 210V 交流电及±15V、+24V 直流电。

(2) 安全保护回路:由变压器直接向急停单元供电,并接入内部各控制板卡形成保护回路,对整个系统进行电路保护。

(3) 伺服放大器:不仅提供伺服电机驱动和抱闸电源,并且与绝对值编码器实现实时数据转换,与主控机间采用光纤传输数据,进行实时信号循环反馈。

(4) 输入/输出模块:标配为 Module A/B,另外也可通过在扩展槽安装 Profibus 板、过程控制板与 PLC 及外围设备进行通信。

(5) 主控单元:整个控制系统的中枢部分,包括主板、CPU、FROM/SRAM 组件及伺服卡,负责控制器内部及外围设备的信号处理和交换。

(6) 急停电路板:用来对紧急停止系统、伺服放大器的电磁接触器以及预备充电进行控制。

(7) 示教器:包括机器人编程在内的所有操作都能由该设备完成,控制器状态和数据都显示在示教盒的显示器上。

4. 故障案例分析

机器人控制器断电检修后,对控制器送电,机器人报伺服故障,故障代码为 SERVO-062。对此故障进行复位:按 MENUS→SYSTEM→F1,TYPE→找 master/cal→F3,RES_PCA→F4,确认 Yes 后,机器人仍然报伺服故障。

1) 故障分析和检查

故障代码 SERVO-062 的解释为 SERVO2 BZAL alarm(Group:%d Axis:%d),故障可能原因分析如下:

(1) 机器人编码器上数据存储的电池无电或者已经损坏:拆卸编码器脉冲数据存储的电池安装盒,电池盒内装有 4 节普通 1.5V 的 1 号干电池,对每节电池的电压进行测量,均在 1.4V 以下,电池电压明显偏低,于是更换新电池,再次对故障进行复位,机器人仍然报 SERVO-062 故障。

(2) 控制器内伺服放大器控制板坏:检查伺服放大器 LED"D7"上方的 2 个 DC 链路电压检测螺丝,确认 DC 链路电压。如果检测到的 DC 链路电压高于 50V,就可判断伺服放大器控制板处于异常状态。实际检测发现 DC 链路电压低于 50V,所以初步判断伺服放大器控制板处于正常状态。进一步对伺服放大器控制板上 P5V、P3.3V、SVEMG、OPEN 的 LED 颜色进行观察,确认电源电压输出正常,没有外部紧急停止信号输入,与机器人主板通信也正常,排除伺服放大器控制板损坏。

(3) 线路损坏:对机器人控制器与机器人本体的外部电缆连线 RM1、RP1 进行检查,RM1 为机器人伺服电机电源、抱闸控制线,RP1 为机器人伺服电机编码器信号以及控制电源线路、末端执行器线路、编码器上数据存储的电池线路等线路。拔掉插头 RP1,对端子 5、6、18 用万用表测量+5V、+24V 控制电源均正常。接下来对编码器上数据存储的电池线路进行检查。机器人每个轴的伺服电机脉冲编码器控制端由 1~10 个端子组成,端子 8、9、10 为+5V 电源,端子 4、7 为数据保持电池电源,端子 5、6 为反馈信号,端子 3 为接地,端子 1、2 空。拔掉 M1 电机的脉冲控制插头 M1P,万用表测量端子 4、7,电压为 0,同样的方法检查 M2~M7 电机全部为 0,由此可以判断编码器上数据存储的电池线路损坏。顺着线路,发现正负电源双绞线的一端插头长期埋在积水中,线路已腐蚀严重。

2) 故障处理

更换线路后复位,对机器人进行全轴零点复归 ZERO POSITION MASTER,导入备份程序后恢复正常,故障排除。

7.4.4 安川 Motoman-HP20D 机器人在施釉系统中的应用

安川电机自 1977 年研制出第一台全电动工业机器人以来,已有多年的机器人研发生产的历史,旗下拥有 Motoman 美国、瑞典、德国以及 SyneticsSolutions 美国公司等子公司。

安川电机核心工业机器人产品包括:点焊和弧焊机器人、油漆和处理机器人、LCD 玻璃板传输机器人和半导体晶片传输机器人等。该公司是将工业机器人应用到半导体生产领域的最早厂商之一。

施釉是陶瓷产品生产过程的一个重要工序。施釉方法有喷釉、浸釉、浇釉、涂刷釉等。其中喷釉是利用压缩空气将釉浆通过喷枪喷涂到产品坯体上。喷釉产生的釉层厚度比较均匀,便于操作,尤其适合卫生洁具这类体型较大、形状复杂的产品施釉。喷釉时喷枪与坯体的距离、角度、喷枪移动速度等决定了施釉的质量,这就对操作工人提出了很高的要求,另外喷涂粉尘对操作工人也十分有害。所以采用机器人代替人工喷釉是个很好的选择,不仅能保证施釉质量,还可大大提高工作效率,减轻工人劳动强度,保障工人身体安全。

1. 系统构成和主要机构的结构特点及工作原理

机器人施釉系统主要由一台机器人、两套转臂及转台、一套收釉装置、一套工作间、一套喷釉系统及一套电气控制系统组成,如图 7-34 所示。

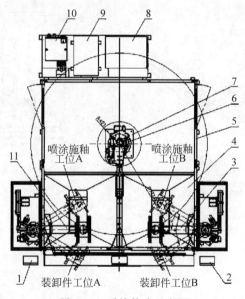

图 7-34　系统构成示意图

1—操作盘 A;2—操作盘 B;3—转臂及转台 B;4—收釉装置;5—工作间;6—机器人 HP20D;
7—机器人基座;8—PLC 控制柜;9—变压器;10—机器人控制柜 DX100;11—转臂及转台 A

该系统设有 A、B 两个工位。每个工位设置有一套转臂及转台,两套转臂及转台对称设置。每个转台通过转臂动作可转到喷涂施釉工位和装卸件工位。当一个转台转到喷涂施釉工位,机器人对该转台上工件进行喷涂工作时,另一转台可以转出工作间、转到装卸件工位,并在人工卸下喷涂好的工件、换上新的待喷涂工件后再转回到工作间内的喷涂工位,等机器人喷涂完前一转台上的工件后,马上对该转台上的工件进行喷涂。机器人如此交叉作业,可以提高机器人的使用效率。下面结合工程实例详细介绍该系统各部分主要组件的结构特点及工作原理。

2. 机器人系统的构成和结构特点

Motoman-HP20D 机器人采用的新型交流伺服电机,具有结构紧凑、高输出、响应快、高可靠性等特点。因此,使 HP20 机器人本体更紧凑、更灵活。同时,具有了更大的运动空间和更好的稳定性,以及可以适应各种工艺姿态的卓越性能。机器人本体为全轴防尘、防水型。机器人控制柜 YASNAC DX100 的基本功能是控制机器人本体的 6 个轴,而在本系统中增加了对两个外部轴的控制。

3. 转臂及转台的结构特点及工作原理

转臂及转台主要由转臂基座(3)、转臂(2)、转台(1)、转臂驱动气缸(4)及转臂缓冲器(5)等组成,如图 7-35 所示。转臂采用气缸驱动,通过电磁阀组件控制,在转臂的两个极限位置上设有缓冲装置、定位块和极限开关。转臂的转速由气缸调速阀调节。

转臂用于支撑转台并使转台在装卸工位和喷涂工位之间转换。如图 7-36 所示:转臂回转角度约 60°;转台转到装卸工位时,人工在转台上装卸工件;转台转到喷涂工位时,机器人对转台上的工件进行喷涂施釉工作。

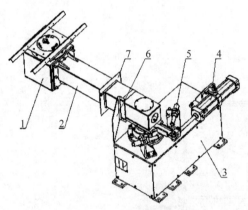

图 7-35　转臂及转台示意图

1—转台;2—转臂;3—转臂基座;4—转臂驱动气缸;
5—转臂缓冲器;6—密封板;7—挡板

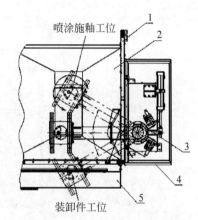

图 7-36　转臂及转台工作示意图

1—工作间;2—室内收釉漏斗;3—转臂及转台;
4—转臂护罩;5—室外收釉漏斗

转台用于支撑工件并使工件在水平面上回转,便于机器人对其圆周各面均匀喷釉。转台驱动方式采用 1.3kW 伺服电机,并作为机器人外部轴由机器人统一控制,所以在机器人施釉同时,转台可以很完美地配合机器人的喷涂动作,达到较高的施釉质量。伺服电机和 RV 减速机采用直联方式,以减小转台的外形尺寸。转台最大承载约 60kg。转台在设计上充分考虑了防尘、防水,除了选用防护等级较高的电机和减速机外,还在结构上做了防飞溅防护。另外转台除通过转臂内部通到工作间外的电缆通道外,自身完全封闭,所有连接处都设置了密封胶圈。

4. 工作间的构成和结构特点

工作间主体分为两部分。前半部分为喷釉部分,全部为不锈钢结构;后半部分为机器人部分,采用型钢焊接框架贴有机玻璃板结构。工作室外形尺寸为长 3200mm ×

宽 4200mm×高 2500mm。

工作间后部开有两扇维护门,用于人员进入工作间对机器人系统和喷釉系统进行维护,也用于将室内收釉小车拉出工作间。维护门设有安全锁,用于工作间进出门的安全防范,当操作人员打开安全锁进入工作室时,机器人会停止工作,保证操作人员的安全。

工作间前侧设有两个工件进出口,并设有一气缸驱动的推拉门。每个工件进出口设置一套转臂转台,转臂转到工作间内转台对应的为喷涂施釉工位,转到工作间外转台对应的为工件装卸工位,如图 7-37 所示。哪个进出口的转台转到喷涂工位,推拉门就挡住哪个进出口,同时另一进出口打开。两个喷涂工位间设有工位隔板。工位隔板、推拉门和侧墙在停留在喷涂工位的转台周围构成一个较封闭的空间,对喷涂施釉工作进行防护,防止釉浆、粉尘飞溅。机器人在封闭工位进行喷涂作业的同时,另一转台可以转出工作间,转到装卸件工位,以便人工卸下喷涂好的工件并换上新的待喷涂工件。

工作间内每个工位的两侧墙上都设有除尘窗口,喷釉作业时釉浆雾化的粉尘可以通过除尘窗口被除尘设备吸走,以免其飘散在空气中污染工作环境。除尘设备可以单独配套也可以使用客户现有车间的除尘设备。工作间顶部设有除尘管道接口,如图 7-38 所示。

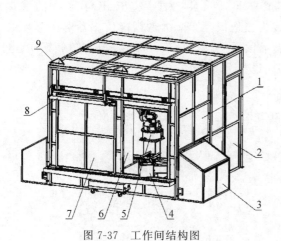

图 7-37　工作间结构图

1—工作间主体;2—维护门;3—转臂护罩;4—转臂及转台;

5—机器人及其基座;6—工位隔板;7—推拉门;

8—推拉门驱动气缸;9—除尘管道接口

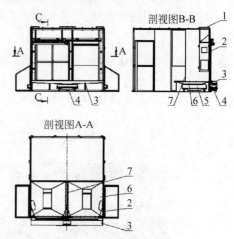

图 7-38　回收装置结构图

1—除尘管道接口;2—除尘窗板;3—室外收釉漏斗;

4—室外收釉小车;5—室内收釉小车;

6—室内收釉漏斗;7—工位隔板

5. 收釉装置的构成和结构特点

喷釉时会有很大一部分釉浆没有喷到或没有附着在工件上,所以釉浆回收装置是系统必须设置的。

收釉装置由两套室内收釉漏斗(6)、两辆室内收釉小车(5)、一套室外收釉漏斗(3)、一辆室外收釉小车(4)和工位隔板(7)、侧墙板等构成。

室内收釉漏斗设置在喷釉工位下方,室内收釉小车放置在漏斗下方。小车采用万向轮,可通过工作间的维护门拉出工作间进行釉料回收。

室外收釉漏斗设置在工作间推拉门和装卸件工位转台的下方,以回收推拉门和转台上滴落的釉浆。室外收釉小车回收室外收釉漏斗接存的釉料。

喷釉系统由喷枪、供釉管路和釉罐等组成。喷釉系统一般由生产企业根据自己的实际情况确定。喷枪和釉路采用电磁阀压缩空气控制。

电气控制系统硬件部分主要由系统控制柜(PLC)、系统操作盒及机器人控制柜(DX100)等组成。采用集中控制方式,通过系统控制柜(PLC)实现控制。通过操作盒可进行系统的启动、停止以及暂停、急停等运转方式的操作。此外,系统运行状态及报警可在操作盒上显示。操作盒上采用可中、英文切换的操作系统及提示。

机器人施釉系统的应用极大减轻了卫生洁具施釉工序上工人的劳动强度,提高了产品质量和企业的工作效率。现在正被越来越多的卫生洁具企业所采用,并已经过适当改造后用在了陶瓷生产的其他行业。

7.4.5　SICK 机器人视觉引导系统原理及应用

SICK 成立于 1946 年,公司名称取自于公司创始人欧文·西克博士(Dr. Erwin Sick)的姓氏,总公司位于德国西南部的瓦尔德基尔希市(Waldkirch)。截至 2020 年,SICK 已在全球建立了接近 50 多个子公司和众多的销售机构,雇员总数超过 10000 人,营收超过 17 亿欧元。

西克中国(广州市西克传感器有限公司)成立于 1994 年,为西克(SICK)在亚洲的重要分支机构之一。历经多年的发展与积累,已成为当地极具影响力的智能传感器解决方案供应商,产品广泛应用于各行各业,包括包装、食品饮料、机床、汽车、物流、交通、机场、钢铁、电子、纺织等行业。在广州,上海,北京,青岛等地设有分支机构,并形成了辐射全国各主要区域的机构体系和业务网络,如图 7-39 所示。

工厂自动化　　　　　　物流自动化　　　　　　过程自动化

图 7-39　西克产品覆盖的行业

SICK 传感器是以光电器件作为转换元件的传感器。它可用于检测直接引起光量变化的非电量,如光强、光照度、辐射测温、气体成分分析等;也可用来检测能转换成光量变化的其他非电量,如零件直径、表面粗糙度、应变、位移、振动、速度、加速度,以及物体的形状、工作状态的识别等。光电式传感器具有非接触、响应快、性能可靠等特点,因此在工业自动化装置和机器人中获得广泛应用,如图 7-40 所示。新的光电器件不断涌现,特别是 CCD 图像传感器的诞生,为 SICK 传感器的进一步应用开创了新的一页。

1. SICK 机器人视觉引导系统原理

1) 视觉系统介绍

视觉系统就是用机器代替人眼来做测量和判断。视觉系统是指通过机器视觉产品(即

图 7-40　SICK 传感器

图像摄取装置,分 CMOS 和 CCD 两种)将被摄取目标转换成图像信号,传送给专用的图像处理系统,根据像素分布和亮度、颜色等信息,转变成数字化信号;图像系统对这些信号进行各种运算来抽取目标的特征,进而根据判别的结果来控制现场的设备动作。是用于生产、装配或包装的有价值的机制。它在检测缺陷和防止缺陷产品被配送到消费者的功能方面具有不可估量的价值。

　　机器视觉系统的特点是提高生产的柔性和自动化程度。在一些不适合人工作业的危险工作环境或人工视觉难以满足要求的场合,常用机器视觉来替代人工视觉;同时在大批量工业生产过程中,用人工视觉检查产品质量效率低且精度不高,用机器视觉检测方法可以大大提高生产效率和生产的自动化程度。而且机器视觉易于实现信息集成,是实现计算机集成制造的基础技术。可以在生产线上对产品进行测量、引导、检测和识别,并能保质保量地完成生产任务。

　　2) 机器人视觉引导系统介绍

　　元件定位是机器视觉应用前非常关键的第一步。如果图案匹配软件工具无法精确地定位图像中的元件,那么它将无法引导、识别、检验、计数或测量元件。虽然元件定位听上去很简单,但在实际生产环境中,元件外观的差异可能导致这一步变得非常具有挑战性。因照明或遮挡而出现的外观变化可能导致元件定位变得困难,虽然视觉系统经过培训,基于图案来识别元件,但即使是最严格控制的流程,也允许元件外观存在一定的变化。元件呈现或姿势畸变影响也可能导致元件定位变得困难,要实现精确、可靠、可重复的结果,视觉系统的元件定位工具必须足够的智能,能够快速、精确地将培训图案与生产线上移动过来的实际物品进行比较(模板匹配)。

　　3) 什么是引导?

　　引导就是使用机器视觉报告元件的位置和方向。需要进行引导的原因可能有多种。首先,机器视觉系统可以定位元件的位置和方向,将元件与规定的公差进行比较,以及确保元件处于正确的角度,以验证元件装配是否正确。

　　引导可用于将元件在 2D 或 3D 空间内的位置和方向报告给机器人或机器控制器,让机器人能够定位元件或机器,以便将元件对位。机器视觉引导在许多任务中都能够实现比人工定位高得多的速度和精度,如将元件放入货盘或从货盘中拾取元件;对输送带上的元件进行包装;对元件进行定位和对位,以便将其与其他部件装配在一起;将元件放置到工作架上；或者将元件从箱子中移走。

因为在生产过程中,元件可能是以未知的方向呈现到相机面前的。通过定位元件,并将其他机器视觉工具与该元件对位,机器视觉能够实现工具自动定位。

SICK 在机器人视觉引导系统领域有着多年的研发经验,结合 SICK 自身强大的视觉硬件传感器,InspectP 系列 2D 相机和 Ruler 系列 3 相机,开发了覆盖全行业的 2D 和 3D 视觉引导系统,总体目标是成为柔性自动化领域的一员。如图 7-41 所示,对于标准的机器人工作站涉及三大重要环节:路径规划、抓手设计和零件定位。其中,SICK 公司主要提供零件定位解决方案。

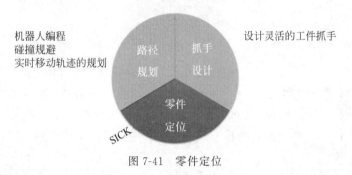

图 7-41 零件定位

2. SICK 机器人视觉引导系统分类

SICK 机器人视觉引导系统按照使用场景分为三大类如图 7-42 所示。从料筐内/半封闭箱体引导抓取零件——PLB 系统。从支架/料架上引导抓取零件——PLR 系统。从输送带/2D 平面上引导抓取零件——PLOC2D 系统。

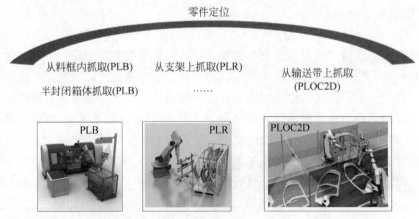

图 7-42 零件定位分类

1) PLB——Precise Localization of Parts in Bins

简称为 PLB 系统,PLB 荣获 2012 年 Automatica"最佳机器视觉系统"奖。并经过多年的优化及改进,目前已形成标准系统涵盖硬件及软件整套解决方案,用于料框内零部件机器人视觉无序抓取应用解决方案。目前 PLB500 产品在国内及国外客户包括 GF、奔驰、雷诺、MWES、卡特彼勒等,广泛应用于汽车行业、工程机械及机械制造行业,众多成功案例证明我们的产品在工厂环境尤其机床自动化行业能够长期稳定工作,如图 7-43 所示。

图 7-43　PLB 机器人视觉系统奖及重点客户

PLB 机器人视觉引导的 3D 系统,用于部件在料框中的定位也就是现在非常热门的应用 Bin-Picking 无序抓取系统。它包括具有优异的图像质量,基于 CAD 的 3D 形状匹配,以及用于机器人集成工具的相机,如图 7-44 所示。

图 7-44　PLB 系统的目标应用案例

机器人抓取系统由以下部分组成,图 7-45 所示。其中,PLB 系统的角色就是获取箱体零件拍照数据,提取点云数据软件进行算法定位处理,通过 TCP/IP 通信并输出位置数据给

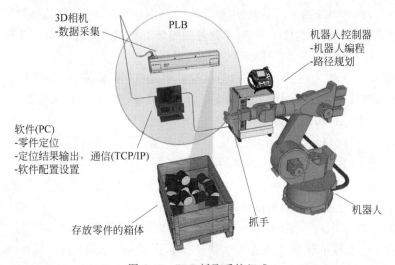

图 7-45　PLB 抓取系统组成

到机器人。

　　PLB 系统拥有大视野,大景深的 3D 高速相机,具备高鲁棒性,可以应对不同的光照环境(见图 7-46)。为了方便用户使用和配置相机,为零件定位开发了完整的软件包,同时可以与许多知名机器人品牌配套使用,真正做到快速配置工程,方便易用的特性。

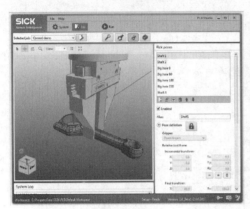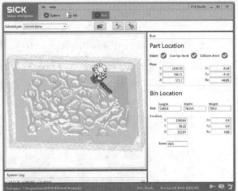

图 7-46　PLB 软件 UI 界面

　　PLB 系统先进的零件定位算法。

➤ 基于常用 CAD 格式的定位算法。

➤ 计算速度的最优化算法。

➤ 抓手抓取过程中的碰撞检测算法。

➤ 零件重叠检测算法。

➤ 分区定位算法,实现节拍最优化。

　　强大的系统灵活性,可以处理多样的,不同类型的零件。对于同一个或者不同的抓手可以设置多个不同的抓取位置。同时,PLB 系统具备离线仿真功能,模板学习功能,让调试更简单。在同一个箱体中,想要批量定位抓取不同位置,不同形状,不同大小的零件,PLB 便能帮助机器人实现,正是得益于它灵活的算法和设置。

　　与机器人的集成也做到了简单及快速配置,主要体现在以下两方面:机器人和相机系统的标定。手眼标定工具(如图 7-47 所示白色圆锥体),标准化标定工具;多点,多姿态 3D数据采集校准,让相机/机器人系统标定更可靠,更准确。

　　另一个是基于 ASCII 的 TCP/IP 通信接口。通过 XML 或 CSV 文件配置通信格式和指令,兼容各品牌机器人通信协议。同时也可以根据外部控制系统做调整。

　　2) PLR——Precise Localization of Parts in Racks

　　简称为 PLR 系统,PLR 是一种视觉引导解决方案,用于零件拾取应用中的机器人引导定位。PLR 硬件如图 7-49 所示,该传感器可用于货架、码垛和搬运等应用。传感器测量零件的 3D 姿态(X、Y、Z、R_x、R_y 和 R_z)。PLR 是一个集成、校准和预配置的设备,可以安装在机器人夹具中,并连接到机器人控制器。

　　机器人控制器通过一个简单的控制接口与 PLR 通信,通过该接口,命令被发送到PLR,PLR 输出位置校正数据。PLR 的主要任务是提供一个校正坐标,以便调整机器人的工作坐标系。修正后,当前零件的拾取坐标将与设定零件的拾取坐标相同(见图 7-48)。

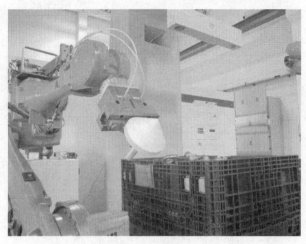

图 7-47　手眼标定

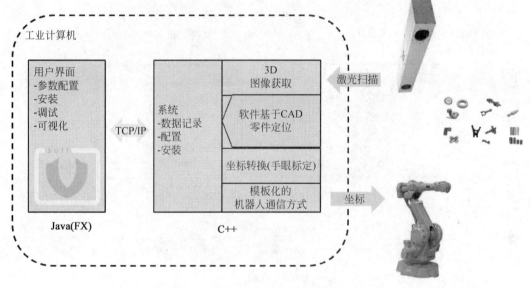

图 7-48　PLB 工作流程

如图 7-50 所示，PLR 使用两步方法测量零件的 3D 位置：使用 2D 模式匹配测量零件 X、Y、R_z 位置偏差。通过在零件表面投影激光十字，使用激光三角测量法测量零件的 R_x、R_y、Z 的位置偏差。

在 PLR 测量一个零件之前，必须示教零件特征边缘。这个过程被称为特征匹配。对于每个零件测量，PLR 获取形状图像和激光图像。形状图像用于定位零件形状或图案。激光图像用于测量零件倾斜姿态，以及零件到 PLR 相机的距离。两步方法确保了即使零件的位置发生显著变化，也能对零件位置进行高度准确定位。为了进一步增强传感器的鲁棒性，它配备了集成 LED 照明。使用集成照明意味着 PLR 对环境光变化不太敏感。

如果要通过 PLR 定位，零件必须具有两个特征：一个是零件需要有一个平坦的表面（至少 40mm×40mm），在该表面上可以投射激光十字；另一个是在平面周围的区域中，必须有一些可用于识别零件形状的零件特征（孔、边等），如图 7-51 所示。

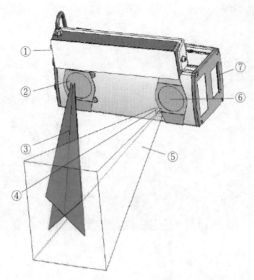

图 7-49 PLR 视觉传感器

① LED 指示灯；② 激光窗口；③ 十字激光；④ 光轴；⑤ 相机视野；⑥ 相机窗口；⑦ 状态指示器

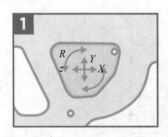
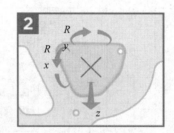

图 7-50 PLR 模式匹配及十字激光测量

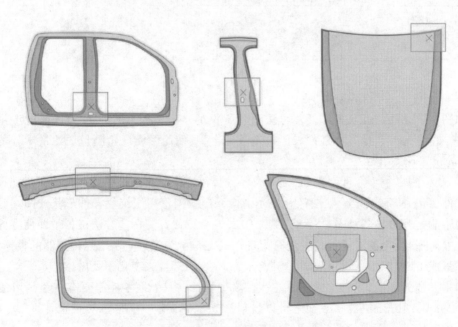

图 7-51 零件示例

重要的是,零件特征允许可靠地测量零件的位置和旋转。例如,如果唯一的零件特征是单个圆孔,则无法测量零件旋转(在形状图像中,无论零件如何旋转,圆孔的外观始终相同)。类似地,如果唯一重要的特征是图像中的一条直线,则不可能沿着该边缘测量零件位移。通过结合旋转和侧向位移,可以确保高精度定位。

在测量周期中,机器人移动到测量位置,PLR 使用两步方法测量零件位置。测量结果产生一个基础校正偏差,该偏差被发送到机器人控制器。如果校正值较大,则必须重新定位PLR(在基础校正后移动到测量位置),并进行第二次测量。这种重新定位是必要的,可以确保更高的测量精度。测量完成后,机器人校正工作坐标,然后定位拾取零件,如图 7-52所示。

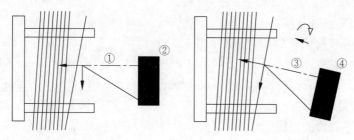

图 7-52　初始测量位置(左),重新定位后的测量位置(右)

PLR 通过以太网通过 TCP/IP 进行通信,机器人控制器必须知道 PLR 通信设置。默认 PLR IP 地址和通信端口在软件的"出厂默认值"中列出。机器人总是通过向 PLR 发送请求来启动通信。当请求被处理后,PLR 通过向机器人发送响应来确认请求。PLR 本机协议支持 CSV 和 XML 格式。PLR 自动检测机器人发送的消息格式,并使用相同的格式进行响应,如图 7-53 所示。

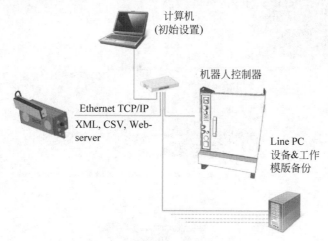

图 7-53　机器人通信拓扑

3) PLOC2D——2D Precise Localization of Parts on Conveyors

简称 PLOC2D 系统,PLOC2D 视觉引导系统是基于 SICK InspectP 系列 2D 相机和APP SPACE 软件平台开发的一套用于机器人视觉抓取的系统。该系统开箱即用,无须工控机,基于 Web 页面开发的软件用来操作 UI 界面,方便用户配置和使用。该系统主要实现对工件进行 2D 定位和识别,如图 7-54 所示。

图 7-54　PLOC2D 视觉系统硬件

2D 技术起步较早,技术也相对成熟,在过去的三十年中已被证明在广泛的自动化和产品质量控制过程中非常有效。

2D 技术根据灰度或彩色图像中对比度的特征提供结果。2D 适用于缺失或存在检测、离散对象分析、图案对齐、条形码和光学字符识别(OCR),以及基于边缘检测的各种 2D 几何分析,用于拟合线条、弧线、圆形及其关系(如距离、角度、交叉点等)。

模式匹配是处理零件变化的关键。2D 视觉技术在很大程度上由基于轮廓的图案匹配驱动,以识别部件的位置、尺寸和方向。技术人员可以使用 2D 来识别零件并定位。

对于 PLOC2D 系统来说,为了方便用户使用。做了引导式 UI 界面,用户完全可以按照以下流程完成对工程项目的配置。相机的安装高度确认后首先进行相机的内参校准,再进行机器人和相机的手眼标定,最后零件示教保存工程,这样就完成了一个工件的模板设置,如图 7-55 所示。

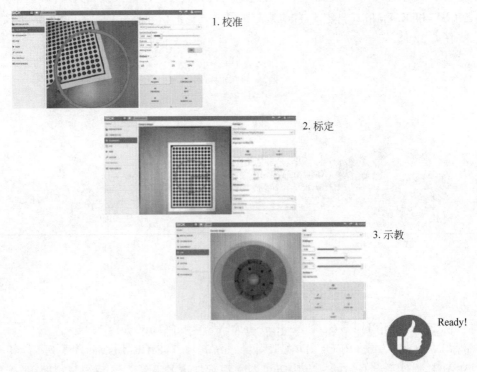

图 7-55　PLOC2D 操作使用流程

3. 目标应用场景

如图 7-56 所示，SICK 机器人视觉定位的目标应用场景如下：

(1) 单个和多个产品检测。

(2) 运动指数（工件静止状态定位）。

(3) 连续运动（工件运动状态定位）。

(4) 零件识别（示教多种类型中的一种特定零件类型的定位）。

机器人传送带来料抓取　　　机器人来料系统定位分拣　　　机器人辅助包装

机器人机床上下料　　　成套部件的机器人分拣

图 7-56　应用场景分类

4. SICK 汽车车身定位系统 BPS 原理

1913 年，亨利·福特推出了第一台基于输送机的产品。将车身用滑橇运输到不同的制造阶段用于汽车制造最常用的生产解决方案，如压铸车间、车身车间、油漆车间、动力传动系、最终装配以及质量检查等。传统的机械方案已经极大地限制了汽车制造业的柔性化，所以面对汽车制造业不断涌现的战略需求：

(1) 提高生产线的灵活性，在同一条线上生产更多车型及其变型。

(2) 缩短生产线周期时间。

(3) 降低能耗，节能环保。

(4) 降低生产线的复杂性。

(5) 机械方案的磨损，降低维护要求。

(6) 预测性维护，工业 4.0。

SICK 集团基于以上需求，考察汽车制造各个环节，找到一个助力智能制造的方向。机器人在汽车工艺环节都需要车身处于一个高精度定位，这样才能精确地进行机器人加工工艺操作，如点焊、补焊、涂胶及装配等。对于车身定位来说，目前世界上机器人单元的主要解决方案是一个由柔性夹具和升降台组成的机械系统，如图 7-57 所示。在工作台的帮助下，将滑橇降低，滑橇主体定位在导向销上，并用夹具固定好。

SICK 研发了一套视觉系统解决方案替代传统的机械解决方案，BPS 系统是基于 SICK 智能相机。应用程序空间已使用与 Halcon 合作的创建图像库，完全独立自动解决方案，用于车身位置定位。它包括共 4(6) 个摄像头模块，电气柜必要部件（电源、数据收集器、以太网交换机、冷却设备等）。选择基于 SICK 智能摄像头的测量设备，可在焊接过程中测量车

图 7-57　车身定位-机械定位方式

身运动,其主要由 4 个相机组成的视觉系统,原理是拍摄车身底部固定 RPS 孔特征,然后借助相机内算法识别特征并计算位置偏差,最终算出整个车身坐标系的偏差,将偏差发送给工业机器人,利用工业机器人的柔性化来修正坐标系,从而实现对车身位置偏差位置的补偿,以达到精确定位的效果。

相比于传统的机械定位方式,它具有以下优势:

(1) 依靠相机视野大的特性,能够实现多车型共线,提供生产线柔性化。

(2) 单个工位能够节约节拍 4s 左右。

(3) 节约能源,相比传统机械方案抬升机构电机系统耗电量比相机系统大很多。

(4) 节约安装空间,使得制造空位可容纳更多设备。

(5) 内置云网关可实时收集拍照数据,故障分析及预防性维护。

对于 BPS 系统和机器人的通信主要遵循 TCP/IP 协议,由 PLC 总过总线通信触发相机拍照,然后相机内部算法处理图片并计算出位置偏差,机器人向 BPS 系统请求位置坐标偏差数据,BPS 系统发送计算后的偏差数据给到机器人,机器人根据收到的坐标偏差值修正当前坐标系,从而实现该坐标系下所有的点相对于当前坐标系做了坐标变换,从而位置路径的修正。整个时序流程如图 7-58 所示。

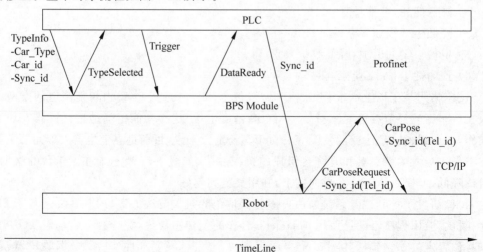

图 7-58　BPS 系统通信时序图

5. BPS 视觉系统在白车身制造过程中的应用

白车身生产过程中机械定位系统会带来节拍价值率的损失，并导致设备停台的增加。本书采用视觉定位技术作为一种替代方案并进行测试，测试结果表明，视觉定位技术可以取代原机械定位方案，大幅提升生产效率，并满足点焊工艺对质量和精度的要求。

大众集团在白车身制造过程的传统定位方式为车身升降＋地面夹具定位的技术，如图 7-59 所示。

图 7-59　车身定位—机械定位方式

白车身在工位间传递通过高速辊床的水平输送动作来实现，当辊床将车身送达当前工位停止位时，辊床下降，将车身放入地面夹具，完成车身定位。工艺过程完成时，辊床将车身抬起输送至下一工位。此种定位方式会产生以下两个方面的损失。

（1）节拍价值率。

经过计算，对于 60JPH 焊装生产线而言，机械定位过程中的升降动作降低了节拍价值率，从而导致完成同等工作量需要多投入 10％的设备。

（2）设备开通率。

高速辊床的频繁升降动作会使辊床升降机构和定位夹具产生疲劳缺陷从而产生大量停台。为了消除这些停台对产能的影响，需要在焊装生产线内部增加更多的缓存设施，这一方面需投入大量的缓存投资，同时也会造成在制品的运营成本浪费。因此，寻找一种消除传统机械定位方式缺陷的替代性技术就成为非常有意义的研究方向。

1）视觉系统工作原理

如图 7-60 所示，利用机器人具有高重复精度的特点，在车身参考位置示教相关点位并保持传感器与示教点一定距离（L ref），在车身实际位置发生变化时视觉定位系统进行识别，得出新的车身坐标位置（L act），最终与参考坐标位置（L ref）比较求差 ΔL，并引导机器人定位到新的工艺位置，公式如下：$\Delta L = L\ act - L\ ref$。式中，$L$ act 表示实际车身位置坐标；L ref 表示参考车身位置坐标；ΔL 表示车身坐标偏移量。

整个视觉系统由 4 个相机模组构成，每个相机模组通过扫描获取一个车身 RPS 参考坐标点的 3D 坐标，通过 3 个有效的 RPS 位置坐标即可确定车身位置坐标。4 个相机模组其中一个为冗余模组，可增加过程可靠性。

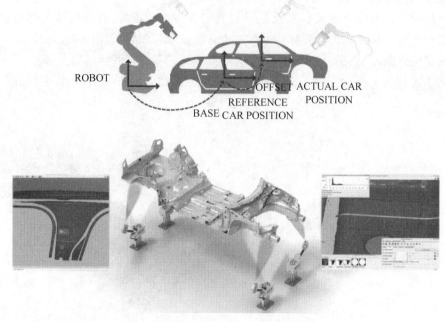

图 7-60   车身定位系统原理

2）测试内容和结果

（1）测试平台。

对一汽- 大众某焊装车间下部补焊工位进行改造,使该工位既可作为视觉技术测试平台,也可还原成原生产状态(见图 7-61)。改建工作涉及硬件安装、PLC 组态、机器人配置、视觉系统标定及配置、相机模板配置和 PLC 程序及系统接口定义等。

图 7-61   测试现场工位

（2）测试内容和结果。

将从开通率、重复精度和焊接质量影响三方面对新的视觉定位系统进行检验评价。

① 节拍价值率与设备开通率测试。

如图 7-62 所示,经过实测,应用视觉定位技术的工位,辅助时间可以降低 4s,经过计算,节拍价值率可以达到 84.3%,高于传统方式的 75.6%。

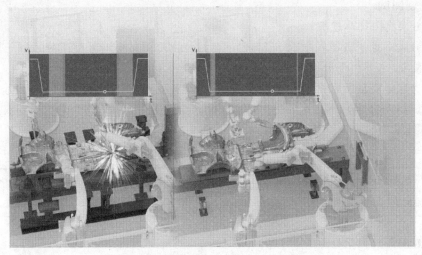

图 7-62　机械定位和 BPS 系统对比

通过对视觉系统识别成功率的记录和统计来计算设备开通率,视觉系统识别状态如图 7-63 所示。

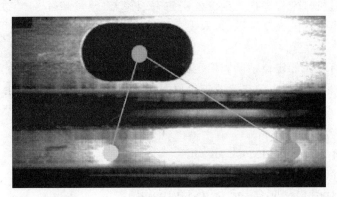

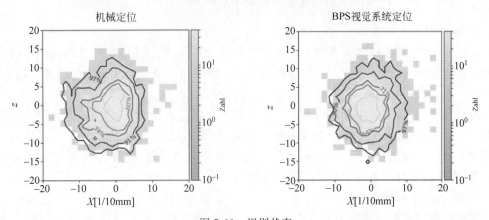

图 7-63　识别状态

经过 5 万次车身识别测试统计,成功率为 99.996%,失败率仅为 0.004%。据此计算,视觉系统开通率为 99.972%,而机械定位方式开通率为 99.77%,视觉定位技术停台时间约为机械定位方式的 1/10。

② 精度测试。

➤ 千分表有限样本检测

将千分表固定于机器人 TCP,车身置于初始位置时调整机器人使千分表置于图示中三个方向的测量点,并将千分表置零。

当车身在规定范围内移动停止后,视觉系统识别车身 PRS 并计算新坐标位置,将偏移量传递给机器人引导千分表重新抵达测量位置,读取千分表读数,即为系统识别误差。经过 105 组测量,结果如表 7-1 所示。

表 7-1　视觉设备静态误差及系统误差

视觉静态	X:0.46mm	Y:0.34mm	Z:0.46mm
系统综合	X:1.17mm	Y:1.19mm	Z:1.53mm

➤ 激光测距仪批量检验

车身上选择 4 个测试点,在批量生产中进行重复精度的检验(连续测量超过 2 万台车)。通过激光测距仪进行无接触式测量,测量统计结果最大偏差低于 2mm。

➤ 焊点波动范围比对测试

在车身上分别通过机械定位和视觉定位各实施一处焊点,经过超过 3000 次测试记录,对比两种定位方式产生焊点的波动范围,采取视觉系统定位实施的焊点散布区域与机械定位焊点基本一致。

视觉定位系统具有较高的定位精度和稳定性,满足点焊工艺对于位置精度和质量的要求。同时,此项技术的采用也可有效提升节拍价值率和设备开通率,大幅降低生产设备投资和维护成本,是一种极具推广前景的基础型智能化制造技术。

7.5　服务机器人运动控制系统

7.5.1　服务机器人的定义及发展状况

1. 服务机器人的定义

到目前为止,服务机器人没有一个严格的定义,不同国家对服务机器人的认识不同。根据国际机器人联合会(IFR)定义:服务机器人是一种半自主或全自主工作的机器人,它能完成有益于人类的服务工作,但不包括从事生产的设备。

根据这项定义,工业用操纵机器人如果被用于非制造业,也被认为是服务机器人。服务机器人可能安装,也可能不安装机械手臂。通常,但并不总是,服务机器人是可移动的。某些情况下,服务机器人包含一个可移动平台,上面有一条或多条"手臂"。服务机器人可以给人按摩,也可以进行室外安全巡检如图 7-64 所示。

2. 服务机器人发展状况

随着信息技术的快速发展和互联网的快速普及,以 2006 年深度学习模型的提出为标

图 7-64　服务机器人

志,人工智能迎来第三次高速发展。与此同时,依托人工智能技术,智能公共服务机器人应用场景和服务模式不断拓展,带动服务机器人市场规模高速增长。2016 年以来全球服务机器人市场规模年均增速达 23.8%,2021 年全球服务机器人市场规模将快速增长突破 130 亿美元,预计到 2023 年,全球服务机器人市场有望突破 201 亿美元,上下游相关产业市场规模也将同步增长,如图 7-65 所示。

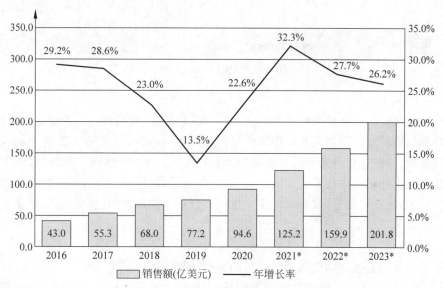

资料来源:IFR,中国电子学会整理。

图 7-65　2016—2023 年全球服务机器人销售额及增长率

　　服务机器人不同于工业机器人,通常用于制造业以外的领域,大部分都装有机轮,属于机动式或半机动式装置,少数的还安装了机械臂。服务机器人目前主要应用于零售、酒店、医疗、物流行业,此外,部分专业服务机器人也应用于航天和国防、农业及拆迁行业。另外,服务机器人还包括扫地机器人、娱乐机器人、智能玩具机器人、送餐机器人等家用服务机器人。

7.5.2　服务机器人的基本组成

　　服务机器人与工业机器人在结构上有着较大的区别,通常来说,服务机器人本体一般由机械结构、控制系统和感知系统组成。

1. 机械结构

机械结构又包括驱动系统和机械传动系统,驱动系统最主要的部件为伺服驱动器,机械传动将伺服驱动器的动力传动到运动机构上,从功能上又可分为操作平台和移动平台,操作平台多为机械臂,移动平台一般包括轮式、履带式和足式等。

如图 7-66 所示,轮式机器人的手臂的驱动关节、底盘的驱动器、双足机器人的腿部驱动关节等都属于机器人驱动系统,轮式机器人的身体支撑机械结构和双足机器人的胸腔结构都属于机器人机械系统,轮式机器人的底盘和双足机器人的双足为移动平台。

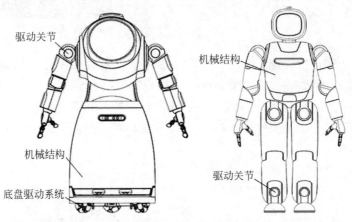

驱动关节

机械结构

机械结构

底盘驱动系统

驱动关节

图 7-66　轮式服务机器人和足式服务机器人

(1) 机械传动系统。

机械传动常应用在机器人的关节部分和执行机构部分,主要作用有改变运动方向、增加输出力矩和降低转速等。如同我们生活中经常使用的自行车,通过链传动把中轴脚踏转动传递到后轮轴,一般中轴链轮和后轴链轮的齿数比是 2:1,即中轴转一圈,后轮转两圈。

机器人常用的机械传动方式有带传动、齿轮传动、涡轮传动、滚轴丝杆传动、齿轮齿条传动、凸轮传动和连杆传动等,其中齿轮传动包括平行轴齿轮传动、行星齿轮传动、谐波齿轮传动和 RV 齿轮传动等。

(2) 驱动系统。

驱动系统主要是指驱动机械系统动作的驱动装置,是使机器人各个关节运行起来的传动装置,它能够按照控制系统发出的指令信号,借助动力元件使机器人进行动作。根据驱动源的不同,驱动系统可分为电气驱动、液压驱动和气压驱动三种类型。服务机器人常采用电气驱动方式,由于机器人关节运动具有低转速、大载荷的特点,通常不能用电机直驱,需要通过机械传动(减速器)装置进行转换。

(3) 移动平台。

服务机器人的移动平台由驱动器和机械传动结构组成,成为服务机器人运动能力的主要部件。

机器人的底盘系统按动力学结构一般分为轮式机器人、履带式机器人、足式机器人以及混合的轮足式机器人,如图 7-67 所示。轮式机器人顾名思义就是有使用轮子驱动的机器人,一般使用在安防巡检、服务接待、工厂搬运、智慧物流等场景中,该运动结构更为节能,但是只能适用于较为平坦的地面。履带式机器人,主要指搭载履带底盘机构的机器人,具有牵引力大、不易打滑、越野性能好等优点,可以搭载摄像头、探测器等设备代替人类从事一些危险工作(如排爆、化学探测、反恐等),最典型的应用是坦克。足式机器人一般有串联、并联结构之分,一般用在科研教学,服务娱乐和商业展示等场景,优点是通过能力强,其技术复杂控制难度高,相比轮式结构,需要解决机器人的稳定问题。轮足式机器人综合了轮式机器人的节能和足式机器人的通过性,是复合机器人的一种,实用场景广泛的同时也使其控制难度和硬件成本增加。

轮式机器人　　　　履带式机器人　　　　足式机器人　　　　轮足式机器人
（图片来源于网络）

图 7-67　机器人移动平台

　　机器人运动系统按动力来源来分,一般分为电动力底盘、气动力底盘和液压动力底盘。而气动的机器人,一般在仿生机器人中的使用会较多,仿生机器人就是从动物的运动系统结构上获得灵感,参考动物的特性设计的一种机器人。在这些移动平台中,最常见的应用是电动力轮式底盘。

2. 控制系统

　　机器人的控制是与机构运动学和动力学密切相关的。在各种坐标下都可以对机器人手足的状态进行描述,应根据具体的需要对参考坐标系进行选择,并要做适当的坐标变换。经常需要正向运动学和反向运动学的解,除此之外还需要考虑惯性力、外力(包括重力)和向心力的影响。

　　对于机器人控制系统来说,它就相当于是一个计算机控制系统,由计算机来实现多个独立的伺服系统的协调控制和使机器人按照人的意志行动,甚至赋予机器人一定"智能"的任务。所以,机器人控制系统一定是一个计算机控制系统。由于描述机器人状态和运动的是一个非线性数学模型,随着状态的改变和外力的变化,其参数也随之变化,并且各变量之间还存在耦合,机器人控制系统也是一个多形式控制方法。所以,只使用位置闭环是不够的,还必须要采用速度闭环甚至加速度闭环。系统中经常使用重力补偿、前馈、解耦或自适应控制等方法。

　　服务机器人的控制系统一般包括主机、转接板、配套电源等部分。主机包括主控板、显示器等。其中主控板由单片机和相应电路板组成,如图 7-68 所示,单片机负责程序运行,电路板处理输入输出信号。转接板包括一些端子和继电器,其功能是转接信号。电源用于控制系统供电。

3. 感知系统

　　服务机器人的感知系统是指机器人能够自主感知其周围环境及自身状态,按照一定规律做出及时判断,并将判断信息转换成可用输出信号的智能系统,它是服务机器人与人类交互信息并采取相应行为的必备基础。服务机器人感知系统通常由各种类型的传感器、测量

图 7-68　服务机器人电源主控板

电路、主机控制系统、数据处理系统等部分组成,如图 7-69 所示。

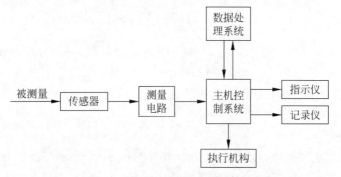

图 7-69　服务机器人感知系统框图

　　服务机器人所需的传感器主要包括视觉传感器、触觉传感器、力觉传感器、听觉传感器、嗅觉传感器及其他能够实现特定功能的传感器等,如图 7-70 所示人形服务机器人常用传感器。

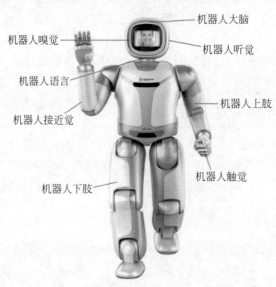

图 7-70　人形服务机器人常用传感器

7.5.3　服务机器人关节驱动与控制

机器人关节是机器人的运动部件,机器人关节的数量用自由度来表示,比如人形机器人的腿部一般有 6 个关节,即有 6 个自由度。机器人关节的运动依靠舵机旋转来实现。舵机其实是伺服电机的一种,最初用在船模、航模上,用来控制船舵、飞机舵面的角度。随着近几年消费类机器人的热潮,专门为适应消费类机器人使用的舵机也越来越多,其对舵机的性能要求远高于船模和航模用舵机。舵机的内部结构包括电机、减速系统、控制器、位置传感器等,被封装在外壳内,构成一个舵机模组。舵机通过执行输入通信信号(模拟信号或者数字信号)控制输出端的旋转角度。

通常一台工业机械臂有 4～7 个自由度(或舵机),一台仿人型双足机器人有 20 多个自由度(或舵机)。这些舵机接收机器人主控的轨迹规划位置命令,实时输出所需的角度和力矩,带动关节的旋转运行,实现走路、跑步、跳跃、舞蹈等各种复杂动作。

舵机根据性能参数的不同,其部件类型也相差很远。教育和娱乐机器人一般体积和重量都较小,对运动表现力要求也不高,关节需求力矩小。舵机由有刷电机、直齿减速、滑动变阻器等组成。大型服务机器人和工业机器人由于体积大,重量重,控制精度和表现力要求也高,关节力矩需求也比较大,舵机由力矩电机、谐波减速(或行星减速)、磁(光)编码器等组成。随着机器人功能和集成度需求的增强,带有陀螺仪、刹车、力矩检测、储能等功能的舵机也越来越多。

如图 7-71 所示,机器人 Cruzr 全身一共有 15 个自由度,即机器人结构中能够独立运动的关节数目,其中 2 个表示其底盘运动,由底盘上的 2 个主动轮毂电机提供,另外 13 个自由度分别为 Cruzr 头部 1 个、双肩各 3 个、双臂各 2 个,手指各 1 个,这 13 个自由度分别由 13 个舵机提供。

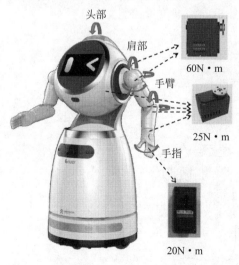

图 7-71　机器人 Cruzr 配置的舵机位置及种类

如图 7-72 所示机器人 Yanshee 全身有 17 个专业伺服舵机,内置 MCU,包含伺服控制系统、传感反馈系统及直流驱动系统。按照舵机转动角度的不同,可以分为 180°舵机和

360°舵机两种。180°舵机里面有限位结构,只能在 0~180°内转动,360°舵机则可以像普通电机一样连续转动。Yanshee 的舵机是 180°舵机,每个关节有最大 180°的运动范围。当给舵机发出指令时,舵机会转到 0~180°中指定的角度。

图 7-72　机器人 Yanshee 配置的 17 个舵机位置

　　舵机通过控制电路板接收信号源的控制脉冲,驱动其内部电机转动,电机转动使得变速齿轮组转动以输出需要的角度值。而同时角度传感器也能作为输入传感器,由于其电阻值随着舵机转动的位置变化而变化,所以控制电路读取当前电阻值的大小,就能根据阻值适当调整电机的速度和方向,使电机向指定角度旋转,这样的控制机制就形成了一个闭环,如图 7-73 所示,从而实现了舵机的精准位置控制。

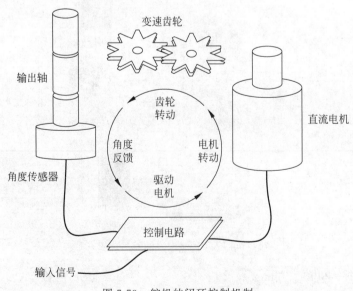

图 7-73　舵机的闭环控制机制

在上述舵机的闭环控制机制中,舵机输入的控制信号一般是脉宽调制信号(PWM),信号的脉冲宽度是舵机控制器所需的编码信息。舵机的控制脉冲周期为 20ms,信号的脉冲宽度从 0.5~2.5ms 分别对应−90°~＋90°的角度位置,例如输入的脉宽为 1ms,则对应的输出位置为−45°。

不同力矩输出的舵机其内部构造和外形差异很大,但是基本组成部件没有太大差别。舵机的关键参数包括最大输出力矩、控制精度、响应时间、通信方式等。最大输出力矩决定着舵机的承载能力;控制精度是舵机输出角度的精确程度,决定了机器人关节的位姿和稳定性;响应时间表示舵机从接受运行命令到执行完毕所需的时间间隔,反映了舵机的灵敏度;通信方式一般有串口、CAN、EtherCAT 等,每种方式有不同的波特率和命令刷新速率。其他寿命、噪声、虚位等也决定了舵机的性能优劣。

输出力矩的计算方法为

$$T = t \cdot i \cdot \eta$$

式中,T 表示舵机输出力矩,t 表示电机输出力矩,i 为减速比,η 为效率。

舵机输出转速的计算为

$$n = n_m / i$$

式中,n 表示舵机输出转速,n_m 表示电机输出转速,i 为减速比。

7.6　服务机器人的典型案例

为了实现服务机器人的控制,必须先掌握服务机器人的运动学模型,包括服务机器人运动空间描述与坐标变换、服务机器人的运动模型、服务机器人的位置运动和动力学分析等。本节将结合具体的服务机器人案例来进行运动学分析。

7.6.1　优必选双足机器人运动控制系统分析

说起双足机器人,最风靡一时的就是波士顿动力的 Atlas,它的后空翻、三级跳以及现在的过独木桥技能,无不牵动着人们的神经。其次是 Agility Robotics 研发的 Cassie 鸵鸟机器人,其使用了强化学习实现平衡。还有丰田 T-HR3 仿人动作机器人,本田 E2-DR——前 Asimo 继承者的救灾机器人,优必选公司的 Walker 家庭服务型机器人等。对于不同的环境和路况,这些机器人如何实现自身平衡而行走的呢？其实对于机器人本身的运动控制来说,如何知道下一刻运动关节的坐标位置,一直是机器人领域的一个基本的研究方向。在实现机器人独立自主运动的时候,如何计算其各部位所处的位置的？作为基本的关节结构——舵机,又是如何实施特定的行为动作呢？这就需要用到机器人正逆运动学的知识了。正运动学即给定机器人各关节变量,计算机器人末端的位置姿态,逆向运动学即已知机器人末端的位置姿态,计算机器人对应位置的全部关节变量。

下面介绍如何通过正逆运动学结合的方式,驱动 Yanshee 机器人做双臂水平循环运动。

首先使用逆运动学知识,求得到达目标位置所需的角度值,然后再通过发布消息给机器人 ROS 节点的方式来控制机器人手臂做水平循环运动。最后通过正运动学方程式计算机器人手臂的实际位置,验证运动算法的有效性。

1. Yanshee 机器人手臂正运动学求解

以 3R 机械臂为例演示正运动学求解过程。如图 7-74 所示,为一个典型的 3R 机械臂机构,拥有 z_0、z_1、z_2 三个旋转轴,显而易见的是 z_2 和 z_1 相互平行,而 z_0 与二者始终处于垂直位置。而机器人的静止位置一般设置在 z_1、z_2、z_3 共面的位置,再次要求下有两种位置最常用。第一种是 x_1 与 z_1、z_2、z_3 共面,第二种是 x_0 与 z_1、z_2、z_3 共面。这里采用第一种设置。

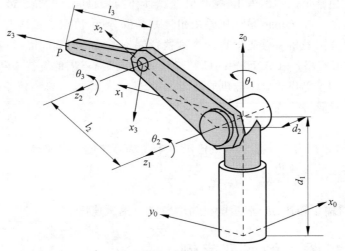

图 7-74　3R 机械臂

如图 7-74 所示的坐标设置,可以得到静止位置的 D-H 参数,如表 7-2 所示。

表 7-2　3R 机械臂静止位置 D-H 参数表

连杆编号	a_i	α_i	d_i	θ_i
1	0	$-90°$	d_1	θ_1
2	l_2	0	d_2	θ_2
3	0	$90°$	l_3	θ_3

由表格可以得到连续变换矩阵如下:

$$
{}^{0}\boldsymbol{T}_1 = \begin{pmatrix} \cos\theta_1 & 0 & -\sin\theta_1 & 0 \\ \sin\theta_1 & 0 & \cos\theta_1 & 0 \\ 0 & -1 & 0 & d_1 \\ 0 & 0 & 0 & 1 \end{pmatrix}
$$

$$
{}^{1}\boldsymbol{T}_2 = \begin{pmatrix} \cos\theta_2 & -\sin\theta_2 & 0 & l_2\cos\theta_2 \\ \sin\theta_2 & \cos\theta_2 & 0 & l_2\sin\theta_2 \\ 0 & 0 & 1 & d_2 \\ 0 & 0 & 0 & 1 \end{pmatrix}
$$

$$
{}^{2}\boldsymbol{T}_3 = \begin{pmatrix} \cos\theta_3 & 0 & \sin\theta_3 & 0 \\ \sin\theta_3 & 0 & -\cos\theta_3 & 0 \\ 0 & 1 & 1 & 0 \\ 0 & 0 & 0 & 1 \end{pmatrix}
$$

而末端的最终变换矩阵只需要将上述三个矩阵连乘,即

$$
{}^0\boldsymbol{T}_3 = {}^0\boldsymbol{T}_1\,{}^1\boldsymbol{T}_2\,{}^2\boldsymbol{T}_3 =
\begin{bmatrix}
r_{11} & r_{12} & r_{13} & r_{14} \\
r_{21} & r_{22} & r_{23} & r_{24} \\
r_{31} & r_{32} & r_{33} & r_{34} \\
0 & 0 & 0 & 1
\end{bmatrix}
$$

其中,

$$
\begin{aligned}
r_{11} &= \cos\theta_1\cos(\theta_2+\theta_3) \\
r_{21} &= \sin\theta_1\cos(\theta_2+\theta_3) \\
r_{31} &= -\sin(\theta_2+\theta_3) \\
r_{12} &= -\sin\theta_1 \\
r_{22} &= \cos\theta_1 \\
r_{32} &= 0 \\
r_{13} &= \cos\theta_1\sin(\theta_2+\theta_3) \\
r_{23} &= \sin\theta_1\sin(\theta_2+\theta_3) \\
r_{33} &= \cos(\theta_2+\theta_3) \\
r_{14} &= l_2\cos\theta_1\cos\theta_2 - d_2\sin\theta_1 \\
r_{24} &= l_2\cos\theta_2\sin\theta_1 + d_2\cos\theta_1 \\
r_{34} &= d_1 - l_2\sin\theta_2
\end{aligned}
$$

第三个连杆的末端点 P 在坐标系 O_3 中的位置向量为 $(0\quad 0\quad l_3)^\mathrm{T}$,左乘上述变换矩阵即可得到末端点 P 在基座坐标系中的位置向量,即

$$
{}^0\boldsymbol{r}_P = {}^0\boldsymbol{T}_3\,{}^3\boldsymbol{r}_P = {}^0\boldsymbol{T}_3
\begin{bmatrix} 0 \\ 0 \\ l_3 \\ 1 \end{bmatrix} =
\begin{bmatrix}
-d_2\sin\theta_1 + l_2\cos\theta_1\cos\theta_2 + l_3\cos\theta_1\sin(\theta_2+\theta_3) \\
d_2\cos\theta_1 + l_2\cos\theta_2\sin\theta_1 + l_3\sin\theta_1\sin(\theta_2+\theta_3) \\
d_1 - l_2\sin\theta_2 + l_3\cos(\theta_2+\theta_3) \\
1
\end{bmatrix}
$$

　　针对 Yanshee 机器人的左臂建立正运动学方程式,从已知角度确认出机器人手臂末端的位置和姿态来。利用前面学习的 D-H 参数法来建立坐标系,进而求得正解。建立的坐标系对象是 Yanshee 机器人的胳膊——一个三轴机械臂系统,如图 7-75 所示。其中,四个小圈从左到右分别是第 0、1、2 号舵机和手臂末端点。进而把手臂抽象成人们熟知的转动体模型图像,如图 7-76 所示。

图 7-75　三轴机械臂

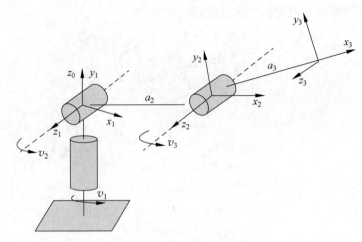

图 7-76　简化模型示意图

DH 参数如表 7-3 所示。

表 7-3　拟人臂 DH 参数

连杆	a_i	α_i	d_i	θ_i
1	0	$\dfrac{\pi}{2}$	0	θ_1
2	a_2	0	0	θ_2
3	a_3	0	0	θ_3

$$\boldsymbol{A}_1^0 = \begin{bmatrix} c\theta_1 & 0 & s\theta_1 & a_1 c\theta_1 \\ s\theta_1 & 0 & -c\theta_1 & a_1 s\theta_1 \\ 0 & 1 & 0 & 0 \\ 0 & 0 & 0 & 1 \end{bmatrix}$$

$$\boldsymbol{A}_2^1 = \begin{bmatrix} c\theta_2 & s\theta_2 & 0 & a_2 c\theta_2 \\ s\theta_2 & c\theta_2 & 0 & a_2 s\theta_2 \\ 0 & 0 & 1 & 0 \\ 0 & 0 & 0 & 1 \end{bmatrix}$$

$$\boldsymbol{A}_2^3 = \begin{bmatrix} c\theta_3 & -s\theta_3 & 0 & a_3 c\theta_3 \\ s\theta_3 & c\theta_3 & 0 & a_3 s\theta_3 \\ 0 & 0 & 1 & 0 \\ 0 & 0 & 0 & 1 \end{bmatrix}$$

$$\boldsymbol{T}_3^0(q) = \boldsymbol{A}_1^0 \boldsymbol{A}_2^1 \boldsymbol{A}_3^2 = \begin{bmatrix} c_1 c_{23} & -c_1 s_{23} & s_1 & c_1(a_2 c_2 + a_3 c_{23} + a_1) \\ s_1 c_{23} & -s_1 s_{23} & -c_1 & s_1(a_2 c_2 + a_3 c_{23} + a_1) \\ s_{23} & c_{23} & 0 & a_2 s_2 + a_3 s_{23} \\ 0 & 0 & 0 & 1 \end{bmatrix}$$

式中，$q = \begin{bmatrix} \theta_1 & \theta_2 & \theta_3 \end{bmatrix}^\mathrm{T}$。

Python 中的画图实现(给定三个角度值后的末端位置)，如图 7-77 所示。

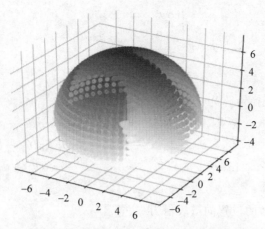

图 7-77　双足机器人仿人手臂正运动学仿真图示

通过对机器人手臂的参数赋值之后,计算出相应的位置和姿态信息,进而实现机器人手臂水平运动控制的目的。仿真操作演示这里暂不详述。

2. Yanshee 机器人手臂逆运动学求解

接下来介绍逆运动学求解过程,如图 7-78 所示的 3R 机械臂。

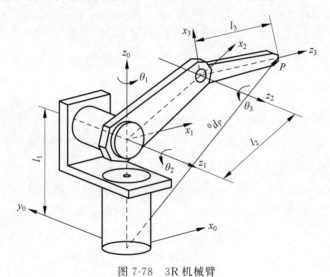

图 7-78　3R 机械臂

三个关节的变换矩阵分别为

$$
{}^{0}\boldsymbol{T}_1 = \begin{bmatrix} \cos\theta_1 & 0 & \sin\theta_1 & 0 \\ \sin\theta_1 & 0 & -\cos\theta_1 & 0 \\ 0 & 1 & 0 & l_1 \\ 0 & 0 & 0 & 1 \end{bmatrix}
$$

$$
{}^{1}\boldsymbol{T}_2 = \begin{bmatrix} \cos\theta_2 & -\sin\theta_2 & 0 & l_2\cos\theta_2 \\ \sin\theta_2 & -\cos\theta_2 & 0 & l_2\sin\theta_2 \\ 0 & 0 & 1 & 0 \\ 0 & 0 & 0 & 1 \end{bmatrix}
$$

$$^2\boldsymbol{T}_3 = \begin{pmatrix} \cos\theta_3 & 0 & \sin\theta_3 & 0 \\ \sin\theta_3 & 0 & -\cos\theta_3 & 0 \\ 0 & 1 & 0 & 0 \\ 0 & 0 & 0 & 1 \end{pmatrix}$$

机械臂正向运动变换矩阵为

$$^0\boldsymbol{T}_3 = {}^0\boldsymbol{T}_1{}^1\boldsymbol{T}_2{}^2\boldsymbol{T}_3 = \begin{pmatrix} \cos\theta_1\cos(\theta_2+\theta_3) & \sin\theta_1 & \cos\theta_1\sin(\theta_2+\theta_3) & l_1\cos\theta_1\cos\theta_2 \\ \sin\theta_1\cos(\theta_2+\theta_3) & -\cos\theta_1 & \sin\theta_1\sin(\theta_2+\theta_3) & l_1\sin\theta_1\cos\theta_2 \\ \sin(\theta_2+\theta_3) & 0 & -\cos(\theta_2+\theta_3) & l_1+l_2\sin\theta_2 \\ 0 & 0 & 0 & 1 \end{pmatrix}$$

从而得到末端点 P 的位置向量表示为

$$^0\boldsymbol{d}_P = \begin{pmatrix} d_x \\ d_y \\ d_z \end{pmatrix} = {}^0\boldsymbol{T}_3\begin{pmatrix} 0 \\ 0 \\ l_3 \end{pmatrix} - \begin{pmatrix} l_3\sin(\theta_2+\theta_3)\cos\theta_1+l_2\cos\theta_1\cos\theta_2 \\ l_3\sin(\theta_2+\theta_3)\sin\theta_1+l_2\sin\theta_1\cos\theta_2 \\ l_1-l_3\cos(\theta_2+\theta_3)+l_2\sin\theta_2 \end{pmatrix}$$

假设点 P 连接到球形手腕上，因此 $^0\boldsymbol{d}_P$ 是手腕点的解耦位置向量，它并不受手腕附件的影响。对于机械手的 3 个关节变量 θ_1、θ_2、θ_3，$^0\boldsymbol{d}_P$ 提供了 3 个方程。

由下列方程可求得

$$d_x\sin\theta_1 - d_y\cos\theta_1 = 0$$

即

$$\theta_1 = \arctan\frac{d_y}{d_x}$$

组合 $^0\boldsymbol{d}_P$ 中的第 2 个元素和第 3 个元素可得

$$d_x\cos\theta_1 + d_y\sin\theta_1 = l_3\sin(\theta_2+\theta_3) + l_2\cos\theta_2$$

进一步，组合 $^0\boldsymbol{d}_P$ 中的第 2 个方程和第 3 个方程可得

$$(d_z-l_1-l_2\sin\theta_2)^2 + (d_x\cos\theta_1+d_y\sin\theta_1-l_2\cos\theta_2)^2 = l_3^2$$

整理形式得到一种典型的 $a\cos\theta_2+b\sin\theta_2=c$ 结构方程式，即

$$-2l_2(d_x\cos\theta_1+d_y\sin\theta_1)\cos\theta_2 + 2l_2(l_1-d_z)\sin\theta_2$$
$$= l_3^2 - ((d_x\cos\theta_1+d_y\sin\theta_1)^2+l_1^2-2l_1d_z+l_2^2+d_z^2)$$

式中，3 个参数分别为

$$a = -2l_2(d_x\cos\theta_1+d_y\sin\theta_1)$$
$$b = 2l_2(l_1-d_z)$$
$$c = l_3^2 - [(d_x\cos\theta_1+d_y\sin\theta_1)^2+l_1^2-2l_1d_z+l_2^2+d_z^2]$$

该方程整理变形后除以 $^0\boldsymbol{d}_P$ 中第三个元素，即可解得 θ_3

$$\tan(\theta_2+\theta_3) = \frac{d_x\cos\theta_1+d_y\sin\theta_1-l_2\cos\theta_2}{l_1+l_2\sin\theta_2-d_z}$$
$$\theta_3 = \text{atan2}\left(\frac{d_x\cos\theta_1+d_y\sin\theta_1-l_2\cos\theta_2}{l_1+l_2\sin\theta_2-d_z}\right) - \theta_2$$

式中，$\text{atan2}(x)$ 是一种预设函数，返回弧度单位的 y/x 的反正切值。

$$\text{atan2}(y,x) = \begin{cases} \arctan\left(\dfrac{y}{x}\right) & x > 0 \\[2mm] \arctan\left(\dfrac{y}{x}\right) + \pi & y \geqslant 0, \quad x < 0 \\[2mm] \arctan\left(\dfrac{y}{x}\right) - \pi & y < 0, \quad x < 0 \\[2mm] +\dfrac{\pi}{2} & y > 0, x = 0 \\[2mm] -\dfrac{\pi}{2} & y < 0, x = 0 \\[2mm] \text{non} & y = 0, x = 0 \end{cases}$$

由此三个关节的转动角度都求出，并且由解的形式能看出，一共有 4 种可能的情况。

这里对机器人的手臂进行逆运动学的求解，逆运动学则是通过已知量的末端位置，建立坐标系，根据各个关节之间的关系，反向求解各个关节的角度变化量。

对机器人的手臂建立坐标系之间的关系，如图 7-79 所示。根据图示，我们期望寻求相应于给定末端执行器位置 p_w 的关节变量 $\theta_1 \theta_2 \theta_3$（$\theta_1 \theta_2$ 都限定在 $0 \sim 180°$，θ_3 受 θ_2 限制在 $-90° \sim +90°$）。

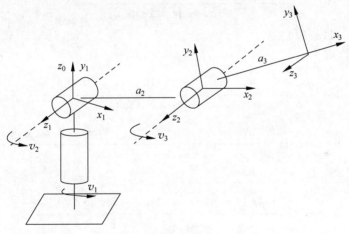

图 7-79   机器人手臂建立坐标系

可以求解出对应的位移和角度的对应关系，即

$$p_{w_x} = c_1(a_2 c_2 + a_3 c_{23} + a_1) \tag{7-97}$$

$$p_{w_y} = s_1(a_2 c_2 + a_3 c_{23} + a_1) \tag{7-98}$$

$$p_{w_z} = a_2 S_2 + a_3 S_{23} \tag{7-99}$$

式中，c_1 对应 $\cos(\text{theta1})$，s_1 代表 $\sin(\text{theta1})$，c_{23} 是指 $\cos(\text{theta2} + \text{theta3})$，$s_{23}$ 是指 $\sin(\text{theta2} + \text{theta3})$。

由式(7-97)和式(7-98)可以求解出关节变量 θ_1，即

$$\theta_1 = \arctan(p_{w_y}, p_{w_x}) \tag{7-100}$$

将式(7-97)、式(7-98)、式(7-99)平方相加得

$$a_1^2 + a_2^2 + a_3^2 + 2a_2a_3c_3 + 2a_1a_2c_2 + 2a_1a_3c_{23} = p_{w_x}^2 + p_{w_y}^2 + p_{w_z}^2 \tag{7-101}$$

由式(7-98)可得

$$c_2 = \frac{\dfrac{p_{w_y}}{s_1} - a_3c_{23} - a_1}{a_2} \tag{7-102}$$

将式(7-102)代入式(7-101)可以得到

$$c_3 = \frac{\dfrac{p_{w_y}}{s_1} - a_3c_{23} - a_1}{a_2} \tag{7-103}$$

进一步可以求出

$$\theta_3 \mathrm{I} = \arccos c_3 \tag{7-104}$$

$$\theta_3 \mathrm{II} = -\theta_3 \mathrm{I} \tag{7-104'}$$

将式(7-97)和式(7-98)平方相加得到

$$\pm \sqrt{p_{w_x}^2 + p_{w_y}^2} = a_2c_2 + a_3c_{23} + a_1 \tag{7-105}$$

由此得

$$c_2 = \frac{(\pm\sqrt{p_{w_x}^2 + p_{w_y}^2} - a_1)(a_2 + a_3c_{23}) + p_{w_z}a_3s_3}{a_2^2 + a_3^2 + 2a_2a_3c_3} \tag{7-106}$$

从式(7-106)可以得到

当取 $\theta_3 \mathrm{I}$ 时,则

$$\theta_2 \mathrm{I} = \arccos \frac{(\sqrt{p_{w_x}^2 + p_{w_y}^2} - a_1)(a_2 + a_3c_{23}) + p_{w_z}a_3s_{3\mathrm{I}}}{a_2^2 + a_3^2 + 2a_2a_3c_3}$$

$$\theta_2 \mathrm{II} = \arccos \frac{(-\sqrt{p_{w_x}^2 + p_{w_y}^2} - a_1)(a_2 + a_3c_{23}) + p_{w_z}a_3s_{3\mathrm{I}}}{a_2^2 + a_3^2 + 2a_2a_3c_3}$$

当取 $\theta_3 \mathrm{II}$ 时,则

$$\theta_2 \mathrm{III} = \arccos \frac{(\sqrt{p_{w_x}^2 + p_{w_y}^2} - a_1)(a_2 + a_3c_{23}) + p_{w_z}a_3s_{3\mathrm{II}}}{a_2^2 + a_3^2 + 2a_2a_3c_3}$$

$$\theta_2 \mathrm{IV} = \arccos \frac{(-\sqrt{p_{w_x}^2 + p_{w_y}^2} - a_1)(a_2 + a_3c_{23}) + p_{w_z}a_3s_{3\mathrm{II}}}{a_2^2 + a_3^2 + 2a_2a_3c_3}$$

根据仿真舍去 $\theta_2 \mathrm{I}$ 和 $\theta_2 \mathrm{III}$,解为 $(\theta_1 \quad \theta_2 \mathrm{II} \quad \theta_3 \mathrm{I})$ 或 $(\theta_1 \quad \theta_2 \mathrm{IV} \quad \theta_3 \mathrm{II})$。有时给定末端位置 p_{w_x}、p_{w_y}、p_{w_z},会求出不存在的两个解,得出的 $(\theta_1 \quad \theta_2 \mathrm{IV} \quad \theta_3 \mathrm{II})$ 会是错误的答案,需要舍去(原因在于真正的角度超过了定义域但式子中的反三角函数无法辨别出来,故仍给出解)。

根据机器人拟人臂运动执行过程,可以将其总结归纳为以下 4 个步骤:

(1) 机器人通过识别或检测到目标,通过算法或者进行避障,或者进行抓取,得到机器人的末端执行器的一个最终位置;

(2) 通过逆运动学几何方法求得机器人手臂水平运动需要输出的角度值,对角度数值进行判断,可以发现其存在多解的问题,选择与上个角度偏差值最小的解为正解。依据是在

机器人连续运动的过程中,存在对称解的另外一组解的相对运动角度一定更大。

（3）将最终计算的正确角度数值传递给舵机,舵机将弧度制转换为舵机自身 0~2048 的角度编码格式。

（4）最终将角度通过舵机输出出来,转换为机器人的动作执行,完成拟人臂的动作。

拟人臂的动作执行过程如图 7-80 所示。

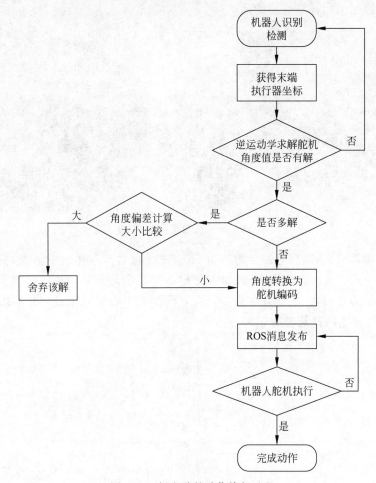

图 7-80　拟人臂的动作执行过程

7.6.2　优必选轮式移动机器人运动控制系统分析

移动机器人凭借着自身的感知系统来认识周围的环境,通过具备学习能力的人机交互 "大脑"系统来认识周围的人,那么它的运动与控制系统就相当于服务机器人使用的"肌肉" 和关节来实现肢体上的表达和反馈。移动机器人的运动与控制系统是指机器人将规划好的 任务分解为动作,再将一系列动作进行运动轨迹设计后,通过伺服控制关节运动,完成任务。 例如,机器人 Cruzr 在导航之前,需要对当前地图进行路径规划,Cruzr 通过调用导航算法模 块规划,然后输出实时运动控制信号,发送给底盘控制器以实现机器人的运动控制。

接下来将从底盘角度介绍轮式移动机器人的运动模型及其运动学分析。一般从结构上来说,移动机器人的轮式底盘有阿克曼结构、两轮差速结构、三轮全向结构等。这里重点介绍三轮全向底盘结构的移动服务机器人运动学模型。

　　三轮全向移动底盘因其良好的运动性并且结构简单,近年来备受欢迎。三个轮子互相间隔 120°,每个全向轮由若干个小滚轮组成,各个滚轮的母线组成一个完整的圆,如图 7-81 所示。机器人既可以沿轮面的切线方向移动,也可以沿轮子的轴线方向移动,这两种运动的组合即可以实现平面内任意方向的运动。

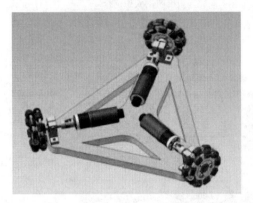

图 7-81　三轮全向底盘

　　为便于运动学分析,以理想情况为基础,三个轮子相对于车体的中轴线对称,且物理尺寸重量等完全一致;上层负载均衡,机器人的重心与三个轮子转动轴线的交点重合;三个轮体与地面摩擦力足够大,不会发生打滑现象;机器人中心到三个全向轮的距离相等。如图 7-82 所示,约定逆时针旋转为正。

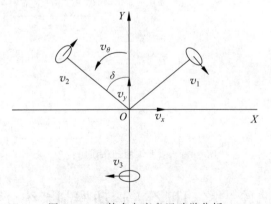

图 7-82　三轮全向底盘运动学分析

XOY—机器人自身坐标系;v_y—机器人沿自身坐标系 Y 方向移动的速度;v_x—机器人沿自身坐标系 X 方向移动的速度;v_θ—机器人绕自身中心旋转速度;v_1,v_2,v_3—分别为三个轮子的线速度;δ—轮子 3 与 Y 轴正方向夹角,这里 $\delta = 60°$

　　如图 7-82 所示,将轮 1 的线速度 v_1 分解到机器人自身坐标的 X,Y 轴上可得

$$v_1 = v_x \cdot \cos\delta - v_y \cdot \sin\delta - L \cdot v_\theta \tag{7-107}$$

同理可得

$$v_2 = v_x \cdot \cos\delta + v_y \cdot \sin\delta - L \cdot v_\theta \tag{7-108}$$

$$v_3 = -v_x - L \cdot v_\theta \tag{7-109}$$

写成矩阵的形式

$$\begin{bmatrix} v_1 \\ v_2 \\ v_3 \end{bmatrix} = \begin{bmatrix} \cos\delta & -\sin\delta & -L \\ \cos\delta & \sin\delta & -L \\ -1 & 0 & -L \end{bmatrix} \begin{bmatrix} v_x \\ v_y \\ v_\theta \end{bmatrix} \tag{7-110}$$

其中，将 $\delta = 60°$ 代入得

$$\begin{bmatrix} v_1 \\ v_2 \\ v_3 \end{bmatrix} = \begin{bmatrix} \dfrac{1}{2} & -\dfrac{\sqrt{3}}{2} & -L \\ \dfrac{1}{2} & \dfrac{\sqrt{3}}{2} & -L \\ -1 & 0 & -L \end{bmatrix} \begin{bmatrix} v_x \\ v_y \\ v_\theta \end{bmatrix} \tag{7-111}$$

运动学正解。

将式(7-111)求逆运算得到三轮全向的运动学正解如下：

$$\begin{bmatrix} v_x \\ v_y \\ v_\theta \end{bmatrix} = \begin{bmatrix} \dfrac{1}{3} & \dfrac{1}{3} & -\dfrac{2}{3} \\ -\dfrac{1}{\sqrt{3}} & \dfrac{1}{\sqrt{3}} & 0 \\ -\dfrac{1}{3L} & -\dfrac{1}{3L} & -\dfrac{1}{3L} \end{bmatrix} \begin{bmatrix} v_1 \\ v_2 \\ v_3 \end{bmatrix} \tag{7-112}$$

综上所述，即通过底盘三个轮子的线速度可以求解得到机器人的移动速度和旋转速度。

参 考 文 献

[1] W. 莱昂哈特. 电气传动控制[M]. 北京：科学出版社,1988.

[2] T. K. Kiong，L. T. Heng，D. Huifang，et al. Precision Motion Control Design and Implementation[M]. Berlin Heidelberg：Springer,2001.

[3] Z. Z. Liu，F. L. Luo，M. A. Rahman，Robust and Precision Motion Control System of Linear-Motor Direct Drive for High-Speed X-Y Table Positioning Mechanism[J]. IEEE Trans actions on Industrial Electronics. Industrial Electronics,2005,52(5)：1357-1363.

[4] 李永东. 交流电机数字控制系统[M]. 北京：机械工业出版社,2002.

[5] 尔桂花,窦曰轩. 运动控制系统[M]. 北京：清华大学出版社,2002.

[6] 舒志兵. 闭环伺服系统的数学模型研究[J]. 系统仿真学报,2002,14(12)：1611-1613.

[7] 舒志兵. 交流伺服运动控制系统[M]. 北京：清华大学出版社,2006.

[8] 弗戈工业在线 http://chem. vogel. com. cn/2010/0826/news_141619. html.

[9] 中国社会科学院工业经济研究所. 中国工业发展报告(2014)[M]. 北京：经济管理出版社,2014.

[10] 李士勇. 模糊控制·神经控制和智能控制论[M]. 哈尔滨：哈尔滨工业大学出版社,1998.

[11] 史晓娟. 基于复合滑模变结构控制的位置伺服系统的研究[J]. 电工技术学报,2003,18(3)：64-67.

[12] 韩安太,刘峙飞,黄海. DSP 控制器原理及其在运动控制系统中的应用[M]. 北京：清华大学出版社,2003.

[13] K. Ohnishi. A New Servo Method in Mechatronics[J]. Trans. Jpn. Soc. Elect. Eng. ,1987,1：83-86.

[14] H. S. Lee. Robust Motion Controller Design for High-Accuracy Positioning Systems[J]. IEEE Transactions on Industrial Electronics,1996,43：48-55.

[15] C. J. Kempf,S. Kobayashi. Disturbance Observer and Feedforward Design for a High-Speed Direct-Drive Positioning Table[J]. IEEE Transactions on Control Systems Technology,1999,7：513-526.

[16] C. S. Liu, H. Peng. Disturbance Observer Based Tracking Control[J]. ASME Journal of Dynamic Systems,Measurement and Control,2000,122：332-335.

[17] 张宏建,蒙建波. 自动检测技术与装置[M]. 北京：化学工业出版社,2004.

[18] M. Bertoluzzo,G. S. Buja,E. Stampacchia. Performance Analysis of a High-Bandwidth Torque Disturbance Compensator[J]. IEEE/ASME Trans. Mechatronics,2004,9(4)：653-660.

[19] B. Yao,et al. High-Performance Robust Motion Control of Machine Tools：An Adaptive Robust Control Approach and Comparative Experiments[J]. IEEE Transactions on Mechatronics,1997,2：63-76.

[20] C. H. Choi, N. Kwak. Robust Control of Robot Manipulator by Model-Based Disturbance Attenuation[J]. IEEE/ASME Trans. Mechatron,2003,8(4)：511-513.

[21] Hsia. T. T. A new technique for robust control of servo systems[J]. IEEE Trans actions on Industrial Electronics. On Industy. Elec,1989,36(1)：1-7.

[22] B. K. Kim,H. T. Choi, W. K. Chung,et al. Analysis and Design of Robust Motion Controllers in the Unified Framework[J]. ASME J. Dyn. Syst. ,Meas. ,Control,2002,124(7)：313-320.

[23] S. J. Kwon, W. K. Chung. Perturbation Compensator based Robust Tracking Control and State Estimation of Mechanical Systems[M]. New York：Springer Berlin Heidelberg,2004.

[24] 舒志兵,陈先锋,邵俊. 交流伺服系统的电气设计及动态性能分析[J]. 电力系统及其自动化学报,2004,16(4)：77-82.

[25] 何玉安.数控技术及其应用[M].北京：机械工业出版社,2005.

[26] 阳宪惠.现场总线技术及其应用[M].北京：清华大学出版社,1998.

[27] Shu Zhibing,Chen Xianfeng,Zhang Hairong,S. t. Fully Digital Controlled A. C. Servo Engraving Machine Based on DEC4DA[C]. The 3rd International Conference on Mechatronics and Information Technology,Chongqing,China,2005.

[28] M. Crudele,T. R. Kurfess. Implementation of a fast tool servo with repetitive control for diamond turning[J]. IEEE/ASME Transactions on Mechatronics,2003,13：243-257.

[29] L. A. Dessaint. A DSP-Based Adaptive Controller for a Smooth Positioning System[J]. IEEE Transactions on Industrial Electronics,1990,37(5)：372-377.

[30] Yu-Feng Li,Jan Wikander. Model reference discrete-time sliding mode control of linear motor precision servo systems[J]. IEEE/ASME Transactions on Mechatronics,2004,14：835-851.

[31] S. S. Yeh,P. L. Hsu. An Optimal and Adaptive Design of the Feedforward Motion Controller[J]. IEEE Transactions on Mechatronics,1999,4：428-438.

[32] H. Fujimoto. General Framework of Multirate Sampling Control and Applications to Motion Control Systems[D]. University of Tokyo,2000.

[33] J. Y. Yen,et al. A New Compensation for Servo Systems With Position Dependent Friction[J]. ASME Journal of Dynamic Systems,Measurement,and Control,1999,121：612-618.

[34] M. R. Popovic,D. M. Gorinevsky, A. A. Goldenberg. High-precision positioning of a mechanism with nonlinear friction using a fuzzy logic pulse controller[J]. IEEE Trans. Cont. Sys. Tech. ,2000,8(1)：151-159.

[35] R. S. Rastko,F. L. Lewis. Deadzone Compensation in Motion Control Systems Using Neural Networks[J]. IEEE Transactions on Automatic Control,2000,45(4)：602-613.

[36] Xu Dianguo,Wang Hong,Shi Jingzhuo. PMSM Servo System With Speed And Torque Observer[C], Mexico,34th Annual Power Electronics Specialists Conference (PESC'03),2003,vol. 1：241-245.

[37] Xu Yanliang,Xu Jiaqun,Wan Wenbin,S. t. Development of Permanent Magnet Synchronous Motor Used in Electric Vehicle[C]. 5th International Conference on Electrical Machines and Systems (ICEMS'2001),vol. II ,Shenyang,China,August 18-20,2001：884-887.

[38] Giacomini, D. ,Bianconi,E. ,Martino,L. ,Palma,M. , A New Fully Integrated Power Module for Three Phase Servo Motor Driver Applications[J]. IEEE Industry Applications Society,2001,(2)：981-987.

[39] Wang,G. J. ,Fong,C. -T. ,Chang,K. J. . Neural-Network-Based Self-tuning PI Controller for Precise Motion Control of PMAC Motor[J]. IEEE Transactions on Industrial Electronics,2001,48(2)：408-415.

[40] 韩京清,张荣,二阶扩张状态观测器的误差分析[J].系统科学与数学,1999,19(4)：455-471.

[41] 田玉平,蒋岷,李世华,自动控制原理[M].北京：电子工业出版社,2002.

[42] 韩京清,王伟.非线性跟踪——微分器[J].系统科学与数学,1994,14(2)：177-183.

[43] 韩京清,自抗扰控制器及其应用[J].控制与决策,1998,13(1)：19-23.

[44] 韩京清,从 PID 技术到自抗扰控制技术[J].控制工程,2002,9(3)：13-18.

[45] Li S,Liu Z. Adaptive speed control for permanent-magnet synchronous motor system with variations of load inertia[J]. IEEE transactions on industrial electronics,2009,56(8)：3050-3059.

[46] Andoh F. Moment of inertia identification using the time average of the product of torque reference input and motor position[J]. IEEE Transactions on power electronics,2007,22(6)：2534-2542.

[47] 谷善茂,何凤有,谭国俊,等.永磁同步电动机无传感器控制技术现状与发展[J].电工技术学报, 2009,24(11)：14-20.

[48] 陈振锋,钟彦儒,李洁.嵌入式永磁同步电机自适应在线参数辨识[J].电机与控制学报,2010,14(4)：9-13.